航空宇宙学への招待

東海大学『航空宇宙学への招待』編集委員会 編

東海大学出版部

Invitation to Aeronautics and Astronautics

edited by Editorial Committee of "Invitation to Aeronautics and Astronautics"
Tokai University Press, 2018
Printed in Japan
ISBN978-4-486-02168-1

はじめに

本書は航空宇宙学という学問分野について，主に初学者を対象に，歴史的な背景から最新のトピックスまでの幅広い領域を概観するための助けとなるように書かれたものである．また，大学への進学を考えている高校生や，航空宇宙学またはそれに関連する分野を学んだり，将来それらの方面へ進みたいと考えている人に対して，航空宇宙学で扱う内容をあらかじめ知る手がかりを提供することも想定している．

いうまでもなく，航空工学も宇宙工学も高々100年程度の歴史が浅い学問分野である．しかし，このような学問として確立される遥か前より，天体や自然の中における観察や思考を通して，人類は現在の学問への道を着実に築き上げてきた．その一方で，この100年の間に人類は不幸な戦争や紛争をいくつも経験し，そのためにこれらの技術が使われる場面を目の当たりにしてきた．他の学問分野においてもいえることかもしれないが，それを人間が使おうとした場合に，必ずしも人類に幸福をもたらすことばかりではなく，負の側面を持つことは避けられない．しかし，それを解決しより良い方向に発展させるのもまた人類の英知である．

工学を学ぶ人にとって，理学の分野について理解を深めることは，基礎的な学問を会得するというだけでなく，自分が扱う工学分野について合理的に判断しまた謙虚になれるという効果もある．本書では，宇宙科学，航空工学，宇宙工学という幅広い分野にわたって，それぞれの学問分野の歴史的な背景から最新の話題や研究成果までをなるべく網羅するように編まれている．執筆に携わったのは，東海大学の航空宇宙学科をはじめとする本学の関連する組織に所属する教員（退職した教員を含む）である．深く掘り下げた記述は，それぞれの専門書に譲るとして，その代わりに関係する学問分野との関係や位置付け，あるいは社会との接点が見えるように，また将来の方向性を考えるきっかけが得られるように工夫されている．これは，あくまでも入門書としての位置付けに徹するためであり，本書をきっかけに学びの幅をさらに拡げていってほしいという願いが込められている．

航空宇宙学は理学を深く理解し活用することで，人類の未来と幸福に貢献できる学問分野である．本来，専門というのは狭い領域にこもるものではなく，社会にそして世界に拡がっていくものであり，航空宇宙学がそういう学問分野のひとつであることが執筆者らがもっとも伝えたいことである．航空宇宙学，航空宇宙工学，あるいは名称こそ異なるものの，これらに関連がある学科に入学した初年次の学生の方は，このような発展性や将来性を念頭に置いて学んでいってほしい．また，高校生の方は，将来の進路のひとつとして航空宇宙学の分野や，それらに関連する専門分野の学びに目を向けていただきたい．航空宇宙学は，そのような方々の期待に応えられる魅力的な学問分野であることを自信を持っておすすめする．

2017年11月　執筆者一同

執筆者一覧（五十音順）

油谷　俊治	新井　直樹	○池田　知行	☆稲田　喜信
☆柴田　啓二	白澤　秀剛	田中　　真	◎☆角田　博明
利根川　豊	中川　淳雄	☆那賀川一郎	☆中篠　恭一
中島　　孝	野間　大作	比田井昌英	○☆福田　紘大
☆堀澤　秀之	☆水書　稔治	☆三宅　　亙	☆森田　貴和

（◎執筆者代表　○幹事　☆各章責任者）

目次

第Ⅰ部

導入編

第１章

天文学の発達

自然を理解する力の醸成

宇太郎：毎日が，毎年が，同じように巡ってくるのがあたりまえだと思っているけど，よく考えると不思議だね．

宙　美：今はいろいろなことが解明されてきているけど，古代人にはきっと今では想像できないような大きな不安があったのよね．

航次郎：僕はそんなこと考えたこともなかったけど，そう言われるとそのときだけは少し不安になるかな．

空　代：でもその少しの不安が，人に何かを変えたいという勇気を与えるのかもしれないわね．

宇太郎：そうか．その不安を和らげるのに，人は「知りたい」という欲求が湧いてくるようになったのか．

宙　美：それが現代文明が築かれるきっかけになったんだから，不安に感じることもあながち悪いことばかりじゃないわね．

宇太郎：でも今の世の中は，また違った意味での不安がいっぱいだよね．そうか，それをバネにして次の時代を築くのが私たちの役割なんだね．

航次郎：あ，明日までに提出する課題レポートの方針が決まった！

この章ではまず，地球や太陽系を含む宇宙という自然を人類はいかに理解と認識をしてきたか，ということに関連した天文学の発達について，古代の宇宙観，天動説と地動説，日本の天文学の発達などをもとに概観する．近・現代の文明社会の基盤となっている科学の誕生と発達は,天文学上の発見によって先導されてきた歴史がある．次に,地球と太陽の関係についてオーロラを題材にして考えてみる．最後に，宇宙環境の理解と現代社会の関係について考察を試みる．

1.1　古代文明の宇宙観

太古の昔から人類は天を仰ぎ，太陽，月，惑星，星，そして，様々な天文現象を観察してきた．天体の動きや天文現象が生じる原因・理由を考え，規則性・法則性などを発見して，宇宙という自然総体を理解しようとしてきた．このような人類の知的営みから天文学が誕生したと考えられる．

この節では，古代文明において宇宙がどのように認識・理解されていたかということについて，四大文明の発祥地における宇宙観を概観する．なお，四大文明が北半球のほぼ同じ緯度帯地域で今から4000～5000年前頃の同時期に発祥し，天文学を誕生させた謎については，『宇宙観5000年史』で中村士が，“ピプシサーマル期の後（約5000年前）に始まった寒冷化と乾燥化は，空の条件（晴れたり，澄んでいる）が天文観測により適するようになったことと，計画的な農業生産に対する社会的な要求の両方の面で，ある程度必然的に天文学を誕生・発達させることになったと考えられる．”としている[1]．

1.1.1　メソポタミア文明――バビロニア

メソポタミアという語は，チグリス川とユーフラテス川に挟まれた川の間の地という意味であり,現在のイラクの一部である．BC 3000年頃からシュメール,BC 1900年頃からバビロニア,BC 14世紀中頃からアッシリアなどの文明が続き，形成された宇宙観，暦などはエジプトや旧約聖書におけるユダヤの宇宙観に影響を与えた．

シュメール文明において楔形文字と60進法が発明され，その宇宙観は，原初の海から天地が一体となった宇宙の山ができ，この山から天と地の神により天地が分かれたという宇宙創成

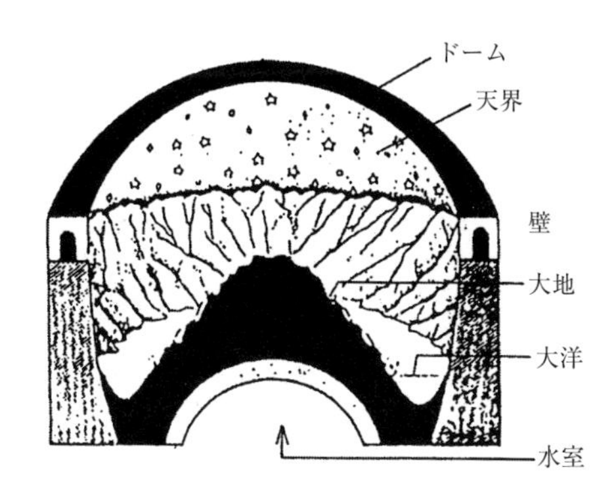

図1.1　古代バビロニアの宇宙観（文献[5]より）

神話に基づいている[2]．バビロニアからアッシリア時代における宇宙観は，図1.1に示したように，中心に自分たちが住む大地があり，その周りを大洋が囲み，さらに大地と大洋は高い壁で囲まれている．壁の上に丸天井の天界が乗り，その中に星が張り付いている．また，大地の中心には水に満たされた半球が存在している．メソポタミアでは水(海)が宇宙を構成するもっとも基本的な成分と考えていたので，この水を宇宙の中心に位置する大地の中心に配置させたのであろう．太陽は壁の東にある門から現れて，地上を照らし，西の門に没し，そして夜間に大地をくぐって再び東の門に現れると考えた．

一方，太陽が天球上を1年かけて動く道を黄道という．太陽の位置をわかりやすく知るために，黄道に沿って1カ月ごとに1つの星座を割り当て，12個の星座からなる黄道12星座（または12宮)を定めた．これは現在も使われており，星占いの誕生日星座としても知られている．日常の暦としては，1年の長さを太陽が黄道12星座を1周する周期とし，1ヶ月は月の満ち欠け周期（朔望月）とした太陰太陽暦を作った．他にも，バビロニアの人々は太陽，月の運行を長年観測し，日月食が起こるサロス周期を見つけ，また5つの惑星の観測から出没や衝(しょう)の予測なども正確に行っていた．天体現象を理解するには，長い期間の観測を積み上げることの重要性が理解できよう．

1.1.2　エジプト文明

エジプト文明は，ナイル川に沿った流域にBC 3000年頃建国された古王朝から始まった．エジプトの宇宙観はメソポタミア文明の影響を受けており，太陽が特別扱いされている．図1.2に示されているように，宇宙を構成する神々が擬人化されている．太陽神ラーが君臨し，星がちりばめられた天の女神ヌトが大地の神ゲブを覆い天地を形成し，その間に大気の神シューがいて天を支えている．太陽神ラーは「太陽の船」に乗り，日の出・日の入りを繰り返す．「太陽の船」は実際にピラミッドの周辺から発掘されている．

エジプトにおける天文学の偉大な成果としては，太陽暦の原型を作ったことである．ナイル川は当時規則的に氾濫し，肥沃な土壌を運んできて，作物を実らせてくれた．氾濫時期がシリウスの日の出前出現(ヘリアカル・ライジング，heliacal rising)と一致し，それは夏至でもあった．そのため，夏至から始まる1年を365日とするエジプト年を作り，1ヶ月30日の12ヶ月と残り5日となるエジプト暦を用いた．BC 2900年頃のことである．その後，シリウスの出現の観

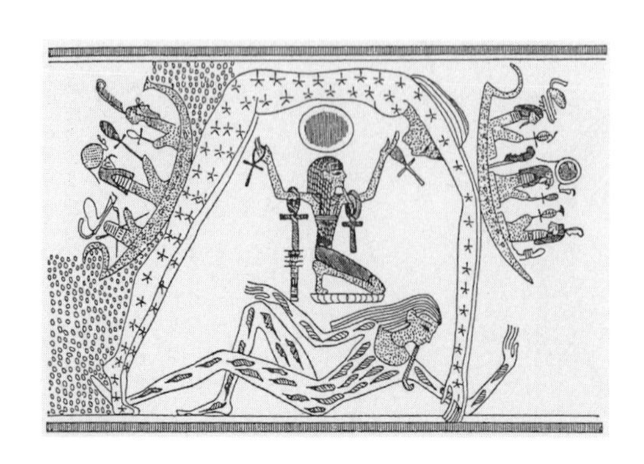

図1.2　古代エジプトの宇宙観（文献[6]より）

測から1年が365.25日(シリウス年)であることを発見し，太陽暦としてのシリウス暦を作った．これがローマ帝国のユリウス・カエサルにより，BC 46年，ユリウス暦とされ，さらに1582年ローマ教皇グレゴリウス13世によりグレゴリオ暦と改暦された．これが現在世界中で使われている太陽暦である[3]．天体観測から宇宙，自然の規則性を見出す重要性がわかるであろう．

1.1.3　インダス文明

インダス文明はインドのインダス川流域にBC 2500年頃に発祥した．初期インダス文明の宇宙観は，文字が解読されていないためわかっていない．BC 1500～500年にはアーリア人によるバラモン教の経典である『ヴェーダ』が編纂された．この中で，最も古くかつ重要なものに『リグ・ヴェーダ』があり，多神教の立場から様々な神々に対する讃歌，祭祀や哲学的思索の讃歌など合計1028讃歌を含んでいる[4]．宇宙に関する讃歌は「宇宙創造に関する讃歌」6編がある．中には，巨人の神プルシャ（原人）が自分の体を解体して，天地，太陽・月，生物，無生物，家畜などを創造するものがある．もっとも重要な讃歌に「宇宙開闢の歌」があり，宇宙の展開を絶対的唯一物（ブラフマン＝宇宙の根本原理）によるとしている．その第1節は，“その時，無もなかりき，有もなかりき．空界もなかりき，そを蔽う天もなかりき．……”で始まる難解な歌である．“無がない”とはどういうことか？　さらに第3節では，“太初において，暗黒は暗黒に蔽われたりき．一切宇宙は光明なき水波なりき．空虚に蔽われ発現しつつありしかの唯一物は，自熱の力により出生せり．”とある．これはまさに現代の宇宙論のビッグバン理論と酷似している．3000年前の人が，宗教的神話であっても，このようなことを考えていたということに大変な驚きを感じる．

バラモン教から派生したヒンドゥー教，仏教，ジャイナ教における宇宙観は，宇宙は天・地・地下の地獄からなる3層構造になっている点で共通している．仏教的宇宙観は，中心の須弥山の周りに山脈や人が住む大陸があり，天の太陽，月，星もその周囲を巡るとしている．

この描写と異なるが，これまでよく流布している描写を図1.3に示した．須弥山が宇宙の中心にあり，その下の大地が象に支えられ，巨大な亀に乗っている．亀は力と創造力を表し，宇宙の永遠性を表す尾をくわえた蛇の上に乗っている．蛇が尾をくわえているのは，宇宙の大きさの有限性をも示しているのかもしれない．

図1.3　古代インドの宇宙観（文献[5]より）

1.1.4　中国文明

BC 3000 年頃から黄河や長江流域に発祥した中国文明にも，古くから天文学が芽生えていた．例えば，BC 433 年頃の曾侯（そこう）乙墓から，月の運行経路に沿って定めた 28 宿の星座が書かれたものが出土した．また，BC 2 世紀頃，天地・宇宙生成論を述べた書物『淮南子（えなんじ）』があり，混沌とした状態から天が生じ後に地がなる，という時間的な視点を入れた生成が考えられている．

この見方は日本に伝えられ，『日本書紀』巻第一の神代上の冒頭の天地生成の記述に引用されている．また現在，宇宙と言っている言葉について，「四方上下」を「宇」といい，「往古来今」を「宙」と言って，3 次元空間と時間を合わせた 4 次元時空を表すものと定義している．

最も古い宇宙観は，天を円，地を方形とする陰陽説に由来する天円地方説である．これに関連した宇宙観には蓋天説（がいてんせつ）と渾天説（こんてんせつ）があり，他に全く異質な宣夜説（せんやせつ）があるので，概説する．

(1)　蓋天説：蓋天説は殷周時代からの最古の宇宙観であり，後に渾天説の影響で天と地を湾曲させて，観測と合わせた．周髀説（しゅうひせつ）ともいう．傘のような天は天の北極を中心に回り，太陽は天球上で地平線に出入りして昼夜を作り，遠近を繰り返すことで季節の変化などが生じるとした．

(2)　渾天説：渾天説は BC 4 世紀頃から考えられていた．図 1.4 に示すように天は球形をなし，大地は平坦で天球の中心にある．天と地はともに大洋に浮かんでいる．天球は天の北極を中心に回り，その上を太陽，月，星などが日周運動を行う．
現代でも天球座標を考えるときに用いる，天球中心に地球が位置する場合と同じである．この説は蓋天説より天体の位置を正しく表すことができたので，後の時代にも渾天儀を通じて影響を及ぼした．日本の江戸時代でも渾天儀が用いられた．

(3)　宣夜説：宣夜説は，天には物質がなく，どこまでも続いていて，天体は無限に続く空間に浮かんでいるとする．そして，天体の運行は，「気」により行われていると考えている．現代の宇宙論の，4 次元宇宙は有限な大きさを持つが，果てはないとする考えと似て非なるものである．中国的な誇大表現的な感覚で考えたのかもしれない．

中国文明における宇宙観を概観したが，中国の天文学，宇宙観は日本に伝わり，大きな影響を及ぼした．例えば，キトラ古墳の天文図，日本書紀，太陰太陽暦などに見て取れる．

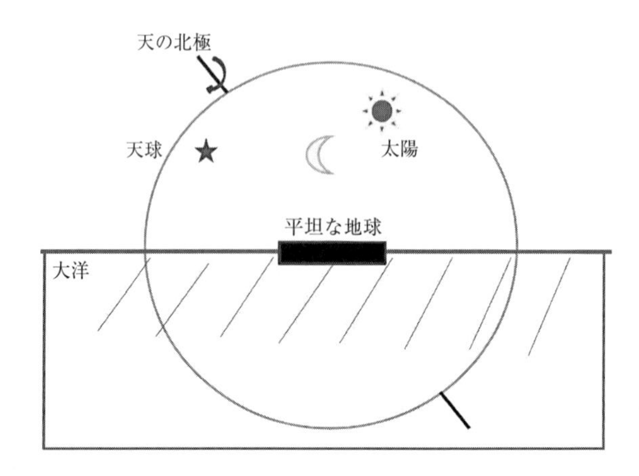

図 1.4　渾天説

1.2　天動説から地動説へ

1.2.1　天動説

前節でも見たように，昔の人は自分の住む世界である地球が宇宙の中心であると考えていた．現代の私たちも，“太陽が東から昇り，西に沈む”と表現するが，まさに昔の人も同じように理解し，天や天体の方が回り動いているのだと考えた．このような実際に見える現象を説明するために天動説が考案されたのである．

天動説は，古代ギリシャにおいてBC 7世紀から提唱され始め，AD 2世紀くらいに常識としての宇宙の認識，宇宙観として定着した．BC 7～6世紀にタレス学派により，平らな地球を中心に恒星，月，惑星，太陽がそれぞれの同心円上を運動すると考えられた．BC 5～4世紀にはピタゴラス学派のフィロラオス（Philolaus，BC 5～4世紀）は，「中心火」が宇宙の中心に燃え盛り，その周りを内側から反地球，地球，月，太陽，惑星，恒星が球殻上を運動するとした．地球が宇宙の中心ではなく，「中心火」や反地球という奇妙な天体を導入しているが，本質的には天動説と考えてよかろう．また，彼は地球が球である証拠として，月食の際に丸い地球の影が観察されることや，例えば北極星などの星の地平線からの高度が南北に離れた地点で異なることなどをあげている．

このように，BC 4世紀以降は，宇宙の観測結果を説明する理論モデルを構築する試みがなされ始めた．まさに自然科学の研究手法に基づく科学としての天文学の誕生と言ってよい．

プラトン学派はピタゴラス学派の宇宙モデルを発展させ，地球中心の同心球説を提唱した．ユードクソス（Eudoxos，BC 4世紀）は，静止した地球から順に月，水星，金星，太陽，火星，木星，土星，そして最も外側に恒星天が存在するとした．しかし，順行と逆行などの現象を説明するために，惑星，月，太陽に数個の同心球を割り当てた複雑なモデルであった．アリストテレス（Aristotle，BC 4世紀）も同じ同心球説を考えたが，ユードクソスの場合の2倍ほどの同心球数の非常に複雑なものになってしまった．

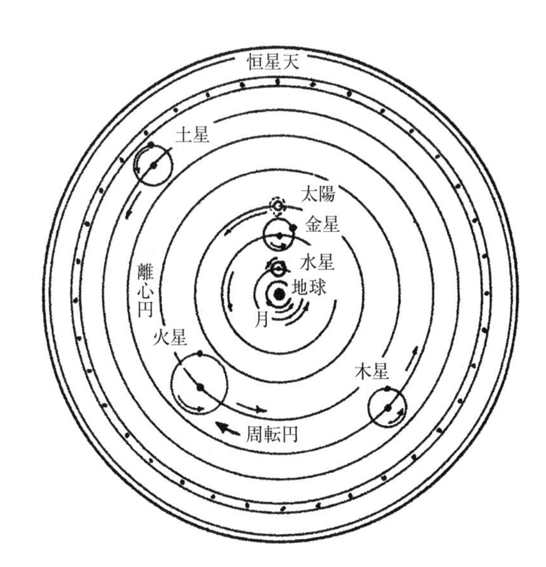

図 1.5　プトレマイオスの天動説モデル．
地球と太陽が入れ替わっている．水星と金星の周転円の中心は，太陽と地球を結ぶ直線とそれぞれの導円の交点と一致するように制限されている．
（文献[3]より）

彼の宇宙観の特徴は，地球は自転もしないで静止しているとしたことや，月よりも内側の地上界と外側の天上界を区別し，地上界は四元素（土・水・火・空気）からなる我々の世界であり，天上界の天体は第五元素エーテルでできていて，空間もエーテルで満たされ，天上界は永遠不変の完璧な世界としたことである．

天上界が永遠不変の完璧な世界であるという考えは，後の地動説への転換まで人々の宇宙観に大きな影響を及ぼした．

古代ギリシャの天動説を集大成し，宇宙観として定着させたのはプトレマイオス（またはトレミー，Ptolemy, AD 1 ～ 2 世紀）であった．彼は当代随一の天文学者であり，『アルマゲスト』（Almagest）を著わし，この中で離心円，導円（従円ともいう），周転円を組み合わせた天動説を提唱した．図 1.5 に彼のモデルを示す．

月・太陽には導円を与え，水星から土星には導円上に中心を持つ周転円を導入した．惑星は周転円上をある周期で公転し，周転円はある周期で導円上を公転運動するようにした．周転円を導入した理由は，惑星の明るさの変化，外惑星の順行と逆行，そして，内惑星（水星，金星）の太陽からの見かけの距離が制限されていることなどを説明するためである．また，近地点で速く，遠地点では遅く動く不等速円運動を説明するために，導円の中心からある距離ずれたところに地球を置いた離心円に，中心に対して地球と正反対の等距離にエカントという点を導入した．こうしたプトレマイオスの離心円と導円・周転円モデルは惑星の見かけの運動を見事に説明できたため，正しいと信じられた．

3 世紀以降，『アルマゲスト』はアラビア・イスラム世界に伝わり，およそ 10 世紀までイスラム天文学で継承された．そして，中世ヨーロッパに伝えられ，キリスト教の教義と相まって人々に信じられてしまった．1400 年間にも及んだ宇宙観の常識となったのである．

1.2.2　地動説

14 世紀からルネサンスが始まり，天文学においても科学的に自然を研究する状況になってきた．そして，16 世紀になり太陽中心の宇宙観，すなわち，地動説が提唱されることになる．しかし，太陽中心の宇宙モデルは，実は古代ギリシャのアリスタルコス（Aristarchus, BC 3 世紀）により唱えられていた．彼は天文学史上初めて地球と太陽の間の距離を測定し，地球から月までの距離の約 19 倍とした．月と太陽の見かけの大きさが同じなので，太陽は月の 19 倍の大きさを持ち，地球よりずっと大きいと結論した．彼の測定法を図 1.6 に示す．

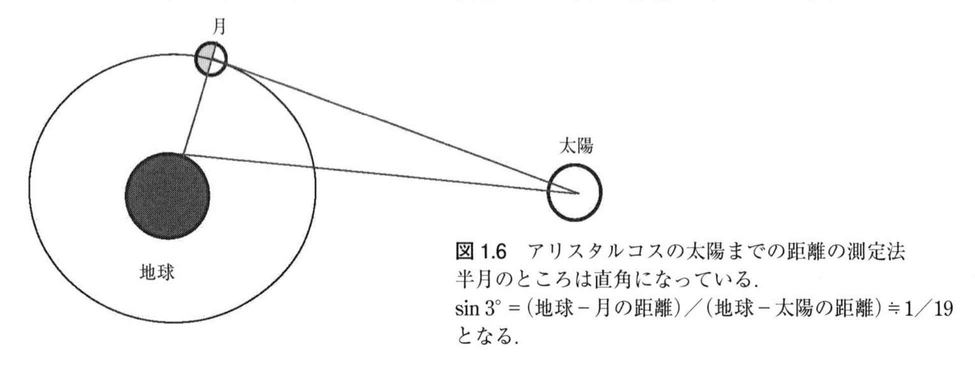

図 1.6　アリスタルコスの太陽までの距離の測定法
半月のところは直角になっている．
sin 3° =（地球－月の距離）／（地球－太陽の距離）≒ 1／19
となる．

地球－太陽－月は直角三角形をなす．地球から見て半月（図では上弦の月）と太陽のなす角度を87°と測定し，太陽から地球と月を見込んだ角度を3°と求め，三角関数の関係から地球と太陽の距離を算出した．測定値19倍は桁で間違っていたが，理由は大きさのある太陽面と月面のどこを基準にして角度を測るかが難しかったためであろう．しかし，方法論的には正しいこの結論に基づき，太陽が中心にあり，小さい地球や惑星などが太陽の周りを回ると考えた．この太陽中心説は，残念ながら人々に受け入れられず，忘れ去られてしまう．復活は16世紀まで待たねばならなかった．

16世紀になり，ポーランドのコペルニクス（Nicolaus Copernicus，1473～1543）は古代ギリシャの天動説やプトレマイオスの『アルマゲスト』などを研究し，天動説は本当に正しいのかという疑問を抱いた．地球が動くことを古代ギリシャのフィロラオスが唱えたことなどを知り，自分も地球の運動について考え始めた．同心球や導円・周転円モデルでは種々の運動や見かけの運動を説明できたとしても，運動の根本原則のいくつかに反するものを許している，と考えた（文献[1]の『天体の回転について』の中の法王パウルス3世への序文）．こうして地球の運動を仮定した太陽中心のモデルを提唱し，1543年に『天体の回転について』（De Revolutionibus Orbium Coelestium，全6巻）を出版した．

第1巻には素人にもわかるように，文章で地動説を解説してある．内容は，宇宙と地球は球形であること，天体の運動は一様な円運動の合成であること，地球の大きさに比して天は無限に大きいこと，地球が不動で宇宙の中心であることへの反論，天体の配列順序，地球の自転・公転，地軸の傾斜と歳差運動，などである．

図1.7にコペルニクスの地動説モデルを示す．コペルニクスでも天上界は完璧な円運動をするというアリストテレス的宇宙観から脱却できなかった．コペルニクスの地動説はすぐ人々に理解されたわけではなかったが，17世紀以降，以下に述べる人々によりその正しさが科学的に実証され，地動説が確立していった．

ケプラー（Johannes Kepler, 1571～1630）はドイツ生まれであるが，1600年にプラハのティコ・ブラーエ（Tycho Brahe，1546～1601）の招きに応じて火星の観測データの研究助手となった．ティコの死後，火星の観測データを譲り受けて，ケプラーの第1，第2法則を発見し，1609年に『新天文学』（Astronomia Nova）に発表した．その後1619年に第3法則を『世界の調和』（Harmonice Mundi）に発表した．ケプラーが法則を発見できた理由は，彼の才能もさ

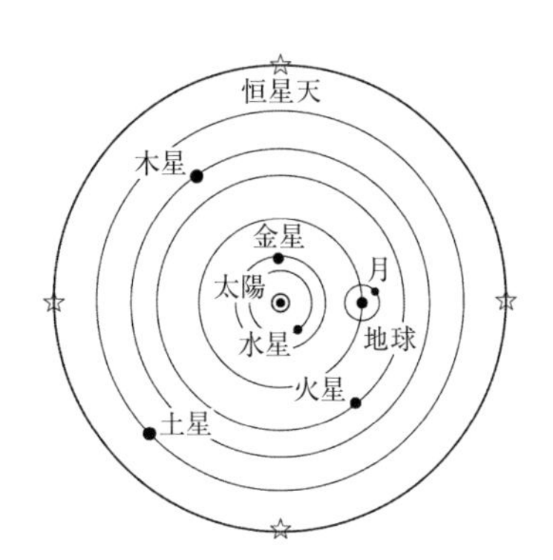

図1.7　コペルニクスの地動説モデル
太陽が中心で，順番に水星から土星，恒星天となっている．惑星の公転軌道を円軌道と考えている．（文献[1]を基に作図）

ることながら，ティコの火星の観測データの正確さと火星の離心率がかなり大きかったことが幸いしたのである．

ケプラーの法則を図1.8(a)～1.8(c)に示した．第1法則は楕円軌道の法則で太陽が焦点の1つにある．第2法則は面積速度一定の法則，第3法則は調和の法則と呼ばれる．

この法則は，惑星の公転運動の性質を表現しているが，この法則が成立する理由については何も言っていない．しかし，ケプラーの法則により，アリストテレス的宇宙観である天上界は完璧な円運動をするという考えが否定されることになった．

次に，ケプラーと同時代のイタリアのガリレオ・ガリレイ（Galileo Galilei，1564～1642）により，地動説の直接証拠が得られることになる．ガリレオは，1609年に自作した屈折望遠鏡（図1.9）で天体を観測し，アリストテレス的宇宙観への反証となる新たな発見を続々と行い，その結果を『星界の報告』[2]として1610年3月に発表した．これまで肉眼でしか天体を観測できなかった人類が，初めて望遠鏡という新たな手段を手に入れ，天体・宇宙を観測し，科学的なデータに基づいて宇宙を研究・理解し，新たな宇宙認識・宇宙観を創造することになった．まさに近代科学としての観測天文学の幕開けであった．

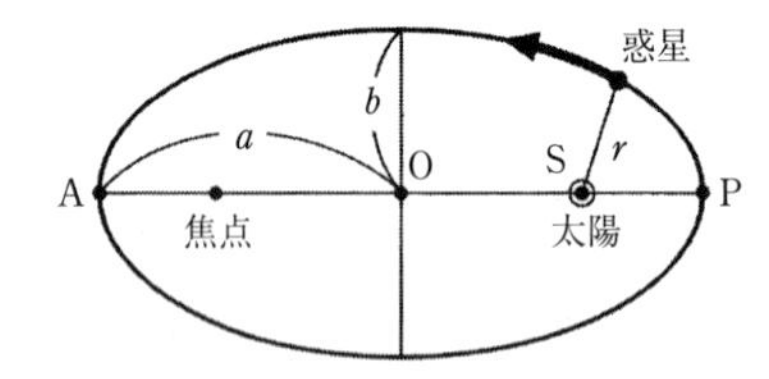

(a)　ケプラーの第1法則．
惑星は楕円軌道上を公転する．r＝動径，a＝長半径，b＝短半径，P＝近日点，A＝遠日点．

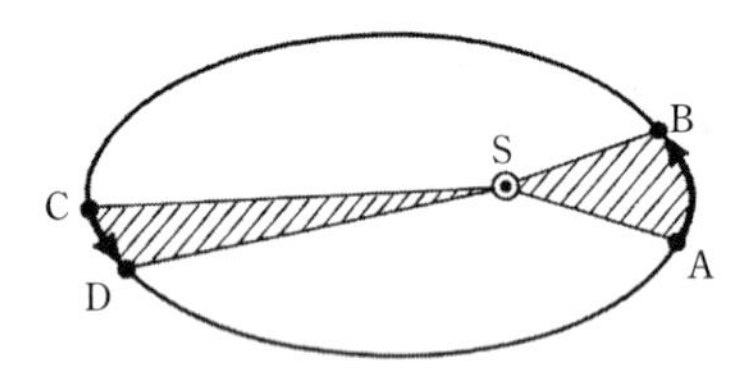

(b)　ケプラーの第2法則．
惑星の動径は単位時間当たり，その位置に無関係に，等しい面積を掃く．扇形SABの面積＝扇形SCDの面積．

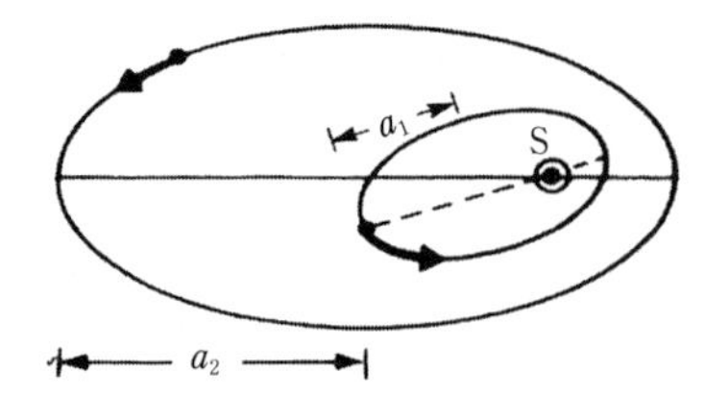

(c)　ケプラーの第3法則．
惑星の公転周期(P)の2乗と長半径(a)の3乗の比は，どの惑星についても等しくなる．a^3/P^2＝一定．

図1.8　ケプラーの法則（文献[3]より）

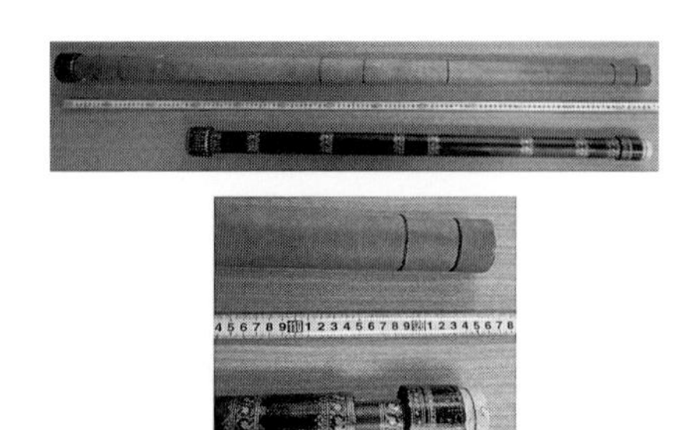

図1.9　ガリレオ望遠鏡の複製．
鏡筒の長さが125 cmと95 cmほどの2本が作られた．対物レンズは凸レンズ，接眼レンズは凹レンズになっているので正立像で観測できる．接眼部は焦点調整用に動かすことができる．（比田井所蔵・撮影）

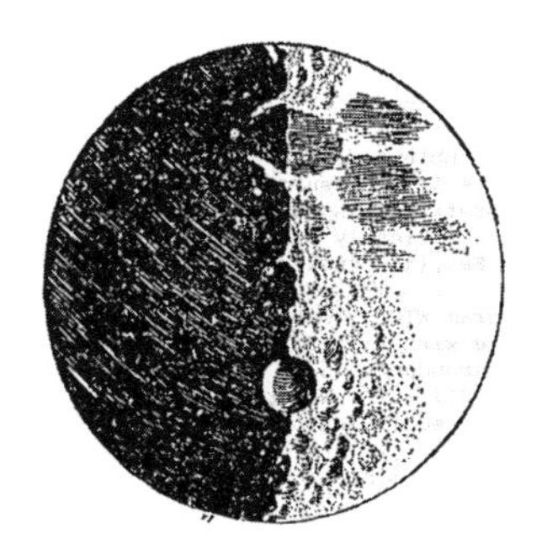

図 1.10　ガリレオの月面スケッチの例．月面は多様な隆起やくぼみを持ち，滑らかで一様な表面ではないことを発見した．（文献[2]より）

ガリレオはまず，月面を観測し，図 1.10 のスケッチに示されている山脈や谷，平坦な暗い海，クレータなどがある凸凹した表面であることを発見した．従来の，月面は滑らかで一様であるという主張への反証とした．

次にオリオン座三つ星とオリオン星雲，プレアデス星団，プレセペ星団を観測し，肉眼では見えない恒星を沢山スケッチしている．また，恒星は望遠鏡で見ても金星のような円盤状に見える惑星とは異なり，点状の光彩にしか見えないことから，恒星は非常に遠いだろうと考えた．さらに，白く見える天の川（銀河系）を観測し，“銀河は，実際は重なり合って分布した無数の星の集合である”ことを確かめ，古代ギリシャ以来の論争に決着をつけた．

地動説を決定的に支持する証拠を木星の観測により得た．木星の周囲に 4 つの星（メディチ家に敬意を表してメディチ星と呼んだが，現在はガリレオ衛星という）を発見し，1610 年 1 月から 3 月までその運動を観測して，木星の周りをまわる衛星であることを確認した．観測した衛星のスケッチの例を図 1.11 に示す．

そして，これらの衛星が木星の公転運動と共に太陽の周りを運動することを疑う余地がないことから，地球が衛星である月と共に太陽の周りを公転してもおかしくないと，地動説を確信するに至ったのである．後に，ガリレオは金星が月と同じ満ち欠けをすることを観測し，プトレマイオスの天動説では全く説明できない満月状に見えることは，金星が太陽を実際に回っている証拠であるとした．こうして，ガリレオによりコペルニクスの地動説がより確証され，天動説に代わる宇宙観となってきたのである．

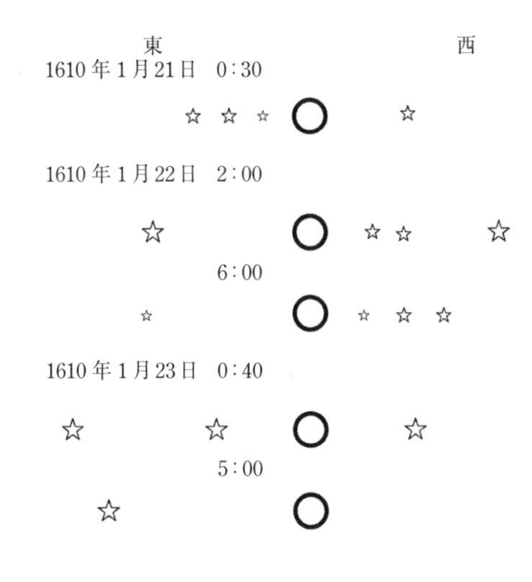

図 1.11　ガリレオの木星を回る衛星のスケッチの例．図中の夜の時刻は，日没を起点（0 時）として表現されている．サイズの大小は明るさの大小を表す．（文献[2]を基に作図）

地動説の確立の総仕上げをしたのはイングランド生まれのニュートン（Isaac Newton，1642～1727）である．彼は，光学，微積分学，力学などについて偉大な業績を残した大天才である．現在，世界中の天文台で使われている反射望遠鏡も発明している．地動説を確立する理論的基礎としての万有引力の法則と運動の法則を，1687年に『自然哲学の数学的原理』（Philosophiae Naturalis Principia Mathematica，略称プリンキピアという）に発表した．

万有引力の法則は，質量M_1，M_2の物体間の距離をr，万有引力定数をG，物体間に働く万有引力をFとすると，

$$F = \mathrm{G}\,\frac{M_1 M_2}{r^2}$$

と表現できる．

我々が地球上にいることができるのも地球と我々が万有引力で引き合っているからである．もちろん，天体の間でもこの法則は成り立つので，アリストテレス的宇宙観の天上界と地上界における運動の違いを考える必要が全くなくなったのである．太陽系の場合は，太陽と惑星が万有引力で引き合っている状態を，運動方程式である微分方程式を立てて，積分することによりケプラーの3法則が導き出される．つまり，ケプラーの法則がなぜ成立するかという理由は，まさに太陽と惑星の間に万有引力の法則が成立するからである．こうして地動説は真理として確立されたのである．

ケプラーの法則と万有引力の法則は，太陽系の惑星以外の天体，例えば，彗星や小惑星などにも適用できる．

以上述べたように，コペルニクスから始まった天動説から地動説へのパラダイム転換は，140年ほどの時を経て完了し，地動説は常識となって現在に至っているのである．

1.3　日本の天文学の概観

1.3.1　江戸時代まで

日本における天文学の歴史は，中国の星図や太陰太陽暦が輸入された7世紀頃から始まった．しかし，近代科学としての性質はなく，占星術と暦法の運用としての天文暦学であった．暦の運用は日常生活に直接影響することなので，いかに正確な暦を作るかが非常に重要なことであった．正確な暦を作るための計算規則を暦法といい，そのためには月や太陽の運行を正確に観測し，1ヶ月，1年の長さを決める必要があった．天体の運行や天文現象を観測するために，律令時代（7世紀後半～8世紀）に陰陽博士，天文博士などの役職が陰陽寮（役所）という組織に設置された．天文博士は天の異変を観測し，宮廷に知らせる役目を負っていて，平安時代10世紀中頃の安倍晴明が有名である．日本の暦で最も長期間使用されたのが宣明暦（せんみょうれき）であり，862年から1684年までの貞享暦（じょうきょうれき）に改暦されるまでの期間であった．

日本における科学としての天文学の始まりは，江戸幕府による改暦に関わった天文方による天体観測に基づく科学的な研究からである．主な人物を紹介する．渋川春海（はるみ）(1639～1715)は，

それまで800年以上も使用されていた宣明暦は不備があるので改訂すべきと考え，太陽，月，恒星の位置・運行を渾天儀等で正確に測定し，当時正確だった中国の授時暦の精度を上げる努力を行った．その結果，日月食と天体運行をよく説明する貞享暦を作り，1685年から新暦として採用された．天体観測に基づく独自の暦を作ったことは日本天文学史上非常に重要なことであった．この功績で春海は天文方という役職に任ぜられた．

次に登場するのは8代将軍徳川吉宗（1684～1751）である．彼は西洋天文学による改暦を志し，渾天儀を考案して作らせたり，屈折望遠鏡を作らせたりした．また，神田佐久間町に天文台を設置した．吉宗の志は，当時の天文方の実力不足で十分に達成できなかったが，宝暦暦（1755～1797）の改暦が行われた．暦学以外の一般的な西洋天文学は，吉宗の禁書令緩和以降，オランダ語の書物によってもたらされた．コペルニクスの地動説を日本に初めて紹介したのは，オランダ通詞の本木良永（1735～1794）が翻訳した『天地二球用法』（1774）である．地動説の普及には司馬江漢（1747～1818）も『刻白爾天文図解』（1808）を著わし，大いに貢献した．

3番目の改暦の試みは寛政暦であった．寛政の改暦は麻田剛立（1743～1799）門下の，高橋至時（1764～1804）と間重富（1756～1816）の2名が主導して成し遂げた．剛立は，医者をしながら天文暦学も研究し，自ら考案した観測機器で天体観測を行った．1763年に，当時使用されていた宝暦暦が予報しなかった日食を予測・的中させて，一躍有名になる．大阪に住んでから，私塾「先事館」を開き，西洋天文学を基礎とした漢文で書かれた暦法書などを研究し，至時や重富などの弟子を養成した．開発された観測機器には，天体の南中を測定する子午線儀，時間を測る振り子時計の垂揺球儀，天体の高度を測る象限儀があり，この組み合わせで正確な天体観測が可能になり，幕末まで幕府の浅草天文台で使われた．1795年幕府は改暦を決断し，剛立，至時，重富らに改暦に従事するよう命令した．至時は天文方に，重富は暦学御用掛となった．1797年2人は西洋天文学が基礎にある『暦象考成後編』などをもとに『暦法新書』を完成させ，改暦を成し遂げた．西洋天文学を基礎にした寛政暦が翌年施行された．

最期の改暦は，天保暦であった．関係した天文方は，高橋景保（1785～1829），渋川景佑（1787～1856）である．景保の功績は，伊能忠敬（1745～1818）の地図製作を監督･援助したことや，至時が翻訳を開始した，当時の最新の西洋天文学の内容を紹介している『ラランド天文書』の翻訳を重富から引き継いで続けたことである．景保がシーボルト事件で獄死した後，景佑が翻訳を引き継ぎ，『新巧暦書』として完成させた．この書籍は天保暦の基礎になる．天保暦はこれまでの太陰太陽暦の中で最も正確であるとされ，1844年から1872年の間に使われ，現在旧暦というのは天保暦を指す．明治になり，1873年から太陽暦（新暦）が施行され，現在に至っている．

改暦関連以外の天文学の発展には，森仁左衛門（不詳～1754）や岩橋善兵衛（1756～1811）らの屈折望遠鏡の作成，日本で初の反射望遠鏡を国友藤兵衛（1778～1840）が作ったこと，田中久重（1799～1881）が和時計の天頂部にプラネタリウムを作ったこと，など多彩な能力を持った天文家・技術者が多くいたことを補足しておく．

1.3.2　明治時代から現在まで

明治時代になり1877年東京大学が発足し，1878年星学科が設けられた．1888年に麻布飯倉に東京天文台が作られ，東大教授の寺尾寿が台長となった．こうして，まず東大から天文学研究・教育が開始され，1918年に京都大学に宇宙物理学科が，またかなり遅れて，1934年に東北大学に天文学教室がそれぞれ設置された．明治時代の日本における天文学的業績で最も有名なことは，1902年，臨時緯度観測所（後に緯度観測所）の木村栄が，Z項と名付けた極運動の新たな成分を発見したことである．この発見で日本の天文学が世界から注目されることになった．1908年に，天文学の進歩と普及を目的に日本天文学会が発足し，『天文月報』を発刊した．

大正時代に入り，平山清次が1918年，小惑星が群れをなして族（Family）を形成していることを発見し，国際的な高い評価を受けた．現在でも小惑星の起源に関して，族の重要性が増している．1923年の関東大震災の後，東京天文台は麻布から三鷹に移転する．ここに，太陽分光写真儀である塔望遠鏡と口径65 cmの大赤道儀屈折望遠鏡が1929～30年(昭和4～5年)に完成する．塔望遠鏡は，初期に太陽黒点分子帯，また戦後に太陽フレアー，などの観測に使われた．しかし，大赤道儀屈折望遠鏡は，完成時に小惑星観測に使われたが，レンズ系の大きな色収差などが災いしてその後，研究成果を十分に上げることはできなかった．

昭和時代に入り1930年代以降，天体物理学が盛んとなり，藤田良雄などが低温度星のスペクトル分岐の原因を提唱したり，宮本正太郎がコロナ鉄輝線の温度を研究している．1941年から日本は戦争に突入し，天文学研究は停滞する．

戦後になり，天文学研究は，1945年に東京天文台長に就任した萩原雄祐の献身的な尽力により発展してきた．萩原は，1950年頃，電波天文学として太陽電波観測を畑中武夫に勧めた．これが後の野辺山宇宙電波観測所の設置へつながった．一方，天体物理学研究を行うための光学望遠鏡設置に尽力し，1960年に188 cmと91 cmの反射望遠鏡を備えた，岡山天体物理観測所を実現させた．ここでは，分光観測と撮像観測が行われ，非常に多くの成果が生み出されてきた．この観測所は全国の大学，研究機関の研究者に共同利用されてきたが，2018年3月にハワイ観測所岡山分室となり共同利用が終了した．現在も望遠鏡は使われている（図1.12）．

1960年代から世界の観測天文学は多波長の観測時代に入っていった．各波長における現在までの主な望遠鏡の建設について概観する．光学望遠鏡では，1967年に岡山天体物理観測所

図1.12　岡山天体物理観測所．ドーム（左）と188cm望遠鏡（右）．（国立天文台提供）

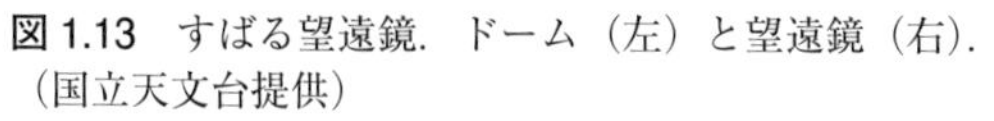

図 1.13　すばる望遠鏡．ドーム（左）と望遠鏡（右）．
（国立天文台提供）

に太陽望遠鏡（口径 65 cm）が完成し，1968 年京都大学が飛騨天文台を建設し太陽・太陽系の観測を開始した．1974 年に東大木曽観測所が開設され，105 cm シュミット望遠鏡による銀河，輝線天体などの探査が開始された．1980 年代になり，次期大型光学赤外線望遠鏡計画が議論され始めた．1988 年に東京天文台が国立天文台となり，この計画は実現に向けて走り始め，1990 年以降予算が認められて，口径 8.2 m の望遠鏡をハワイ・マウナケア山頂に建設することになった．1999 年に完成し，すばる望遠鏡と名付けられて，数種類の観測機器による分光・撮像観測が開始された（図 1.13）．2018 年に京都大学が岡山天文台に 3.8 m せいめい望遠鏡を建設した．

このころは世界でも 10 m ケック望遠鏡，欧州南天文台の 8 m VLT，米英加他の国際協力による 8 m ジェミニ望遠鏡などが建設されている．

すばる望遠鏡はこれまで非常に多くの成果をもたらしている．現在，すばる望遠鏡やケック望遠鏡などの成果を基にして，米国と日本は，カナダ，中国，インドとの国際協力による口径 30 m の TMT（Thirty Meter Telescope）望遠鏡の建設を進めている．

赤外線望遠鏡の本格的な建設は，1973 年に，京都大学・名古屋大学が木曽上松に口径 1 m の専用望遠鏡を設置したときである．地上観測は，すばる望遠鏡に引き継がれている．一方，日本初の赤外線衛星として，2006 年に打ち上げられた「あかり」がある．

X 線は，1960 年代から共同研究による X 線観測が小田稔らにより行われた．この後，X 線観測の天文衛星が次々と打ち上げられ，多くの成果を上げた．1982 年打ち上げの「てんま」，1987 年の「ぎんが」，1992 年の「あすか」，2004 年の「すざく」，2016 年の「ひとみ」などがある．「ひとみ」は残念ながら，2 か月後に入力ミスなどによる姿勢制御系の誤動作により分解してしまった．太陽の X 線衛星も 1981 年に「ひのとり」が打ち上げられ，次いで 1991 年の「ようこう」に引き継がれた．「ようこう」は 10 年間という長期間の観測を行い，太陽研究に衝撃的な発見をもたらした．2006 年に「ひので」が打ち上げられた．

電波望遠鏡は，1960 年代初めに 10 m 太陽電波パラボラが東京天文台三鷹に設置され，1970 年に野辺山太陽電波観測所に干渉計が完成した．一方，1969 年に東京天文台三鷹構内に 6 m ミリ波望遠鏡が完成し，宇宙電波天文学が本格的に始まった．宇宙電波研究は，1982 年に完成した野辺山宇宙電波観測所 45 m ミリ波望遠鏡により，太陽系から宇宙論まであらゆる分野において多大な成果を上げてきている．さらに，サブミリ・ミリ波天文学を推進するために，日本，欧州，米国の国際共同事業によるチリ・アタカマ高地に大型干渉計 ALMA（Atacama Large Mm/sub-mm Array）の建設が計画され，2013 年に完成した．口径 12 m と 7 m の合計 66 台のアンテナを組み合わせて観測し，ビッグバン直後の銀河の形成，星形成と惑星形成，生命に関する分子の検出などについて成果を上げつつある．

電磁波とは異なり，空間の歪みの波動である重力波の観測は，1999 年に国立天文台三鷹キャンパスに完成した干渉計型の重力波望遠鏡 TAMA300 がテスト観測を開始した．この発展として，岐阜県神岡鉱山の地下に KAGRA が 2015 年に完成しテスト観測を開始した．2020 年 2 月 25 日から本観測を開始した．実際，重力波は，カリフォルニア工科大学の LIGO による世界初の直接観測が 2016 年 2 月に報告され，宇宙を観る新たな重力波天文学の幕開けとなった．この業績に対して 2017 年ノーベル物理学賞が与えられた．

上述した 1960 年代以降の各波長の地上望遠鏡・衛星望遠鏡による様々な発見・成果については，是非，国立天文台，宇宙科学研究所，東京大学宇宙線研究所などのウェブサイトに入り，勉強をしてもらいたい．

1.4　オーロラが教えてくれること

極地方の上空に淡い緑色の光のカーテンとして静かに舞うオーロラ，そのオーロラが音もなく突然に明るさと動きを増し，赤やピンクの色も交えて全天に広がる様子を目のあたりにすると，人は自然の神秘さを感じずにはいられない．この神秘的で壮大な自然現象であるオーロラを科学することにより，我々は地球周辺の宇宙空間で何が起きているのか，多くの知識を得ることができる．ここでは，オーロラを糸口に地球周辺の宇宙環境を探る．

1.4.1　オーロラ発生の条件，大気と磁場

オーロラは地球だけでなく木星や土星にも現れる．一方，地球の月や火星には地球のようなオーロラは観られない．オーロラが出現する惑星に共通しているのは，その惑星に大気と惑星固有の磁場が存在することである．

オーロラは地上約 100 km 以上の希薄な大気に宇宙からの高速の荷電粒子（主に電子）が衝

図 1.14　南極昭和基地で撮影したオーロラ

突して発光する現象である．その発光機構は次項で述べるが，いずれにせよオーロラには発光するための大気が必要である．地球の月には大気がないのでオーロラは発生しえない．次に必要なのが，惑星大気を光らすための高速の電子や陽子である．電子，陽子などの荷電粒子を高速に加速するには電力が必要で，その電力は太陽からの高速プラズマ流である太陽風と惑星が持つ磁場による発電作用（太陽風発電，1.4.4 項参照）で作り出される．このため，オーロラ発生には惑星の磁場が必要となる．近年火星にもオーロラが観測されたというニュースが話題になったが，火星には固有の磁場はほとんどなく，太陽風発電による粒子加速によらない大気の発光現象であり，地球のオーロラとはその発生機構が大きく異なる．

1.4.2　オーロラの高度と色，発光機構

話を地球のオーロラに戻そう．オーロラはよく「光のカーテン」と称えられる．そのカーテンの裾，下端は通常高度 100 km 程にあり，カーテンの上端は高度 200 ～ 300 km，時には 500 km 近くまで達することもある．高度 100 ～ 200 km の裾部分の代表的な色は緑色である．光が弱い静かなオーロラの場合，肉眼では色の区別ができずに白っぽく見えるが，カメラ映像には明らかな緑色に映る．オーロラが明るく活発になると 300 km 以上のカーテンの上部が赤くなったり，下端の 90 ～ 100 km の部分がピンク色なったりする．

オーロラの色は，いま述べた緑，赤，ピンクが代表的な 3 色で，その光の波長はそれぞれ 557.7 nm（緑），630.0 nm（赤），585.4 ～ 1044.0 nm（ピンク）（nm，ナノ・メートル $=10^{-9}$m）と決まっている．このように決まった波長で発光する理由を次に述べる．

地球大気の主な成分は窒素と酸素である．その大気は高度と共に減少し，オーロラが現れる高度 100 km 以上では地上に比べ 100 万分の 1（10^{-6}）以下の密度となる．希薄になった大気は太陽からの紫外線や宇宙からの放射線によって酸素原子や窒素分子の正イオンと電子とに電離された状態になっている．このように希薄な大気が電離されている領域を電離圏と呼ぶ．オーロラは電離圏の中の主に 90 ～ 500 km にある酸素原子や窒素分子に高エネルギーの電子が衝突して発光する現象である．

原子や分子に外から高速の粒子が衝突すると，原子核を回っている電子はよりエネルギーの高い軌道に移行する．このようになった状態を原子や分子が励起状態にあるという．励起のエネルギーは連続量ではなく，原子や分子によって決まる階段状の飛び飛びの値（エネルギー準位）しか取り得ない．励起状態は不安定であり，そのような原子，分子は余分なエネルギーを放出して低いエネルギー準位や，元の安定な状態（基底状態）へ戻ろうとする．このとき，余分なエネルギーを光として放出する．その捨て去るエネルギー ΔE と，光の周波数 ν および波長 λ（すなわち光の色）の間には次の関係が成り立つ．

$$\Delta E = h\nu = h\frac{c}{\lambda} \tag{1.1}$$

ここで $h=6.63\times10^{-34}$ J·s はプランク定数，$c=3.00\times10^{8}$ m/s は真空中の光の速度である．すなわち，発光する原子や分子のエネルギー準位の差，ΔE が決まっているので，そこから放出される光の波長も決まる．酸素原子の場合のエネルギー準位と放出される光の波長の関係を図 1.15

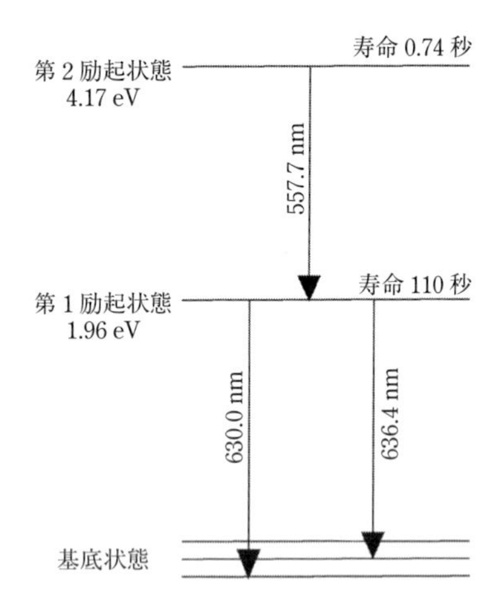

図 1.15　酸素原子のエネルギー準位と発光過程

に示す．

オーロラの代表色，緑色は酸素原子が第 2 励起状態から第 1 励起状態へ移行するときに出す波長 557.7 nm の光である．また，同じ酸素原子でも第 1 励起状態から基底状態へ戻るときに発光するのが波長 630.0 nm の赤いオーロラとなる．第 2 から第 1 状態へ移行するのに必要な時間は 0.74 秒で，その間に他の粒子に衝突すると発光することができない．このため，空気密度が高く粒子間の衝突時間が短い高度 100 km 以下では緑のオーロラは現れない．さらに，第 1 励起状態から基底状態へ移行するには約 110 秒もの長時間が必要で，その間に他の粒子と衝突することがないほど真空度の高い高度約 300 km 以上でなければ波長 630.0 nm の赤いオーロラは現れない．これが，オーロラの色と高度との関係である．

酸素原子による緑と赤のオーロラ光は波長がそれぞれ 557.7 nm と 630.0 nm の純粋な単色光（線スペクトル）であった．これに対し，オーロラが非常に活発なとき，その下端に現れるピンク色は，波長 585.4 ～ 1044.0 nm と幅のあるバンド状のスペクトル構造を持つ．これは，窒素分子からの発光で，先の酸素「原子」と違い窒素「分子」の場合は，分子を構成する原子のエネルギー準位に加え，原子間の振動や回転のエネルギーも連続量でなく飛び飛びの値を持ち量子化されているため，特定の波長が光っているのではなく，波長が少しずつずれた多数の輝線からなるバンド状のスペクトル構造を成している．この窒素分子も数 100 km の高高度ではイオン化されて，427.8 nm や 391.4 nm といった紫外線領域の別の色を発する．

以上のように，オーロラの色は大気の組成やその高度分布をまさに色濃く反映している．

1.4.3　太陽風と地球磁気圏

オーロラは電離圏の希薄な大気に高速の荷電粒子が衝突して発光していることがわかった．では，オーロラを光らすオーロラ粒子とも呼ばれる高速の荷電粒子は何処からどのようにしてやってくるのであろうか．

オーロラ粒子の根源は太陽である．太陽からは太陽風と呼ばれる高速のプラズマ流が惑星間空間に向け常時噴き出している．プラズマとは気体分子が陽イオンと電子に電離した状態の気体で，太陽風の場合は主に水素原子が電離した陽子と電子で構成されている．地球軌道付近で

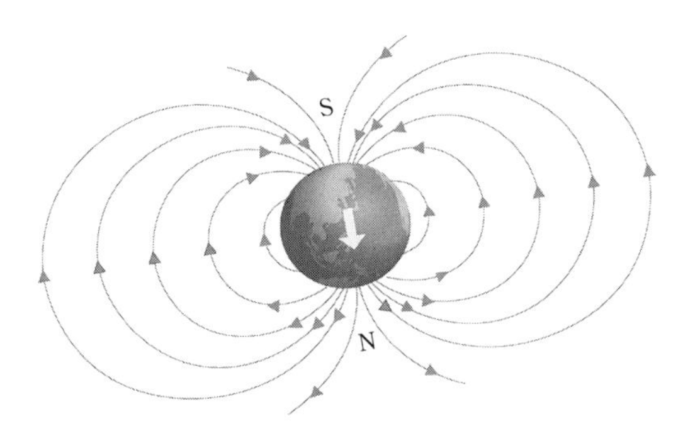

図 1.16　地球周辺の地磁気

の太陽風の密度は通常は数個 /cm^3 で地球上の大気に比べれば超高真空ともいえる．しかしそれは比較の問題で，宇宙スケールで考えれば惑星間空間は非常に高密度のプラズマで満たされている．そのプラズマ，すなわち荷電粒子が秒速数百キロメートル，時には秒速千キロメートル超える速度で流れており，その流れの中に地球も他の惑星も浸かっていることになる．

それでは，その太陽風が地球の大気に直接衝突してオーロラを光らせているのであろうか．もしそうであれば，オーロラは極地方ではなく赤道地域や低緯度の日本で頻繁に見えるはずである．実は，地球の磁場（地磁気）が太陽風の直接進入を阻んでいる．

地球は北極がS極，南極がN極の巨大な磁石となっており，南極から北極に向かって磁力線が伸びている．小学校の理科で学んだ棒磁石が砂鉄に作る模様が磁力線を表している．地球の場合，南極側から出た磁力線は地球半径の数倍から数十倍遠くの宇宙空間を通って北極側につながっている．すなわち，地球の周辺には地球磁場が存在する．図 1.16 に地球周辺の磁力線の様子を示す．地磁気の軸は自転軸に対し約 11° 傾いている．

地球近くに流れてきた太陽風の荷電粒子は地球磁場に遭遇すると，その磁場によりローレンツ力を受ける．ローレンツ力とは，磁場中をその磁場に垂直な速度成分を持つ荷電粒子が通過するときに受ける力で，その力 $\boldsymbol{F}$ は次式で表される．

$$\boldsymbol{F} = q\boldsymbol{v} \times \boldsymbol{B} \tag{1.2}$$

ここで，q は荷電粒子の電荷量，$\boldsymbol{v}$ は荷電粒子の速度ベクトル，$\boldsymbol{B}$ は磁場ベクトルである．$\boldsymbol{v} \times \boldsymbol{B}$ は $\boldsymbol{v}$ と $\boldsymbol{B}$ のベクトル積なのでローレンツ力 $\boldsymbol{F}$ は，速度および磁場に垂直な方向に働く．

結局，太陽風は地球周辺の磁場によるローレンツ力により反射したり方向が曲げられたりして，太陽風は地球を避けて流れることになる．太陽風から見ると，地球の周りには見えない磁場の壁，バリアがあるように感じる．このようにして地球周辺には太陽風が直接入り込めない空洞のような空間ができる．この地球磁場が支配する領域を地球磁気圏，その境界面を磁気圏境界面と呼ぶ．

一方，ローレンツ力は陽子や正イオンの正電荷と負電荷の電子に対し反対方向に働き，正負の電荷が互いに方向に曲げられ，それによって磁気圏境界面には電流が流れる．磁気圏の太陽側正面（昼側）には東向きの電流が流れる．この磁気圏境界面電流は磁気圏内の地球磁場を強め，磁気圏の外側では地球磁場を打ち消す方向の磁場を作りだしている．この結果，磁気圏の昼間側では地球磁場が地球半径の約 10 倍以内の距離範囲に圧縮されて閉じ込められている．その

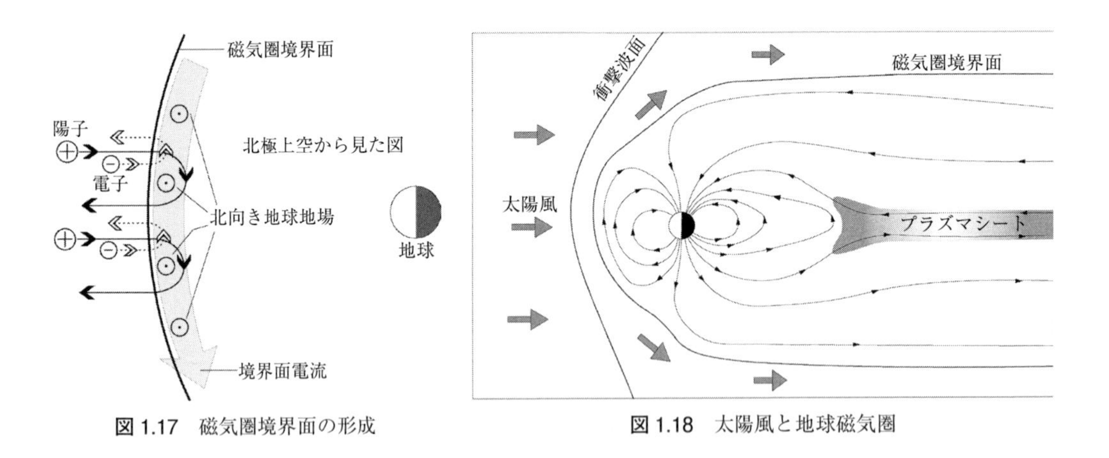

図 1.17　磁気圏境界面の形成

図 1.18　太陽風と地球磁気圏

様子を図 1.17 に示す．

一方，地球の夜側の磁力線は太陽風によって彗星の尾のように引きのばされ，地球半径の数百倍から千倍以上に達していることが確かめられている．磁気圏の概念図を図 1.18 に示す．

このように，高速のプラズマ流である太陽風と地球磁場の相互作用により地球周辺の宇宙空間には地球磁場が支配する領域である地球磁気圏が形成されており，太陽風は地球へ直接入り込めない．しかし，それでは本項文頭で「オーロラ粒子の根源は太陽風である」としたことと矛盾する．この矛盾の解消を次項で説明する．

1.4.4　太陽風の磁気圏への進入と太陽風発電

前項の図 1.16 で示したように，地球の磁場は地球中心に強力な磁気双極子（円電流や棒磁石の作る磁場）が存在すると仮定することにより，かなり良い近似が得られる．そして，その磁力線は南極側の N 極から北極の S 極に向かうので，地上でも宇宙空間でも極地方以外のほとんどの空間で地球磁場は北を向いている．

一方，太陽風中にも太陽を起源とする磁場，惑星間空間磁場（Interplanetary Magnetic Field，略して IMF）が存在する．太陽の黒点は太陽表面で磁場が非常に強い磁場の極である．黒点は常に N 極，S 極のペアとなって現れるが，その数や大きさ，位置が常に変化し，太陽磁場は地球磁場のように一定ではない．その太陽表面の複雑な磁場を源にする太陽風中の磁場，IMF は常にその方向と大きさが変化している．

たまたま南向きの磁場を持った太陽風が地球磁気圏に到達すると，北向きの地球磁場を打ち消して磁場がゼロとなる特異点を作り出す．実は単純に南北反対向きの磁場の重ね合わせではなく，プラズマと磁場の不安定状態といった複雑な物理過程がかかわっているが，イメージ的には打ち消しあうと考えると理解しやすい．さらに，磁場が打ち消しあった場所付近で，太陽風中の惑星間空間磁場と地球磁場との結合，磁場の再結合と呼ばれる現象が起こる．

このようにして，IMF と地球磁場が結合すると磁気圏の太陽風に対するバリアはもはや完璧ではなくなる．昼側磁気圏境界面で IMF に結合した磁場は，太陽風の流れによって境界面からはがされるようにして磁気圏の夜側へ運ばれる．この状態の磁気圏を「開いた磁気圏」と呼ぶ．

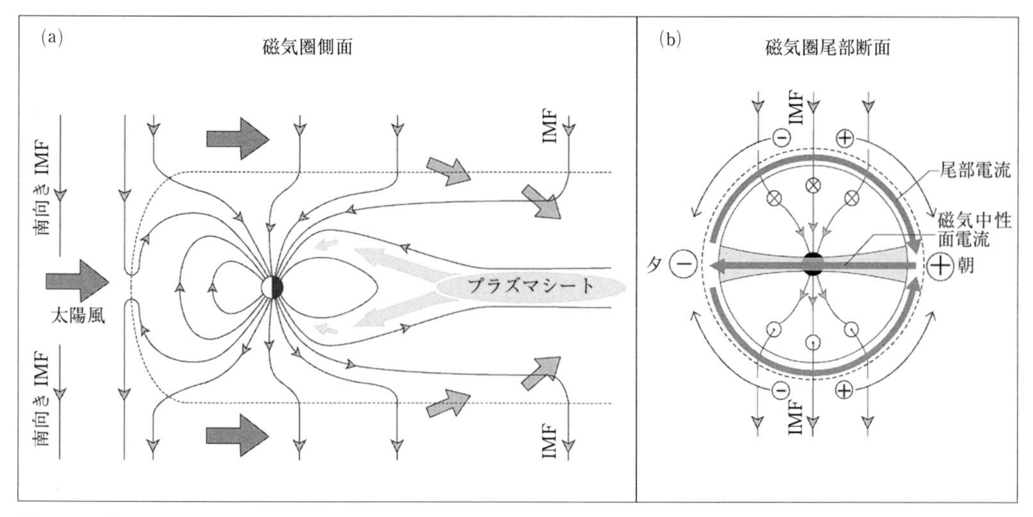

図 1.19　惑星間空間磁場（IMF）が南向き時の開いた磁気圏

荷電粒子に働くローレンツ力は，式 1.2 で示したように磁場の垂直方向に働き，磁場方向，すなわち磁力線方向には働かない．したがって，太陽風中の IMF とつながった地球の磁力線には太陽風の粒子が漏れこんでくる．そして，それら昼側の磁力線は太陽風粒子を巻き込みながら地球磁気圏の尾部に運ばれる．その様子を図 1.19(a)に示す．

円筒形の磁気圏尾部境界面では，昼側の境界面と同様に境界面電流が流れる．その電流は，尾部から地球太陽方向を見て，尾部の北半球側の境界面では時計回り，南半球の境界面では反時計回りに流れる（図 1.19(b)）．このため，磁気圏の朝側には正電荷の主に陽子が，夕方側には負電荷の電子が向かう．このようにして磁気圏の朝夕の側面は，太陽風のプラズマが朝側に陽子，夕方側に電子と分極した状態となる．この分極により磁気圏全体に朝側から夕方側に向かう電場，朝夕電場が生じる．これは一種の発電作用であり，太陽風発電と呼ぶことができる．

このように，磁気圏内には基本的に朝側から夕方側に向かう電場（磁気圏電場）が生じ，磁気圏内のプラズマはその電場 $\boldsymbol{E}$ と磁場 $\boldsymbol{B}$ に垂直方向に流れ出す．この現象は電場ドリフトと呼ばれ，そのドリフト速度 $\boldsymbol{V}_d$ は，

$$\boldsymbol{V}_d = \frac{\boldsymbol{E} \times \boldsymbol{B}}{B^2} \tag{1.3}$$

となる．電場ドリフトは電荷の正負を含め，その電荷量にも質量にもよらないことに注意する．すなわち，陽子も電子も同じ方向に同じ速さで運ばれる．磁気圏尾部の北半球の磁場は太陽方向，南半球の磁場は半太陽方向と逆向きであるため，尾部のプラズマは北半球では南へ，南半球では北へと運ばれ赤道付近に集まってくる．このようにして磁気圏尾部の赤道付近には比較的高密度，高温のプラズマ領域がシート状に形成されている．その領域をプラズマシートと呼ぶ．

プラズマシートの中心は南北両半球の磁場が打ち消しあって，磁気中性面（ニュートラスシート）と呼ばれる磁場がほぼゼロとなっている．そこでは荷電粒子が磁場の拘束を受けないので，

磁気圏電場により朝側から夕方側へ電流が流れる．これを磁気中性面電流と呼び，その両端は先に説明した磁気圏尾部の境界面電流につながり，南北で反対回りの電流ループ，磁気圏尾部電流を形成する．また，その尾部電流により磁気圏尾部の磁場が保持されている．

さて，そろそろ本節の主題であるオーロラに話を帰着させよう．実はオーロラが発光している極地方の磁力線はプラズマシートにつながっており，そこを流れる磁気圏尾部電流の一部が磁力線に沿って極地方に流れ込み，オーロラを光らせている．

電流は荷電粒子の流れであり，極地方の真夜中前の夕方側には主に電子が勢いよく降り込んでおり，それがカーテン状のオーロラとなって現れる．真夜中より朝側には陽子が降り込み，ぼんやりしたディフューズ(拡散)オーロラと呼ばれるオーロラとなって現れる．これらのオーロラ粒子はプラズマシートに蓄えられていたものであるが，そのままではオーロラ発光にはエネルギー不足であり，極地方上空で粒子を加速する機構が働いている．そのエネルギー源も前述の太陽風発電が元であると考えられる．

オーロラが急激に明るさと動きを増すオーロラ爆発（サブストーム）という現象は，プラズマシートに運ばれてきた磁気圏尾部の南北の磁力線が再結合し，尾部に溜まっていた磁場とプラズマのエネルギーが一気に解放されて生じると考えられている．このようなときには，今まで述べてきたプラズマシート起源に加え，より地球に近い赤道付近を流れる赤道環電流からの流れ込みも強まり，より低緯度にオーロラを発生させる．

以上述べてきたように，オーロラ現象は太陽風と地球磁場の相互作用により形成されている様々な地球磁気圏現象のひとつであり，その基本的な発生機構は太陽風や磁気圏現象と共にだいぶ明らかになってきたが，未解明な部分も多々残されている．それらを解き明かすことは，地球周辺の宇宙空間はもとより太陽惑星間空間環境を理解することにつながる．

1.5　宇宙環境と現代社会

現代社会においては，通信，放送，測位，宇宙からのリモートセンシングなどの宇宙利用が我々の社会インフラとして拡大しつつある．これらが我々の生活を豊かにしてきた一方で，宇宙利用に依存した社会システムの宇宙環境じょう乱に対する脆弱性が問題となってきている．

例えば，宇宙の放射線による被曝は，宇宙空間で活動する宇宙飛行士の健康を害するだけでなく，人工衛星に搭載される宇宙機器にとっても誤動作や故障，機能喪失の原因になっている．1個の放射線粒子が電子回路素子に入射して機能障害を起こすシングルイベント現象や，長期間放射線環境下に晒されることにより部品性能の劣化をもたらすトータルドーズ効果，姿勢制御系などの各種センサの検出器に放射線粒子が入射してノイズ源となるなどの障害がある．

この宇宙放射線のフラックス量（ある時間内にある面積内へ入射する粒子数あるいはエネルギー）は地球磁気圏内の衛星の位置によって大きく異なる．太陽から飛来する高エネルギー粒子（太陽宇宙線）の場合，磁気圏への侵入が容易な高緯度地域でフラックスは高い．逆に地球磁場に捕捉された放射線帯（ヴァン・アレン帯）の高エネルギー粒子の場合は，低緯度の磁気赤道上空でその放射線量は最大となる．さらにこれらの放射線量は宇宙環境のじょう乱によって時々刻々激しく変動している．

磁気嵐は地球磁気圏の大規模なじょう乱現象であり，宇宙環境じょう乱の代表である．そのじょう乱のエネルギーが，地球の上層大気中に大電流を流し，その場の電気抵抗で消費され，これを加熱することもある．加熱された大気は，宇宙空間へと膨張し，広がる．このため低軌道を周回する人工衛星の受ける大気抵抗が異常に増大し，その軌道に急激な変化が起こる．予測軌道に誤差を発生させるだけでなく，宇宙環境のじょう乱が低軌道衛星の大気圏突入時期(つまり衛星寿命）を左右することになる．

宇宙環境のじょう乱が影響を与えるのは，人工衛星などの宇宙機本体だけではない．磁気嵐の際の大きな地磁気変動は，非常に長い導体に異常な誘導電流を流す．電磁気学で良く知られたファラデーの電磁誘導の法則である．日本では国土が狭いため大きな問題となることはないが，北米など広い国土を持つ地域では重要な問題となっている．地上に広がる送電線網に上記のような大電流が流れたため変電所のトランスが焼き切れ，北米では大規模な停電が起こったこともある．また，高度数百 km にある上層大気中の電離圏に不規則構造が発達すると，人工衛星から地上に到達する電波にシンチレーション（瞬き）が起こり，GPS などの衛星を利用した測位に大きな誤差をもたらす要因となる．

このような宇宙環境のじょう乱を引き起こす原因となる太陽面現象としては,「太陽フレア」,「コロナ質量放出（CME)」,「コロナホール」が知られている．前者2つは，太陽面上の磁場エネルギーがプラズマの熱や運動エネルギーへ，さらに電磁波のエネルギーへと急激に変換されたものであり，太陽宇宙線を発生させ，磁気嵐の原因にもなる．太陽黒点数が変動するおおよそ11年の太陽活動周期に同期して，その発生数は増減する．一方，コロナホールからは特に高速の太陽風が吹き出し，磁気嵐の原因となる．これらの現象が我々の社会システムに障害を与えるまでのメカニズムの研究や，悪影響を回避する対策や具体的なツールの開発などは，基礎科学や宇宙開発のみならず，我々の生活に身近な利用面からも重要な課題となっている．

相手が自然現象である以上，我々は否応なくその影響を受けることになる．地上に生活する我々が，台風や雷雨などの自然現象の影響を否応なく受けるのと同じである．影響を完全に除去することは不可能であるが，天気予報により自然現象の発生や推移を把握することで，被害の軽減が可能である．高波に備えて漁船を港に係留したり，豪雨による土砂災害が予想される地域や氾濫の可能性のある河川から避難をしたり，突風を警戒して列車の運行速度を下げるなど，様々な注意・対策を行う．

宇宙環境じょう乱による障害についても同様であり，その悪影響を軽減する試みとして行われているのが「宇宙天気予報」である．太陽面現象とそれに伴う宇宙環境じょう乱の監視と予報を行い，人工衛星や通信・放送システムの運用の支援情報として活用されている．この活動においては国際的な各国の協力が不可欠である．一例をあげれば太陽面を地上から望遠鏡で監視する場合，その地域の天候にも左右され，当然ながら夜間は観測できない．世界中の様々な地域の観測施設が連携・協力して初めて24時間の太陽面連続監視が可能となる．世界各国の宇宙環境監視・予報機関により，国際宇宙環境サービス（ISES）が構成され，国際的な連携や情報交換，予報項目の調整や統一コードの制定などを行っている．

第2章

大気がもたらした恩恵

飛べるということ

航次郎：ねえ，メガネウラって知っている？

空　代：うん，なんでも翅の長さが70 cmもあるトンボの祖先だって聞いたことがあるわ．

宙　美：そんなに大きなトンボって，一体どんなトンボなのかしら．

宇太郎：そういえば，子どものころに読んだ，『せいめいのれきし』[†]っていう本の石炭紀のところで出てくるあの昆虫かな．

空　代：昆虫は，恐竜よりも前にこの地球に誕生して，今では80万種以上もいるんだって．

宙　美：その昆虫の定義の中に「翅を持っているもの」というのがあるって教科書に出ていたわ．

航次郎：そうか，翅が羽になりさらに翼になって．航空機の先祖は昆虫だったのか！

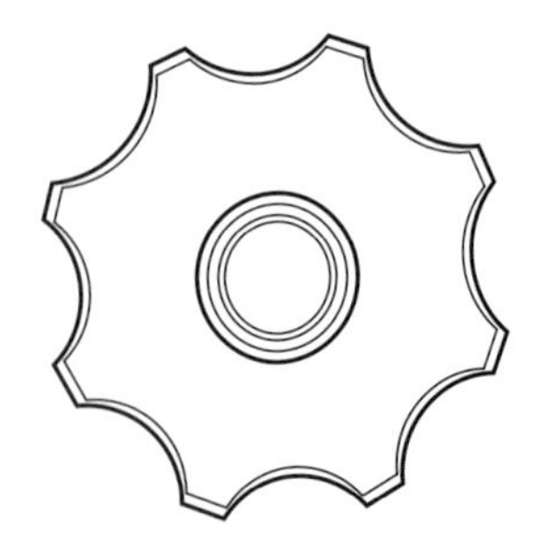

† バージニア・リー・バートン文と絵，石井桃子訳，岩波書店，1964年初版．

地球には大気が存在し，私たち生命はその大気の恩恵を受けて生きている．大気は地球全体から見ると卵の殻ほどの厚みしかないが，それが何億年にもわたる生命進化の舞台となった．植物は子孫を残すために花粉や種を空に飛ばし，動物は翼を進化させて地上から空へと生活の場を広げた．本章はそういった生物の飛行の進化から始めて，空を飛ぶことを可能にした大気の基本的な性質や，航空機と関わりが深い風などの物理現象について解説する．

2.1　生物における飛行のメカニズムの進化

2.1.1　最初に空を飛んだ生物は？――動力を必要としない飛行

生命が地球上に誕生したのは約40億年前といわれている．最初の生命は海で生まれたが，その後長らく水から出ることはなく，生命誕生後35億年たってようやく緑藻類という植物の一種が陸上に進出した．緑藻類は苔の仲間で，胞子という小さな粒子を作って繁殖するが，胞子にはべん毛があって水中を遊泳し，他の場所に移動して発芽し個体を増やす．そのため，その棲息範囲は水のある場所に限られていた．緑藻類の次に陸上で繁栄したものがシダ植物である．シダ植物も胞子を持つが，シダ植物の胞子は胞子のうという袋の中にでき，そこから飛び出すと空中を飛んで周囲に散らばりそこで発芽する．胞子は軽いので風が吹くと遠くへ飛ばされて棲息範囲を広げることができる．生命にとって棲息範囲を広げることは，それだけ多くの子孫を増やすことができることを意味するため，進化的に有利である．結果として胞子のような小さな粒子を風で運んでもらうことが進化の対象となった．つまり，生きるために「空を飛ぶ」ことを選んだ最初の生物は植物の胞子ということになる．

胞子のような小さな粒子が空を飛ぶことができる理由は，空気に粘性があるためである．粘性とは流れが持つねばっこさであり，流れの中に置かれた物体には，それが何であれ粘性によって摩擦抵抗が働く．摩擦抵抗の大きさは，レイノルズ数（Re）という物理量（流れの慣性力と粘性力の比を表す量）に依存し，その値が小さいほど他の力に比べて摩擦抵抗が支配的になる．レイノルズ数は $Re=UL/\nu$（Uは流速，Lは物体のサイズ，νは流れの動粘性係数）で定義されるため，小さい物がゆっくりと動くほど値が小さくなる．したがって，胞子のように小さい粒子では摩擦抵抗が支配的な力となり，これを利用して流れに運んでもらうことが最も効率的な移動方法になる．

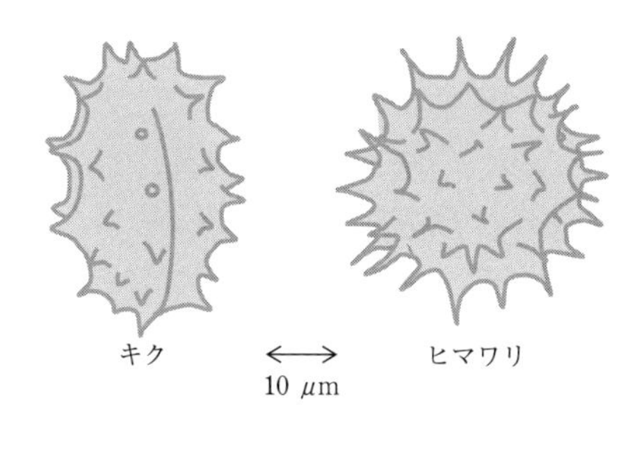

図2.1　花粉

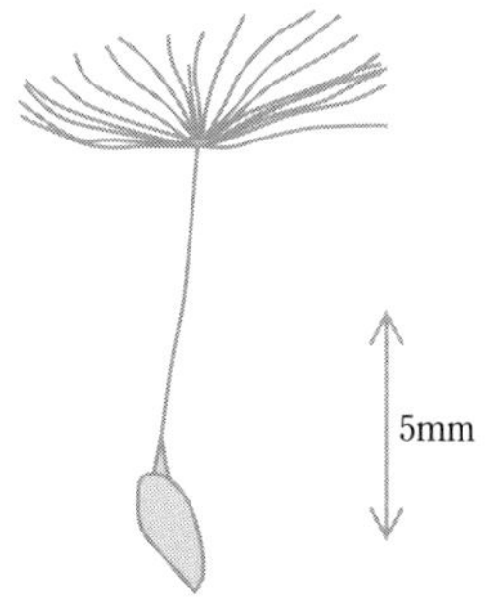

図2.2　タンポポの種

例えば，現生のシダ植物の胞子のサイズである直径数十 μm の粒子では，空中を落下する速度は摩擦抵抗により毎秒数 mm 程度になり，1 m の高度から地面に到達するまでにかかる時間は数百秒にもなる．その間に風が吹けば遠くへ移動できるし，また数 mm/s の上昇気流が存在すれば地面に落ちることなく長時間飛行できる．

摩擦を利用して風に乗って移動する方法は，その後に進化した裸子植物や被子植物といった高等植物にも受け継がれた．それはこれらの植物が飛ばす花粉である．花粉は図 2.1 のような形をしていて，ごつごつとした突起を持つ形状であることが多い．これは摩擦抵抗が物体の表面積に比例するため，限られた材料でできるだけ表面積を増やすための工夫と言える．図 2.2 のタンポポの綿毛もできるだけ表面積を増やすために，図 2.1 の突起をさらに細く，長くしたものであると言える．こうすることでより広範囲に子孫を残すことに成功し，現代においても繁栄している．

2.1.2　昆虫の時代——羽ばたき飛行

植物に遅れて陸上に進出した最初の動物は節足動物である．節足動物は昆虫の他にエビやカニなどの甲殻類やクモやムカデなどの仲間を含み，種類が非常に多い．種類の数は地球上の動物の全種類数の実に 85 % を占めるといわれている．水中，地上，空と地球上の様々な環境に適応して棲息しているが，その理由としてあげられるのが図 2.3 に示す体節構造である．

体節とは骨格や神経，内臓などのパーツが一そろい揃った身体の基本単位で，移動のための足を持ち，これが前後に並ぶとムカデのような形状になり，退化して一部の体節のみに残るとクモ（4 対 8 本）や昆虫（3 対 6 本）になる．つまり，体節の構造を変化させるだけで多様な形態を作ることができ，様々な環境に適応できるようになる．その中で昆虫では体節の一部の外骨格が外に伸長して翅（＝昆虫の薄く広がった翼を指す言葉）を作り，翅を動かすための筋肉も進化して，上下左右に繰り返し翅を動かす羽ばたき飛行を身につけた．空を飛んだ昆虫の化石は石炭期（3 億 5 千万年前）の化石から見つかっているが，それは図 2.4 に示すような巨大なトンボの化石であった．メガネウラと呼ばれるこのトンボは翅の両端の幅が約 75 cm もあり，石炭期の大森林の中を飛び回っていたと考えられる．

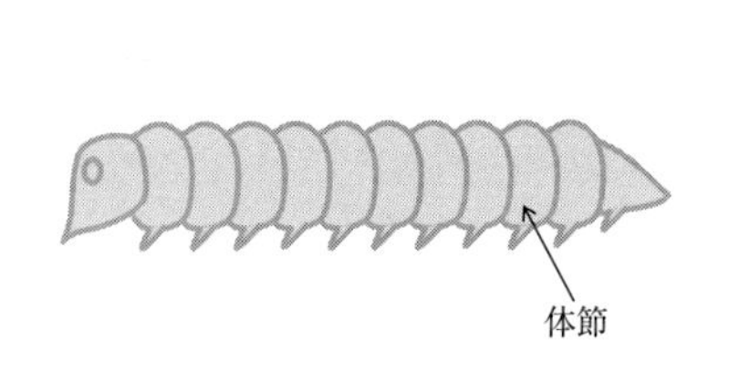

図 2.3　体節構造

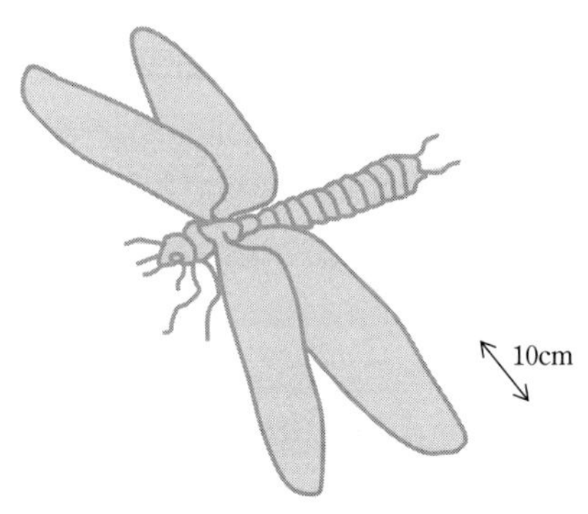

図 2.4　メガネウラ

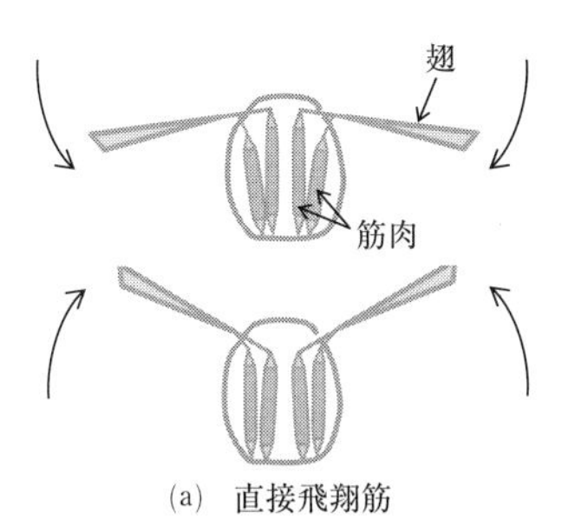

(a)　直接飛翔筋

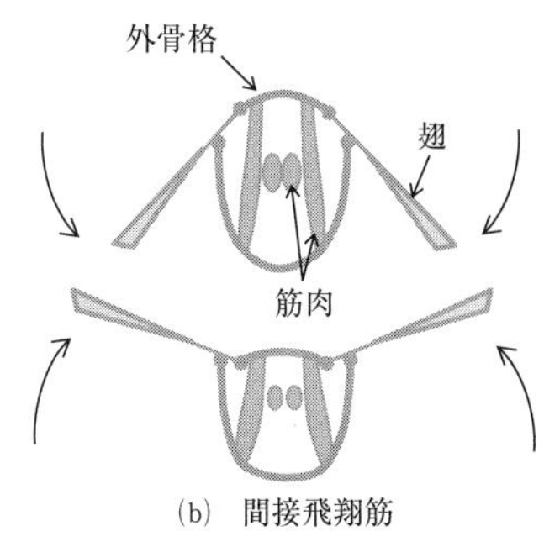

(b)　間接飛翔筋

図 2.5　昆虫の飛翔筋肉図（文献[9]より作図）

その後，チョウ（鱗翅目）やハエ（双翅目），ハチ（膜翅目），カブトムシ（甲虫目）といった昆虫が進化したが，これらの新しい種類の昆虫と，トンボなどの古い昆虫の飛行のメカニズムは大きく異なる．トンボの場合は，飛行に必要な筋肉が図 2.5(a)に示すように翅の根元と繋がっており，翅を直接駆動する（直接飛翔筋）．一方，新しいタイプの昆虫の筋肉は図 2.5(b)に示すように外骨格と繋がっており，外骨格を変形させることで外骨格に繋がった翅を駆動する（間接飛翔筋）．なぜこのような間接的な駆動方法が進化したかというと，外骨格は弾性を持つ材質でできているため外力を受けるとばねのように変形し，固有振動数と呼ばれる振動数で振動する．これと同じ振動数で周期的な外力を加えると「共振」と呼ばれる現象が発生し，大きな振幅で振動する．このとき，弾性体に蓄えられたエネルギーは最も効率良く運動エネルギーに変換され，外骨格に付随して羽ばたく翅によって得られる揚力も大きくなる．間接飛翔筋を持つ昆虫はこの性質を利用し，より少ないエネルギーで効率的に飛行できるように進化したと考えられる．また，間接飛翔筋を持つ昆虫の多くは「非同期筋」と呼ばれる筋肉を持ち，神経からの 1 回の刺激で複数回（5 ～ 25 回）筋肉を収縮させることができる（1 回の刺激で 1 回収縮する筋肉は「同期筋」と呼ばれる）．この特性を利用すれば，少ない頻度の刺激で高周波で羽ばたくことができ，ハエやハチなどのように 1 秒間に 100 ～ 300 回もの羽ばたきを行うことが可能になる．高周波で羽ばたくことは揚力を増やすだけでなく，外骨格に蓄えられるエネルギーも増やすので，より高い効率で飛行することが可能になる．

このように，昆虫の飛行は外骨格という特殊な形態を巧みに生かしたものであるが，飛行に直接関わる揚力を生み出すメカニズムもまた特殊である．これについて，1930 年代にひとつの論争が巻き起こった．それは，セイヨウマルハナバチ（Bumblebee）は理論的に空を飛べないというものであった．その発端は，ある科学者がハチの翅の大きさと飛行速度から理論的に揚力の大きさを計算したところ，体重よりもずっと小さなものとなったことから，このハチは理論的には空を飛ぶことはできないと結論づけたことである．セイヨウマルハナバチはクマバチの仲間で，自在に空を飛べる昆虫であるが，なぜこのような矛盾が生じたかというと，昆虫の羽ばたき運動が高速で複雑な運動であるために，当時の科学ではその詳細なメカニズムを理解できていなかったためである．実際のところ，昆虫の羽ばたき飛行の流体力学的なメカニズムが解明されたのは，ハイスピードカメラや数値流体力学（CFD）などの技術が発展した 20 世紀末になってからである．

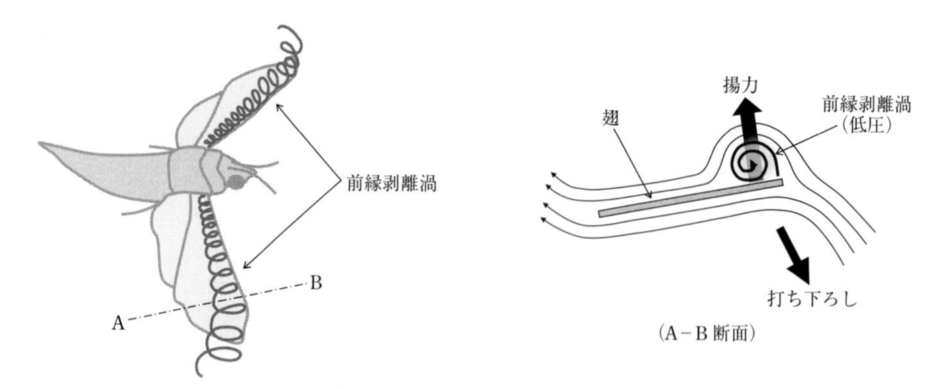

図 2.6　前縁剥離渦（左の図は文献より作図）

昆虫は普通の飛行機に比べて小さく，飛行速度も遅いため，翅の周りの流れのレイノルズ数が小さく，粘っこい流れの中を飛行している．このような流れの中では，翅の周りの流れは前縁付近で剥離して渦を生成し，非定常な流れとなる．ハイスピードカメラや CFD による解析の結果によれば，このときの渦は図 2.6 に示すように翅の前縁に沿って根元から先端に向かって配置しており，翅を打ち下ろしている間は常に前縁に付着して翅と共に動くことがわかった．渦の中心付近は台風の渦と同様に圧力が低くなっていて，翅は図 2.6 に示すように，この低圧部に吸い上げられるようにして強い上向きの揚力を生成する．

この渦は「前縁剥離渦」と呼ばれ，セイヨウマルハナバチだけではなく，多くのハチやハエ，チョウ，ガなどもこの渦が作る力を利用して飛行していることがわかっている．セイヨウマルハナバチが飛べないとされた 1930 年代では，非定常な空気力に対する理解が十分ではなく，時間的に変化しない定常な流れが作る空気力に基づいて揚力を計算していたことが間違いを招いた原因だったのである．

以上のように，昆虫は長い進化の歴史を経て，他の生物とは異なる身体の構造や揚力を作り出すメカニズムを身に付け，空を飛べることを武器として今日の繁栄を築いた．昆虫が節足動物全体の中で占める種類は約 85 % であり，したがって地球上の全生物種の約 70 % を占めるひとつの要因は，その巧妙な飛行方法にあると言ってもよいであろう．

2.1.3　巨大恐竜の飛行——滑空飛行

節足動物が陸上に進出した後，約 1 億年経って私達の先祖である脊椎動物が陸上に進出した．最初に陸に上がったのは両生類で，両生類は卵を水中に産卵し，幼生がしばらくの間水中で暮らすため，完全に水から離れて生活することはできなかった．それを可能にしたのは両生類から進化した爬虫類である．爬虫類は殻で包まれた卵を産むため陸上で一生を過ごすことが可能で，それによって棲息範囲を飛躍的に広げることが可能となった．その結果，爬虫類が地上を制覇する時代が到来する．その代表が三畳紀やジュラ紀，白亜紀に繁栄した恐竜である．

恐竜と言えばティラノサウルスに代表される肉食恐竜が有名であるが，翼を持ち空を飛べるものが存在した．それが図 2.7 に示す翼竜である．翼竜は鳥とは異なり羽毛を持たず，コウモリのような膜を腕や指と胴体との間に張って翼としていた．現生のコウモリは 5 本の手の指で

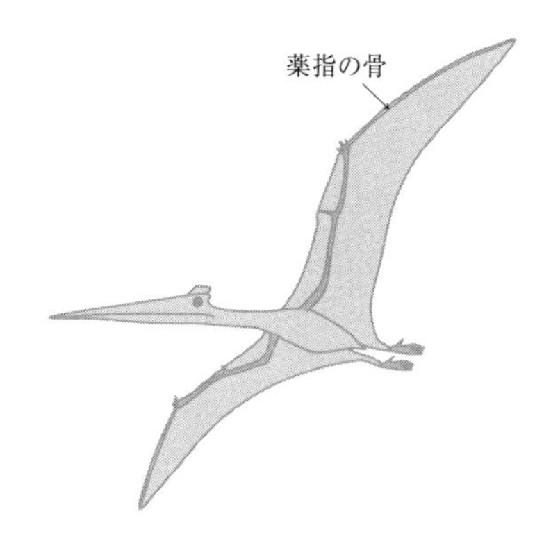

図2.7　翼竜

膜を支えているのに対して，翼竜では翼を支える指は一本だけで，人間でいえば薬指に相当する第4指が長く伸びて翼を支えていた．小型のものから大型のものまで存在し，大型の翼竜には翼を広げた翼幅が7 mにもなるプテラノドンや10 mを越えるケツァルコアトルスが存在した．

このような大型の翼竜がどのような飛行を行っていたのかというと，鳥が行うような羽ばたき飛行はほとんど行わなかったと考えられている．その理由は，羽ばたきに必要なパワーと筋肉が生み出すパワーのバランスによる．パワーとは単位時間に消費する，あるいは生成するエネルギーのことであるが，羽ばたき飛行時に消費されるパワーは，理論解析の結果，体重の1.17乗に比例することがわかっている．一方で，筋肉が生成するパワーは筋肉量に比例することがわかっており，したがって体重の1乗に比例する．その結果，身体が大きくなればなるほど筋肉が生成するパワーよりも羽ばたき飛行に必要なパワーの方が大きくなり，羽ばたき飛行が困難になる．

現生の鳥類の中で最も大型のものは翼幅が3 mにもなるアホウドリの仲間であるが，その体重は10 kg程度であり，飛行中はほとんど羽ばたき運動をしない．アホウドリのような大型のウミドリは，海上で吹く風のエネルギーを利用してダイナミックソアリングと呼ばれる飛行を行い，自力で飛行するよりも風のエネルギーを利用して翼を動かさない滑空飛行を行っている．それよりも大型の翼竜ではさらに羽ばたきを行うことは困難であり，滑空飛行が主な飛行手段であったと考えられる．

2.1.4　植物だって空を飛ぶ——回転飛行

植物の胞子や花粉の飛行については2.1.1項で述べた通りであるが，それらの飛行は摩擦抵抗を利用するもので，重量が小さいものに限られる．シダ植物以降，陸上では裸子植物，被子植物といった植物が進化したが，これらの植物の種子は果肉を持つように進化しており，重量も増加した．種子が重くなると摩擦抵抗だけで空を飛ぶことが困難になり，空を飛ぶ以外の様々な移動方法が進化した．例えば，果実を他の生物の餌となるようなものにし，鳥や哺乳類などの陸棲の生物に食べられることによって運んでもらうという方法や，先端が鉤のように曲がった棘を種子の表面に密生させて，他の生物の身体に付着させて運んでもらうといった方法である．

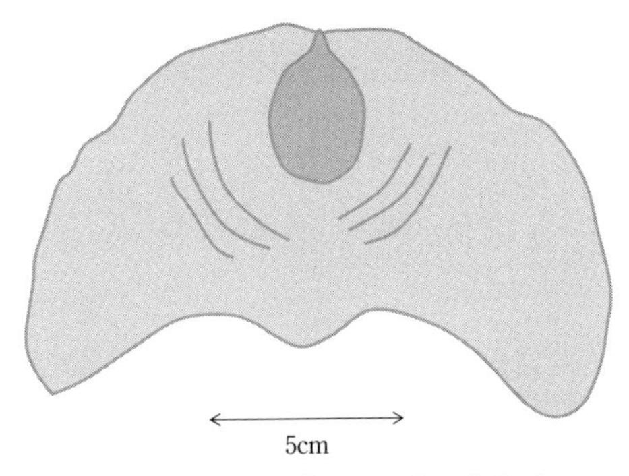
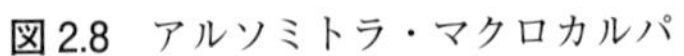

図 2.8　アルソミトラ・マクロカルパ

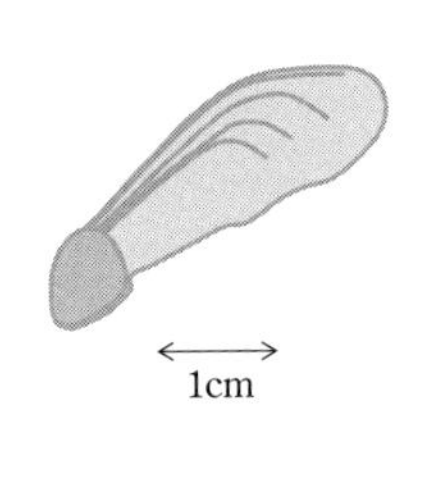

図 2.9　オニモミジ

しかしながら，いくつかの植物では摩擦抵抗に頼るのではなく，飛行機のような翼を持ち，揚力を使って空を飛ぶ方法を進化させた．このような植物の一例が，アルソミトラ・マクロカルパという名前の植物である．この植物の種子は図 2.8 に示すような姿をしており，種子の外側を覆う種皮が薄く広がって翼を作り，飛行機のように滑空飛行を行うことができる．ただし，滑空飛行を行う種子を持つ植物の種類は少なく，多くの植物ではヘリコプタのように翼を回転させながら飛行する種子が進化した．代表的なものには，図 2.9 に示すオニモミジの種子がある．オニモミジはカエデの仲間であるが，カエデの仲間の多くはオニモミジと同様に回転飛行を行う．ヘリコプタではブレードと呼ばれる翼が複数枚集まったロータを回転させて飛行するが，植物では主に 1 枚ブレード型の飛行が見られる．図 2.9 のオニモミジの種子を例にすれば，発芽に必要な胚や発芽のための栄養が集まった部分は種子の一端に集中し，それ以外の部分は種皮が薄く広がって翼（ブレード）を形成している．種子の重心は栄養が集まった一端に近いため，そこを中心に回転しながら飛行する．

ここで，回転飛行のメカニズムについて解説する．植物は動物とは違って動力源を持たないため，回転飛行を行うための力を自ら生成することができない．したがって，自重を支えるための揚力も，回転に必要なトルクも空気の力を使って生成する．図 2.10 にその仕組みを示す．

種子が回転する際，重心から離れた翼の端の部分（＝翼端）は回転によって移動する速さが速い．一方で，重心に近い翼の根元の部分（＝翼根）は翼端に比べると移動する速さが遅い．その結果，回転によって前方から流入する速度は翼端で速く，翼根で遅くなる．種子は降下しながら飛行するため，降下による速度の成分（翼端でも翼根でも同じ速度）がそれぞれの位置における前方から流入する速度に合流して，図 2.10 の下図に示すような流れがそれぞれの位置で翼に流入する．翼に働く空気力のうち，流れに垂直に働く力が揚力で，後ろ向きに働く力が抗力であり，これら 2 つの力の合力がそれぞれの翼に働く．

図より，翼端においては合力の向きは上を向き，翼根においては前を向く．この合力の上向き成分が種子の重量を支え，前向き成分が回転させるトルクを生成する．つまり，回転する種子は翼端側で自重を支え，翼根側で回転するトルクを作って飛行している．このように自重を支える揚力と，回転に必要なトルクを同時に生成するメカニズムを「オートローテーション」と呼んでいる．このメカニズムは植物の種子だけではなく，現代のヘリコプタにおいてもエンジンが故障した際に，安全に不時着するために利用されている．

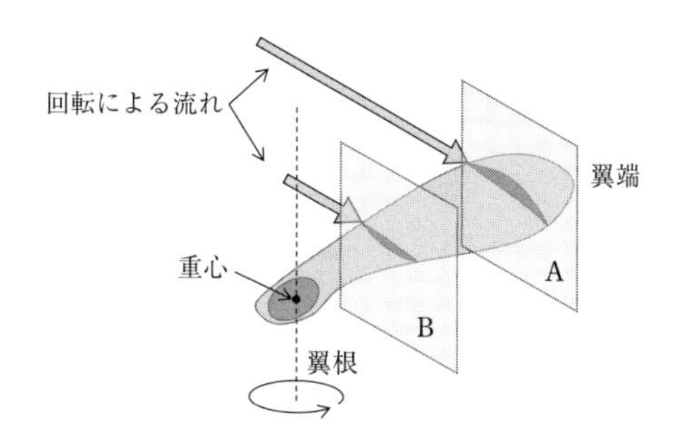

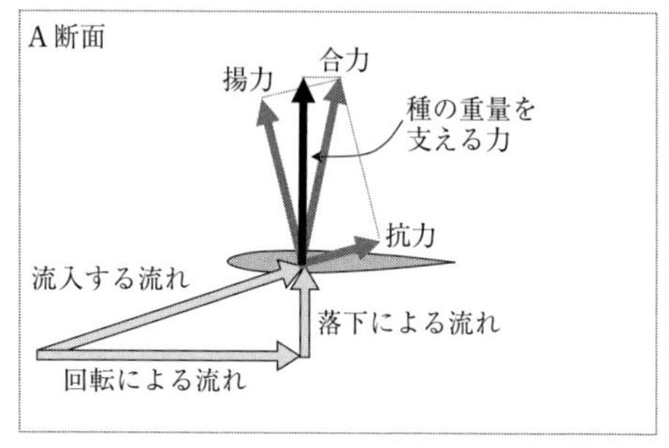

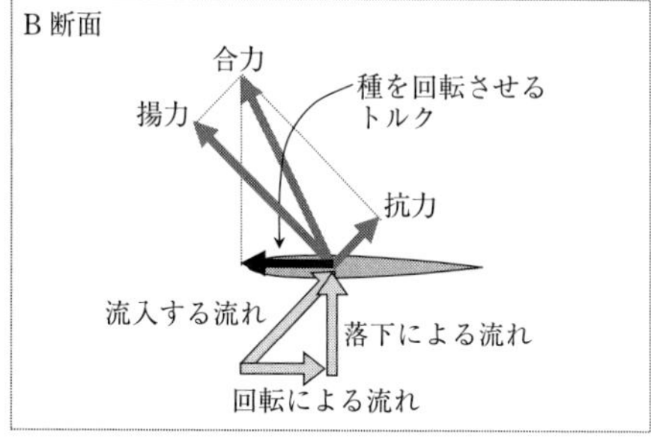

図 2.10　オートローテーションの仕組み

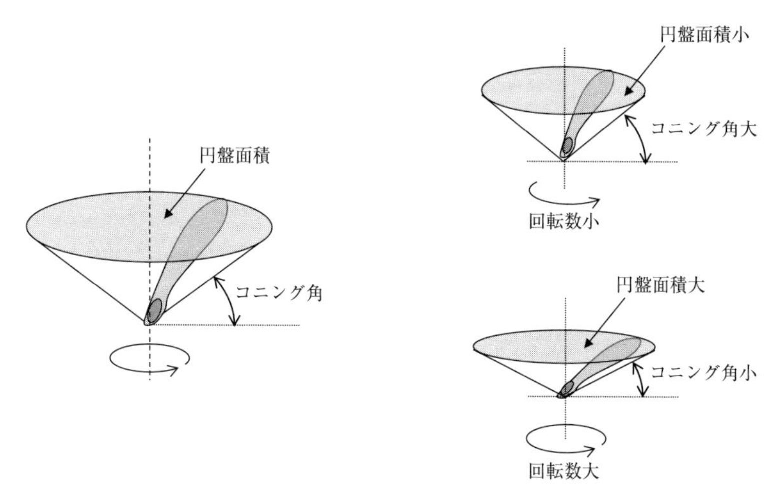

図 2.11　円盤面積

オートローテーションで重要なことは，図 2.11 における円盤面積をできるだけ大きくして翼に当たる空気の量を増やすことである．そのためには図のコニング角をできるだけ小さく，種を横に寝かせるように回転した方がよい．この角度は回転による遠心力と揚力，重力のバランスで決まり，遠心力が大きいほど種が横に寝て角度が小さくなる．遠心力は回転の角速度の 2 乗と回転する物体の質量，および回転中心から物体までの距離の積に比例するので，種子はできるだけ速く回転するか，回転軸から離れた部分の質量を増やせばよい．

種子が飛行する際のレイノルズ数は 10 の 3 乗程度で，航空機の翼が 10 の 6 乗程度の値を持つのに対して非常に小さい．このような低レイノルズ数の流れでは，翼は薄い方が高性能で，抵抗を減らして高速な回転が可能になる．また，翼を薄くしたまま回転軸から離れた部分の質量を増やすためには，その場所の翼の前後の幅である翼弦長を増やした方がよい．図2.9のオニモミジや他のカエデ類の種はまさにそのような形状になっている．

2.2　地球を取り巻く大気

2.2.1　大気の鉛直構造

地球の引力により，その周りには空気が保持されている．地球を取り巻く空気の層を大気と呼ぶ．大気の上限を明確に指定することは難しいが，一般に 80 km（または 120 km）程度と考えられる．地球の半径を約 6400 km とすると，それと比較して大気は非常に薄い層である．地球をゆで卵に例えると，大気の層は卵の殻程度の厚さでしかない．

大気は，その高さによっていくつかの層に分類することができ，それぞれの層で特徴を持っている．大気の温度である気温に注目すると，地上から上空に向かって気温は複雑に変化している．その変化をおおまかにとらえると，W の字を横向きにしたような形をしている．気温の変化傾向が異なる部分で大気の層を区別すると，図2.12に示すような4つの圏に分類できる．

(1)　大気の構造

対流圏：地上から高度約 11km までは，高度が高くなるほど気温が低下していく．この層は対流圏と呼ばれ，空気の上昇と下降が盛んでよくかき混ぜられている．すなわち対流が起きやすい．対流圏には，地球の周りの大気総量の約 79% が存在する．また，気象現象に大きな影響を与える水蒸気のほとんどが，対流圏内に存在している．雲や雨などの天気現象は対流圏の中で起きている．

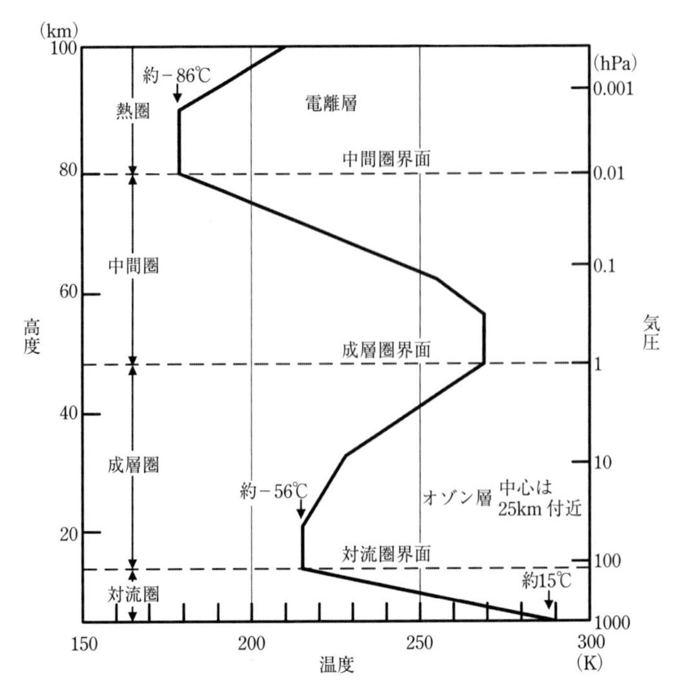

図2.12　大気の鉛直構造

対流圏界面：大気の4つの圏の境界を圏界面と呼ぶ．対流圏の上部は対流圏界面で，高度約11 km より上の数 km は気温が変化しない領域となる．この領域は対流圏の「ふた」に例えることができ，上昇流を止める働きがある．対流圏界面は気温の高い低緯度ほど高度が低く，気温の低い高緯度ほど高度が低い．すなわち，低緯度ほど対流圏の厚さは厚く，高緯度ほど薄くなっている．

成層圏：対流圏界面より上では，高度が高くなるほど気温が上昇していく．この層は成層圏である．成層圏にはオゾン層と呼ばれるオゾン濃度が高い領域があり，太陽からの紫外線をオゾンが吸収して熱を発生している．このため，成層圏では高度とともに気温が高くなっている．成層圏においてオゾン濃度が最大となるのは高度25 km 付近であるが，気温は成層圏上端の高度約50km で極大になっていて，両者の高さは一致しない．これは，成層圏の中でも上側の方が紫外線の強度が強いこと，高度が高いほど空気の密度が小さく少しの熱量でも気温が上昇しやすいことによる．なお航空機が飛行する高度は，対流圏と成層圏の下部である．

中間圏：成層圏の上は中間圏と呼ばれる層があり，ここでは高度が高くなるほど気温が低下していく．中間圏の上端が地球の周りで最も気温の低い領域となり，－100 ℃を下回る．この高度になると空気はかなり希薄になる．中間圏の厚さは約30 km で対流圏の2倍を超える厚さがあるが，この圏に含まれる空気量は対流圏の800分の1程度である．さらに中間圏の外側に存在する空気量は，大気総量の10万分の1程度しかない．

熱圏：中間圏のさらに上を熱圏と呼ぶ．この層では高度が高くなるほど気温が上昇していく．この高度では分子や原子が極めて少なく，太陽活動の影響を大きく受けて気温は大きく変化する．

電離層：熱圏の中の大気は太陽からの紫外線によって電離され，イオンや自由電子になる．この層は電離層と呼ばれ，地球から発射される電波を反射・屈折させ，球面である地球表面の遠くまで電波を伝搬させるなど，無線通信において重要な役割を果たしている．

(2)　大気の組成

地球の周りの大気の主な組成は表2.1の比率になっている．この比率は，地上から高度80 km 程度まで，すなわち対流圏・成層圏・中間圏においてほぼ一定になっている．

表2.1　大気の主な組成

成分	分子式	容積比（%）	成分	分子式	容積比（%）
窒素	N_2	78.088	メタン	CH_4	1.4×10^{-4}
酸素	O_2	20.949	クリプトン	Kr	1.14×10^{-4}
アルゴン	Ar	0.93	一酸化二窒素	N_2O	5×10^{-5}
二酸化炭素	CO_2	0.038	水素	H_2	5×10^{-5}
一酸化炭素	CO	1×10^{-5}	オゾン	O_3	2×10^{-6}
ネオン	Ne	1.8×10^{-3}	水蒸気	H_2O	不定
ヘリウム	He	5.24×10^{-4}			

それに対し，熱圏では分子や原子が少なく，それらが衝突する機会が多くないため重力による分離が起こり，窒素や酸素のような重い気体は熱圏の中の下側に，ヘリウムや水素のような軽い気体は上側に分離されている．そのため，熱圏ではそれより下側と異なった大気の組成になる．

なお水蒸気については，地域や季節によって大気中に含まれる比率が変化する．最小はゼロに近い値，最大は容積比で 4 % 程度となる．

2.2.2　気圧と高度

地球の周りの大気について，ここではその重さと圧力の関係を考える．地上から大気の最上部まで柱状の直方体があるとすると，その底面積が 1 cm^2 の場合，直方体の底面には約 1 kg の質量がもたらす力（重さ）がかかっている．底面積が 1 m^2 の場合は約 10 t となり，これにより大気には圧力が生じている．これを大気圧または気圧という．気圧はその上に存在する大気の重さによるので，高度が低いほど気圧は大きく，高度が高いほど小さい．

大気圧の大きさは hPa（ヘクトパスカル）の単位で表す．Pa（パスカル）は圧力の単位で，1 hPa は 100 Pa である．以前は，大気圧の単位として mb または mbar（ミリバール）が用いられることが多かった．1 bar（バール）は 10^5 Pa であり，hPa と mbar は数値としては同じ値で表される．大気圧は海面の高さで平均 1013 hPa であり，これを 1 気圧としている．

先ほど述べたように，高度によって気圧の値は変化する．異なる場所の気圧を比べる場合は，高度の違いによる気圧の差を取り除く必要があるため，観測地点の気圧を海面の高さに換算して比較する．これを海面気圧という．この換算には，観測地点の高度と気温を用いて行う．地上天気図に記入されている気圧は，すべて観測地点の気圧を海面気圧に換算したものである．これらの値を用いて，気圧の同じ点を結んだ等圧線が天気図に表示され，気圧が高い・低いといった分布を表している．

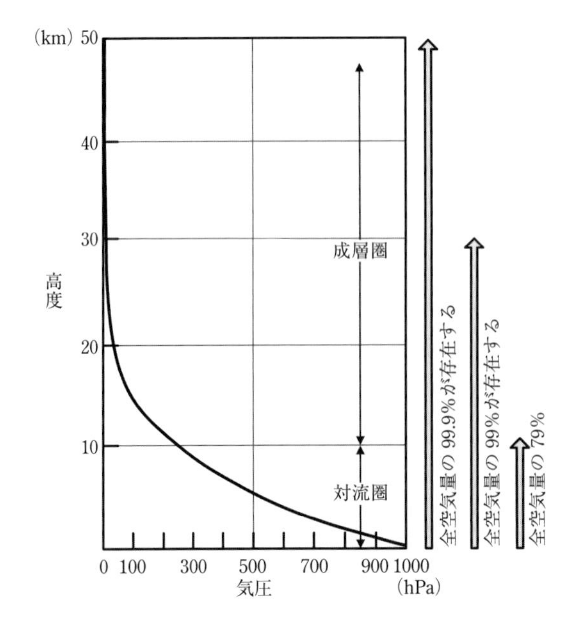

図 2.13　大気の鉛直変化

2.2.3　国際標準大気

気温や気圧等の大気の状態は，地球上の場所ごとに異なる．また同じ場所でも，時間の経過とともに変化する．そこで，大気全体（特に中緯度）の平均的な状態のモデルを定義することで，航空機の設計や搭載される計器の開発等，様々な用途に用いられている．

この標準的な状態の大気を表すモデルを，標準大気と呼ぶ．標準大気は策定した機関によっていくつか存在するが，航空の分野では国際民間航空機関（International Civil Aviation Organization，ICAO）が定義した国際標準大気（International Standard Atmosphere，ISA）が用いられている．

ICAOの国際標準大気における定数は以下のとおりである．

・乾燥空気

・物理定数

海面気圧	1013.25 hPa
海面気温	15 ℃
海面空気密度	1.2250 kg/m^3
氷点定数	273.15 K

・気温減率

0 ～ 11km	−6.5 ℃/km
11 ～ 20km	0 ℃/km
20 ～ 32km	＋1.0 ℃/km

国際標準大気において，気温は対流圏では高度が高くなるほど直線的に低下し，対流圏界面を超えるとしばらく一定となる．また，気圧は高度が高くなるほど曲線的に低下する．このように標準大気を定義することで，気圧と高度の関係は一対一に決定することができる．言い換えると，気圧を測定することでその場所の高度を知ることができる．この性質を利用して，航空機では気圧を測定することで高度を求める気圧高度計が用いられている．

2.3　航空機が飛行する大気

2.3.1　大気に働く力

風は大気の動きである．大気には次の4つの力が働いている．これらの力が釣り合うことで，一定の風向・風速の風が吹くことになる．

・気圧傾度力　　・コリオリ力

・遠心力　　・摩擦力

(1)　気圧傾度力

大気に働く力のうち，最も基本的なものは気圧傾度によって生じる力である．気圧傾度とは，水平方向の気圧の差，すなわち気圧の勾配のことである．気圧の差によって高い側から低い側に向かって空気を押す力が生じ，これを気圧傾度力と呼ぶ．気圧傾度が大きいほど，つまり等圧線の間隔が狭いほど気圧傾度力は大きい（図2.14）．

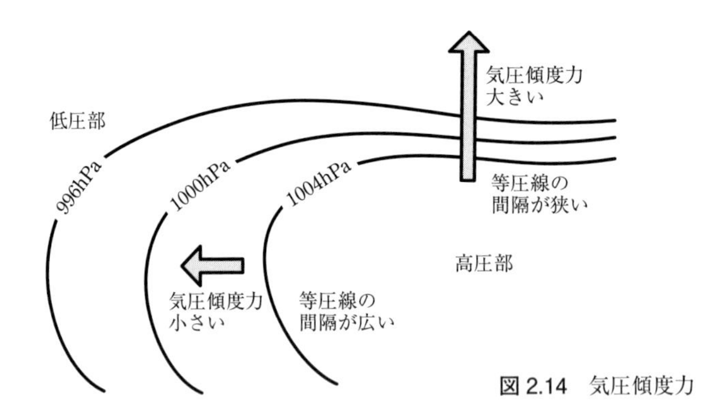

図 2.14　気圧傾度力

気圧傾度力は，等圧線と垂直な方向に働く．しかし一般に，風は等圧線と直角な向きに吹くわけではない. 気圧傾度力は風向を決める基本的な力であるが, 以下に述べる他の力と釣り合って風向が決まる．

(2)　コリオリ力

地球は自転運動によって常に回転している．地上の風はそのような回転体の上における空気の動きであるため，どのように視点を固定するかによって，力の働き方が異なって見える．

いま，回転する円盤の上でボールを投げる場合を考える．図 2.15 において，O は円盤の中心でボールを投げる人，A はボール，B は円盤上でボールを見ている人，C は円盤の外でボールを見ている人を示している．O から B と C に向かってボールを投げると，回転する円盤上をボールが外側に向かって移動していく（A0 → A1 → A2 → A3）．図(a)において，ボールの動きを円盤の外にいる人 C から見ると，ボールはまっすぐに移動して見える．その移動の間も，円盤は回転を続けている（B0 → B1 → B2 → B3）.

それに対し図(b)において，同じボールの動きを回転している円盤の上にいる人 B から見る場合，あたかもボールが曲がりながら移動して（A0 → A1 → A2 → A3）いるように見える．これはボールが移動している間，B が円盤とともに回転しているためだが，B は円盤上にいるために円盤自体の回転を感じることはできず，あたかもボールの動きを右に曲げる力が働いているように見える．自転運動している地球上においても, この場合と同じ力が働くことになる. これをコリオリ力と呼ぶ.

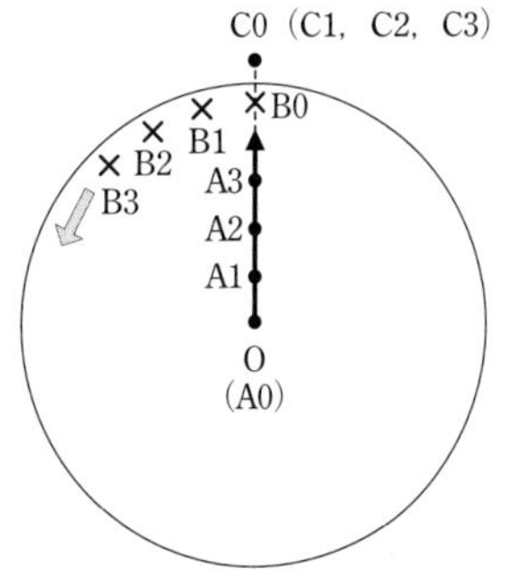

(a)　円盤の外からボールを見ている人を基準にした位置関係

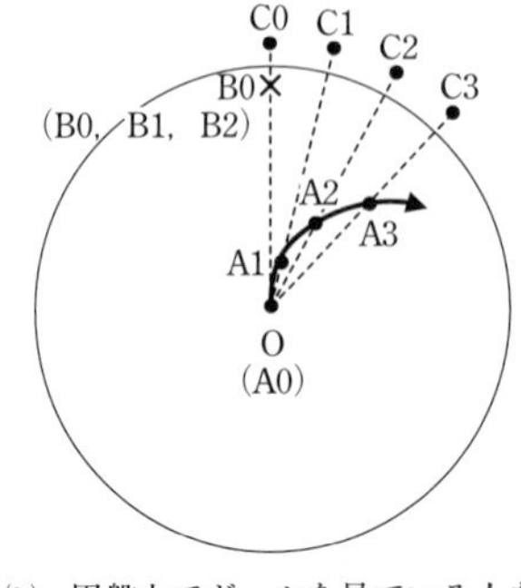

(b)　円盤上でボールを見ている人を基準にした位置関係

図 2.15　コリオリ力.
O：円盤の中心でボールを投げる人
A：ボール
B：円盤上でボールを見ている人
C：円盤の外でボールを見ている人

ここで，ボールの動きを円盤の外から見る（図(a)）とは，慣性空間に視点を固定することになる．ボールの動きを円盤上で見る（図(b)）とは，回転体に視点を固定することになる．どちらに視点を固定するかによって，その力が働いているか見え方が変わるので，コリオリ力は見かけの力と呼ばれる．風は地球表面における空気の動きなので，気象学においてはコリオリ力を実際に働く力として取り扱う．また，コリオリ力は物体の速度を変えることはなく，運動の向きを変える力なので転向力ともいう．

コリオリ力は，北半球では右向きに，南半球では左向きに働く．また，高緯度ほど大きく，赤道上では働かない．なお，物体の移動距離が長いほどコリオリ力が明瞭に現れるが，移動距離が短い場合は無視できるほど小さい．

(3)　遠心力

空気が曲線の経路を描いて移動すると，その空気に遠心力が作用する．円弧の曲がる方向，あるいは円運動の回転方向にかかわらず，遠心力は常に外側に働く．また，速度が大きいほど，回転の半径が小さいほど遠心力は大きい．

(4)　摩擦力

空気が移動すると，その動きを阻止しようとする力，すなわち摩擦力が働く．摩擦力の働く方向は，空気の動きと反対向きになる．空気は，地表付近を移動するときに地表面の摩擦の影響を受けるが，その影響は高さとともに小さくなる．地表面摩擦の影響を受けるのは地上から1 km 程度の範囲で，この領域を摩擦層という．高度が高くなると地表面の摩擦はほとんど影響しないので，摩擦層より上の大気は自由大気と呼ばれる．なお，海上よりも陸上の方が，地表面の摩擦の影響は大きい．海面に対して，地面上の方が地形や構造物により起伏が激しいためである．

2.3.2　風の種類

先ほど述べた大気に働く4つの力が釣り合って風が吹くが，その組み合わせにより風は主に次の種類に分類される．

(1)　地衡風

地衡風とは，直線の等圧線が平行にある場合に，気圧傾度力とコリオリ力とが釣り合って吹く風である．

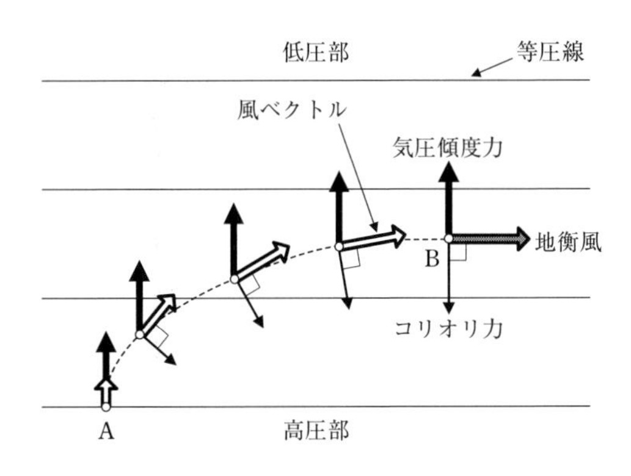

図 2.16　地衡風

図2.16において，Aに静止していた空気は気圧傾度力によって等圧線と直角に，気圧の高い方から低い方へ動き始める．空気が動き出してある程度の距離を移動すると，風速に比例したコリオリ力が働き，空気は右に曲がりながら進む．最終的には，気圧傾度力とコリオリ力とが釣り合って等圧線と平行な向きに風が吹くことになる．このとき，北半球では高圧部を右に見て風が吹く．

なお，地衡風という名称は，地球の回転と平衡する風という意味で，気圧傾度力とコリオリ力が釣り合っていることを表している．

(2)　傾度風

傾度風とは，等圧線が曲がっている場合に吹く風である．地衡風では等圧線と平行な向きに風が吹くが，等圧線が曲率を持っていると遠心力の影響を受けることになる．この場合，気圧傾度力とコリオリ力に加え，遠心力を加えた3つの力が釣り合った状態で風が吹く．

図2.17において，低気圧付近(a)では反時計回りの風が吹いている．このとき，遠心力とコリオリ力を合わせた力が気圧傾度力と釣り合う．高気圧付近(b)では時計回りの風が吹いていて，遠心力と気圧傾度力を合わせた力がコリオリ力と釣り合う．遠心力は常に外側に向かって働くので，低気圧付近では気圧傾度力と反対向きに，気圧傾度力を打ち消す方向に遠心力が働く．高気圧付近では気圧傾度力と同じ向きに，気圧傾度力を強める方向に遠心力が働く．このため，気圧傾度力の大きさが同じ（等圧線の間隔が同じ）と仮定すると，低気圧付近または風が左に曲がっていると風速は小さくなり（低気圧性傾度風），高気圧付近または風が右に曲がっていると風速は大きくなる（高気圧性傾度風）．

(3)　地上付近の風

上空（高度約1kmより上）で吹く風は，等圧線に並行な地衡風または傾度風となっている．それに対し，地上付近で吹く風は等圧線に並行にはならない．これは，地表面の摩擦の影響を受けるためである．図2.18に示すように，気圧傾度力によって気圧の高い側から低い側に空気が動き始め，コリオリ力によって右に曲げられている．その際，空気の動きと反対向きに摩擦力が働く．それにより，コリオリ力と摩擦力の合力が気圧傾度力と釣り合う角度に風向が定まる．このとき，風向は等圧線に対し低圧側を向くことになる．地表面の摩擦が大きいほど風向は低圧側を向き，摩擦が小さいほど等圧線と並行な向きに近づく．陸上では風向と等圧線とのなす角αが30～45°くらい，海上では15～30°くらいになる．

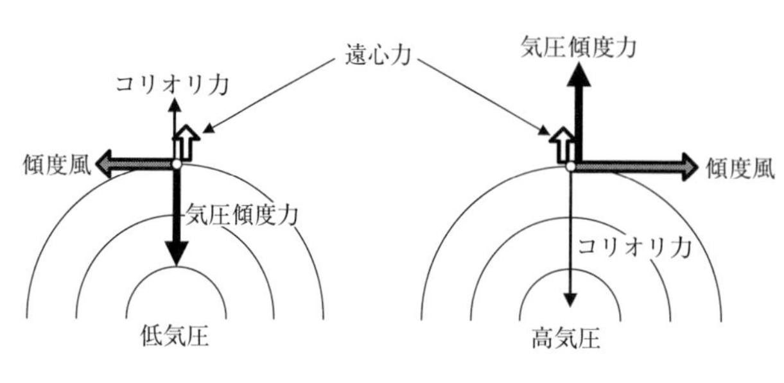

(a)　低気圧性の気圧分布の場合　(b)　高気圧性の気圧分布の場合

図2.17　傾度風

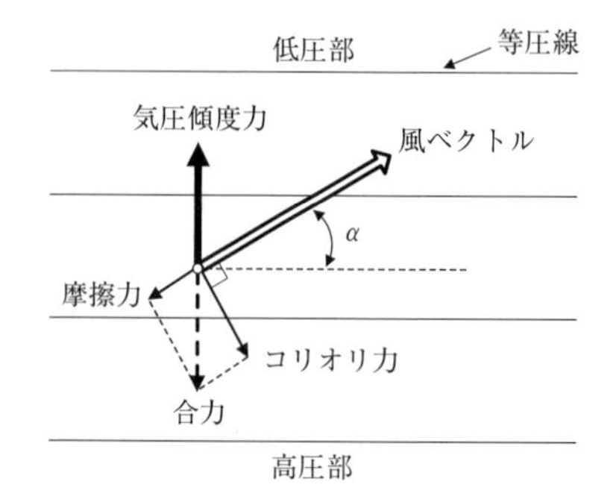

図2.18　地上付近の風

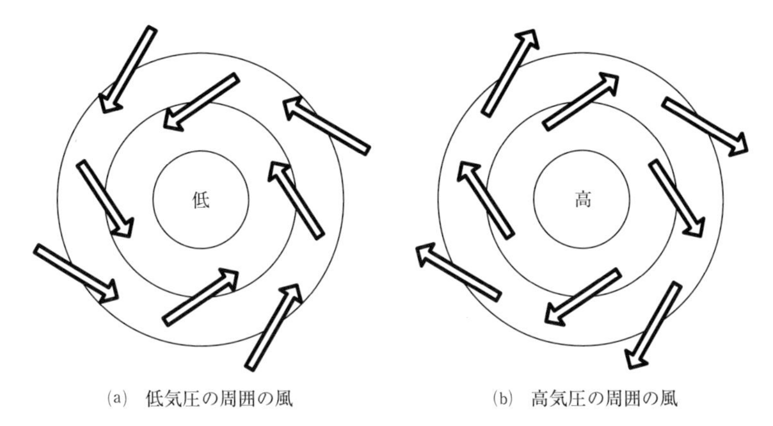

図 2.19　地上付近の低気圧・高気圧の風

このように，地上付近では等圧線に対し風向は低圧側を向くため，図 2.19 に示すように低気圧の周辺では風は等圧線を横切って，中心に吹き込む．それに対し，高気圧の周辺では，周囲に吹きだすように風が吹く．

2.3.3　大気大循環

全地球的な大きな規模で起きている大気の動きを，大気大循環と呼ぶ．赤道付近は1年を通じて最も多くの太陽エネルギーを受け取っている．それに対し，高緯度では受け取る太陽エネルギーは小さくなる．そのため低緯度と高緯度では温度差が生じ，図 2.20 に示したように地球規模の大きなスケールで大気を循環させることになる．

赤道付近では，地表面で加熱された空気が上昇していく．上昇した空気は対流圏界面の近くまで到達すると，北半球と南半球に分かれ，それぞれ高緯度側へ向かう風となる．この風はコリオリ力の影響を受け次第に右に曲がって西寄りの風となる．北半球では北緯 30° 付近まで北上すると，さらに北へ進むことができなくなり下降していく．地表面付近まで下降した空気は，やがて低緯度側に向かって移動する．この際，コリオリ力の影響を受けて右に曲がり，東寄りの風（貿易風）となって赤道付近に戻っていく．このようにして低緯度で循環する大気の流れをハドレー循環という．

極付近では，地表面で冷やされた空気が下降している．この冷たい空気は低緯度側に向かって流れ出し，北緯 30° 付近まで南下すると再び上昇して極側へ戻っていく．この循環を極循環と呼ぶ．

それらの循環とは別に，北緯 60° 付近で上昇し 30° 付近で下降する循環をフェレル循環と呼ぶ．ハドレー循環および極循環は，それぞれ赤道付近で温められる，または極付近で冷やされることで生じる循環であり，直接循環という．それに対し，フェレル循環は相対的に低温域で上昇し高温域で下降している循環で，間接循環という．

このようにして，大気大循環は赤道側から極側へ熱エネルギーを運ぶ役割を果たしている．このため，赤道付近が大きな太陽エネルギーを受け取り，極付近が冷やされていても，両者の間で一方的に温度の差が開き続けることはない．

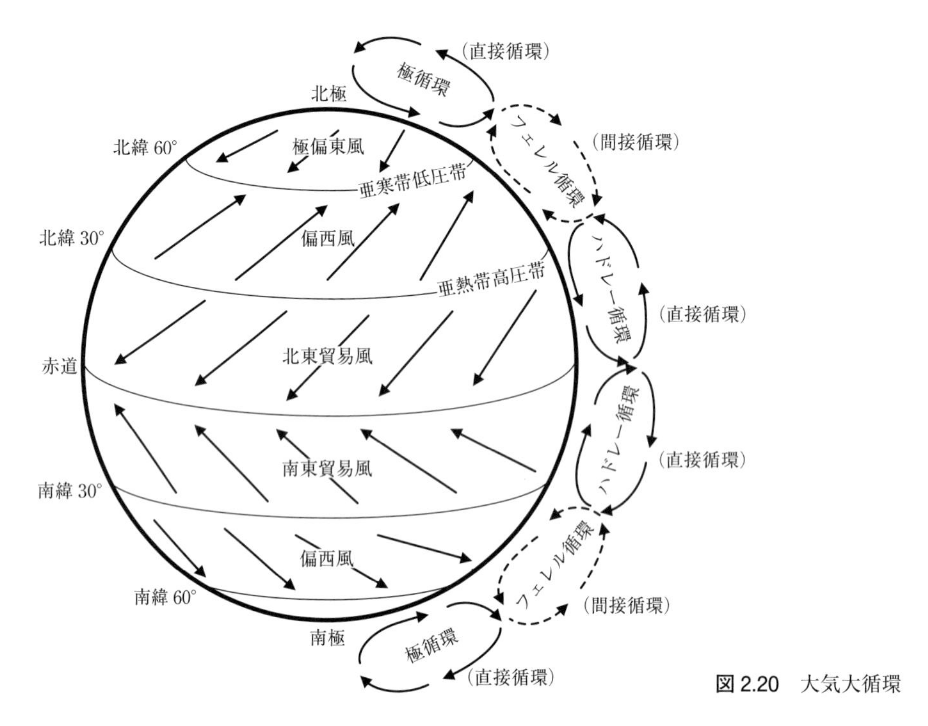

図 2.20　大気大循環

2.3.4　ジェット気流

中緯度地域の上空には，ほぼ全域にわたって西風が吹いている．この西風の中には2筋の強い流れがあり，図 2.21 に示すようにそれぞれ亜熱帯ジェット気流，寒帯前線ジェット気流と呼ばれる．

⑴　亜熱帯ジェット気流

亜熱帯ジェット気流は，赤道付近で上昇し高緯度側へ向かった風が，コリオリ力によって右に曲がり西風になったものである．その成因は角運動量保存則によるものであるが，これはフィギュアスケートに例えることもできる．スケートのスピンで広げていた腕を体の中心近くに寄せると，回転速度が大きくなる．大気の動きにおいては，赤道付近で上昇した大気は地表面と同じ速度で東に向かって回転運動している．高緯度へ移動するとともに，地球中心の地軸からの距離が短くなって回転の半径が小さくなる．そのため地表面に対する速度が大きくなり，強い西風となる．

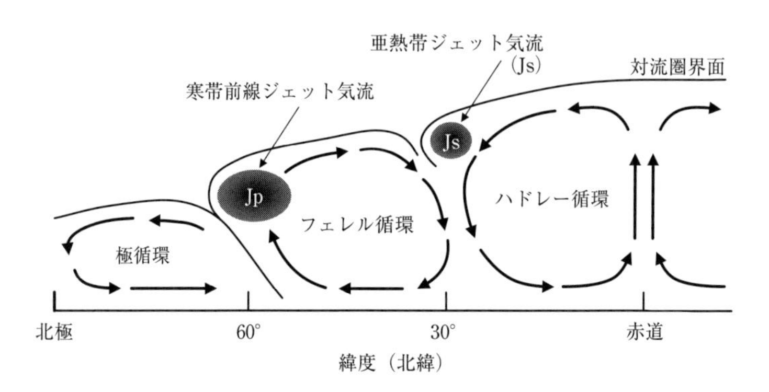

図 2.21　ジェット気流

亜熱帯ジェット気流は，対流圏界面付近の高度で，ハドレー循環の最も北の位置に形成される．日々の位置や速度はあまり変わらないが，季節による変動があり，冬は低緯度側に，夏は高緯度側に移動する．

(2)　寒帯前線ジェット気流

中緯度と高緯度では気温の差が大きく，その境界付近では気圧の差が大きくなる．この気圧差は上空ほど大きくなり，それにともなって気圧傾度力が大きくなる．そのため，フェレル循環の北の位置にも強い西風が生じる．これを寒帯前線ジェット気流という．その成因は中緯度と高緯度の気温差である．本書では詳細な説明は省略するが，これを温度風と呼ぶ．寒帯前線ジェット気流は冬に風速が大きく，夏は弱まって消失してしまうこともある．また，その位置や速度，蛇行の形状が日々大きく変化する．なお，亜熱帯ジェット気流と寒帯前線ジェット気流は，近づいたり離れたり，また合流してひとつの流れになることもある．

2.3.5　ジェット気流と乱気流

空気の流れが乱れた状態が乱気流である．乱気流はその中を飛行する航空機に振動を与え，場合によっては激しい動揺によって気体の破損につながる．乱気流には様々な要因があるが，ここではジェット気流に関連するものを取り上げる．

風向や風速の差をウィンドシアー（Wind shear）と呼ぶ．ジェット気流は強い西風で，その周囲と比べて風向や風速が急激に変化している．したがって，ジェット気流付近ではウィンドシアーが大きい．ウィンドシアーが大きいと，気流に攪拌（かくはん）作用が生じ，渦が発生して乱気流となる．一般に，ウィンドシアーが大きいほど乱気流が強くなる．

図2.22は寒帯前線ジェット気流の周囲を表現したもので，破線は等風速線を表している．等風速線の間隔が狭いほど風速差，つまりウィンドシアーが大きい．特に，ジェット気流の中心の高緯度側，およびその上側と下側でウィンドシアーが大きくなっている．これらの領域では，強い乱気流に注意しなくてはならない．なおこの図は，ジェット気流の中心付近の構造を詳細に示すために縦方向が拡大されている．そのためジェット気流が円筒状に描かれているが，実際は薄くて扁平なリボン状をしている．

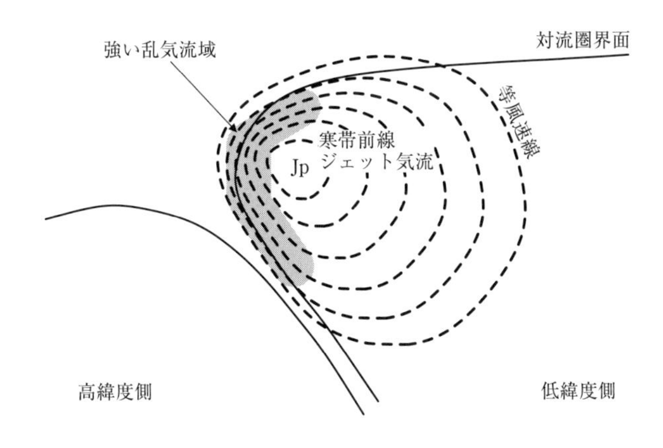

図2.22 ジェット気流と乱気流域

第Ⅱ部

航空編

第３章

飛行の基礎理論

宇太郎：飛行機って，あんなに重そうな機体がふわりと空に浮き上がるなんてすごいね．

航次郎：あれって，空気の力を使っているんだよね．

空　代：浮くだけなら気球でもできるけど，飛行機は前に進むことで浮き上がれるようにうまく空気の力を使っているのよ．

宙　美：そういえば，台風のときに強風で被害がでるけど，あれも空気の力よね．

空　代：風が吹かなくても，推進力を手に入れて空気の流れを使うという発想から，飛行機が生まれたのね．

宇太郎：そう考えると飛行機って，意外にも自然の現象を素直に使っているんだね．

宙　美：そうか．自然が背景にあるから，工学とか理学とかは勉強がしやすいんだね．

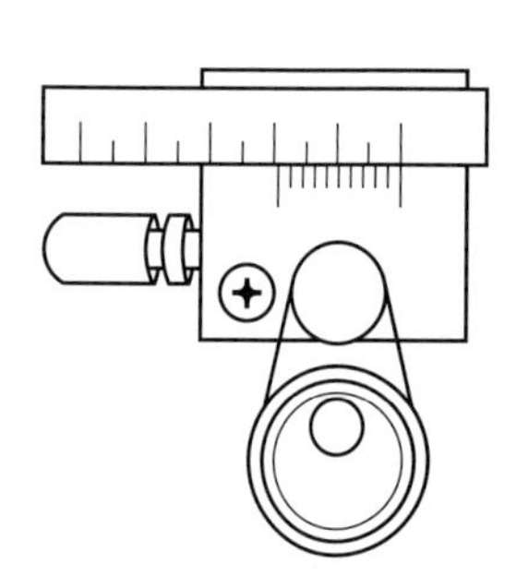

飛行機は空気の力により揚力（進行方向に対して垂直上向きに働く力）を得て飛行することができる．この章では，飛行機が空気の中を飛行するときにどのような空気の力が働き，なぜ飛行機は飛行することができるのか，飛行機が飛行するときには，飛行機の各部にどのような力が働いているのかについて説明する．

3.1　空気力学の基礎と揚力発生のメカニズム

飛行機は，翼の上下面の圧力差により揚力が発生するため，重力に逆らって飛ぶことができる．この圧力差を生み出すのは，実は，渦度という物理量である．この節では，渦度とはどのような物理量で，どのように揚力が発生するのかについて説明する．

3.1.1　渦度

渦という言葉を聞くと，どのようなものを想像するだろうか？　風呂の栓を抜くとできる旋回流れ（吸い込み渦という）も台風も竜巻も渦である．このように旋回する流れを一般的には渦と呼ぶ．一方で，空気や水のような気体や液体の運動を扱う流体力学（空気のみを扱う場合は空気力学とも呼ぶ）では，もう少し厳密な定義があり，空気の粒子や水の粒子のような流体粒子が自転する角速度の2倍の値を渦度と呼び，この物理量を導入することで，流れ場の各場所でどのくらい流体粒子が自転運動をしているかを表現することができる．

図3.1に示すように，3次元空間では，回転軸は方向を持つため，渦度は流体粒子の自転角速度の大きさとその方向を表すベクトル量となる．このベクトルを渦度ベクトルと呼び，渦度ベクトルの方向に対して反時計回りの回転を正として定義する．ここで，空間に渦度が分布しているということは，その領域での流体粒子は自転運動をしていることを表しており，回転に要するエネルギーに流体粒子が持つ運動エネルギーの一部が奪われ，結果的に，渦度がある領域の圧力は低くなる．また，空間に圧力差が生じると，高い圧力の領域から低い圧力の領域へと力が働くため，流体粒子もその方向へと流される．

我々が普段経験しているように，風呂で栓を抜くと吸い込み渦ができ，渦芯の方向へと周りの物が吸い込まれていくのはこのためである．竜巻に物が吸い込まれるのも同じ理由である．

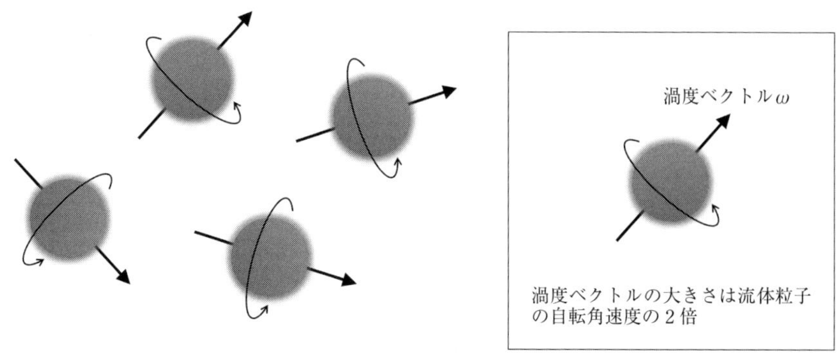

図3.1　渦度ベクトル

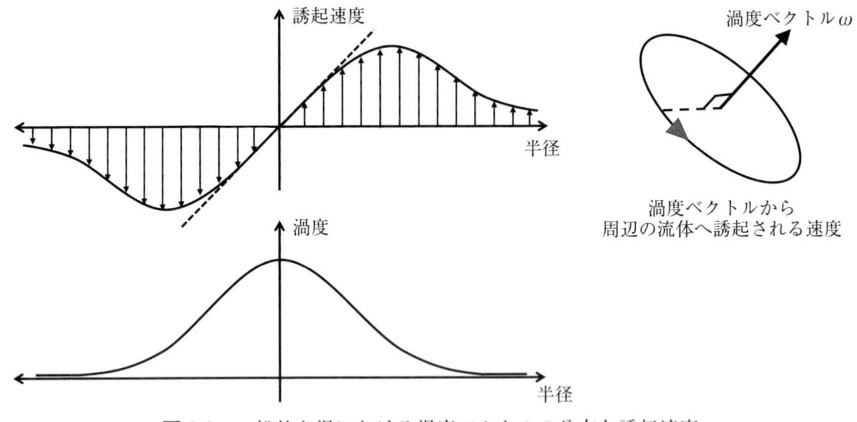

図 3.2　一般的な渦における渦度ベクトルの分布と誘起速度

また，渦度が発生し流体粒子が自転運動を行うと周囲の流体粒子もその運動によって，その粒子周りに回転させられる．つまり，渦度を持つ流体粒子は，周りの流体に対して，渦度ベクトルに垂直な断面に反時計回りの誘起速度を発生させる．

このように渦度が流れ場に及ぼす影響は大きく，流体力学において，渦度の発生とその時間的な変化（渦流れのダイナミクス）を理解することは極めて重要となる．

それでは，一般的に見られる，吸い込み渦，台風，竜巻などの渦は，どのような渦度ベクトルの分布を持っているのであろうか．実は，図 3.2 に示すように，中心付近には，渦度が分布しているが，ある半径より外側の領域では渦度がない流れ場となっている．また，一度渦度が発生するとずっと渦度が存在するかというとそうではなく，流体には粘性という運動を抑制する性質があり，時間とともに自転運動は抑えられ，渦度も減少する．台風が時間とともに弱まるのもこのためである．飛行機や車などは，空気の中を移動するため，周りに生じる渦度やそれに起因する圧力の変化により，大きな影響を受ける．このため，渦度がどのように生成し，どのように変化しながら流れていくかを理解することは空気の中を移動する飛行機や車が流れから受ける力を評価するために大変重要となる．

3.1.2　揚力発生のメカニズム

本項では，渦度ベクトルの発生と揚力が発生するメカニズムの関係について述べる．

まず初めに，図 3.3 に示すように，静止した物体に流れが当たる場合を考えてみよう．物体は固定しており，固体壁では，壁表面に静止している固体粒子が存在するため，流体の速度はゼロとなり，固体壁から離れるとともに速度が増加し，十分に固体壁から離れると与えた風速と同じとなるような速度勾配を持った領域が固体壁近傍に発生する（この領域を境界層と呼ぶ）．

ここで，図 3.3 に示すように，速度勾配が発生すると，その領域には渦度が生成することになる．ベルトコンベヤーを想像するとわかるが，ベルトコンベヤーではローラーが回ることにより上下の速度差が生まれる．また，ベルトコンベヤーが動くと中のローラーが回ることになる．流体力学における速度勾配と渦度の関係も同様であり，速度勾配が発生する領域には渦度

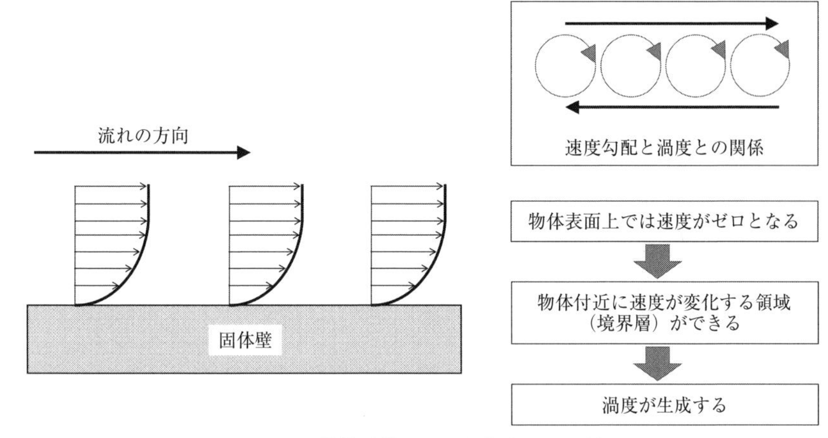

図 3.3　物体近傍の流れと渦度との関係

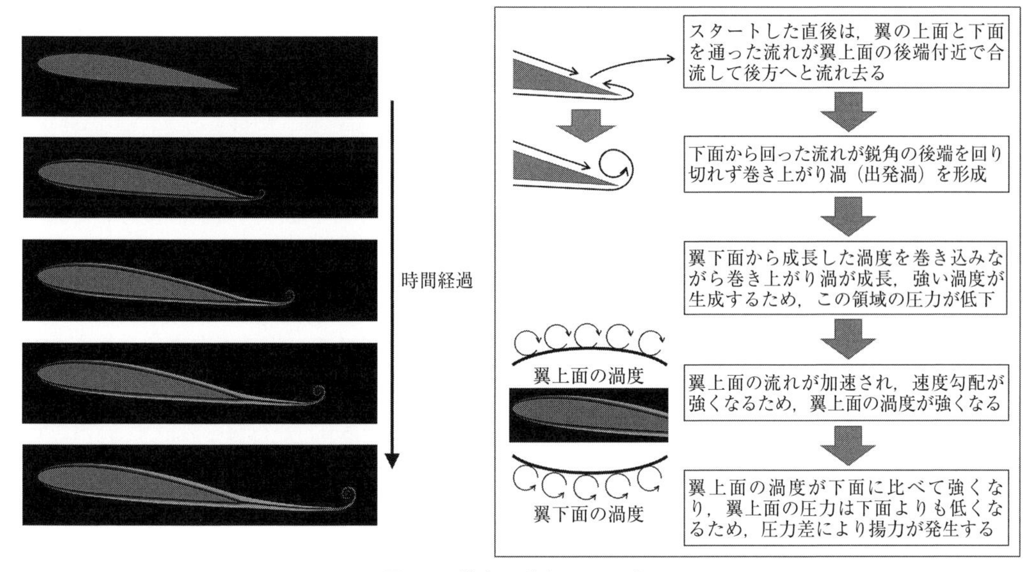

図 3.4　揚力の発生メカニズム

が生成する．つまり，固体壁があるとその表面近傍で境界層が生成するとともに渦度が生成する．

それでは，飛行機の翼の周りでは，どのような流れが発生しているのであろうか．翼の断面形状は翼型と呼ばれており，図 3.4 に示すような流線形をしている．世界中で数多くの翼型が提案されているが，実際の飛行機設計においては，飛行機の性能や大きさ，飛行速度，目的などに応じて，翼型を選定して利用することになる．

図 3.4 は静止した翼に一定速度の風を当てた場合の流れ場を数値シミュレーションで解析した結果であり，相対的に見れば，静止した流体中を一定速度で運動する翼の周りの流れを翼に固定した座標系から見た場合と同一となる．風は，左から右へと流れている．図の中の点は，渦度がある領域を表している．流れは左側から右側へと流れているため，翼上面の壁近傍には時計回りの渦度が，翼下面の壁近傍では反時計回りの渦度が発生する．

一方，図3.4を見ると，流れが発生した直後には，翼の後方に反時計回りの渦が生成していることがわかる．これは，流れを与えた直後では，翼の上面を通った流れと下面を通った流れは，翼上面の後端付近で合流して後方へと流れ去るが，翼の後端は尖っているために，下面からの流れがこの鋭角の後端を回り切れず巻き上がることで翼後端付近に反時計回りの巻き上がり渦を形成するためである．この渦は，時間とともに翼下面から成長した渦を巻き込みながら成長し，ある程度成長すると，翼から離脱し，後方へと流れ去る．この渦を出発渦と呼ぶ．

出発渦が成長すると，この領域に強い渦度が生成するため圧力が低下することから，翼上面の流れは加速され，翼上面近傍の速度勾配が強くなり，結果として，翼上面近傍の渦度が強くなる．この結果，翼下面近傍の渦度に比べて，翼上面近傍の渦度が強くなり，翼上面の圧力は，翼下面の圧力よりも低くなることから，圧力差により上向きの力（揚力）が発生する．

以上の説明で，出発渦の生成により揚力が発生することはわかったが，出発渦が後方へ流出した後は，どのような流れ場となるのであろうか．出発渦が後方へ流出するとともに，上下面それぞれの境界層で生成した渦度も，図3.4に示すように，翼の後方へと流出していく．このとき上面でできる渦度は下面でできる渦度よりも強いため，上下面それぞれから流出する渦度の強さの関係から，翼後端近傍付近の圧力は，上面の方が下面に対して低くなる．その結果，出発渦が後方へ流出した後の流れ場においても，翼上面を流れる流速は下面を流れる流速よりも速くなる．このため，翼の上面の境界層の渦度が下面よりも強くなり，翼下面に対して翼上面の圧力が低くなる関係は維持される．一方で，出発渦が成長し後方へ流出した後は，翼後端付近での渦度の時間的な変化は小さくなるため，スタート直後からの揚力発生の時間的変化を考えると，スタート後，出発渦の成長とともに揚力は増加していき，出発渦が成長し後方へと流出した後は，揚力の変化は小さくなり安定していくことになる．

このように，揚力が安定して発生するまでには時間が必要であり，飛行機を設計する際には，この点も考慮する必要がある．滑走路では，離陸に必要な速度まで機体が加速するだけでなく，出発渦が成長し揚力が安定して働くまでの流れ場の変化が起きているのである．この揚力が安定して働くまでの時間が短ければ，滑走距離を短くすることも可能となる．

ここまで述べてきたように，揚力が発生するためには，出発渦の生成が必要であり，この出発渦の巻き上がりが強く，その領域に強い渦度が生成すれば，翼に働く揚力も大きくなる．つまり，揚力が大きい飛行機の場合には，強い出発渦が翼の後方に発生することになる．

では，飛行機が飛行場の滑走路から離陸し飛び立った後，この出発渦はどうなるのであろうか？　実は，出発渦は滑走路に取り残される．前述のように，渦度は粘性の効果により時間の経過とともに弱まるが，出発渦は飛行機が離陸した後も，しばらくは滑走路に残る．このため，大型機が離陸した後の滑走路はこの出発渦により流れが乱れており，次に離陸する飛行機に悪影響を与える．離陸する飛行機の大きさに応じて，次の飛行機が離陸するまでに待機する時間が決められており，大型機の後に離陸する場合には十分に待機時間を空けて離陸を行うのはこのためである．

3.2　翼

3.2.1　翼型の空力特性

前述のように，翼型は，世界中で様々なタイプが提案されており，形状データも容易に入手することが可能なため，飛行機の大きさ，重量，飛行速度，飛行高度，目的などにより適したものを選定することができる．

翼型の特性を評価するためには，翼に働く揚力（進行方向に対して垂直上向きに働く力）と抵抗力（進行方向に対して逆の方向に働く力，抗力とも呼ぶ）の大きさを評価する必要がある．飛行するためには揚力が必要であるが，抗力が大きいとそれに打ち勝つだけの推進力が必要となるため，揚力と抗力の比，揚抗比（L/D）が高い翼型を選べば，小さい推力で飛行することが可能となり，飛行機としての効率が高いことになる．

揚力，抗力，揚抗比などの流体力特性を評価するための一般的な方法としては，風の流れを発生させて，その中に置いた物体に働く力を測定することで流体力を把握する風洞試験，数値シミュレーション，実機を用いたフライト試験があげられる．揚力と抗力は，以下の式に示すように，流体の密度 ρ と飛行速度の2乗 v^2，代表面積 A（飛行機の場合は，一般的には，翼型の先端と後端を結んだ長さ（翼弦長）と飛行機の翼を上から見たときの横幅を掛けた面積を用いる）の積に比例する．比例定数（揚力係数 C_L および抗力係数 C_D）は，翼型の特性を表す値であり，翼型により異なる値となるが，各国の研究機関が風洞試験などを行なっており，データを入手することができる．また，翼型と流入風のなす角（迎角という，図3.5参照）によっても揚力係数 C_L，抗力係数 C_D は異なるため，風洞試験あるいは数値シミュレーションを行う際には，迎角を変えながらこの2つの係数を求めて，翼型の特性を評価することになる．さらに，流れの様相を表す無次元数であるレイノルズ数 Re（流体の慣性力と粘性力の比）が大きく変わる場合には，C_L，C_D も変化するため，実際に飛行するレイノルズ数域での評価を行うことが重要となる．

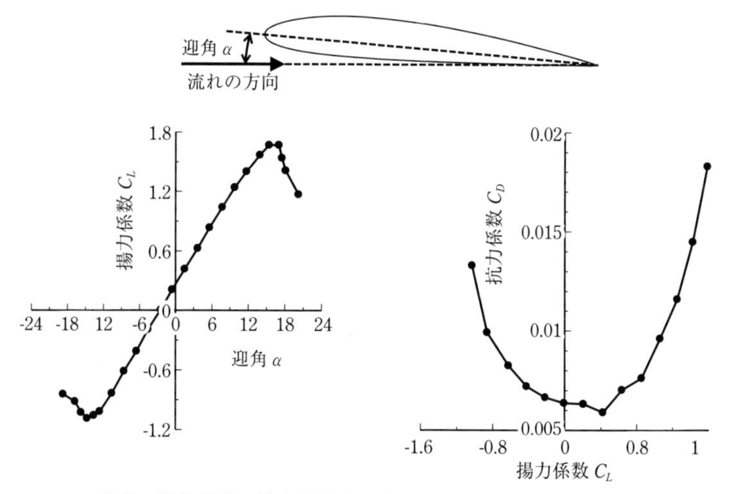

図3.5　NACA2412翼型の揚力係数・抗力係数と迎角の関係（NACA Report No. 824, $Re=5.7\times10^6$）

$$揚力 \quad L=\frac{1}{2}\rho v^2 AC_L \tag{3.1}$$

$$抗力 \quad D=\frac{1}{2}\rho v^2 AC_D \tag{3.2}$$

$$揚抗比 \quad L/D \tag{3.3}$$

米国航空宇宙局（NASA）の前身である米国航空諮問委員会（NACA）が開発を行った翼型NACA2412のC_L, C_Dと迎角の関係を図3.5に示す．迎角を上げていくにつれてC_Lは大きくなっていくが，ある角度を越えると急激に減少する．一方で，C_Dは，ある角度までは小さい値を維持するが，ある角度を越えると急激に増加するため，この角度以上の迎角では，揚抗比L/Dが急激に悪化することになる．これは，流れが翼表面から剥がれてしまう剥離という現象が起こるためである．剥離が起こると抵抗が急激に増加し速度を失うことになるため失速とも呼び，剥離が発生する角度を失速角と呼ぶ．

他の翼型でも同様の傾向を示し，剥離する角度は翼型によって異なるが，迎角がある角度を越えると流れが剥離し揚抗比が急激に悪化する．迎角を増加したときのC_Lの増加率（C_Lと迎角の関係を表したグラフの傾き，揚力傾斜と呼ぶ）も翼型により異なるため，飛行機の設計ではこれらを考慮しながら翼型を選定する必要がある．また，飛行機設計の際に注意すべきことは，巡航飛行を行う際の翼の迎角を翼の失速角に近く設定すると，C_Lは大きくなるが，風の外乱などにより迎角が予期せずに変化した際には，剥離が発生し性能が著しく低下することになる．このため，巡航時の迎角は，失速角から十分に低く設定する必要がある．

3.2.2　流れの剥離

前項で述べたように，飛行機の翼型は，迎角がある角度以上になると，流れが表面から剥離することで，C_Lが急激に減少し，C_Dが急激に増加するため，揚抗比L/Dが急激に悪化する．この項では，この原因となる剥離という現象について説明する．

ここでは，説明を簡単にするため，まず初めに，翼型よりも形状がシンプルな円柱周りの流れにおける剥離現象を説明することにする．

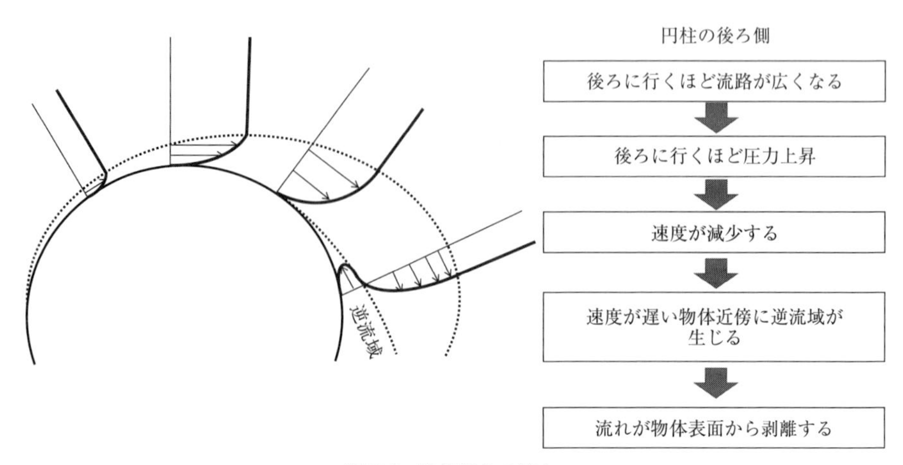

図3.6　円柱周りの流れ

図3.6に円柱周りの流れの模式図を示す．円柱のような形状の場合は，円柱周りを流体が流れるに伴い，円柱の側面（前方から90°の位置）から前方では，後流へ行くにつれて流路（流体が流れる断面積）が狭くなるが，側面を通過すると，逆に後流へ行くにつれて流路が広くなる．一般的には，流路が狭くなると速度が上昇する代わりに圧力が低下し，流路が広がると速度が減少する代わりに圧力は高くなるため，側面より後方では，後流に行くにつれて圧力が上昇することになる．

ただし，場所によって圧力の差がある場合，流体は圧力が高い方向から低い方向への力を受けるため，円柱流れの場合でも同様に，前方から90°の位置より後方では，流体は流れと逆方向の力を受けることになり，速度は減少することになる（ニュートンの運動方程式を考慮すると，流れと逆方向の力を受けることにより，マイナスの加速度が生じる）．

また，前項で述べたように，物体表面近傍では境界層と呼ばれる領域が生成しているが，境界層の下端では速度が小さいため，圧力勾配に打ち勝って後流方向へと流れることができず減速し，しばらくすると逆流することになる．逆流が生じた領域では，壁面との速度勾配から，上流の境界層の渦度とは逆向きの渦度を持つ渦構造が生成する．

一方で，上流の境界層から流れてきた流れは剥離点（物体近傍で逆流が生じ始める点）で，逆流域と衝突するため，物体から離れる方向（上方）へと流れる．この上流から流れてきた流れは表面から離脱した後，巻き上がり，強い渦度領域を形成しながら後方へと流出するため，円柱の後方に大きな低圧領域を形成することになる．このような，流れが物体表面から剝がれてしまう現象を剥離と呼んでいる．

翼型の場合も同様で，迎角が増加すればするほど，後方へ行くにつれて流路がより大きくなる流れ場となるために，迎角が大きな条件では，圧力勾配が強くなり，剥離を引き起こす．その結果，翼後方に大きな低圧領域が発生し，翼前方に比べて後方の圧力が相対的に低くなるため，抵抗が増大する．さらに，剥離することで翼上面の反時計回りの渦度が弱まり，翼周りの循環量が減少し揚力も減少する．このように，翼表面の流れが剥離することで，揚力が減少し，抗力が増加することを失速という．

3.2.3　非定常性

前項で述べたように，迎角が増加して翼が失速する場合には，性能が低下するだけでなく，剥離点後方の逆流域に生じる渦構造と境界層から流れてきた渦構造が互いに干渉し，交互に後流へと流れ去る現象を引き起こしやすくなる．このような現象が発生すると，流体力も時間ごとに非定常的に変化することになるため注意が必要となる．この非定常性は，迎角が増加するとさらに顕著となり，振動や機体の破損の原因となりうる．飛行機の設計においては非定常現象を十分に考慮する必要がある．

一方で，近年の流体力学の分野では，流れ自体の非定常的な変動による流体力の非定常的変化だけでなく，物体が非定常運動することにより発生する流体力の非定常変動にも注目が集まっている．図3.7は，定常速度で運動する翼と減速運動をする翼の周りの流れ場を比較したものであり，減速運動時には，定常運動時には見られない翼前縁での剥離が見られている．こ

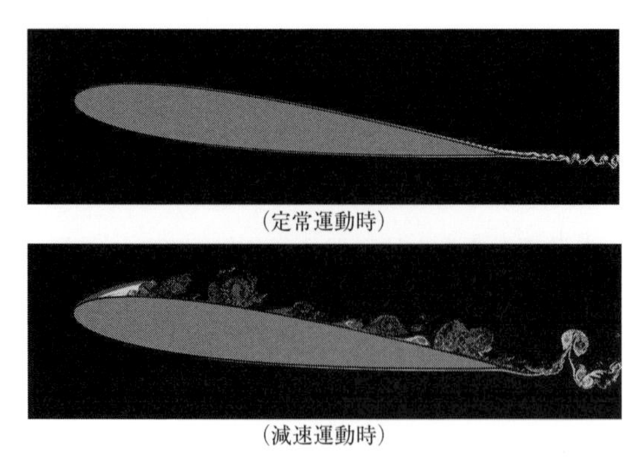

図 3.7　定常運動時と減速運動時の翼周りの流れの比較

のような現象は実験での把握は難しく，シミュレーション技術の発展により解明することが可能になってきた現象のひとつである．今後は，このような機体の運動特性を考慮した空力設計も可能となると考えられる．

3.2.4　3次元翼の空力特性

これまでは，飛行機の翼の断面形である翼型について述べてきたが，実際の飛行機では翼の端部（翼端）が存在する．前述のように，翼は，翼上面に比べて翼下面の圧力が高いために揚力が発生するが，翼端では，翼下面の圧力が翼上面の圧力より高いため，図3.8に示すように翼下面から翼上面に巻き込む流れが生じる．この流れは，翼を通過する流れにより後方へ押し流されるために，図3.8のように巻き上がりながら渦を形成し，後方へと流出する．これを翼端渦と呼ぶ．

図3.8からわかるように，翼の両端の翼端から後方へと流出した渦は，翼の外側から内側へと巻き上がる方向の回転を持つ渦であるため，翼の後方では，翼の下側への流れを誘起することになり，翼に通過した流れを下方へと曲げることになる．これを吹きおろしという．吹きおろしは，揚力の方向も後方へと傾けるため，結果的に翼に働く流体力の下流方向の成分である抗力が増加する．つまり，翼上下面の圧力差は，揚力を発生させるだけでなく，翼端渦を生成することで抗力を発生させることになる．翼端渦により増加した抵抗を誘導抵抗と呼ぶ．

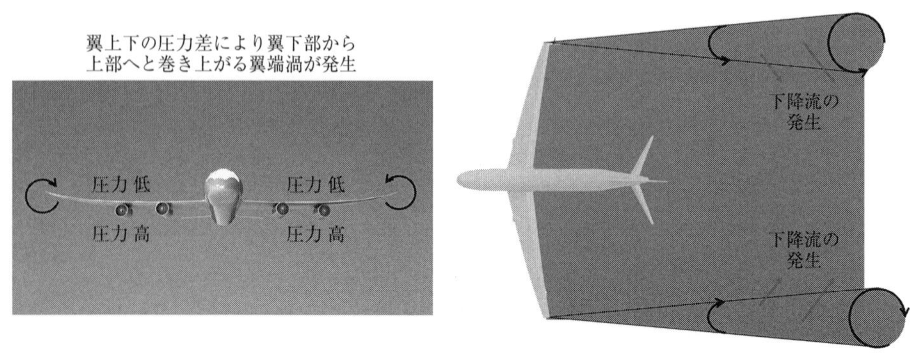

図 3.8　翼端渦の発生と成長

誘導抗力は翼上下面の圧力差が大きければ大きいほど増加するため，揚力が増すにつれて大きくなる．この誘導抵抗を小さくするためには，両側の翼端間の距離（翼幅）と翼の前後の長さの平均との比（アスペクト比）を大きくするか，あるいは，翼端の巻き上がり渦の生成を抑える翼端ウイングレットを設置するなどの方法がある．

では，翼の後方へと流れ去った翼端渦はどうなるのであろうか．台風などを想像するとわかるが，渦度は，流体の粘性（流体の内部に働く摩擦抵抗であり速度勾配を小さくするように働く）の効果により時間とともに弱まる．翼端渦もこの粘性の作用により時間とともに弱まり，十分に時間が経つと消えてしまう．しかしながら，翼端渦は強く，減衰する時間も長くなるために注意が必要である．例えば，離陸時には，飛行機が飛び立った後の滑走路に出発渦と翼端渦が残されるが，次に離陸する飛行機に影響が出ないように，渦が粘性により減衰するための時間を十分に確保する必要がある．離陸する飛行機ごとの時間間隔や距離を空けるのはこのためであり，飛行機のサイズにより時間・距離の間隔が設定されている．

図3.9は，速度により抵抗がどのように変わるかを示したものであり，有害抵抗は，飛行機の周りを空気が流れることにより発生する抵抗力であり，機体前後の圧力差による抵抗（圧力抵抗）と前述のように機体表面で流れの速度がゼロになることにより生じる抵抗（摩擦抵抗）に分けることができる．有害抵抗は速度の2乗に比例する．一方で，誘導抵抗は以下の式で表せ，速度の2乗に反比例する．ここで b は翼幅であり，e はオズワルド効率係数あるいは翼幅効率係数などと呼ばれるものであり，翼の平面形（翼を上から見た形状）により値が変わる．上から見た形が楕円形状（楕円翼）である場合には1.0となるが，その他の平面形では0.0～1.0の値を取り，一般的には0.7～0.9程度の値となる．

$$誘導抗力\quad D_i = \frac{L^2}{\frac{1}{2}\rho v^2 \pi b^2 e} \tag{3.4}$$

図3.9に示すように全機抵抗（飛行機全体に働く抵抗力）は，有害抵抗と誘導抵抗を足した値になるため，ある速度で最も小さい抵抗値となる．一方で，3.2.1項で述べたように，揚力は速度の2乗に比例するため，速度が低い場合には，迎角を上げて高い揚力係数で飛行する必要がある．しかしながら，迎角を上げすぎると失速するため，ある速度では飛行することはできない．

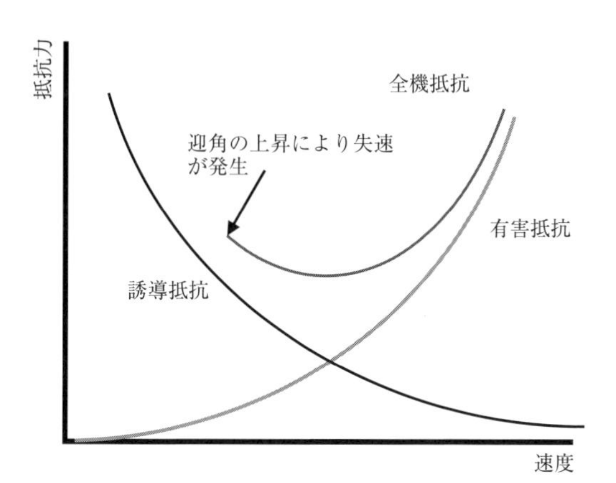

図3.9　全機抵抗と速度の関係

3.3 飛行機の形と尾翼の役割

3.3.1 飛行機の形

一般的な飛行機は，図3.10に示すように，胴体に繋がる主翼と水平尾翼，垂直尾翼で構成されている．特に主翼の大きさ・レイアウトと尾翼との関係は重要であり，飛行機の性能を決める重要な要素となる．

一般的な飛行機には，図3.11に示すように，水平尾翼に設置され機首の上げ下げ（ピッチ・コントロール）を行う昇降舵（エレベータ），垂直尾翼に設置され機首を左右に向ける運動（ヨー・コントロール）を行う方向舵（ラダー），主翼に設置され機体の左右の傾き（ロール方向の姿勢）を制御する補助翼（エルロン）などの操舵翼面が備わっている．これらを操作することによって各舵面両側の圧力差を発生させ，図3.12に示すような3次元の運動を行っているのである．

3.3.2 尾翼の役割

本項では，尾翼の役割について簡単に述べる．なお，飛行機の安定に関する尾翼の役割に関しての詳しい説明は，第6章に記載されているため，そちらを参照いただきたい．

図3.13に示すように，板状の物体のある一点を手で支え，ある迎角をつけて風に当てることを考える．この場合，板の後方を支えると，板は迎角が増える方向に回転し，迎角はさらに増大する．一方で，板の前方を支えると，迎角が小さくなる方向に回転し，風の方向に向き，迎角は減少する．つまり，板の前方を支えた場合には，何らかの原因で流れとの相対的な角度（迎角）がついた場合であっても，その角度が小さくなる方向に回転し，板は風の方向に向いて安定することになる．

飛行機に関しては重心周りに運動を行うため，重心と翼の相対的な位置関係が重要となる．飛行機の場合も上記の板の場合と同様に，重心位置が翼の前方にあれば，何らかの要因で，迎角が増大するような状態となったとしても，翼が迎角を小さくする方向の回転モーメントを発生させて機体の姿勢を安定させることができるが，重心位置が翼の後方にある場合には，翼の迎角がさらに増大する方向に翼が回転モーメントを発生させるため，飛行機はひっくり返ってしまう．特に，実際の飛行機の場合には，機体の重量配分を考えると重心は主翼の近くとなり，重心から後方に離れた位置に主翼を設置することはできない．

そこで，図3.14に示すように，水平尾翼を重心から後方の十分に離れた位置に設置することで，外乱などにより機体と流入風の相対角度がついた場合でも，その角度を打ち消すような回転モーメントを発生させて機体を安定させている．水平尾翼自体は小さいが，重心から水平尾翼までの距離が長いため，モーメントは大きくなり，十分な安定効果を発揮できる．垂直尾翼の働きも同様であり，重心から十分に後方に離れた位置に設置することで，流入風に対して，機首が左右にずれた場合であっても，その傾きを抑制する方向の回転モーメントを発生させて機体を安定させることができる．

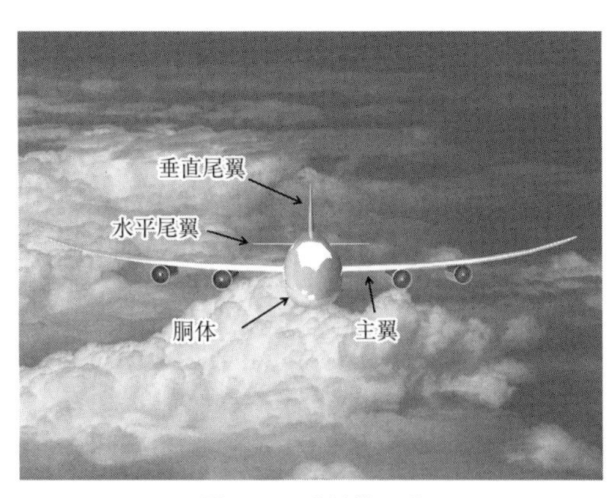

図 3.10　飛行機の形

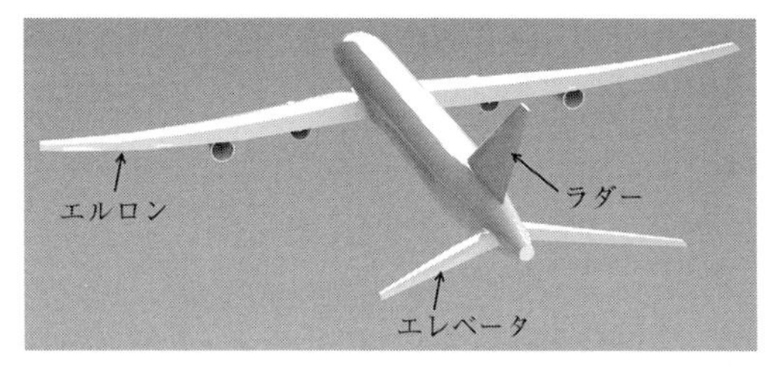

図 3.11　飛行機の操縦系

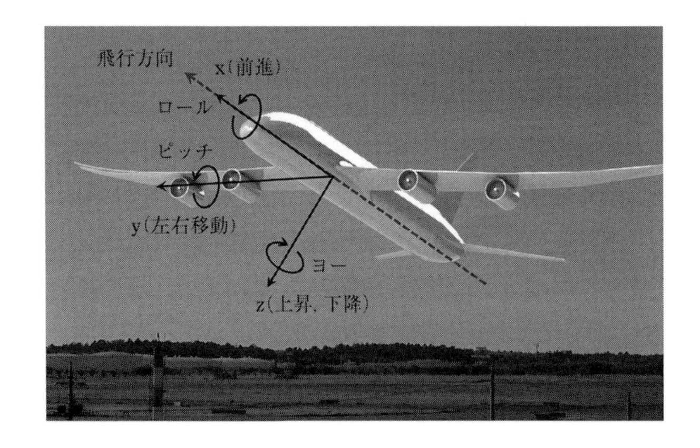

図 3.12　飛行機の 3 軸に関する運動

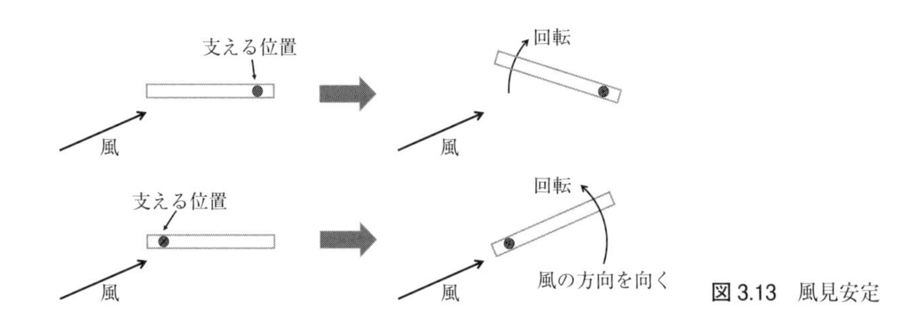

図 3.13　風見安定

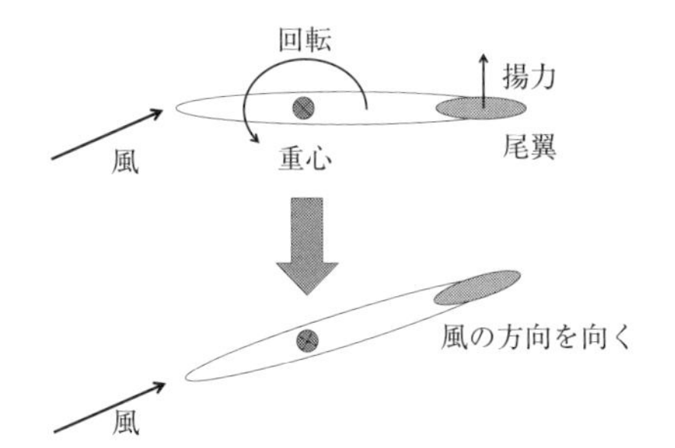

図 3.14　尾翼の役割

3.4 飛行機に働く力と飛行状態

この節では，飛行するときに飛行機に働く力を説明する．

3.4.1 水平飛行状態で飛行機に働く力

飛行機が飛行すると，図3.15に示すように主翼には揚力が胴体には重力が作用し，水平飛行状態では揚力と重力が釣り合っている．一方で，揚力も重力も分布荷重として作用するため，図3.16に示すように，主翼に働く曲げモーメントも胴体に働く曲げモーメントも，主翼と胴体の結合部で最も大きくなる．このことから，主翼と胴体の結合部には，この荷重に耐えられるような構造強度が必要となる．

特に，主翼のアスペクト比を大きくする場合には，翼の胴体取り付け部に働く曲げモーメントも大きくなるため注意する必要がある．この荷重を軽減するためには，主翼の中に燃料などを搭載することが考えられる．こうすると，主翼の重量が増すため，揚力と逆の方向に働く重力が大きくなり，主翼に働く分布荷重が小さくなるだけでなく，胴体の重量が小さくなり，胴体に働く分布荷重を小さくすることができる．

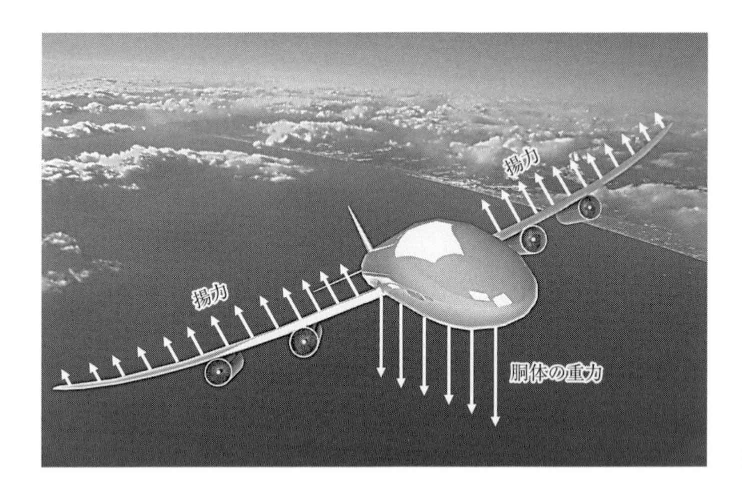

図3.15 飛行機に働く力

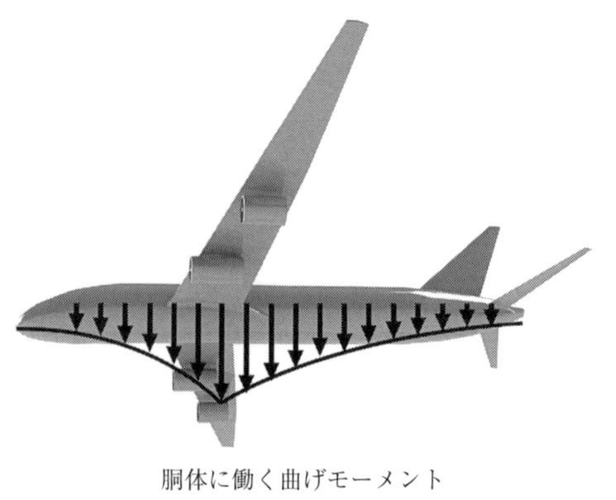

胴体に働く曲げモーメント

図3.16 主翼および胴体に働く曲げモーメント

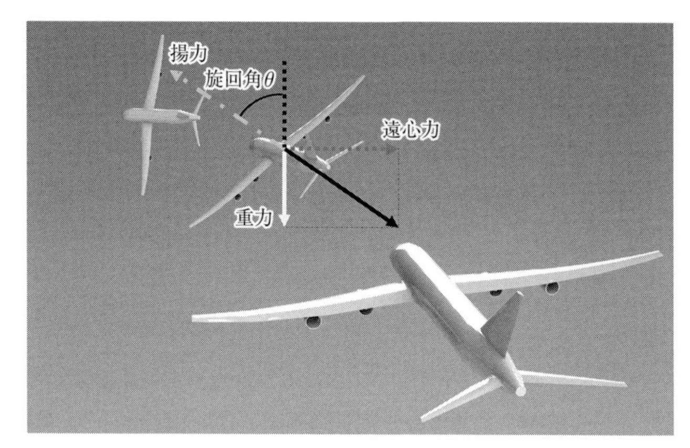

図 3.17　飛行機が旋回運動するときに働く力

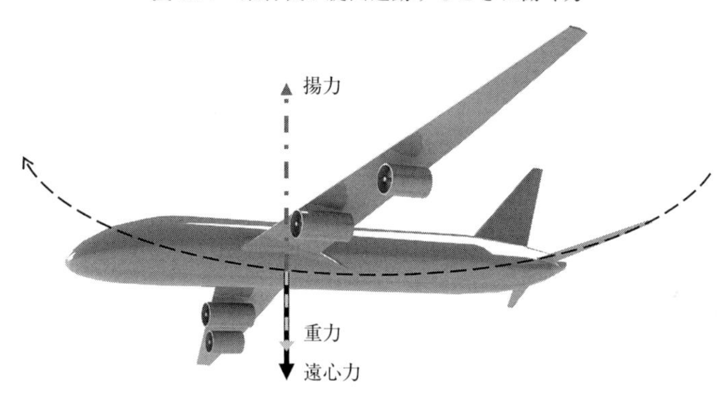

図 3.18　飛行機が上昇運動するときに働く力

3.4.2　飛行状態と荷重倍数

それでは，水平飛行以外の飛行状態ではどのような力が飛行機に働くのであろうか．図 3.17 は機体を傾けて旋回を行っている飛行機に働く力を表している．この図からわかるように，旋回運動を行う場合には，飛行機には重力だけではなく外向きに遠心力が働くため，この運動状態を維持するためには揚力を増す必要があり，機体に働く荷重も大きくなる．同様に，図 3.18 に示すように，機体が上昇運動を行う場合にも，機体の下向きに遠心力が働くため，揚力を増す必要がある．つまり，旋回飛行や上昇飛行を行うためには，水平飛行時に比べて速度を増加させるか，あるいは迎角を増加させることで揚力を増やす必要があり，飛行機に働く荷重も大きくなる．

飛行している飛行機に機体重量の何倍の荷重が働いているかを表したのが荷重倍数 n であり，水平飛行状態では，揚力 L と重量 W が釣り合っているため，以下のように $n=1$ となる．

$$W=L \qquad n=\frac{L}{W}=1 \tag{3.5}$$

一方で，旋回角 60° で旋回しているとすると，

$$W=L\cdot\cos 60^\circ \qquad n=\frac{L}{W}=\frac{1}{\cos 60^\circ}=2 \tag{3.6}$$

となり，荷重倍数 n は 2 となる．このように飛行状態により荷重倍数は変化するため，飛行

機の強度設計を行う際には，飛行機の運用中に加わることが予想される最大の荷重倍数（制限運動荷重倍数）を考慮する必要がある.

制限運動荷重倍数は，飛行機の種別（軍用か民間か，曲技飛行を行うかなど飛行機の用途による分類）によって航空法で定められており，これ以上の荷重倍数が働くような飛行を行うことはできない．さらに，現行の航空法では，この制限運動荷重以上の大きな荷重が働く可能性や使用する材料の品質のばらつき，加工精度などを考慮して，制限運動荷重に安全率 1.5 を掛けた値以上の荷重が 3 秒間以上作用しても耐えられる強度を確保することが航空法で定められている.

第 4 章

航空機の発達

宇太郎：人に空を飛ぶきっかけを与えたのは「夢」だったんだよね.

宙　美：でも，その手段を手にした人間は，また別の夢を持つようになったのね.

宇太郎：確かにいい夢ばかりじゃなかったね.

空　代：紆余曲折を経て，でも今の時代になんとかたどり着いたのかしら.

宙　美：これから，どうなるのかしら.

航次郎：航空機も，他の輸送機械と同じように，はやく，快適に，また経済的に移動できるように発展させないといけないね.

空　代：あと，地球環境の保全も忘れないでね.

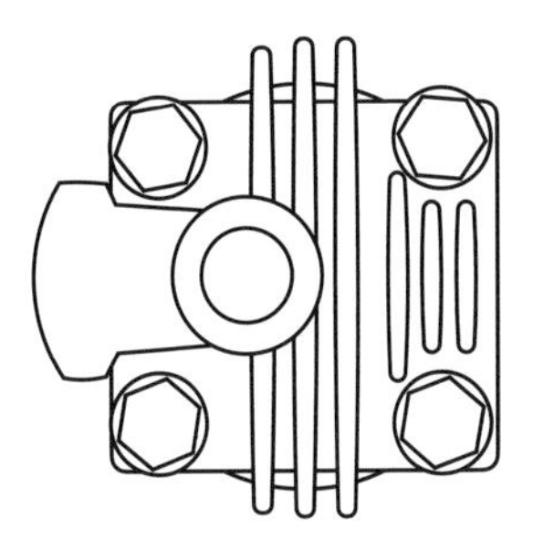

本章では，航空機の発達のうち，人類初の動力飛行を成功させたライト兄弟の成功の秘密について説明し，流体力学の進展と航空機性能の発達の関連，高速飛行のために必要とされる工夫，回転翼機（ヘリコプタ），および無人航空機に関して概説する．世界初の動力飛行の成功については，ドイツ系米国人のグスターヴ・アルビン・ホワイトヘッド（Gustave Albin Whitehead）がコネチカット州フェアフィールドで1901年8月14日に達成したとする調査報告があり，未だ真実が確定していない点もある．本章では，ライト兄弟が実現したとして論を進める．

4.1　動力飛行の成功

人類がはじめて動力飛行を成功させたのは，1903年12月17日である．ウィルバーとオービルのライト兄弟（兄：Wilbur Wright，弟：Orevelle Wright）によってライト・フライヤーI号（Wright Flyer I）と呼ばれた飛行機（後にKitty Hawk号）を使って成し遂げられたことは有名である．滑空飛行するだけであれば，ライト兄弟以前にもドイツ人のオットー・リリエンタール（Otto Lilienthal）が，グライダーによる飛行を既に実現していた．いわゆる無動力飛行である．ライト兄弟とそれまでの無動力飛行，あるいは動力飛行を目指していた他の技術者たちとの違いはどこにあったのだろうか．本節では，動力飛行成功に必要であった要素について説明する．

4.1.1　ライト兄弟が成し遂げたこと

ライト兄弟は，自転車屋などを営み，その利益を動力飛行達成のための研究開発に投入した．自転車は当時のハイテク製品であり，高価でかつ高い技術力を必要とする注目産業であったことは，今ではうかがい知れない．もともと，米国オハイオ（Ohio）州デイトン（Dayton）市を生活の拠点としていたが，飛行機の研究開発を本格的にするため，ノース・カロライナ（North Carolina）州キティー・ホーク（Kitty Hawk）に拠点を移動した．この地を選んだ理由は，航空機開発に最適と判断したことが理由である．具体的には，大西洋を臨むこの地は，年間を通じ強風が吹き，かつその風向が比較的一定方向であることを，米国全土の気象台の観測データを調べた上で判断している．目的に最適な実験場を論理的に選定している点に着目すべきである．

実験場を論理的に選択したことと合わせ，彼らは，現在の航空機開発と同様な手順で研究開発を進めていたことも注目すべき点であり，また，成功した理由でもある．つまり，開発の当初から実際の大きさのものを製作して飛行実験を行い，その結果を基に作り直すという，いわゆるトライアル・アンド・エラー（試行錯誤）をするのではなく，縮尺模型を作り，目的に最適な形状を見つけるための実験を効率的に繰り返したのである．具体的には，小型の風洞（流れの方向がきれいにそろった風を作り出し，その中に置かれた物体に気流が与える力の大きさを正確に計測できる実験装置）を自ら製作し，その中で，多様な形状，厚さの翼の縮尺模型に加わる力を，これも自ら製作した計測装置で測っている．

図 4.1　ライト兄弟が製作した自家製の風洞
（Wright Brothers National Memorial にて筆者撮影）

図 4.2　ライト兄弟が製作した天秤
（Wright Brothers National Memorial にて筆者撮影）

図 4.1 はライト兄弟が自作した風洞である（この風洞のレプリカは，我が国の航空発祥の地である所沢航空記念公園に併設されている所沢航空発祥記念館にも展示されている）．小型ではあるが，現代の風洞の基本的な機能をすべて備えている．この測定部に小型の翼型模型を設置し，天秤と呼ばれる空気の流れによる翼に加わる力（空気力）を計測するための装置（図 4.2）が設けられている．ライト兄弟の天秤は，極めて原始的ではあるものの高い精度で翼に加わる空気力（揚力，抗力）を計測できた．この風洞で様々な形状の翼に加わる空気力を計測し，最も揚力と抗力の比（揚抗比）が，スケール・アップした際の重量（機体本体，エンジン，パイロットの重さの合計）を支えるに十分な値となる形状を見つけ出した．また，ライト兄弟は，風洞に設置した天秤と同じものを自転車のハンドルの上に設置し，自転車を自ら走らせながら翼への空気力を計測した記録も残っている．

こうして最適な翼形状を見つけた後，その翼型を用いた凧（主翼と尾翼が付いた小型の模型，グライダーのような形状をしている）を製作し，キティー・ホークから南へ 4 km ほどの海岸（現在ではキル・デビル・ヒルズ（Kill Devil Hills）という町になっている）で本当に浮かび上がることができるか否かを確認している．この凧による実験を繰り返し行い，実際の大きさにスケール・アップしても風洞実験と同様の性能が得られることの確認を十分行った後で，人が乗る機体の製作に取りかかったとされる．

このようにライト兄弟の成功は，現代の航空機とほぼ同等な開発過程を経て達成された．ライト兄弟の伝記を子どもの頃に読んだことがある人は多いだろう．しかし，子ども向けの伝記では，彼らの成功が，実験の繰り返しによって翼形状や機体形状の最適化を目指した点を強調しているものは少ない．一方で，彼らの開発過程が書かれていたとしても，その重要性を理解するには航空工学に関する基礎知識が必要となる．みなさんのように，これから航空宇宙工学を学ぼうと考えている人たちは，ライト兄弟の成功が単なる幸運であったのではなく，現代の航空機開発のひな形を既に実践していたことが重要であると理解してほしい．

4.1.2 飛行の3要素——揚力，推力，飛行制御

飛行機に限らず，ロケットも含め，空中を自由に飛行するために必要な3要素は，揚力（浮かび上がる力）を発生させる仕組み，推力（前に進む力，揚力の根源）を発生させる仕組み，飛行制御（自由に方向を変える）を行う仕組みである．ライト兄弟は，動力飛行のためにはこの3要素が必要であることをライト・フライヤーI（図4.3）の開発当初から理解し，それを達成するための実験と工夫を繰り返し行った．この点が，同時代の他の技術者と異なる視点であった．

揚力とは，空気よりもはるかに重い飛行機の全重量を支え，重力に打ち勝ち，空中に飛行機を持ち上げるために必要な力である．この揚力を発生させる仕組みは，固定翼機（一般的な飛行機）では主翼である．主翼は，飛行機を飛行機として認識させる最も特徴的な形状であることは疑いがないが，それと同時に固定翼機の最重要な部品のひとつでもある．

翼の断面形状をどのようなものにするかで，翼の重要な性能である揚抗比がおおよそ決定される．揚抗比が決定できると，機体重量を支えて空中に浮かび上がらせるために必要となる翼面積が計算できる．つまり，必要となる翼の大きさが決定できる．翼の大きさがあまりにも大きくなると，まず，重量が増えてしまい飛行することが困難になること，さらに，材料の強度が翼そのものの重量を支えられなくなり，翼そのものが機体に取り付けられなくなる．したがって一般的には，できるだけ揚抗比の大きな翼形状を選定し，翼面積を小さくすることによって，全体重量の軽量化を図っている．

推力とは，揚力を発生させるために飛行機が一定の速度以上で前進するための力である．この力は，レシプロ・エンジン機であればプロペラによって，ジェット・エンジン機であれば，エンジン後方から高速で噴出する排気ガスによって発生させる．

ライト兄弟のライト・フライヤーIはレシプロ・エンジン機である．プロペラの断面形状は，翼と同様の形状をしており，プロペラを回転させることで発生した揚力が，機体を前進させるための推力となる．推力が発生しないと主翼による揚力も発生しない．効率的に推力を発生させる仕組みが動力飛行には不可欠な要素であることをライト兄弟はしっかりと認識し，必要となる推力を生み出すためのプロペラ形状を風洞実験で確認している．ちなみに，ガソリンエンジンは当時でも既に実用化され，自動車などの動力として使われていたが，飛行機に使うことを前提で考えられたものは，当然ではあるが存在していなかった．

図4.3 ライト・フライヤーI
（Wright Brothers National Memorialにて筆者撮影）

ライト兄弟は，十分な推力を得るための馬力がある市販のガソリンエンジンがいずれも想定していた重量よりも重かったため，エンジンそのものを自分たちで設計・製作している．構成部品の必要とされる性能を事前に見積もり，市販品がなければ独自に開発するという点も成功にたどり着いた重要な考え方である．

飛行制御とは，前述の揚力と推力を使い，3次元空間の任意の点に到達できるように飛行機を自在に操るための仕組みである．固定翼機の場合は，主翼につけられた各種補助翼と尾翼（垂直，水平）である．揚力と推力があっても飛行制御ができない航空機は，紙飛行機と同じで，実用的な乗り物とは言えない．動力飛行にとってこの仕組みも不可欠な要素である．

ライト・フライヤーⅠには，飛行制御の基本的な要素（上昇，下降，旋回）を実現するための仕組みが装備されている．上昇と下降は前尾翼で制御する．現代の航空機では尾翼はその名の通り，機体の後方にあるが，ライト・フライヤーⅠでは前方に設置されている．このような形態の尾翼を前尾翼と呼ぶ．これは，ライト兄弟が飛行に関する情報交換をしていたグライダー開発で著名なリリエンタールが，グライダーの墜落事故で死亡したことの教訓とされている．地面に激突する際にパイロットからではなく，前尾翼からとすることで，安全性を高めたかったようである．

旋回は，主翼そのものをねじることで主翼の左右で発生する揚力に差を作り，機体を回転させる（ローリング）運動をわざと引き起こして実現する．ローリングは航空機が旋回するための基本動作であり，現代の航空機でも何ら変わるところはない．ライト・フライヤーⅠは複葉機であったため，上側の翼と下側のそれをつなぐ支柱やワイヤを操作することで，上下の翼の位置を左翼，右翼で微妙にくい違いを出してローリングを実現した．現代の航空機では，エルロンと呼ばれる主翼についた小さな可動構造（補助翼）を操作することで同様の効果を作り出す．

このようにライト兄弟は，動力飛行に不可欠な3要素を理解し，それを実現するための仕組みをどのようにして装備するか，明確な目標の下にライト・フライヤーⅠの実現に向かって邁進した．この点が，同時代の他の技術者と大きく異なる点である．

4.2　飛行機の発達と流体力学

飛行機の高性能化と流体力学の発達は不可分の歴史を持つ．一方，驚くことに，ライト兄弟が動力飛行を実現した時代は，流体力学は，揚力発生を理論的に説明するまで発達していなかった．つまり，理論よりも実践が先行していたのである．その後，流体力学が揚力の発生を説明できるようになると，理論を基に，より高性能な飛行機を作り出すというサイクルが回り出す．本節では，ライト兄弟の初飛行の時代から流体力学が揚力を説明できるようになるまでのいきさつについて概説する．

4.2.1　ライト兄弟が気づいていなかったこと

ライト兄弟は，流体力学が理論的に揚力発生を説明できない時代であるにもかかわらず，実践的に動力飛行を実現させた．その過程で，最適な揚抗比の翼形状を実験的に追い求めたことは前節で説明した．ここで流体力学的に重要な点は，縮尺模型から実機サイズへスケール・アップする段階で，流体力学的な相似性が保たれるのか否かである．流体力学的な相似性とは，つまり，例えば10分の1の縮尺模型の場合，相似形を保ちながら10倍として実機サイズにしたとき，発生する揚力が模型のそれの10倍になるのか，揚抗比は模型のときと同じとして考えてよいのか，ということである．このことは，翼や機体の周囲の空気の流れが模型と実機で相似になるか否かに強く関係する．

物体の周囲を流体（空気や水）がどのように流れるかを決める指標にレイノルズ数（Reynolds number，Reと表記）と呼ばれる流体力学では極めて重要な特性数（流れの性質を決める値）がある．これは，以下の式で与えられる．

$$Re = \frac{U_\infty L}{\nu}$$

ここで，U_∞は主流速度（物体から離れた場所の流れの速度），Lは代表長さ（飛行機であれば全長），νは「ニュー」と読むギリシャ文字で，動粘性係数と呼ばれる流体の粘り気の程度を表すものであり，流体の種類，圧力，温度によって変化する．このレイノルズ数が計算の結果ほぼ同じ値になれば，物体周囲の流れの様子は，機体の大きさ，速度が異なっていたとしても流れの性質は相似な状態になる．Reの計算式には，代表長さLがあるため，物体の大きさに比例してReの値が変化することはすぐにわかる．例えば，同じ種類の流体（飛行機であれば空気）中を同じ速度で飛行すれば，大きさが10倍になれば，Reの値も10倍になる．したがって，風洞の中で計測した模型の翼の大きさを10倍にすると，風洞中と同じ速度で飛行することを仮定すれば，翼周囲の流れは相似な形にはならない．つまり，流れが相似ではないため，発生する力を単純に10倍すればよい，というわけではなくなる．現在のジェット旅客機程度の大きさであれば，Reは100万程度になる．

翼断面形状を揚力が効率的に発生できるように最適化すると，Reの増加に伴って翼断面積を増加（厚い翼）する必要があると，後の時代に理論的に結論づけられた．つまり，模型飛行機のような大きさでは，効率的に揚力を発生させるには，薄い翼断面形状が適しているが，人が乗れる大きさまでスケール・アップした場合には，厚い翼断面形状としなければならないのである．

このことは，日常生活においても確認できる．ハエや蚊などの昆虫の羽は薄く，大型の鳥になると羽は厚みを増す．これは，流体力学的な最適化を自然界は，適者生存の法則で実現しているということであろう．一方，ライト兄弟は，最適な翼断面形状を，縮尺模型を使って風洞実験を繰り返しながら追い求めた．そのため，レイノルズ数と翼形状の理論的つながりが確立していない時代の彼らは，実験結果に従い，薄い翼断面を採用することとなった．彼らは，主翼が2枚ある複葉機を採用した．これは，1枚の翼を当時の軽量素材（木材や布）で製作するには強度が足りないため，複葉機としてそれを補ったと想像できる．

現代風に言えば，ライト兄弟は，理論流体力学が未発達であったため，実験流体力学のみで動力飛行を達成した．そのため，風洞での低いRe環境下での最適形状を採用したため，実機サイズでの最適な翼形状に気づくことができなかった．しかし，このことは彼らの偉大な業績を傷つけるものではない．

4.2.2 プラントルとカルマン

翼（3次元翼，あるいは，有限翼）による揚力発生を理論的に体系づけたのは，ルードビッヒ・プラントル（Ludwig Plandtl，図4.4）である．ドイツのゲッチンゲン（Göttingen）大学で1911年から1918年の間に完成させたとされる．彼が完成させた理論を揚力線理論あるいは，プラントルの有限翼幅理論と呼んでいる．理論として完成させ，世に送り出したとして有名なのはプラントルであるが，彼と同時期に英国の自動車技術者であったフレデリック・ランチェスター（Frederick W. Lanchester）も同じことを見いだしたとされている．実は，彼の方が気づいた時期は先んじていたのでないかとの説もある．そのため，英国では，ランチェスター・プラントルの理論とも称される．この理論の概要は，次のようなものである．

飛行中の翼周囲の流れは，図4.5に示すように，正面からやってくる平行な空気の流れと，翼の周囲に（翼端から機首を左側に見た際に）時計回りの方向に回転する渦（循環）が合成されたものとなっている．2種類の流れが合成されるので，翼の上面では流れ方向が同一であるため流速が増加し，翼の下面では流れが対向するため流速が減少する．翼の上下で流速が異なるとベルヌーイ（Bernoulli）の定理に従い，流速が大きい翼上面が下面より圧力が低くなり，翼が上向きの力（揚力）を得ることになる．

図にも示したが，翼の周囲の渦を束縛渦と呼び，この束縛渦が有限な翼幅の先端から飛び出したものを自由渦と呼ぶ．自由渦は，翼端から飛び出した瞬間に，翼端渦として飛行機の後方に流れ去るため，飛行中，途切れなく後方に，引きずられるように長く延びることになる．この翼端渦を後方にたどっていくと，飛行機が滑走路上を加速し始めた瞬間に発生する出発渦に行き着くことになる．

この出発渦は，滑走路上に置き去りにされることになる．実際の出発渦は，風や空気の粘性の効果のため，時間とともに消滅する．風や空気の粘性の影響がなければ，理論的には飛行機は，その離陸から着陸・停止までの間，翼端から渦を出し続け，地上に残された出発渦は一筆書き

図4.4　ルードビッヒ・プラントル

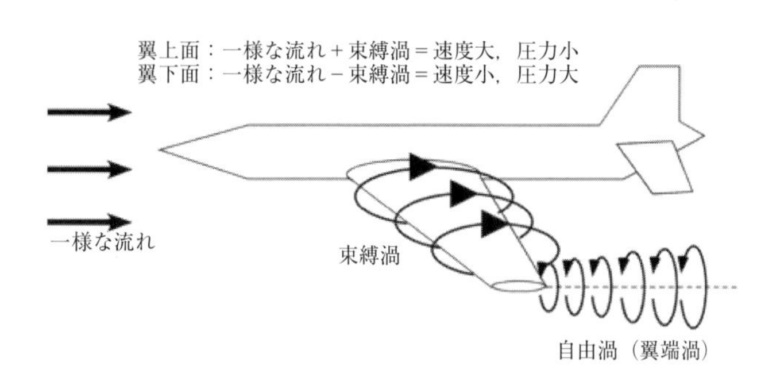

図4.5　飛行機の翼周辺に発生する渦が揚力発生の根源となる（束縛渦，翼端渦）

のようにひとつながりになる．この渦の大きさ・強さは，航空機の大型化，高速化に伴い増加する．大型ジェット旅客機が発生させる翼端渦は，小型のプロペラ機を巻き込み，墜落させるほど巨大なものとなる．これを，後方乱気流と呼び，飛行の安全に大きく関係する現象である．

セオドア・フォン・カルマン（Theodore von Kármán, 図4.6）は，プラントルの弟子であり，ゲッチンゲン大学では，プラントルの助手をしていた．カルマンも流体力学や航空工学を語る際に欠くことのできない人物である．第2次世界大戦前には，日本を訪れ，日本全国で講演を行っている．第2次世界大戦後は，米国に渡り，カリフォルニア工科大学などで研究を続け，米国の航空宇宙工学の発展に貢献した．

今では，高等教育機関で流体力学を勉強する際には，実験授業で必ずカルマン渦列について学ぶことになる．物体周囲の流れ場の後流には渦が規則的に発生（図4.7）し，その発達様態はレイノルズ数に依存している．風の強い日に電線などがピューピューと音を立てていること，バットやラケットを素振りするとブンブンとかヒュンヒュンと音を立てることは，カルマン渦を音として感じている例である．カルマン渦だけではなく，乱流理論や摩擦抵抗理論，高速空気力学などにカルマンの名を冠した定理が存在するほど，航空工学では数多くの業績を残している．

以上のように，1903年に人類初の動力飛行を実現させてから20年近く後になって揚力発生が理論的に体系づけられた．理論が実践に追いついたとも言える．これを機に，航空機の性能は一気に向上する．最もそれを体現しているのが軍用機であった．時代背景としては第1次世界大戦と重なっている．ドイツの戦闘機の性能が飛躍的に向上し，連合軍の戦闘機を凌駕したともいわれている．このころから，次第に複葉機は姿を消し始め，単葉機が主流となる．また，1914年にはドイツが，ユンカースF.13という全金属製飛行機の開発を始めて，航空機の素材も布や木材から金属に移行し始める．プラントルが揚力線理論を完成させ，航空機開発にとっての理論と実験の両輪がそろったことになり，一気に多種多様な高性能航空機の開発が各国で進展することとなった．

図4.6　セオドア・フォン・カルマン

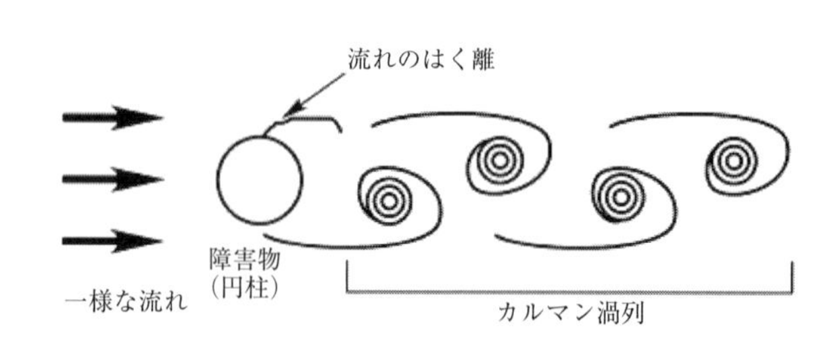

図4.7　カルマン渦列

4.3　航空機の高速化

ライト・フライヤーⅠが初飛行した1903年（明治36年）から，航空機は，「より速く」，「より高く」，を至上命題として開発が進められてきた．現代では，これに「より安く」，「より安全に」が加わっている印象がある．

航空機の高速化のエポックメイキングのひとつは，有人機の音速突破である．これは，1947年10月14日に米空軍の実験機Bell XS-1に搭乗したチャック・イエーガー（Charles Elwood "Chuck" Yeager）によって達成された．このときの速度は，マッハ（Mach）1.06（音速の1.06倍の速度）であった．太平洋戦争が終結（1945年8月15日）してから2年程度である．

当時の日本は連合軍の占領下で，戦後の混乱がまだ収まっておらず，航空機の研究開発がすべて禁止されていた時期である．この禁止令は，サンフランシスコ講和条約が締結され，日本が独立を回復した1952年4月28日まで継続される．この時代に航空機の研究開発が禁止されていたことが，日本の航空機技術に大きな影響を与えたことが想像できる．本節では，音速を超えて飛行するための工夫について概略を説明する．

4.3.1　音速

音速とは，媒質（空気）中を伝播するじょう乱の速度，として定義されている．空気中では，約340 m/sとされている．音とは，発生源が振動することで，その振動が周囲の空気の微弱な圧力の変化（じょう乱）を作り出し，じょう乱が空気中を伝わって人の耳に届き，鼓膜を揺らすことで，音として認識するものである．じょう乱は，空気のような気体に限らず，液体や固体の中でも伝わる．したがって，液体や固体中でも音速という概念が成立する．ちなみに，音速は媒質の密度が高くなるにつれて増加し，水中の音速は約1500 m/sとなる．

音速に関する詳細な内容は，圧縮性流体力学（あるいは高速空気力学）と呼ばれる，流体力学を理解する上で欠くことのできない基本知識である．ここでは，音速を超えようとする飛行機が遭遇する現象を概説する．いくつかの仮定を加える必要があるが，音速の式として，

$$a=\sqrt{\gamma RT}$$

で計算できる．ここで，aは音速（m/s），γは比熱比（無次元），Tは温度（K）である．空気の場合に限れば，$\gamma=1.40$，$R=287$（J/kgK）と定数が代入できるため，この式は，

$$a=20.05\sqrt{T}$$

となる．

この式から気温15.0℃の空気中の音速を計算してみよう．$T=15.0+273.2=288.2$（K）を代入すると，340.4 m/sとなり，“空気中の音速は，約340 m/s”と説明されていることが理解できる．音速を超えて，あるいは音速に近い速度で飛行する飛行機の速度は，この音速を基準に説明される．マッハ数は記号Mを使い，「音速の2倍」を表現する場合はM2と表記される．ここで注意すべきは，音速は温度によって変化するため，マッハ数は飛行している環境の音速

に対する相対的な速度となっている点である．つまり，同じマッハ数でも，地上（気温 15℃）と高度 1 万メートル（気温－50℃）では，絶対的なスピードは異なる．各自で計算して，その差を求めてみるとよいだろう．

さて，音速を超えて飛行する際にどのような現象が発生するのだろうか．高校物理で勉強するドップラー効果の原理を発展させた考え方が適用される．ドップラー効果について学んでいない，あるいは記憶があいまいな読者は，高校物理の教科書を参照して復習（あるいは独学）することを勧める．

図 4.8 に移動する航空機が発する音波と航空機の速度の相対的関係を示す．仮に航空機が停止（空中で静止することできないが，仮に，）していれば，音は一定間隔で同心円状に広がっていく（図 4.8(a)）．

速度が増加すると，過去に発生した音波は発せられたところを中心に広がるが，その後，飛行機が移動しながら音波を発するため，前方と後方では，先行する音波との間隔（周波数）が異なり始める（図 4.8(b)）．これはドップラー効果と同じ考え方である．異なる点は，さらに速度が上がり，音速を超えてしまう場合の様子である．

音速と同等の速度に達すると（図 4.8(c)），過去に出した音波に，後から発生した音波が追いついてしまう．これが継続すると，飛行機の目の前に音波が重なってくる．ひとつひとつの音波は微弱な圧力変化であるが，それが無数に集積されると，極めて大きな圧力変化を生み出す．音速近くで飛行した際にはこの圧力変化が大きいため，見えない壁のような存在となり，音速を超えようと加速を試みても全く速度が上がらない．この見えない壁を音の壁（sound barrier）と呼び，かつてレシプロ・エンジン機では音速を超えることは不可能とされた．

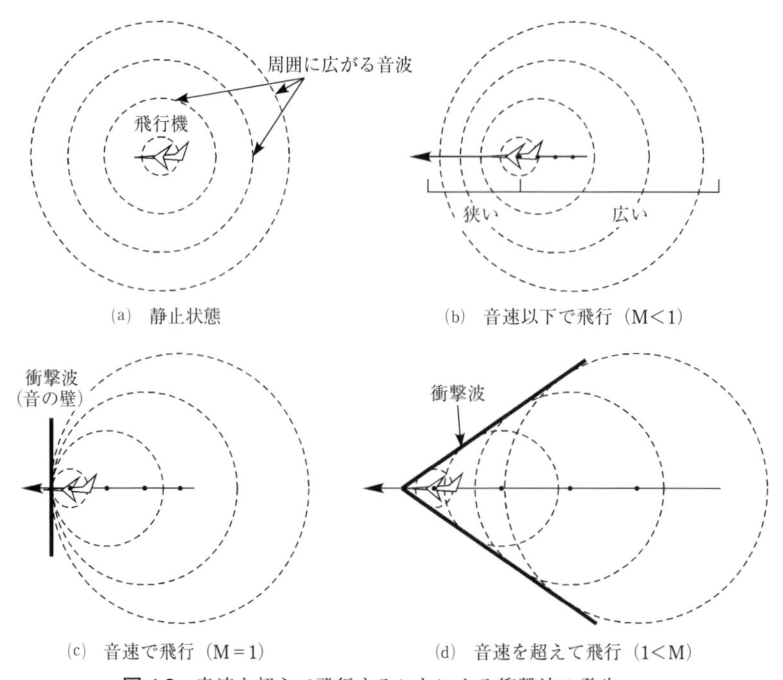

図 4.8　音速を超えて飛行することによる衝撃波の発生

もし，より強力なエンジンを装備して，さらに加速すると，この音の壁を突き破り，自分が過去に発した音波を追い越す「超音速」状態に到達できる（図4.8(d)）．このとき，音波は，航空機を頂点とした円錐の表面に折り重なり，ここに音の壁を形成する．この円錐はマッハ円錐（Mach cone）と呼ばれ，飛行マッハ数Mで開き角が変化する．頂点の半頂角μは以下の式で表される．

$$\mu = \sin^{-1}\frac{1}{M}$$

この壁は，衝撃波（shock wave）と呼ばれる．地上に衝撃波が到達すると，爆発音のような強烈な音を人間が感じ，不快であるばかりか，場合によっては建物のガラス窓の破壊に至る．超音速で飛行することが原因で発生する騒音を衝撃騒音（ソニックブーム，sonic boom）と呼ぶ．現在，日本と欧米で進められている次世代の超音速旅客機開発では，衝撃騒音の低減策が大きな課題となっている．

4.3.2　音より速く飛ぶために必要な工夫

前述のように，音速を超えた速度（超音速）で飛行するためには，音の壁を突破する必要がある．安全にかつ効率よく音の壁を突破するためには，エンジンと飛行機の形状に対する工夫の双方が不可欠である．ここでは，形状に対する工夫の代表例を概説する．

ひとつ目は，エリア・ルール（area rule，図4.9）である．音の壁を効率よく突破するためには，空気抵抗が小さな機体形状としなければならないことは容易に想像がつくだろう．壁を突破す

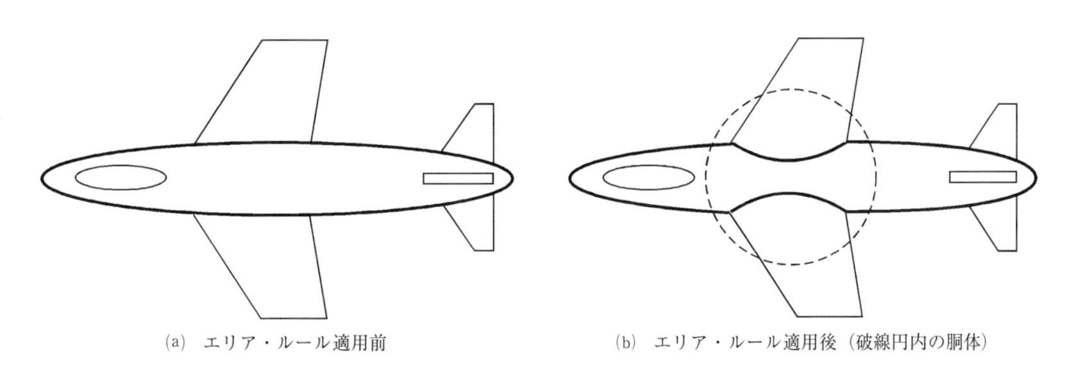

(a)　エリア・ルール適用前

(b)　エリア・ルール適用後（破線円内の胴体）

(c)　実機例（F-104）．
主翼近傍の胴体がややくびれていることが見て取れる．
（Virginia Air & Space Center にて筆者撮影）

図4.9　超音速機のエリア・ルールと低アスペクト比の矩形翼（F-104）

るには，太いものより細いものが有利となる．そのため，現代の高速機の機体断面積分布にはエリア・ルールと呼ばれる工夫がなされている．これは，機首から機尾に至るまでの機体断面積の分布をグラフ化した際に，可能な限りでデコボコをなくした分布にする工夫である．この工夫を取り入れると，そうでない場合に比べ，音速突破が容易になる．

エリア・ルールをはじめて量産機で採用した機体は，米国コンベアー社のF-102（デルタ・ダガー）という超音速戦闘機である（1953年）．F-102の試作機であるYF-102の試験飛行において水平飛行時にも超音速飛行が達成できなかったことを解決するための秘策として採用された．言われてみれば至極当然なことであるが，機体断面積を胴体の断面積だけで考えているとなかなかこの発想に至らない．胴体部だけでなく，主翼の断面積を考慮に入れなければならない．エリア・ルールが採用されている機体形状は特徴的で，一目で判断できる．すなわち，主翼が取り付けられている胴体部分が他の部分と比べて細く，くびれた胴体形状となっている．つまり，主翼が付加されることで生じる全断面積の増加を，胴体部分の断面積を削ることで抑制している．

次に，翼の形状に対する工夫について概説する．超音速で飛行すると，飛行機の周囲には衝撃波が円錐形状で発生することは既に述べた．この衝撃波が発生することで，衝撃波のない飛び方と比べると余計なエネルギーを消費しながら飛行することになる．衝撃波の内側では大きく圧力が増加するため，衝撃波の存在で空気抵抗が極端に増加する．この空気抵抗の増加分は造波抵抗（wave drag）と呼ばれている．超音速機では，この造波抵抗をなるべく増やさないための翼の形状へ工夫がなされている．

翼の形状に対する工夫は大きく分けて3つある．

ひとつ目は，低アスペクト比矩形翼である．翼の翼弦長cと翼幅Lの比率L/cを翼のアスペクト比あるいは縦横比と呼ぶ．このアスペクト比を小さくした長方形の翼が低アスペクト比矩形翼である．つまり，機体全体に比べて，翼を短くすることでマッハ円錐の外側に翼の先端が飛び出さないようにする．これは，マッハ円錐の外に機体の一部が飛び出すと，その部分から新たに衝撃波が形成されるため，造波抵抗が追加されるからである．この方針を採用した代表例は，米国ロッキード社の超音速戦闘機F-104（スターファイター，最高速M2.4，1954年，図4.9(c)）である．欠点としては，翼の長さが限定されるため，機体サイズに対して翼面積が小さくなることで様々な制限が発生する．特に低速時の運動性能が悪くなる．そのため，F-104の就役当初には，離着陸時の事故が目立った．

ふたつ目の工夫は，後退翼（swept-back wing，図4.10）である．これは，発生するマッハ円錐の角度に合わせて翼を後ろに傾けたもので，傾けた角度を後退角と呼ぶ．この工夫も，ひとつ目の低アスペクト比矩形翼と同様にマッハ円錐内に翼をとどめさせ，かつ翼面積を確保する工夫である．後退翼は超音速機だけの翼形状ではなく，音速を超えないまでもM0.8程度の速度域を巡航速度とする航空機の翼形状には後退翼が採用されている．これは，翼前縁が空気の流れに対して角度を持つため，主流の翼前縁に対する垂直成分が小さくなる．これにより翼面での衝撃波の発生を後退翼ではない場合と比べ，遅らせることできる．現在のジェット旅客機のほとんどは，M0.8前後を巡航速度としているため，後退翼に加えスーパクリティカル翼

図 4.10　音速に近い速度で飛ぶ航空機の後退翼.
（Virginia Air & Space Center にて筆者撮影）

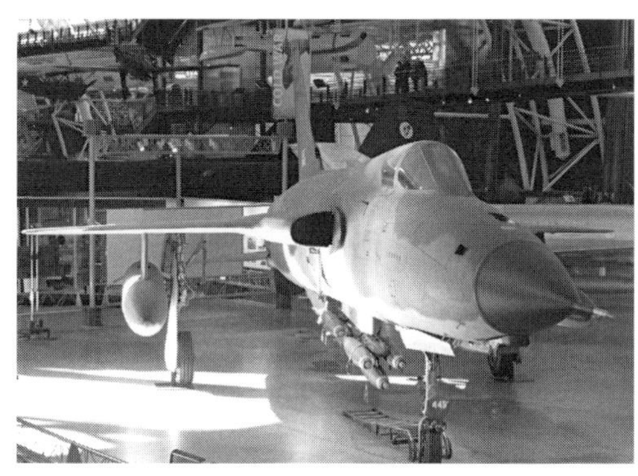

図 4.11　超音速機と亜音速機の翼厚の違い.（左）超音速機（F-105),（右）亜音速機（F-4U)
（Smithsonian National Air & Space Museum にて筆者撮影）

と呼ばれる衝撃波発生を極力抑える形状の翼を採用している.

最後の工夫は翼の厚みである. 翼弦長 c に対する翼厚 t の比率 t/c を翼厚比と呼ぶ. 造波抵抗は, t/c の増加とともに増加することが知られている. したがって, 可能な限り翼の厚さを薄く作るのが造波抵抗軽減に寄与する. 超音速戦闘機では, この値が 4% 程度であるが, 亜音速機では 10 ～ 15% となる（図 4.11).

4.4　回転翼機――ヘリコプタ, ティルトローター

航空機は, 飛行する原理, エンジンの種類や個数, 用途で細分されている. 一般に飛行機と呼ばれているものは, 専門用語では「固定翼機」と称せられる. 固定翼機にとって空中で静止状態を保つこと（ホバリング）は, 主翼による揚力発生の原理上, 通常は不可能である. 一方, ヘリコプタと呼ばれているものは「回転翼機」と称される. 回転翼機はホバリングが可能であるため, 垂直離着陸できることがその特長である. つまり, 離着陸のための場所が, 固定翼機と比較して格段に狭くて済む. そのため, 回転翼機の活躍の場を様々な分野に作り出している. 本節では, 回転翼機について, その仕組みと種類について概説する.

4.4.1　ヘリコプタ

回転翼機の祖先は竹とんぼ等が考えられるが，空中を移動する乗り物としてのアイデアは，レオナルド・ダ・ビンチの「プロペラ」という有名な機械がある．機体の上方におおきな幅広なネジを回転させて空気中に浮き上がる発想で考えられた機械である．この機械のデッサンは，かつては全日本空輸（ANA）のマークになっていた．内燃機関が発明される15世紀末であったため，このアイデアは，20世紀になるまで実現できなかった．

史上初の回転翼機の有人動力飛行は，1907年にフランス人ポール・コルニュ（Paul Cornu）によってなされた．ライト兄弟の初飛行から4年後である．この回転翼機には，24馬力のガソリン・エンジンが搭載され，20秒間ホバリングしたと記録にある．主ロータが2つあるデュアルロータ形式のものであった．

一般的な回転翼機の特徴は，図4.12のようなものである．まず，目に付くのはメインロータである．胴体の上方で回転する翼である．少ないものは2枚，多いものだと6枚の翼が取り付けられている．メインロータの断面形状は，固定翼機の主翼形状と類似のもので，固定翼機が前進することで翼が得る揚力を，回転翼機では，翼そのものを回転させることで得ている．翼の下には胴体があり，操縦者と乗客，あるいは貨物が収まる空間がある．

胴体から後方に向かって尻尾のように細長い構造が，テイルブームである．この先端には，小さなプロペラが取り付けられている．テイルロータと呼ばれるこのプロペラ装置は，メインロータが回転する反動で胴体が逆方向に回転することを押さえる働きをしている重要な部品である．テイルロータの下には固定翼機の尾翼に酷似した垂直安定板がつけられている．一方，回転翼機の中には，このテイルロータを装備していない種類もある．このうち，二重反転式と呼ばれる方式を採用しているものは，一見しただけではメインロータが1つのものと外見上は同じだが，メインロータが重なるように2枚存在し，それぞれが逆方向に回転することで，反動を打ち消している．また，輸送用の大型回転翼機の場合，胴体の前後にそれぞれメインロータが取り付けられたものがある．この場合，前後で回転方向を逆にすることで，反動を打ち消し，テイルロータを不要としている．

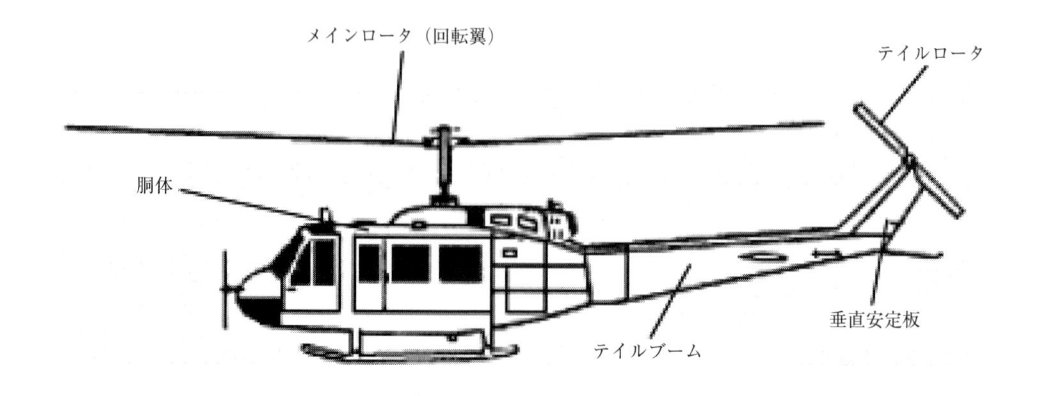

図4.12　回転翼機の代表的な構造

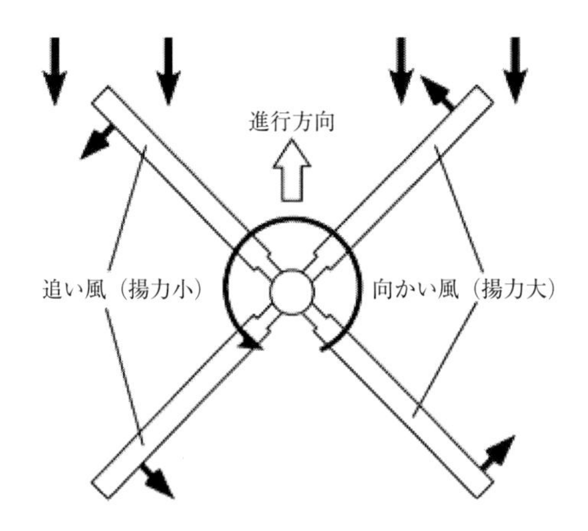

図 4.13　進行方向の左右で発生する揚力の非対称性．反時計回りの回転するメインロータを上から見たもの．進行方向の左右でロータブレードに対する気流速度が異なるため，ブレードの迎角が一定であれば，進行方向の左右で発生する揚力が非対称になる．これを補正するために，ブレードの回転位置によってフラッピングによって迎角を調整し，揚力が対称となるように調整している．

回転翼機が固定翼機では不可能な自由自在な動きが可能である理由は，メインロータを構成する翼（ブレード）が回転しながら様々な角度に調整できることに秘密がある．ブレード1枚1枚が，フラッピング（上下動），ラッギング（前後動），およびフェザリング（前後のねじれ）と呼ばれる角度調整で，自由自在な運動を可能にしている．たとえて言うならば，腕を地面に平行に伸して広げた状態で，上下に動かすとフラッピング，地面に対し平行に前後移動させる動きがラッギング，そして，腕をねじって手のひらを前後に向ける動作がフェザリングとなる．これらの動きを組み合わせることで，操縦者は自機を自由自在に操ることができる．また，次に説明する揚力の非対称性を補正する．

回転翼機には，固定翼機では発生しない「左右非対称揚力」が発生し，このことを補正するために，飛行中にブレードの角度を適切に制御している．図4.13のように反時計回りに回転しているブレードで，前進している回転翼機を考える．胴体の右半分ではブレードは後ろから前に移動し，左半分ではその逆である．したがって，右半分では，向かい風，左半分では追い風となり，左右でブレードが発生する揚力が異なる．この不均衡は，前進速度が大きくなれば不均衡も大きくなる．したがって，何もしなければ進行方向に対して右側のブレードに，より大きな揚力が働き，左右の揚力の不均衡で回転翼機は横倒しになる．これを避けるため，ブレードの回転位置ごとにフラッピングの角度を制御し，左右で均等な揚力を発生させる．そのため，強風中ではホバリング時もこの調整が必要となる．

4.4.2　ティルトロータ

ティルトロータ機は，回転翼機と固定翼機の利点を兼ね備えた航空機である．「ティルト」とは，「傾く」という意味である．飛行形態が飛行中に変わることから転換型航空機とも呼ばれる．ティルトロータ機は，離着陸時は回転翼機の持つ垂直離着陸性能を，巡航時には，固定翼の持つ高速性を発揮する．この種の機体の開発の歴史は古く，1930年代までさかのぼることができる．その中でも，近年注目を集めいている機体がV-22オスプレイである．V-22は米国のボーイング社とベル社が共同開発し，1999年に初飛行した．量産が進み，在日米軍への配備や自衛隊での導入が近年話題になっている．V-22は，離着陸時には2機あるメインロータをサイド・バイ・サイドのデュアルロータヘリコプタのように使う（図4.14）．一旦上昇す

図 4.14　垂直離陸後にヘリコプタモード（左）から固定翼機モード（右）に変形しつつ飛行する MV-22 オスプレイ（米国バージニア州ニューポートニュース・ウイリアムズバーグ国際空港にて筆者撮影）

れば，エンジンごと 90° 回転させ，双発の固定翼機のごとく飛行する．V-22 は，量産機として史上初めての転換型航空機である．V-22 はその運用形態によって派生型がいくつかあるが，最高速度 500 km/h，最大航続距離約 3300 km であり，これまでの回転翼機と比べて大きく向上している．

4.5　無人航空機（UAV）の発達

4.5.1　UAV とは何か

日本の航空法では，無人航空機とは次のように定義されている．「飛行機，回転翼航空機，滑空機，飛行船であって構造上人が乗ることができないもののうち，遠隔操作又は自動操縦により飛行させることができるもの（200 g 未満の重量（機体本体の重量とバッテリーの重量の合計）のものを除く）」（航空法第 2 条 22 及び航空法施行規則第 5 条の 2）．この定義では，従来からあるラジコン飛行機も重量 200 g を超えれば無人航空機となる．

米国連邦航空局（FAA）の定義では，「航空機の内部，あるいは乗機した人間の直接介在が排除された航空機」（Public Law 112-95, Title III, Subtitle B, SEC.331.（8））．ただし，FAA では，重量 55 ポンド（約 25 kg）までは，Small UAV として，それ以上のものとさらに区別している．日本での重量 200 g 以上のものをすべて UAV としている基準とはだいぶ異なる．

さらに，米国国防省の定義では，「動力付きの飛行体で，操縦者が乗らず，自動もしくは遠隔で運用し，使い捨てあるいは回収可能である．致死あるいは非致死性の搭載物を運ぶことができる．弾道弾，巡航ミサイル，砲弾，魚雷，機雷，人工衛星，および推進機をつけていない無人感知器は無人航空機に含まない．無人航空機は，無人航空機システム（UAS）の中核となる構成要素である.」となっており，武器としての特性を抽出したものであるためイメージしやすいが，当然ながら日本での関心の主流とは異なる．

いずれにしても，人による操縦が介在せずに安定した飛行が実現できる空飛ぶ機械を無人航空機（UAV）というが，狭義の意味では，「自動操縦が可能な誘導・飛行制御の仕組みを搭載し，人が乗機せずに簡単な遠隔操作のみで運用可能な空飛ぶ機械」と理解するのが，妥当と考える．

人が乗らないことによって，航空機にとってどのような利点があるのだろうか．最大の利点は，適用できる任務が広がることである．人が乗機しないUAVは墜落の可能性に対して，搭乗者の安全を考慮する必要がなくなることが理由である．次に，有人の際に考慮しなければならない運用の限界（加速度，高度など）が人間の生理的限界ではなく，機体や搭載する機器の物理的強度限界で決まる．さらに，有人の場合に装備しなければならないもの（窓，扉，空調装置，緊急時の脱出装置，不時着時のサバイバルキット，音声通信装置など）が不要になり，軽量化ができる．

このように無人航空機は，有人航空機に必要となる様々な制限を取り払うことができる．UAVが軍事分門ではじめに広がりを見せた理由は，敵地での不時着や戦闘で撃墜されても自国のパイロットに死傷者や捕虜が発生しないという利点である．特に，国民感情に政府が配慮しなければならない先進国では，自国側の人的損害を最小限にできる点に大きな魅力があった．そのため，多種多様な作戦にUAVが活用されたことは，2001年以降の対テロ戦争（イラク戦争，アフガニスタン戦争など）の報道で衆人の知ることとなった．

4.5.2　UAVの発達

UAVは，近年では手のひらにのる程度の小型のものも登場しているが，もともとは，人が操縦することを前提として設計・製作された航空機を遠隔操縦で飛行させようとしたものが最初の試みである．

ライト兄弟が人類初の動力飛行に成功する7年前の1896年に，同じ米国のサミュエル・ラングリー（Samuel P. Langley）教授が米国首都のワシントンDC（Washington DC）のポトマック川上空で蒸気機関推進の無人航空機の飛行に成功している．エアロドローム（Aerodrome）と名付けられた無人航空機（全長4.0 m，翼幅4.2 m，図4.15）は，およそ1マイル（約1.6 km）飛行した．もちろん，エアロドロームには，誘導・飛行制御する装備は搭載されていなかったが，これは間違いなく無人航空機システム（UAS）であった．

ちなみに，誘導・飛行制御する初めての装置は，1918年にエルマー・スペリー（Elmer Sperry）がジャイロを使った装置を有人機の自動操縦装置として，その後に無人航空機の誘導・飛行制御装置として使っている．

無人航空機を真剣に検討した初期の例は，既に第1次世界大戦時に存在している．180ポ

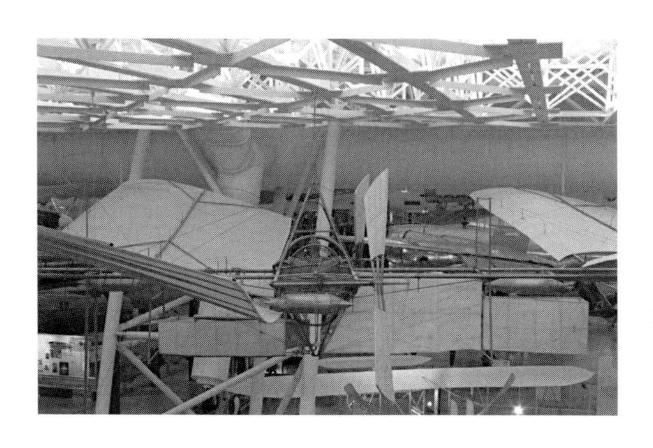

図4.15　世界初（1896年）の無人航空機ともいわれるエアロドロームの側面（Smithsonian National Air & Space Museumにて筆者撮影）

ンド（約82 kg）の爆弾に複葉主翼と尾翼，および40馬力のレシプロ・エンジンをとりつけ，地上設置したレールを使って離陸させ，離陸後は自動操縦で最大75マイル（約120 km）離れた敵の陣地まで飛行させようとした米陸軍のケッターリング・バグ（Kettering Bug）計画がある．別名，空中魚雷と呼ばれたらしい．この計画には，ライト兄弟の弟オービルと計画名称の由来となったチャールズ・F・ケッターリング（Charles F. Kettering）が関わっている．しかし，実戦投入される前に終戦を迎えた．この計画で使われた自動操縦技術は原始的なものであった．具体的には，プロペラが設定された回転回数に達するとエンジンとリンクするシャフトが外れ，同時に翼も爆弾から切り離されるというものであった．無線技術が未熟な時代であったため，遠隔操作による誘導や自律飛行制御の仕組みは搭載されていなかった．精密な誘導・飛行制御に重要な無線操縦技術の確立は，第1次世界大戦後まで待たねばならない．

無人航空機の大きな進展は第2次世界大戦のドイツでなされた．代表的なものはV-1飛行爆弾（正式名称Fieseler Fi-103）と呼ばれた巡航ミサイルの元祖である．V-1は，850 kgの爆薬を搭載し，パルス・ジェット・エンジンと呼ばれる使い捨ての簡便なジェット・エンジンを装備し，最大時速約600 kmで航続距離約250 kmを達成している．フランス沿岸部から英国ロンドンの攻撃に使われた．これとは別に，大戦中のドイツ空軍は無線誘導の空対艦ミサイル（航空機から艦艇に向けて発射する）を開発し，連合国戦艦に対して使用している．ドイツで開発されたこれらの技術は，第2次世界大戦後の米国の巡航ミサイル開発や宇宙開発の礎となった事実も理解しておかねばならない．一方，大戦中には米軍も無人航空機開発をしており，有名なものに，B-17爆撃機やPB-4Y爆撃機を無線操縦の無人爆撃機とするアフロディーテ計画（Operation Aphrodite）がある．

もともと軍用機であったものを遠隔操縦可能な改造を施して無人航空機とする開発過程が主流であったため，無人航空機＝軍用という構図の中で技術開発が進んできた．特に，2001年の米国同時多発テロによって始まった対テロ戦争では，ゼネラル・アトミックス社（General Atomics）のプレデターやリーパーといった軍用無人航空機の代名詞となったもの（図4.16）

図4.16　無人航空機（UAV）の進化を世界に知らしめたプレデター（National Museum of the USAFにて筆者撮影）．

図4.17　人工知能を搭載した無人航空機のプロトタイプ．全自動で離着陸と任務の遂行ができる（National Museum of the USAFにて筆者撮影）．

が開発・実戦投入され，ニュース映像などでその実態が世間の目に触れるようになった．現在は，遠隔操縦あるいは自律飛行だけでなく，人工知能（AI）を搭載することで，いわば「ロボット戦闘機」とも呼べそうな，人間の指示なしであっても状況に対応可能なもの（図4.17）の開発が進んでいる．また，JAXAやNASAなどは，火星探査をより一層詳細に行うため，火星大気中で利用可能なUAVの開発を進めている（図4.18）．UAVは，地球だけでなく，大気を有する他の惑星探査でも活躍の場を広げようとしている．今後はAIの急速な発達を受け，より一層，人間の負担が軽減された運用が進んでいくことと思われる．まさに，最終目的を付与すれば，独自の判断で最適な経路を判断し，人間の介在なしに運用できる「ロボット航空機」の誕生は目前と思われる．

図4.18　無人航空機の活躍の場は，地球だけでなく火星にまで広がろうとしている（Virginia Air & Space Centerにて筆者撮影）．

第５章

航空機の推進

空　代：イギリスで産業革命が起こったときに主役を果たしたのが，蒸気機関の発明だったのよね．

航次郎：そのときから，鉄道，船舶，自動車と，輸送手段が急速に発達したんだね．

宇太郎：でも，石炭で空を飛ぶことはできなかったけど，ガソリン・エンジンの発明は画期的だったね．

宙　美：エンジンの発明でようやく飛行機でも使える推進機が手にはいったのね．

航次郎：地上を走るなら車輪がいるけど，空を飛ぶなら，イカみたいになにか物質を高速で噴射すればいいのかな．

宙　美：まあ，宇宙ならそうするしかないけど，せっかく地球には空気があるんだから，空気を圧縮して高速で噴射させればいいのよね．

宇太郎：それってジェット・エンジンそのものだね．

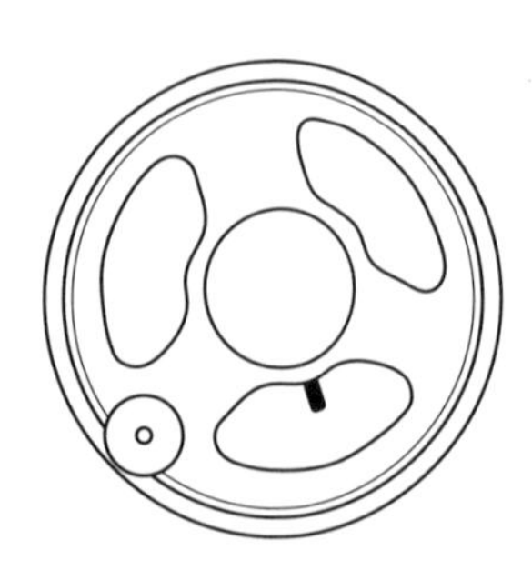

本章では，航空機の推進力の根源である原動機（エンジン）に関して概説する．動力飛行開始時から第2次世界大戦前までは，レシプロ・エンジンのみであった航空用原動機が，第2次世界大戦直前期にジェット・エンジンが開発され，航空機の高速化に大きく貢献することになる．現時点では，用途に合わせた様々な航空用原動機が開発され，利用されている．

5.1　レシプロ・エンジン

レシプロ・エンジン（reciprocating engine）とは，直訳すると往復機関である．一般には，シリンダ（気筒）内で発生させた熱力学エネルギーをピストンの上下運動に変換し，さらに連結されたクランクシャフトでその運動を軸出力（動力）として取り出す機械である．ピストンが不可欠になるので，ピストン・エンジンと称されることが多い．自動車用のガソリン・エンジンが最も身近な例である．航空機のレシプロ・エンジンも自動車のそれと原理的には同一であるが，軽量化やシリンダの配置に特徴がある．本節では，航空機用レシプロ・エンジンについて概説する．

5.1.1　小型飛行機用レシプロ・エンジンの仕組み

気化させた燃料を空気と混合して予混合気を作り，それをシリンダ内に導入（吸気行程）し，ピストンで圧縮後（圧縮行程），高電圧放電で点火し，膨張する燃焼ガスを利用してピストンに仕事をさせる（膨張行程），その後，燃焼ガスをシリンダから排出（排気行程）する．この一連のサイクルは基本的に自動車用ガソリン・エンジンと同じである．航空機用エンジンは，自動車用のそれと比べると，エンストさせないための工夫がされていることが構造上の特長である．

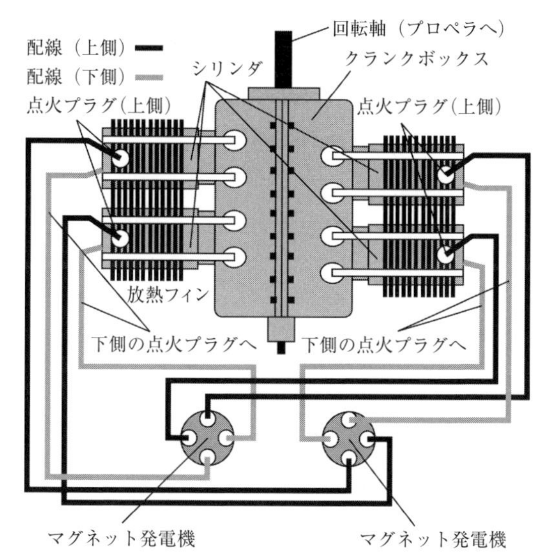

図 5.1　小型機用レシプロ・エンジンの構造．（左）：水平対向型エンジンの点火系統，（右）：水平対向型エンジンカットモデル（Smithsonian National Air & Space Museum にて筆者撮影）．

ひとつ目は，エンジンの点火系への工夫である．図5.1は，単発小型機に使われている空冷4気筒エンジンである．装備されている機器類は，自動車用エンジンと違いはない．しかし，自動車用のエンジンでは，混合気に点火するためには，1つのシリンダごとに点火プラグは1つであることが一般的であるが，航空機用エンジンでは2つの点火プラグが装備されている．これは，2つの点火プラグを使うことで，1つの場合よりエンジン性能を高められることと，故障に対する信頼性を同時に高めるための工夫である．

ふたつ目は，エンジン・シリンダの幾何学的配置である．シリンダは，2気筒ずつが対向して取り付けられている．このような配置を「水平対向型」と呼ぶ．

自動車用のエンジンでは，片側に一列に並んでいる直列式や正面からみると英文字のV字のように少しずらして取り付けるV型等が一般的である．これには，シリンダの頭が同じ方向に配置されていると，エンジンルームのボンネットを開けた際に，点火プラグの交換など，水平対向と比べてメンテナンスが容易に実施できるという利点がある．

一方，航空機用エンジンで水平対向型である大きな理由は，ピストンやクランクシャフトの運動で発生する運転時のエンジン全体の振動を極力抑えることである．対向配置とすることで，対となるシリンダ同士で振動を相殺し，エンジン全体が大きく振動することを抑制できる．水平対向型は，シリンダが4個ないし6個のエンジンに多用される．また，高出力エンジンとするためにシリンダが多数になると，空冷式エンジンでは，クランクシャフトの周りをシリンダが取り囲んだ「星型」が採用されている．

レシプロ・エンジンの空冷式と水冷式の違いについて説明する．エンジン内部では，燃料と空気を混合して燃焼させるため，当然のごとく内部は高温になる．この発生した熱を効率よくエンジンの外部に放出（つまり，冷やす）しないと，エンジン始動後，短時間でシリンダとピストンが焼き付いてエンジンが壊れてしまう．エンジン内部には，この熱を取り除くためと，シリンダとピストンの動きを滑らかにするために，エンジンオイルが循環している．これだけでは十分に冷却できないため，積極的にエンジンを冷却する仕組みが施されている．

空冷式は，エンジンの周りに外気を流通させ，エンジンの熱を取り除く．空気が効率よくエンジンの熱を取り除けるように，エンジン周囲に放熱フィンと呼ばれる出っ張りを多数つける工夫を施す．風通しの良いエンジンルームにする必要があるため，大出力で小型のエンジンは空冷式では作りづらく，現在では小型機のエンジンのみにこの方式が採用されている．

一方，水冷式は，エンジン・シリンダの周りに冷却水を循環させる仕組みを施し，空冷式よりも積極的に排熱する方法である．冷却水を循環させるための装置を取り付ける必要があるが，エンジン本体の小型化ができるため，高性能で小型なエンジンが求められた戦闘機に使われることが多かった．

5.1.2　高性能レシプロ・エンジン

ライト兄弟のライト・フライヤーⅠ（Wright Flyer I）は自作の4気筒ガソリン・エンジンであった（図5.2）．このエンジンは，水冷方式であったため，小型ながらラジエータを備えていた．出力12馬力のこのエンジンは，総重量340 kgのライト・フライヤーⅠを時速48 kmで

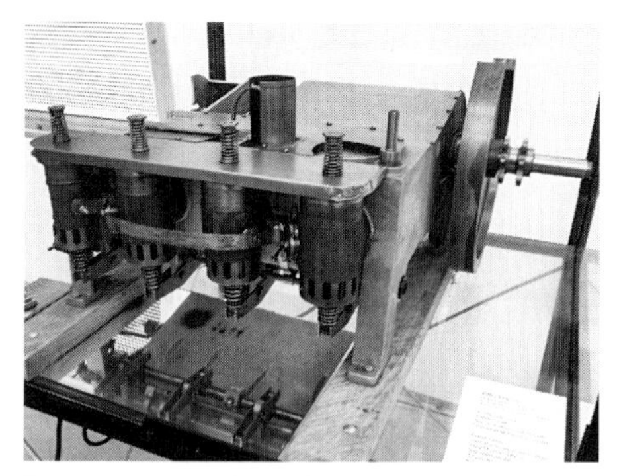

図 5.2　ライト兄弟が独自開発した4気筒エンジン（1903年，12馬力，Wright Brothers National Memorialにて筆者撮影）

図 5.3　ダグラスDC-3に搭載されていたP&W Twin Waspエンジン（1930年，1200馬力，Smithsonian National Air & Space Museumにて筆者撮影）

図 5.4　愛知航空機アツタ31型エンジン（V12気筒，1400馬力，Smithsonian National Air & Space Museumにて筆者撮影）

最大260 m（初飛行時）飛ばすことに成功した．この後，航空機用レシプロ・エンジンは急速に発達した．

ライト兄弟の初飛行から約30年後の1936年には，米国ダグラス（Douglas）社のDC-3（旅客機，輸送機として大ヒットした双発プロペラ機）に搭載されていたレシプロ・エンジンは，空冷星型14気筒1200馬力のエンジン（図5.3）である．これを2台装備して総重量12トンの機体を最高時速約350 kmで飛行した．空冷エンジンの最盛期である．

第2次世界大戦前になると，ヨーロッパや米国で高出力の水冷エンジンが開発される．高性能エンジンは，ほとんど水冷エンジンであった．水冷であるため，エンジンの投影面積を小さくすることができ，縦長で，V型エンジンが主流を占めた．V型12気筒で，1400馬力を超えるものも出現し，これら高性能エンジンを搭載した戦闘機の最高時速は600 kmを超えた．日本でも愛知航空機のアツタ31型エンジン（図5.4）などが製作された．このエンジンは，潜水艦に搭載された攻撃機「晴嵐」に使われた．

ヨーロッパでは，英国やドイツにより戦時中にジェット・エンジンが実用化されたが，戦後しばらくは，信頼性の高いレシプロ・エンジンが使われ続ける．これは，まだ，ジェット・エンジンが新しい方式のエンジンであり，民間の飛行機に使用するには信頼性が低かったためである．ジェット・エンジンの信頼性が上がると，航空機用エンジンの主流はジェット・エンジンとなった．英国のデハビランド社（de Havilland）のコメート（DH.106 Comet）が1949年に世界初のジェット旅客機としてデビューする．ジェット・エンジンの登場で，「より速く，より高く」を一歩進めた民間機であった．この時代は，高性能レシプロ機とジェット機の入れ替わりの時期となった．

5.2 ジェット・エンジンの登場

レシプロ・エンジンは，第2次世界大戦期に大出力・小型化が進み，進化の極みを迎えた．一方，航空機開発の至上命題である「より速く，より高く」を追い求めるためには解決しなければならないことがこの時期に発生した．音速の突破である．

プロペラ機の限界のひとつは，音速を超えて飛ぶことが原理的に困難な点である．つまり，プロペラは航空機の翼と同様の流体力学的原理で推進力を発生させているため，プロペラの空気に対する速度（対気速度）が音速に近づくとプロペラ表面に衝撃波が発生し，流れが乱れ始める．この段階からいくらプロペラの回転数を上げて推力増加を試みても，推力の増加どころか，抵抗が増大し，大出力のエンジンを使っても航空機の速度を上げることができない．この現象は，同時に主翼面においても発生し，翼上面で発生する衝撃波による流れのはく離が発生するとともに揚力が低下する．

したがって，大出力エンジンを使ってもプロペラが発生できる推力が頭打ちになることと，主翼面上での衝撃波の発生による急速な抵抗の増加，さらに，衝撃波の発生で乱された機体周囲の流れが舵の効きを悪化させるなど，危険な状況が発生する．最悪の場合，操縦不能に陥り，墜落事故も発生した．この状況を打破するためにはレシプロ・エンジンと原理的に異なる大出力航空機用推進機の登場を待たねばならなかった．

5.2.1 ホイットルの苦難

ジェット・エンジンの父は英国のフランク・ホイットル卿（Sir Frank Whittle）である．本人は，空軍パイロットを目指していたが，士官学校卒業後，ケンブリッジ大学に派遣され，そこでジェット・エンジンの研究に携わることになる．研究結果をまとめ，1930年にジェット・エンジン（遠心式ターボジェット）の特許を自費で出願している．特許申請することは同時に世間に情報を公開することになる．特許を自費で出願していることから想像できるように，空軍は当初，ホイットルのジェット・エンジン研究を重要視していなかった．当時，英国ではホイットルとは異なる方式のジェット・エンジン（軸流式ターボジェット）の開発が進められており，こちらの形式のエンジンが実用向きと判断されていた．しかし構造が複雑であったため，開発が遅れていた．そのため，驚くことに自費で申請した特許が，更新料を払えず失効（1935年）すると，ドイツ等の列強がこぞってホイットルの後追い開発に力を注ぎ始めることになる．英国空軍が遠心式ターボジェットの開発に消極的であったため，ホイットルは空軍士官でありながら，資金と人材を自ら集めパワー・ジェット社（Power Jets）を立ち上げ，蒸気タービン会社の工場の一角を間借りして，遠心式ターボジェットの実用化開発を進める．

図 5.5　ホイットルが実用化させた世界初の遠心圧縮式ジェット・エンジン W.1 のカットモデル（1939 年）.
空気は右側から吸入され，圧縮，燃焼後，左から高温・高圧のジェット噴流となる。（Smithsonian National Air & Space Museum にて筆者撮影）.

軍が関心を示さなかったものの，1937 年には試作エンジンの W.U. の試運転に成功し，これにより，やっと軍から開発予算を得られることになる．予算を得られたが，開発は順調に進んだわけではなく，解決しなければならない問題が次から次に現れた．特に連続運転を可能にするためには，高温に耐えられる合金が必要であった．ニモニック（Nimonic）と呼ばれる耐熱合金が開発され，1941 年 5 月に実用エンジン W.1（図 5.5）がグロースター（Gloster E.28/39）に搭載され，17 分間の初飛行を成功させた．この W.1 は，ドイツと英国との戦闘が激化すると米国に技術情報が提供され，GE 社によってコピー版の GE J31 となる．GE J31 は，米国初のジェット戦闘機 P59 に搭載され，1942 年 10 月に初飛行している．ただし，エンジンの性能が低かったため，ベル P59 は実用的な戦闘機ではなかったようだ.

先に述べたように，ホイットルの特許情報が列強にも伝わった結果，同種のエンジンの成功に開発した技術者がいた．それが，ドイツのハンス・フォン・オハイン（Hans von Ohain）である．オハインはゲッチンゲン大学を卒業後，ハインケル社（Heinkel）で研究を進めた．その結果，1937 年に実証エンジンの HeS 1 を試験運転している．これは，ホイットルとほぼ同時期の成功である．また，HeS 1 は，ホイットルの W.1 と同様の遠心式ターボジェットであったが，その後，改良により軸流式ターボジェットに進化し，1939 年 8 月には，HeS 3b としてハインケル He178 に搭載され，初飛行を成功させている．これは，ホイットルよりも 2 年程度先んじた初飛行であるが，当時のナチス・ドイツはこの事実を積極的に公表しなかった.

5.2.2　第 2 次世界大戦終了までのジェット・エンジン

ジェット・エンジンが実用化したものの，当時，進化の頂点に達していいたレシプロ・エンジンをしのぐ性能を発揮できたジェット・エンジンは多くはなかった.

図 5.6　第 2 次世界大戦中に実戦投入された世界初の軸流圧縮式ジェット・エンジン.
（奥）：ドイツの JUMO 004,
（手前）：日本が開発したネ 20 型エンジン（試作機のみ）
空気は，左側から吸入され，圧縮，燃焼後，右から高温・高圧のジェット噴流となる（Smithsonian National Air & Space Museum にて筆者撮影）.

誕生当初のジェット・エンジンは，遠心式圧縮機を採用していた．これは，構造が比較的単純にできるものの，燃焼器に導入する空気の圧縮率が多段軸流式と比べると高くできないこと，正面から見た際に断面積が大きくなるため，エンジンの小型化が困難で，空気抵抗をあまり減らすことができないなどの弱点がある．そのため，ジェット・エンジンの高性能化には，多段とすることで圧縮率を高められ，かつ断面積も小さい軸流圧縮機を採用したジェット・エンジンが主役となる．

軸流圧縮式ジェット・エンジンをはじめて実用化したのが，ドイツのユンカース社（Junkers）のJUMO 004（図5.6）であり，メッサーシュミットMe 262戦闘機に搭載され，実戦投入された．JUMO 004は，推力910 kgf（8918 N）で，Me 262には2基搭載され，最高速度870 km/hは，当時のレシプロ・エンジン機の最高速度が約700km/h（米国P-51）であったことを考えると，革新的な速度であった．

日本は太平洋戦争末期にJUMO 004と同型式のジェット・エンジンの開発に成功している．ドイツから軸流圧縮式の技術情報が提供され，それを基に独自開発されたネ20型エンジンである．ドイツからの技術情報は，エンジン構造の概略のみで，開発成功までには多くの技術的課題を独自に克服しなければならず，ほとんど独自開発に近いものであったようだ．初飛行は終戦間際であったため，実戦投入されずに敗戦を迎える．第2次大戦終結後，戦勝国ではジェット・エンジン技術の急速な発展期を迎えるが，日本は，研究開発自体がGHQ（連合国総司令部，日本の独立まで米国主導で統治）から禁じられ，世界の航空機エンジン開発の表舞台から消えることになる．

第2次世界大戦期までのジェット・エンジンは，潜在的可能性が極めて高いものだったが，発達段階にある航空用推進機であり，レシプロ・エンジンに取って代わるまでには至っていなかった．

5.3　ジェット・エンジンの仕組み

ジェット・エンジンは力学の作用・反作用の原理で推力を得る．身近なものとしては，ゴム風船に空気を吹き込み，手を離せば，吹き出す空気の反動で飛んでいく．吹き出す空気の速度と量を大きくすれば，飛行機も飛ばせることになる．

5.3.1　ジェット・エンジンの構造

ジェット・エンジンの心臓部は，ガス発生器である（図5.7）．「圧縮機」，「燃焼器」，および「タービン」がその主要な構成部品である．ジェット・エンジンは，その構造からターボジェット，ターボファン，ターボプロップ，ターボシャフト，およびラムジェットなどに分類されるが，いずれもガス発生器は共通の構成要素である．ガス発生器の機能は，高温・高圧のガスをエンジンに供給することである．

ターボジェットは，ガス発生器の上流に空気取入口を，下流にノズルを追加した構造である（図5.8）．ホイットルやオハインによるジェット・エンジンもこの形式に分類され，伝統的な

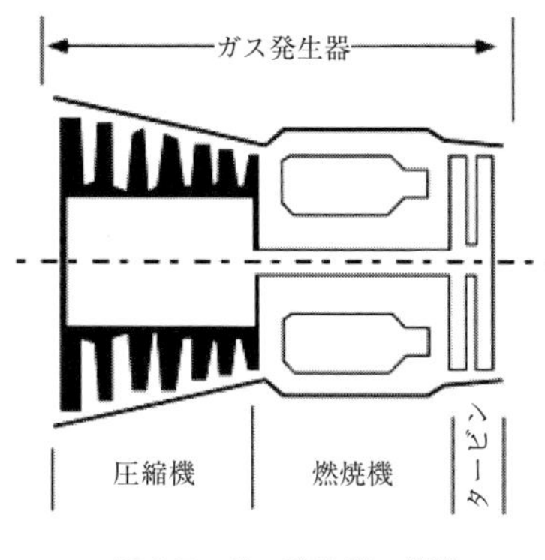

図 5.7　ガス発生器の構造

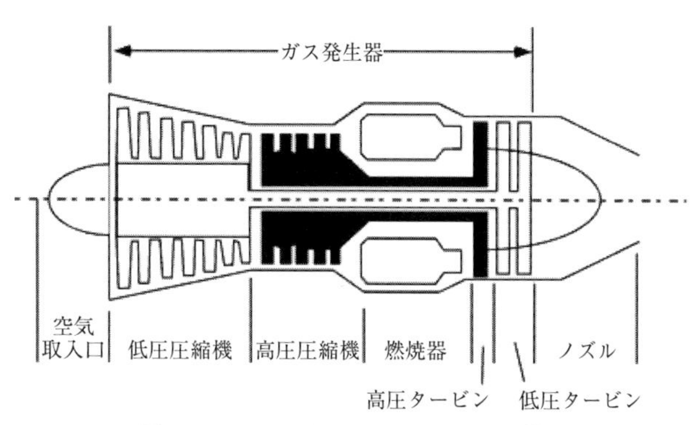

図 5.8　ターボジェット・エンジンの構造

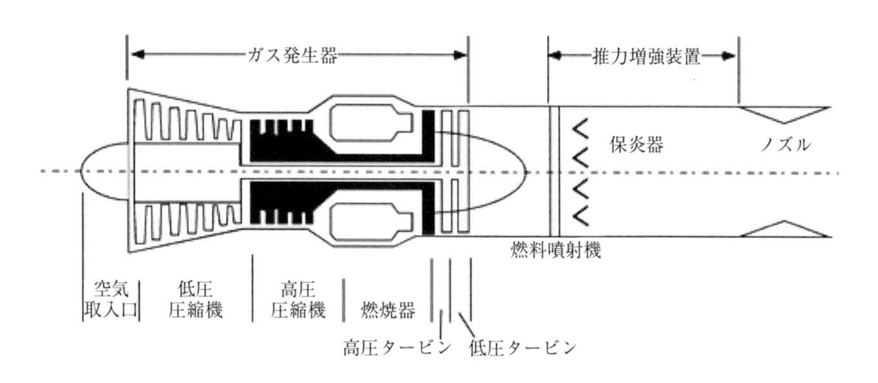

図 5.9　ターボジェット・エンジンの構造（推力増強装置付）

形式である．ターボジェットの推力は，空気取入口と圧縮機による圧縮，燃焼器における空気と燃料の混合と燃焼，燃焼ガスがタービンとノズルを通過することによる膨張によって作り出される．タービンを通過して膨張する燃焼ガスによって，圧縮機を回転させる動力を得ている．推力は，燃焼によって燃料の内部エネルギーを取り出し，ノズルによって運動エネルギーに変換することで得る．さらに，ターボジェットの下流に推力増強装置（アフターバーナとも呼ばれる）を取り付けた形式がある（図 5.9）．これは，ターボジェットの排気中に残存する酸素を利用し，燃料を再度噴射して燃焼させることで，推力を増加する方式である．超音速飛行が必要な機種で使われる．

ターボファンは，空気取入口，ファン，ガス発生器，そしてノズルで構成されている（図 5.10）．ターボファンでは，タービンの一部がファンを回転させる動力となる．一般的に，ターボファンはターボジェットと比較して，亜音速飛行では経済的かつ効率的である．亜音速飛行時に高い推進効率を得るために，ファンによって大量の空気を加速させている．ただし，ファンによって加速される速度は，ノズルから出てくる燃焼ガスよりも低い．ターボファンは，ジェット旅客機など遷音速で運用される航空機の経済的な飛行に適している．ファンによって加速され，燃焼器を通過しない空気の重さと燃焼器を通過する空気の重さの比をバイパス比と呼ぶ．最近のターボファンはバイパス比が高く，4 程度のものが主流である．

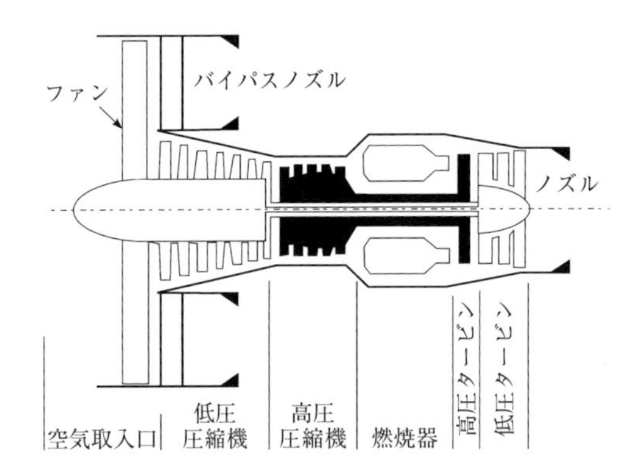

図 5.10　ターボファン・エンジンの構造

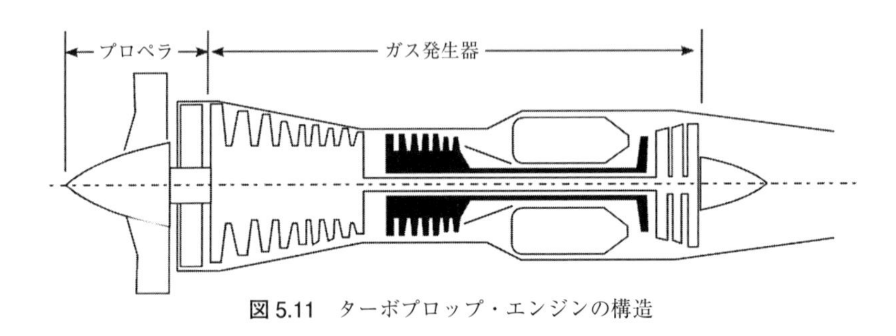

図 5.11　ターボプロップ・エンジンの構造

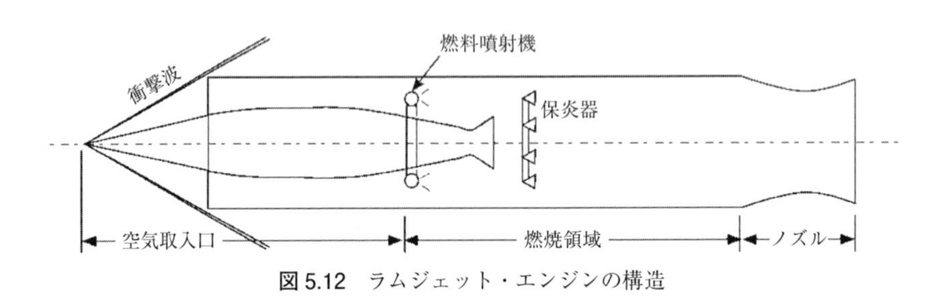

図 5.12　ラムジェット・エンジンの構造

ターボプロップ（図5.11）は，ガス発生器がプロペラを駆動させる．タービンを通過する燃焼ガスの膨張がプロペラを駆動する回転力を生み出す．同様に，ターボシャフトは，タービンを通過して膨張する燃焼ガスが，プロペラではなく，シャフトを回転させる．ターボシャフトは，主としてヘリコプタのエンジンとして利用される．V-22オスプレイ（Osprey）に代表されるティルトロータ機の場合は，ターボプロップである．ターボプロップの利点と欠点は，ともにプロペラである．低速飛行や短距離離着陸の用途では，プロペラが高い性能を発揮する．一方，音速近傍の速度域になるとプロペラは衝撃波の発生のため，低効率となる．そのため，高亜音速飛行では，ターボファンがプロペラよりも高効率になる．ターボファンは，プロペラの周囲にダクトを取り付けることで空力的効率を向上させたダクト付きターボプロップと見なすこともできる．

ラムジェット（図5.12）は，空気取入口，燃焼領域，およびノズルで構成されている．ラムジェットは，他のジェットエンジンの構造と異なり，圧縮機がない．そのため，タービンもない．このエンジンは，音速以上で飛行することを目的として作られている．つまり，空気取入口で発生する衝撃波によって空気を圧縮し，燃焼領域で燃料と混合し，燃焼させる．飛行速度が極超音速（音速の5倍以上）を想定されて作られるラムジェットはスクラムジェット（Supersonic Combustion Ram Jet Engine，超音速燃焼ラムジェット）と称され，わずか1時間程度で地球の裏側まで到達できる航空機の推進機として研究されている．

5.3.2　ジェット・エンジンの性能

ジェット・エンジンの性能を示す指標として主なものは，「推力」，「推力燃料消費率」，「熱効率」があげられる．また，エンジンとしての効率の指標として，「推進効率」があげられる．これらについて，概要を説明する．

(1)　推力

推力はエンジンに流入する空気に燃料を噴霧し，燃焼させることで運動量を与えた結果得られる力であるから，ジェット・エンジン単体の推力Fは，次の式で示される．

$$F=\frac{(\dot{m}_0+\dot{m}_f)V_e-\dot{m}_0V_0}{g_c}+(P_e-P_0)A_e$$

ここで，$\dot{m}_0$，$\dot{m}_f$は，空気と燃料の質量流量，V_0，V_eは，空気取入口と出口での流速，P_0，P_eは空気取入口と出口での圧力である．推力最大にするには，$P_e=P_0$の場合であり，

$$F=\frac{(\dot{m}_0+\dot{m}_f)V_e-\dot{m}_0V_0}{g_c}$$

となる．エンジンが航空機に搭載された際の推力Tは，Fから空気取入口の空気抵抗D_{inlet}とノズルの空気抵抗D_{noz}が差し引かれ，

$$T=F-D_{inlet}-D_{noz}$$

となる．

空気取入口とノズルの空気抵抗をFで割った無次元数を空気取入口損失ϕ_{inlet}，ノズル損失ϕ_{noz}とする．すなわち，

$$\phi_{inlet}=\frac{D_{inlet}}{F}$$

$$\phi_{noz}=\frac{D_{noz}}{T}$$

これらから，

$$T=F(1-\phi_{inlet}-\phi_{noz})$$

となるから，空気取入口とノズルの損失を低くすることが重要であることがわかる．

(2)　推力燃料消費率

推力燃料消費率とは，単位推力を発生させるために燃料をどのくらい使うか，という意味である．つまり燃費のことである．一般にいう燃費は単位質量あたりの移動距離であるので，推力燃料消費効率とは逆数の関係となる．そのため推力燃料消費効率は小さい値が好ましい．エンジン単体での値 S と搭載された際の値 $TSFC$ は，以下となる．

$$S = \frac{D_{inlet}}{F}$$

$$TSFC = \frac{\dot{m}_f}{T}$$

この式から，空気取入口損失とノズル損失を使えば，S と $TSFC$ の関係は，

$$S = TSFC(1 - \phi_{inlet} - \phi_{noz})$$

したがって，2つの損失は，エンジンの燃費にも影響を与えていることがわかる．

(3)　熱効率

エンジンの熱効率 η_T は，燃料が内在させていた化学エネルギーを燃焼という化学反応で取り出し，飛行するための仕事にどれだけ使われたか，という性能である．当然，熱効率は大きな値が好ましい．熱効率は以下の式で表される．

$$\eta_T = \frac{\dot{W}_{out}}{\dot{Q}_{in}}$$

ここで，$\dot{W}_{out}$ は単位時間あたりの正味のエンジン出力，$\dot{Q}_{in}$ は燃焼によって発生した単位時間あたりの熱量である．このとき，正味のエンジン出力は流入した空気を加速するために使われるので，エンジンから出た際の運動エネルギーから流入したときのそれを引いたものとなり，

$$\dot{W}_{out} = \frac{1}{2g_c}[(\dot{m}_0 + \dot{m}_f)V_e^2 - \dot{m}_0 V_0^2]$$

と表すことができる．

(4)　推進効率

推進効率とは，エンジンが作り出した推力が効率的に飛行に使われているか否かを示す性能である．エンジンが大推力を発生させていても，それが飛行速度に反映されていなければ，効率的とはいえない．推進効率 η_P は以下の式で定義される．

$$\eta_P = \frac{TV_0}{\dot{W}_{out}}$$

上式を，これまでの関係式を代入し．ジェット・エンジンの場合，出口圧力と外気の圧力が等しいことから次式を得る．

$$\eta_P = \frac{2(1 - \phi_{inlet} - \phi_{noz})[(\dot{m}_0 + \dot{m}_f)V_e - \dot{m}_0 V_0]V_0}{(\dot{m}_0 + \dot{m}_f)V_e^2 - \dot{m}_0 V_0^2}$$

さらに，空気の質量流量 $\dot{m}_0$ が燃料の質量流量 $\dot{m}_f$ と比較して大きい場合，すなわち，$\dot{m}_f/\dot{m}_0 \approx 0$ であれば，上式は以下の形に近似できる．

$$\eta_P = \frac{2}{V_e/V_0 + 1}$$

この式から，η_Pを最大である1にするには，飛行速度とエンジンからのジェット噴流の速度が等しくする必要があることが理解できる．つまり，エンジンが大出力で高速のジェット噴流を発生させても，飛行速度と見合っていない時点では，推進効率は低くなる．ターボファンやターボプロップがタービンを使って大型の低速ファンやプロペラを作動させる最大の理由は，推進効率を高めることである．超音速飛行では高速噴流が必要となるが，遷音速や亜音速飛行では，高速噴流を発生させるエンジンを使うと逆に推進効率を低下させ，燃費が悪くなる．このため，燃費が最大の関心事である民間旅客機では，ターボファンとターボプロップが主流となっている．つまり，ガス発生器からの噴流のエネルギーをそのまま高速気流として放出せずに，ファンやプロペラの回転運動に変換し，飛行速度に見合った気流速度を発生させているのである．ターボファンはジェット機とプロペラ機のいいとこ取りをしているといえよう．

第６章

航空機の飛行制御

空　代：旅行で飛行機に乗って，機内でコーヒーを飲んだり，食事をしたりできるなんてすごいわね．

宇太郎：もしかしたら，新幹線よりも揺れが少ないかもしれない．

宙　美：でも，時々，気流の影響とか言って，大きく揺れることがあるわよ．

航次郎：そんなのは，当然ながら想定内で，安全に飛行できるようになっているよね．

空　代：だから安心して飛行機に乗っていられるんじゃない．

宙　美：そういえば，飛行機の尾翼って，安定性を向上させるためについているのよね．

航次郎：そうか，じゃあ，ウチワヤンマっていうトンボの，あの尻尾の先にあるウチワみたいなのも安定性の向上に貢献しているのかな？

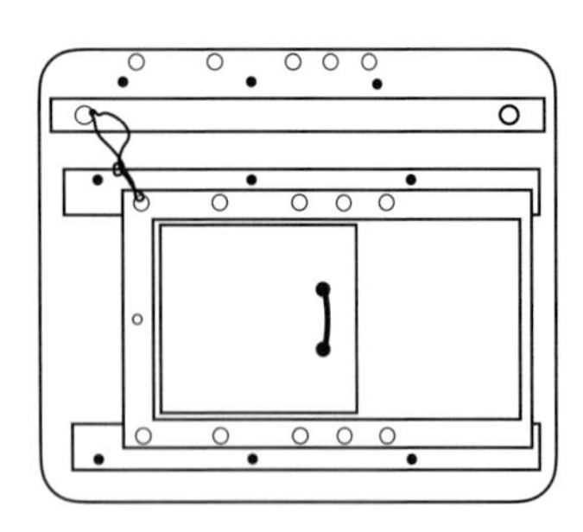

飛行機は空を飛ぶものであるだけに，高い安全性や快適性が要求されるが，飛行機にはそれらを実現するための様々な工夫が備わっている．主翼や尾翼の配置には安定性を高めるための工夫があり，パイロットの操縦を支援する制御系には，飛行中に発生する揺れや振動を防ぐための工夫が備わっている．本章では飛行機に生じる様々な運動を取り上げ，安定で操縦しやすい飛行機を実現するための工夫について解説する．

6.1　安定性

6.1.1　静安定と動安定

飛行機が空を飛ぶためには，重量を支えるための翼と抵抗に打ち勝つための推進器があればよいかというと，それだけでは十分ではない．飛行機が空を飛んでいる間は突然の風などの外乱に遭遇することがあるため，そのような場合でも快適に，安全に飛行できなければならない．例えば，飛行機が一定の速度と角度で安定に飛行しているとき，突然の風で速度や角度が変わったときには，何らかの方法でもとの状態に戻す必要がある．パイロットの操舵だけでそれを行おうとすると，外乱はいつ起きるかわからないため常に操縦に注意を払い続ける必要があり，大変な労力になる．また，パイロットが誤った操縦をした場合には逆に変動が増加してしまう場合がある．したがって，飛行機はパイロットの操舵に頼ることなく，自動的に機体の飛行状態をもとに戻す機能を備えている必要がある．この機能の実現に寄与しているものが，第3章でも紹介された尾翼である．

尾翼は機体の重心よりも後方に位置しているため，外乱によって機体の角度が変わるとそれを補正するようなモーメントが生じる．例えば，図6.1に示す水平尾翼では，外乱によって機首を上げるような変化が生じた場合，水平尾翼の迎角が増加して揚力が増えるため，機首を下げるモーメントが生じる．逆に機首を下げるような変化が生じた場合は，水平尾翼の迎角が減少して揚力が減るが，これは下向きに揚力が増加することを意味するため，機首を上げるモーメントが生じてもとの角度に戻る．垂直尾翼もこれと同様な理由で機首が左右に向いたときにもとの角度に戻す機能がある．このように，飛行中に飛行機の角度が外乱によって安定な角度からずれたときに，自動的にもとの角度に戻る特性のことを「静安定」と呼ぶ．

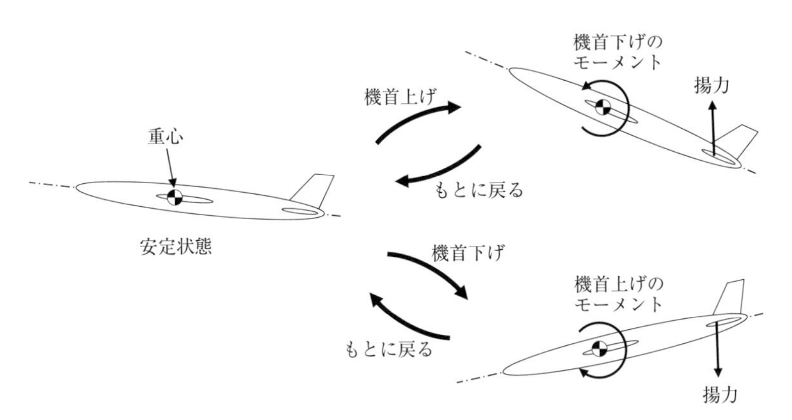

図6.1　水平尾翼の機能

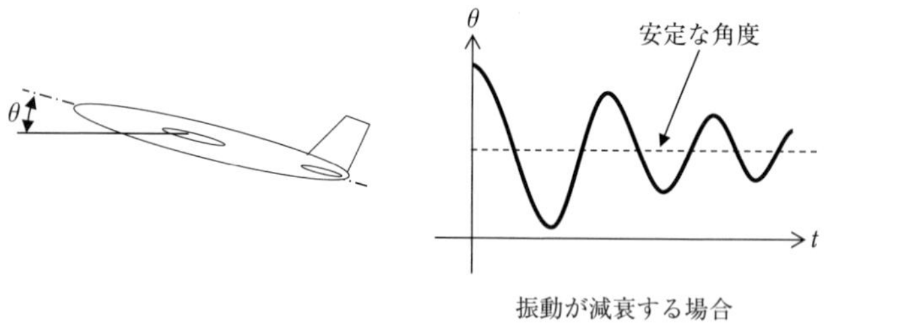

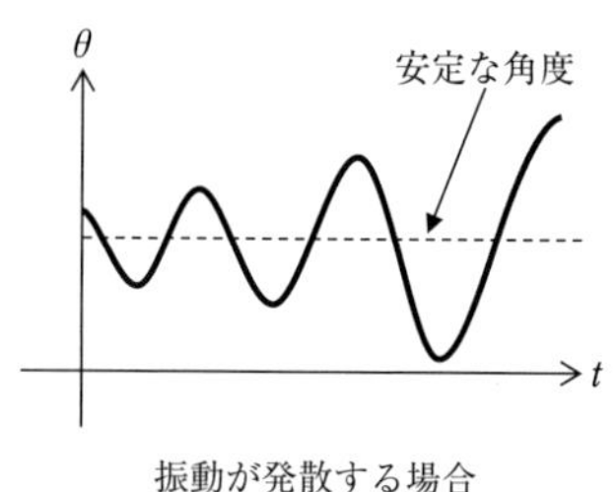

図 6.2　機体の振動の減衰と発散

一方，機体が静安定を持っていたとしても，その機能が強すぎるともとの角度に戻ってもすぐには運動が止まらず，反対側に行き過ぎてしまうことがある．その場合，それをまたもとの角度に戻そうとして同じ動作を繰り返す．このとき，機体の角度は図 6.2 のように安定な角度を中心に振動するが，時間が経つと振動が減衰して収まる場合と，振動が大きくなって発散する場合とがある．発散する場合は当然ながら安全に飛行することができないため，振動が減衰するような特性を持っていなければならない．このような特性のことを「動安定」と呼ぶ．

6.1.2　飛行機の静安定——迎角安定，風見安定，横安定

前項で述べたように，水平尾翼は機体の上下の角度を安定な角度に保つ静安定を実現するものであるが，上下の角度の中でも図 6.3(a)に示す機体の進行方向と機体の基準軸との間の上下の角度である「迎角 α」を安定に保つ機能を持つ．この特性のことを「迎角安定」と呼ぶ．また，垂直尾翼は図 6.3(b)に示す機体の基準軸と進行方向との間の左右の角度である「横滑り角 β」を小さくし，機首の向きを常に風が来る方向に向ける静安定を実現する．この特性のことを「風見安定」と呼ぶ．

機体の角度には上で述べた上下の角度と左右の角度に加えて，機体の左右の傾きを表す「バンク角」があり，これを安定に保つ仕組みがある．図 6.4 は機体を正面から見た図であるが，翼は胴体に対して水平に付いておらず，少し上に角度を持って付けられている．この角度のことを「上反角」と呼ぶが，迎角安定と風見安定が尾翼によって実現されているのに対して，バンク角を安定に保つ機能はこの上反角によって実現されている．

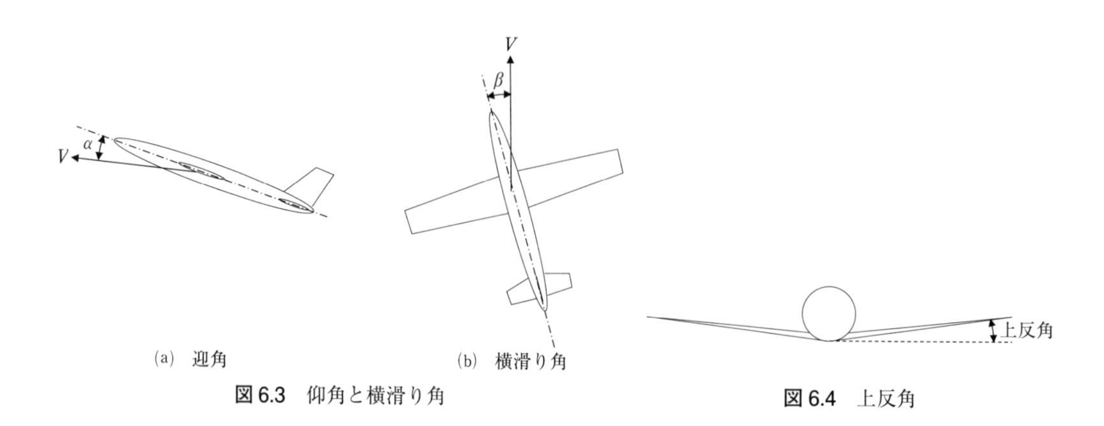

図 6.3　仰角と横滑り角

図 6.4　上反角

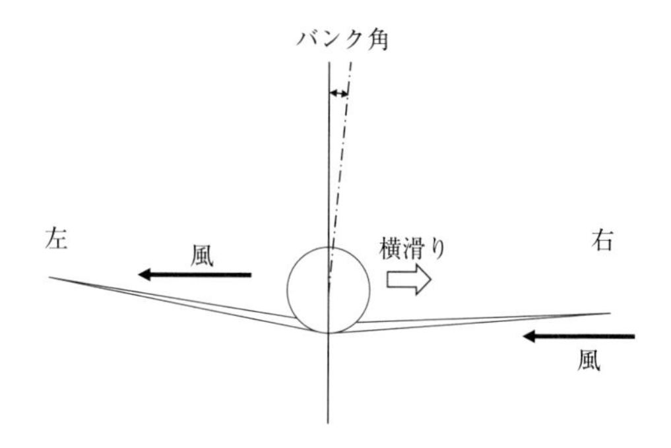

図 6.5　横滑り時の風の当たり方

図 6.5 に示すように，機体が外乱によって左右に傾いてバンク角が生じると，機体は傾いた方向へ移動する．この移動を「横滑り」と呼ぶが，上反角を持つ翼では，機体が横滑りを始めると左右の翼に対して風の当たり方が異なってくる．図 6.5 は機体が右へ横滑りしている様子を示している．このとき上反角を持つ翼では，風は右翼の下側と，左翼の上側に当たるため，右翼では翼が上に持ち上げられて揚力が増え，左翼では翼が下に押されて揚力が減る．その結果，機体のバンクをもとに戻すようなモーメントが作られるので，機体のバンク角が減少する．機体が逆向きにバンクした場合も同様にもとに戻すモーメントが作られるので，常に機体を水平に維持して飛行することができる．この特性のことを「横安定」と呼んでいる．また，翼の上反角が持つこの効果のことを「上反角効果」と呼んでいる．

6.1.3　飛行機の動安定——運動モード

動安定とは，外乱によって生じた振動が減衰する特性であると 6.1.1 項で述べた．ここでは，「運動モード」と呼ばれる，外乱によって飛行機に生じる特定の振動パターンについて述べておく．

飛行機の運動モードには大きく分けて，機体の左右の対称面内で起きる縦系のモードと，それ以外の横・方向系のモードがある．縦系のモードは，前後・上下方向の速度や，機首の上下の角度（ピッチ角）に生じる周期的な変動であり，この変動には周期が短く減衰が速い「短周期モード」と，周期が長く減衰が遅い「長周期モード（フゴイドモード）」が存在する．短周期モードはピッチ角の変動が卓越するモードで，水平尾翼の抵抗により速やかに減衰するが，操縦桿の動きに対して敏感に応答するため，パイロットの操縦性に与える影響は大きい．一方，長周期モードは機体のゆっくりした上下運動を伴い，それが長時間続くため，乗り心地に影響を与えやすいが，パイロットの操縦によって修正しやすいモードである．

横・方向系のモードには 2 種類の非周期運動と 1 種類の周期運動の 3 種類のモードがある．非周期運動は振動ではないが，決まったパターンを持っているため運動モードに含まれる．2 種類の非周期運動は「ロールモード」と「スパイラルモード」と呼ばれるもので，ロールモードは機体がバンクするような外乱を受けたとき，左右に張りだした主翼の抵抗によって回転が次第に減衰しておさまる運動で，スパイラルモードは機体がバンクして横滑りを始めたとき，バンクや横滑りが徐々に増大して旋回へと至る運動である．また，1 種類の周期運動とは「ダッチロールモード」と呼ばれるもので，機体の左右の首振り運動と左右のバンク運動，左右の横滑りの 3 つの運動が同時に発生して，互いに連成する周期運動である．この運動は一旦発生すると減衰が遅く，長く継続するため，乗り心地や操縦性に影響を及ぼしやすい．

6.2　操縦性

6.2.1　操縦のしやすさとは？——安定性余裕と飛行性基準

パイロットが飛行機を操縦するときの操縦のしやすさにはいくつかの評価指標があり，例えばパイロットが意図した通りに機体が運動するかどうかや，操縦桿を楽に操作できるかどうかなどがあげられる．また，飛行中は様々な外乱に遭遇するが，多少の外乱には影響されないような安定性も操縦のしやすさに含まれる．安定性についてはこれまでに静安定や動安定といった性質を述べてきたが，外乱等により機体の状態が変化したとき，どの程度の変化まで安定性を維持できるかという性質もある．この性質を評価する指標を「余裕」と呼ぶ．

例えば，図 6.6 は翼の揚力係数と迎角の関係を示しており，翼は迎角が増すと失速迎角 $\alpha_{C_{L,max}}$ で最大揚力係数 C_{Lmax} を取った後，失速して揚力係数が急減する．飛行機は通常，失速迎角よりもかなり小さい迎角で飛行しているが，これは外乱によって翼の迎角が増加した際に失速迎角を超えにくくするためである．

この失速迎角 $\alpha_{C_{L,max}}$ と通常の飛行時の迎角 α との差 $\alpha_{C_{L,max}}-\alpha$ が大きいと，突然の外乱によって迎角が変化しても失速しにくくなるため，この差の値を「迎角余裕」と呼んでいる．また，機首の上下の角度の静安定（迎角安定）は重心位置の影響を受けるが，図 6.7 に示すように機体の重心が前にあるほど静安定が良く，後ろにあるほど悪くなり，その中間に安定でも不安定でもない中立的な位置（縦安定中正点）がある．

機体の重心は燃料や貨物の重量や配置によって変化するため，変化が許容される範囲ができるだけ広い方が望ましい．縦安定中正点の位置を h_n としたとき，重心の位置 h と h_n との差 h_n-h が大きいほど重心位置の許容範囲が広いことを意味するため，この差の値を「静安定余裕」と呼んでいる．

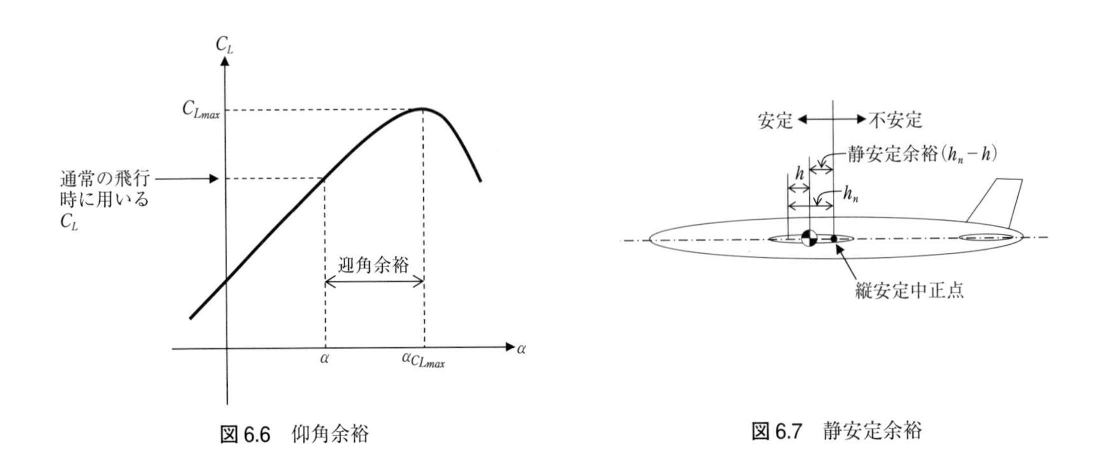

図 6.6　仰角余裕

図 6.7　静安定余裕

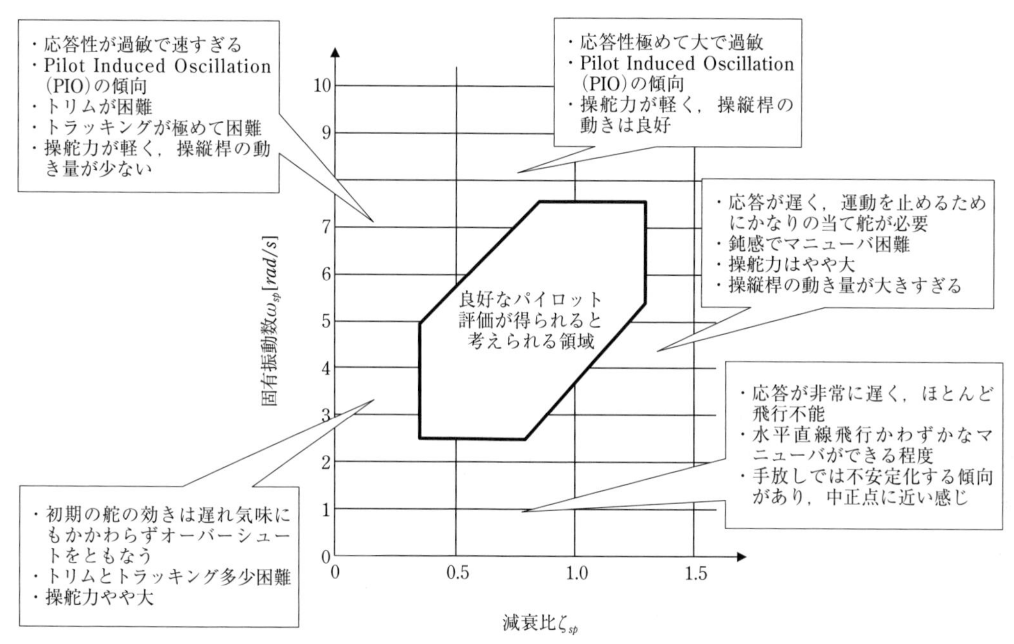

図 6.8　短周期モードの飛行性基準（文献[4]より作図）

一方，与えられた任務をパイロットがいかに容易に，かつ正確に実行できるかという基準で操縦のしやすさを定義する考え方もある．米国の軍規格（Military Specification）で定義されている「飛行性基準」がその例である．MIL-F-8785 と呼ばれる規格によれば，機体の短周期モードの減衰比（振動が減衰する速さを表す値）ζ_{sp} と固有振動数（振動の周波数を表す値）ω_{sp} との間に図 6.8 に示すような関係が示されており，良好な飛行性が得られるのは図の中央の領域だけで，それ以外の領域では図に示されたような問題によって良好な飛行性が得られないとされている．

6.2.2　操舵と機体の運動（離着陸）——バックサイドとフロントサイド

飛行機の運動を制御するためには，パイロットの操舵に対して機体がどのようにふるまうかという操舵と応答の関係（操舵応答）を把握する必要がある．ここでは離着陸時における操舵応答の例を示し，安全な操縦に必要とされる要件について述べる．

一般に，飛行機が離陸するときにパイロットが操縦桿を引くと，機首が上を向いて上昇し，着陸するときに操縦桿を引くと，機首が上を向いて降下速度が減少する．ところが，自然な動作に思えるこの応答は飛行速度の影響を受け，速度が遅い場合はこの逆のことが起こり得る．つまり，操縦桿を引いているにもかかわらず下降したり，降下速度が増加したりする．これはパイロットが意図した応答とは逆の応答であり，操縦性を悪化させるうえに，離着陸時のように地面に近い所で起きるので非常に危険な状態である．

このような飛行状態のことを「バックサイド」と呼ぶが，バックサイドが生じる原因は飛行速度と抵抗との関係にある．図 6.9 は飛行機の抵抗と飛行速度との関係を示したものであるが，抵抗には速度の 2 乗に比例して増加する成分と減少する成分があり，前者は主に「摩擦抵抗」で，

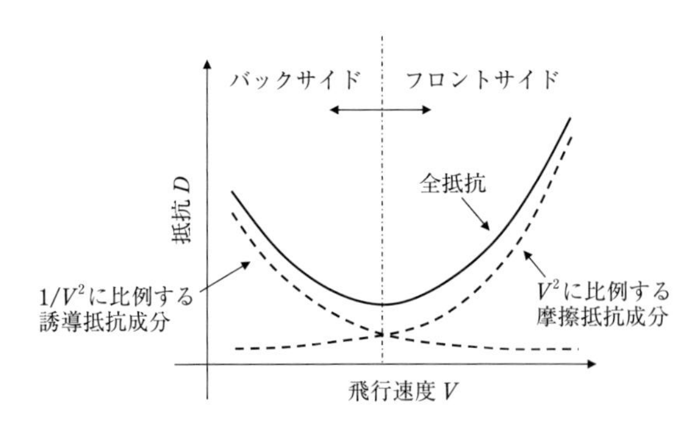

図 6.9　速度と抵抗係数の関係

後者は「誘導抵抗」である．これを合わせたものが機体に作用する全抵抗であるが，離着陸時のように速度が遅いときには摩擦抵抗が小さく誘導抵抗が大きいため，全抵抗に占める誘導抵抗の割合が増える．誘導抵抗は揚力係数の 2 乗に比例するため，操縦桿を引いて機体の迎角を増して揚力係数を増やすと，誘導抵抗が大きく増加する．その結果，機体の速度が減少して下降してしまう．一方で，速度が大きいときは誘導抵抗が小さく，摩擦抵抗が大きいため，全抵抗に占める摩擦抵抗の割合が増える．摩擦抵抗は揚力係数の影響を直接受けないので迎角が増えても大きく増加することはない．その結果，速度の低下は小さく抑えられ，揚力が増えて上昇が可能になる．このような状態を「フロントサイド」と呼んでいるが，離着陸時に機体がバックサイドの状態に陥ったとき，パイロットにとって必要なことは高度を得ようとして操縦桿を引くことではなく，推力を増して速度を増加させ，機体をフロントサイドの状態に移行させることである．

6.2.3　操舵と機体の運動（旋回）——アドバースヨーとプロバースヨー

機体が旋回運動を行うときにも，パイロットが注意すべき操舵応答が存在する．例えば，機体を右旋回させるとき，パイロットは操縦桿を右に倒してエルロンを操舵して機体を右にバンクさせると同時に，右足のペダルを踏んでラダーを操舵して機首を右方向に回転させる．機体を右にバンクさせるためには右翼のエルロンを上に，左翼のエルロンを下に倒すが，これによって右翼の揚力が減少し，左翼の揚力が増加する．その結果，機体を右にバンクさせるモーメントが生じるが，それと同時に揚力が減少する右翼では誘導抵抗が減少し，揚力が増加する左翼では誘導抵抗が増加する．これによって右翼よりも左翼の抵抗が大きくなるため，図 6.10 (a)に示すように機首を左に向けるモーメントが発生する．このように，旋回する方向とは逆の方向に機首を向けるモーメントが発生することを「アドバースヨー」と呼ぶが，右旋回中に機首が左を向いてしまうとうまく旋回できないので，パイロットは右ペダルを踏んでラダーを操舵して機首を右に向けるモーメントを発生させる．これは通常の旋回時と同じ操舵なのでパイロットにとって違和感がなく，操縦性に大きく影響しない．

一方，これとは逆の現象が起きることがある．例えば，一部の飛行機では旋回のために機体をバンクさせる際，エルロンではなくスポイラーを用いることがある．スポイラーとは翼の上に立てる板のことで，これを立てることで翼の揚力を減らしたり抵抗を増やしたりすることができ，自動車のブレーキのような役割を果たす．旋回時にこれを立てると，立てた側の翼の揚

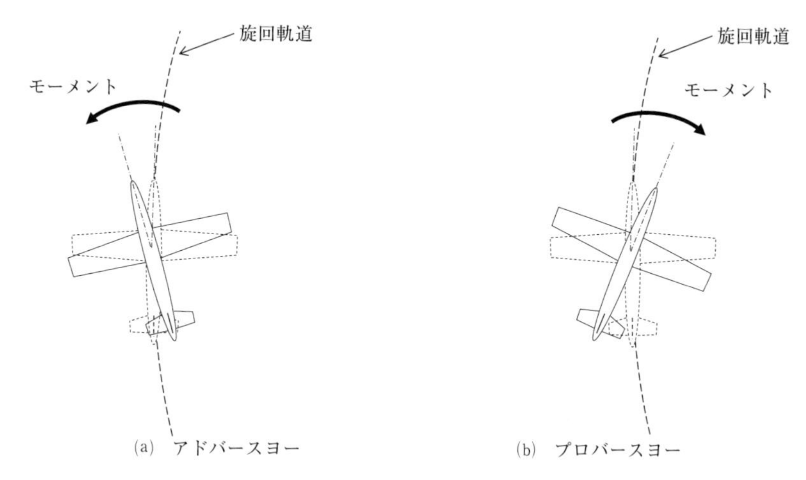

図6.10　アドバースヨーとプロバースヨー

力が減少して機体がバンクするが，抵抗も増加するためスポイラーを立てた側に機首を向けるモーメントが発生する．例えば，右旋回するために右翼のスポイラーを立てると，右翼の揚力が減って右にバンクすると同時に，右翼の抵抗が増加して，図6.10(b)に示すような機首を右に向けるモーメントが発生する．この特性を「プロバースヨー」と呼んでいるが，機体がこの特性を持っていると旋回する側に自然に機首が向くので，ラダーの操舵量が減り都合がよい反面，この特性が強すぎると機首が強く右を向いてしまうため，逆向きにラダーを操舵して向きを修正する必要が生じる．これはパイロットにとっては，右旋回中に機首を左に向けるという通常とは逆の操舵を行うことになり，違和感が生じて操縦性が悪くなる．アドバースヨーもプロバースヨーもいずれも適度な範囲内に収めることが重要である．

6.2.4　飛行機の揺れはパイロットのせい？——PIO（Pilot Induced Oscillation）

これまで述べてきた飛行機の安定性や操縦性は，機体が持つ特性に起因するものであるが，パイロットを機体の一部と考えたとき，パイロットが持つ特性が機体の安定性に影響することがある．例えば，機体自体は安定に設計されていても，そこにパイロットが加わることによって特性が変化し，安定性が弱まったり不安定になったりすることがある．

ここでは，そのような例のひとつとしてパイロットの操舵が原因となって機体の運動に振動が発生する例を述べる．飛行機が着陸している最中に外乱を受けて機首が上を向いたとき，機体が静安定や動安定を持つように作られていれば，機首はもとの角度に戻り，角度に生じた振動も減衰する．しかしながら，着陸時のように時間的な余裕がなく，減衰するのを待っていられない場合は，パイロットはもとの角度に戻すために操舵を行う．このとき，機体が大型で重いとその動きはパイロットの操舵よりも遅れて生じるため，意図したように動かない機体に対してパイロットはより大きく操舵して機体の角度をもとに戻そうとする．その結果，遅れて動き始めた機体の角度はもとの角度を通りすぎてしまい，機首を下に下げてしまう．そしてパイロットは再びこれをもとに戻そうとして操縦桿を大きく操舵し，同じ動作を繰り返す．その結果，機体に生じた振動が継続し，場合によっては振動が発散して事故に至ることもある．このように，パイロットの操舵に起因して起きる振動のことを PIO（Pitot Induced Oscillation）と呼んでいる．PIO から逃れる方法はパイロットが操舵をやめることであるが，着陸時のように目の前に地面が迫っている状況では操舵を中断することができず，必然的に PIO が発生してしまう．

一般に，PIO の発生を招きやすい要因は機体の応答の遅れやパイロットの過大な操舵であり，パイロットが機体の特性を把握して操舵量を加減したり，過大な操舵を行っても振動が発散しないように機体を設計することで，PIO をある程度防止することができる．

6.2.5 安定化制御——ヨーダンパとピッチダンパ

最後に，飛行機の操縦性を良くするための機械的な仕組みについて述べる．静安定や動安定等の特性は飛行機の設計時のパラメータの与え方である程度決まってしまう．また，先に述べた機体の縦や横・方向系の運動モードも設計時の尾翼の位置や大きさ，主翼の上反角や後退角等によってある程度決まってしまう．一般に，機体が持つすべての特性を十分に安定に作ることは難しく，不安定な要素がある程度残ってしまうが，これがパイロットの操舵によって容易に修正できる場合は設計上の許容範囲として認められている．しかしながら，先の PIO でも述べたように，パイロットの操舵が機体を不安定にする場合があり，また，安定化が可能でもそのために頻繁に操舵しなければならないとしたら，パイロットに大きな負荷をかけてしまい安全に操縦することができない．そこで考えられたものが，機械的な安定化機構（Stability Augment System）であり，英語の名称の頭文字を取って「SAS」と呼ばれている．ここでは，SAS の例として「ヨーダンパ」と「ピッチダンパ」を紹介する．

ヨーダンパとは，横・方向系の運動モードで発生するダッチロールモードを抑えるために使われている SAS である．ダッチロールモードは，6.1.3 項で述べたように，機体の左右の首振り運動（ヨー運動）と左右のバンク運動（ロール運動），左右の横滑りの 3 つの運動が同時に発生して，互いに連成して生じる周期運動である．周期が長く減衰が遅いため，操縦性や乗り心地を悪くする要因となっている．これを抑えるには 3 つの運動のうちのどれかを抑えればよいが，ヨーダンパでは，ラダーの操舵によりヨー運動を自動的に減衰させてダッチロールを抑制する．図 6.11 にこの自動制御の仕組みを示す．この図は，四角で囲まれたブロックと，信号の流れを表す線で構成されているため「ブロック線図」と呼ばれるもので，制御モデルを表現する際に一般的に用いられる．

各ブロックは，入ってくる信号に対して何らかの加工を加えて次のブロックに信号を出力する．機体の伝達関数と書かれているブロックに注目すると，入ってくる信号はラダーの角度 δ_r であり，これに何等かの加工を加えて機体のヨー回転の角速度 r を出力する．これは実際の飛行機の操縦において，パイロットが δ_r だけラダーを操舵したときに機体に角速度 r のヨー運動が生じることを示しており，ラダー操舵に対する機体の応答を与える運動モデルと考えればよい．出力された角速度 r の信号は線に沿って伝わるが，この線は途中で分岐してひとつは逆方向に伝わる線となり，この逆方向に伝わる信号の流れのことを「フィードバック」と呼んでいる．図 6.11 (a)ではフィードバック経路の途中に K_r と書かれたブロックがあるが，これは「ゲ

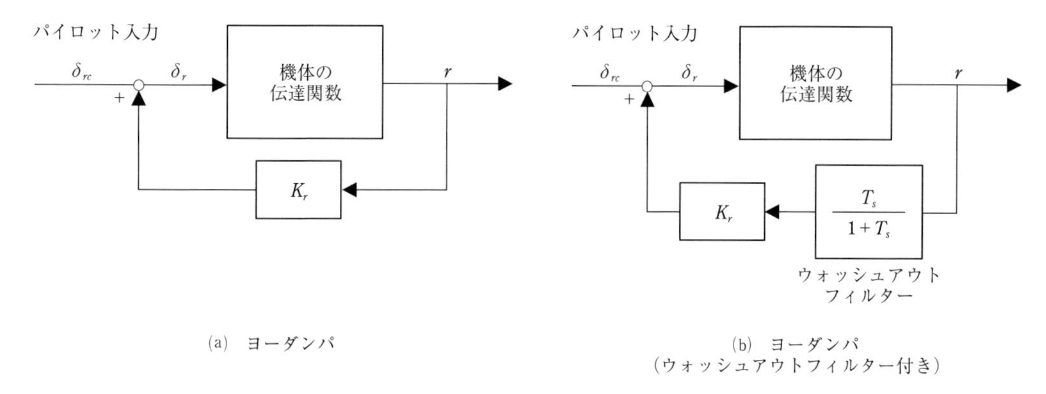

図 6.11　ヨーダンパの仕組み

イン」と呼ばれるもので，信号はこのブロックを通過する際に値が K_r 倍，すなわち $K_r r$ となって出力される．K_r のブロックを出た信号は機体の伝達関数の上流側に戻ってそこで他の線に合流する．その合流点に書かれている「＋」は，戻ってきた信号がその線に流れている信号 δ_{rc} に付加されることを意味している．

このフィードバックの意味を説明すると，パイロットは当初自分で決めたラダーの舵角 δ_{rc} で操舵して（$\delta_r = \delta_{rc}$），機体に角速度 r のヨー回転を与えるが，その結果発生したヨー回転によってダッチロールが発生し，機体はヨー回転に加えてロール回転や横滑り運動を同時に始める．このとき，フィードバック経路はヨー回転の角速度 r にゲイン K_r をかけて上流側の信号 δ_{rc} に付加し，その結果，伝達関数に入力する舵角は $\delta_r = \delta_{rc} + K_r r$ となって，パイロットが指定した舵角 δ_{rc} から変化する．仮にパイロットが与えた舵角 δ_{rc} が機首を右に振るような舵角であれば，発生した角速度 r は正の値を持ち，ゲイン K_r が正であれば，変化した舵角 $\delta_{rc} + K_r r$ はもとの舵角 δ_{rc} よりも正の側に変化することになる．舵角が正の側に変化すると，機体には機首を左側に向けるモーメントが発生するため，角速度 r は減少する．フィードバックによって，機体には r がゼロになるまで機首を左に向けるモーメントが自動的にかかり続けるので，ヨー回転は減衰していく．通常は機体の回転がゼロになるまでに何回かの振動が繰り返されるが，最終的には減衰してダッチロール運動も収まる．このように，フィードバックという手法を用いてヨー回転を減衰させ，ダッチロールも減衰させる機構を「ヨーダンパ」と呼んでいる．

ここで注意すべき点がある．もともとパイロットは機体を旋回させるためにラダーを操舵したわけであるが，そのためには機首を旋回する方向に回転させる一定の角速度 r が必要になる．フィードバックによってこの角速度まで減衰させてしまうと旋回ができなくなるため，一定な角速度 r についてはフィードバックさせない機構が必要になる．そのために使われるのが「ウォッシュアウトフィルター」と呼ばれるもので，図 6.11(b)のようにフィードバック経路の途中に組み込んで使う．ウォッシュアウトフィルターは角速度の定常成分をブロックし，ダッチロールで発生する振動成分のみを通すので，振動成分のみが減衰の対象となり，定常成分を維持しながら振動を減衰させることができる．

続いて，ピッチダンパについて説明する．ピッチダンパは，縦の運動モードにおける短周期

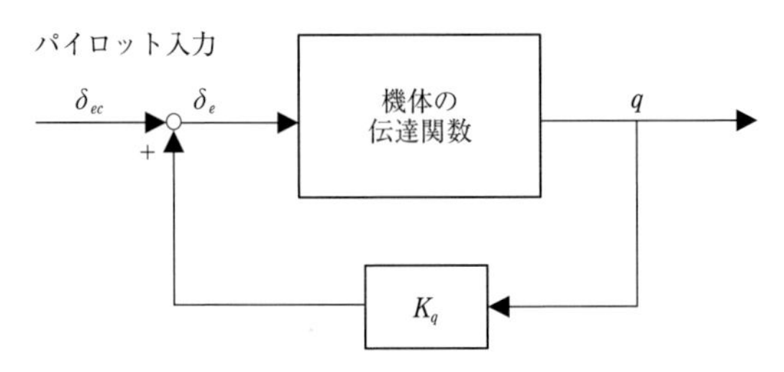

図6.12　ピッチダンパの仕組み

モードで発生するピッチ回転を抑えるために用いられる安定化機構（SAS）である．図6.12にピッチダンパのブロック線図を示す．仕組みはヨーダンパと同様で，始めにパイロットが与えたエレベータの舵角 δ_{ec} を伝達関数の入力とし（$\delta_e = \delta_{ec}$），機体のピッチングの角速度 q を出力する．この場合の機体の伝達関数は，エレベータ操舵に対する機体のピッチング運動の応答を決める運動モデルである．これによって発生したピッチング運動によって短周期モードや長周期モードが発生するが，ピッチング運動が卓越しているのは短周期モードの方で，ピッチダンパはこれを減衰させるために用いられる．図6.12で機体の伝達関数が出力した角速度 q は，フィードバック経路を伝わって，途中でゲイン K_q がかかって $K_q q$ となって機体の伝達関数の上流側で合流する．その結果，パイロットが与えた舵角 δ_{ec} が変化して $\delta_{ec}+K_q q$ となる．ピッチングが頭上げであった場合は q は正であり，ゲイン K_q が正であればエレベータの舵角はパイロットが与えた舵角よりも増加する．舵角の増加は頭下げモーメントを発生する側に働くので，ピッチング運動が減衰して短周期モードも収まる．

以上のように，本章では飛行機の安定性や運動モード，操舵応答や操縦性，さらに安定性や操縦性を高めるために用いられる制御系について述べてきた．本書は入門書であるため，取り上げた項目は基本的なものにとどめたが，その他にも安定で操縦しやすい飛行機を実現するために様々な制御技術が開発されて使われている．より詳しいことを学びたい方は巻末で紹介した文献等を参考にされたい．

第7章

飛行機を飛ばす

航次郎：パイロットって大空を自由に飛べていいなぁ．

宙　美：まさか，今の時代，そんな自由にってわけにはいかないと思うわ．

宇太郎：確かに空港に行くと，いろんなところから飛んできた飛行機が，次から次にちゃんと順番に降りてくるね．

空　代：管制塔があるし，パイロットと通信して交通整理をしていると思うわ．標識やライトなどいろいろな設備があって，それぞれ意味があるんじゃない．

航次郎：夜でも，結構天気が悪いときも飛んでいるよね．

宙　美：そもそも，自由に飛べそうな大空だけに，安全に飛ばすにはいろいろなことを考えないといけないんじゃない．操縦も自動車の運転のようにはいかないと思うけど．

宇太郎：そうか，気軽に乗っているけれど，あの飛行機を安全に飛行させるために機体以外でもいろいろな技術が使われているんだね．

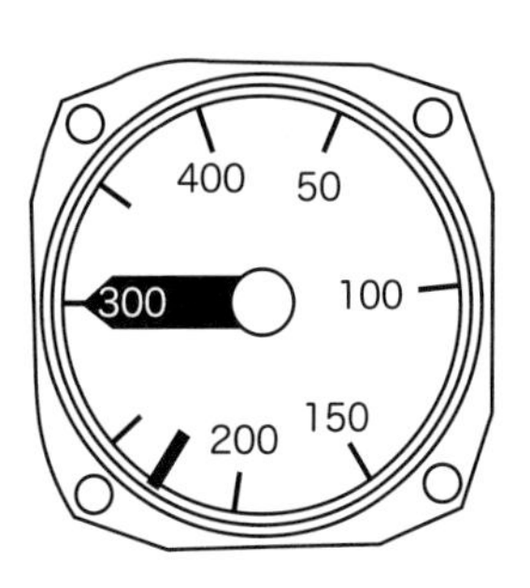

航空機は，空気力学，熱力学，材料力学，システム工学などに基づく技術の集積ともいえる空飛ぶ機械で，高い安全性とともに，目的に応じた優れた性能を有している．しかしハードウェアとしての航空機のみで航空輸送などの飛行目的を完遂できるわけではない．図7.1に示すように操縦するパイロット，空の交通整理を行う管制，機材の健全性を保つ整備，離着陸するための空港など様々な人，組織，施設が必要である．また多くの航空機が安全に秩序を保って効率的に飛ぶためには規則が必要である．航空機の飛行には気象現象が大きく関係する．さらに騒音，排気ガスなどの環境問題に配慮しなければならない．

この章では，主として民間航空輸送を対象に，航空機運航に関係する様々な要素について概説する．なお，船や航空機が決まった航路を進むことを運航ないし航行というが，ここでは飛行とほぼ同義に扱う．

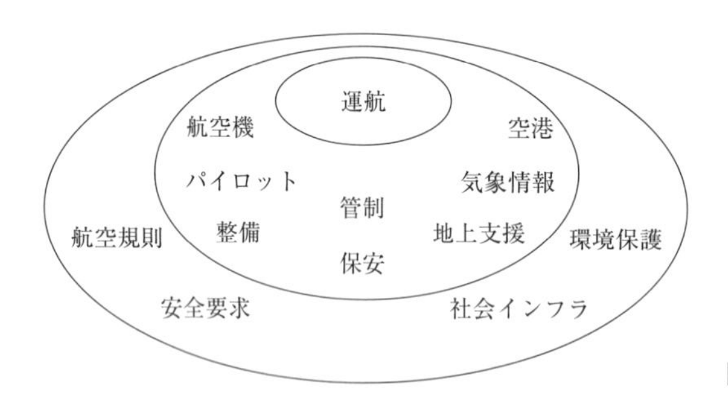

図7.1　航空機運航にかかわる諸要素

7.1　安全かつ信頼される飛行

7.1.1　運航安全

航空機運航，特に航空運送事業には高い安全性が求められ，ひとたび事故が発生すれば社会に重大な影響を与える．安全は倫理上の問題にとどまらず，利用者が安心して利用できなければ事業の存続すら難しくなる．

歴史的にみると民間航空輸送の安全性は徐々にではあるが確実に改善している．民間航空ジェット機による死亡事故は，その就航当初は十万便に1回程度であったが，1970年代には百万便に1回程度となり，最近ではいわゆる先進国において千万便に1回に近づきつつある．図7.2に近年の世界の民間航空ジェット機の事故率の推移を示す．

これは技術の進歩だけではなく，多くの悲劇的事故に学び，航空界全体で不安全要素を一つ一つ改善してきた賜物である．安全率の向上に寄与してきた要素のいくつかを以下に示す．

・機材の信頼性の向上と安全装備の充実

・航法技術，管制技術の進歩と空港施設の改善

・脅威となる気象現象の解明と気象サービスの充実

・ヒューマンエラーの理解と訓練の改善

・安全意識の高揚と安全文化の定着

しかしいかに立派な安全記録であっても，それは過去のことであり将来の安全を保証するも

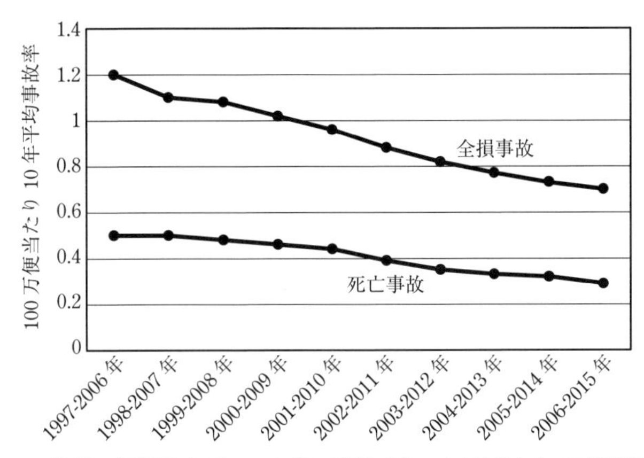

図7.2　世界の民間航空ジェット機の事故率(100万便当たり10年平均)[1]

のではない．またさらなる安全性向上が求められる．空を高速で飛ぶという行為には本質的にリスクが内在する．一般に「安全とは事故がないこと」と考えられているが，その考え方だけでは精神論になりかねない．実効的な安全の定義として次のようなものがある．

「ハザード（危険要素）の特定及びリスク管理を継続して行うことによって，人への危害あるいは財産への損害のリスクが受容レベルまで低減され，かつ受容レベル以下に維持されている状態」[2]

これは，危険要素はいたるところにあり，常にそれを認識し，適切な対処により抑え込んでおかないと重大な結果になりうることを意味する．したがって運航に関わるすべての人と組織は諸規則を遵守することはもとより安全に対する感性を鋭くし，安全に関わるデータをシステマティックに収集，分析して適切な対応をとる必要があることを示唆する．また現代では事故発生率は非常に低いので，自社や自国の事例だけではなく，他社や外国で発生した各種事例情報の収集に努めることが求められる．幸い航空界は安全情報を共有する伝統がある．このような考え方とたゆまぬ努力により事故に関して安全性は改善されてきた．

一方，航空機を意図的に危険な状態に陥れるテロ，ハイジャックなど保安に関する事例が発生している．この面での対策も併せ，たゆまない安全性向上に向けた努力が求められる．

7.1.2　航空規則

世界の民間航空輸送の飛行回数は2015年でおよそ年間3500万便である．これは世界のどこかで離陸ないし着陸が1秒に2回は行われていることを意味する．今後も航空交通はグローバル化と経済の発展により成長していくと予想されている．この大量の航空交通を安全に，秩序だって，かつ効率的に実施するためには規則が必要であり，日本では航空法がこれにあたる．本質的にリスクを抱えた航空の規則のほとんどは安全のためにある．空の交通規則，航空機の技術基準，パイロットなど航空従事者の資格，空港などについて詳細な規則が定められている．

航空機は国境をまたいで運航するものであり，各国で規則が大きく異なると混乱を招き，安全にも影響しかねない．そのため，国連の下部機関である国際民間航空機関（ICAO：

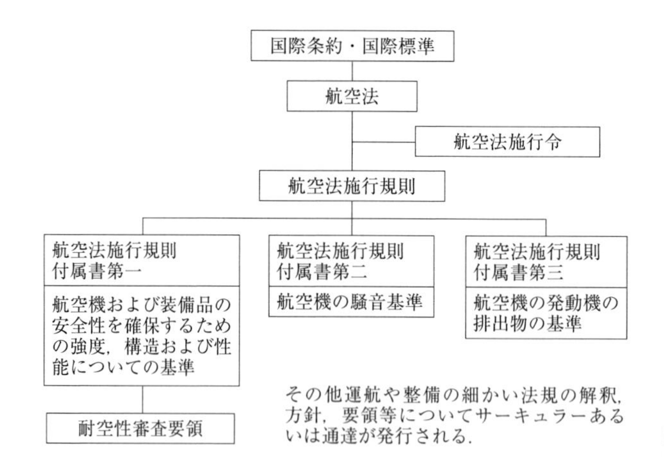

図7.3　航空関係規則の構成

International Civil Aviation Organization）は国際標準を定めている．その標準が国際民間航空条約（シカゴ条約）とその付属書である．日本はシカゴ条約の締約国であり，日本の航空法は国際民間航空条約ならびにその付属書として採択された標準，方式および手続きに準拠して作られている．

航空機の強度，構造，性能などの技術基準については，ICAO付属書では細部が定められていないので，米国連邦航空局（FAA：Federal Aviation Administration）と欧州航空安全機関（EASA：European Aviation Safety Agency）の規則が実質的な世界標準となっている．日本の航空機の技術基準は米国連邦航空法に準拠したものであり，航空法施行規則付属書第一の下部規則である耐空性審査要領に定められている．

これら航空規則は，環境の変化，技術の進歩あるいは事故の教訓などにより改訂されていく．実情にそぐわない規則や時代遅れの規則があれば規則の軽視や非効率な状況が発生しうるので，規則も環境の変化などに応じて変わっていかなければならない．

7.2　パイロット

自動化が進む現代においても，ドローン等を除き，ほとんどの航空機はパイロットの操縦により飛行する．パイロットは飛行の担い手であり，航空機の指揮監督者である．ここではパイロットの業務，求められるスキル・能力，そして訓練・審査・資格などについて概説する．

7.2.1　パイロットの業務

パイロットは飛行準備から始まり，離陸，上昇，巡航，降下，進入，着陸と航空機を操作し，3次元の空間を移動させつつ，以下に示す(1)～(7)の業務を実施する．多くの業務は手順化されているが，空に線路があるわけでなく気象等の変化する状況に応じて臨機応変に実施していかなければならない．

(1)　飛行準備

すべての活動と同様に入念な準備作業と正しい計画が必要である．

まず気象状態の現状確認と将来予測を行う．安全な離着陸のために滑走路ごとに視程，雲高，風などについて条件が定められていて，その条件を満たさなければ離着陸はできない．空港に雨や雪が降れば滑りやすくなるなど性能への影響が生じるため，離陸速度や重量制限などの性能補正を行う．経路上の風は飛行時間と燃料に関係する．向かい風が強ければ時間，燃料ともに増加する．また経路上に乱気流，火山灰など安全に関係する気象現象がないか調べる．最近は気象情報が充実し，気象予測の精度も高いが，情報に基づいて判断をするのはパイロットである．

次に無線標識や灯火などの航行援助施設，空港あるいは航路に関して休止や変更など飛行に影響する情報がないか確認する．場合によっては経路や目的地の変更などを行う．

これらの情報を総合して目的地までの航路，高度，速度を選定し，必要燃料量と飛行時間を算出する．計算には専用ソフトウェアも利用できるが，気象状態や交通混雑による追加燃料の必要性など，判断するのは人間である．そして飛行計画を航空管理当局に提出する．

次いで飛行機に向かい，まず飛行機に不具合がないか，注意事項はないか点検を行いつつ，確認する．計画した燃料が搭載されているか，放射性物質など留意すべき特殊な搭載物がないかなどを確認し，他の乗務員とこれらの情報を共有する．飛行計画，機材状態，特殊搭載物などの主要確認事項には法的にパイロットの承認が必要である．パイロットが複数乗務する場合は機長（PIC：Pilot in Command）の承認となる．

(2)　飛行機の操縦

地上滑走，離着陸を含め3舵と推力をコントロールし，飛行機に所望の運動をさせることを操縦という．安全な飛行のために飛行の各段階で標準操作手順が定められていて，原則としてこれを遵守しつつ操縦を行う．オートパイロットなどの自動装置はパイロットの疲労を軽減し，精度の高い飛行を実現するが，自動装置を適切に管理し，運用することも求められる．大気中を3次元で移動する飛行では全く同じ状態が出現することはほとんどなく，様々に変化する状況の中で，適切な判断と操作が要求される．また操作の確認は常に必要であり，操作及び飛行機の状態をモニターすることが重要な業務である．その手段のひとつとして節目，節目でチェックリストを利用して再確認する．

(3)　システムの監視と運用

飛行機は油圧系統，電気系統，空気系統，推進装置，操縦系統など様々なサブシステムの集合体ともいえる．現代の航空機は非常に信頼性が高いが不具合や故障が生じることもある．警報等で不具合を認識したら原則として定められた手順に従って対応措置をとるが，状況によっては臨機応変な措置も求められる．

(4)　航法（ナビゲーション）

現在位置の確認，針路の設定，到着予定時刻の推定などの業務を航法という．最近はGPS等航法機器の発達で航法作業は楽になり，精度も良くなった．しかし目視を含めてあらゆるツールで確実な航法を実施しなければならない．特に低高度では山岳等の地形との関係をしっかりと把握しておくことが非常に重要である．

(5)　通信

飛行には無線通信が必須である．航空交通を監視し必要に応じて制御する管制機関との通信や会社との業務通信がある．管制機関との交信は英語ないし飛行空域管轄国の母国語が使用できるが，日本においては国内運航でも一般的に英語が使用されている．データ通信も徐々に普及してきたが，離着陸をはじめ主要なフェーズでの管制との通信は音声で交わされる．安全に直接かかわる内容を短時間でコミュニケーションしなければならず，言い間違い，聞き間違いが発生する可能性もあるので，用いる用語と言い回しが定められていて，送信，受信ともにスキルと注意深さが要求される．

(6)　計画外の事態や緊急事態での適切な対応

重大な機器の故障や急病人の発生など緊急事態においては，緊張感が増大し，業務量が増えるとともに非日常の意思決定を行わなければならない．そのため緊急時の対処法を訓練しているが，平常時においても起こり得る緊急事態の想定をしながら飛行する．

(7)　航空機の指揮監督

パイロット（機長）は，法的にも定められている航空機の責任者であり，飛行中は搭乗者に対し指揮監督権限がある．客室乗務員を含む搭乗者はパイロットを信頼し，その指示により行動する．搭乗者と航空機の安全を守る指揮者，責任者として適宜その権限を行使する．

7.2.2　パイロットに求められるスキル・能力

上記の各種業務を適切かつ臨機応変に実施するために必要なスキル・能力の例を表7.1に示す．知識，操作などのテクニカルスキルと，認識，判断などのノンテクニカルスキルに大別される．

これらのスキルはそれぞれ独立しているものではなく，正しい知識がなければ正しい判断ができないなど相互に関連している部分が多い．テクニカルスキルはパイロットの基本能力であり，訓練初期では主としてテクニカルスキルを修得する．自動操縦をはじめ機器が進歩した

表7.1　パイロットに必要なスキル・能力

テクニカルスキル	知識	航空機特性，法規，気象，手順，システムなどの飛行に関する知識
	操縦術	3舵と推力の制御で飛行機を意のままに操れる技術
	航法	ナビゲーション技術
	通信	航空通信のコミュニケーション技術
	システム操作	システムの操作，監視を的確に実施する技術
ノンテクニカルスキル	状況認識力	現状を正しく把握する能力
	判断力	状況を分析し，将来を予測し，適切な行動を判断する力
	業務量配分	業務量が多くなったとき，優先順位を判断し適切に業務量を配分する能力
	コミュニケーション力	乗務員をはじめとして関係者と正しい情報交換・意思伝達・意見交換できる力
	チームワーク	他のクルーとの適切なコーディネーションによりチーム能力を最大限に発揮する力．明確な意思表示，問いかけ，指示，リーダーシップ，良好な雰囲気など．

現代においても基本能力の重要性は減ることはない．一方，数々の事故の教訓からノンテクニカルスキルの重要性が増している．複雑な運航環境の中，状況認識ひいては判断の誤りが大きな事故を招く．正しい判断，操作をするためにパイロットや関連要員よりなるチーム能力を最大限に発揮し，情報を正しく活用することが求められ，この能力を育成するCRM（Cockpit Resource Management）訓練が取り入れられている．

これらの能力，スキルの前提になるのは心身の健康である．パイロットには航空身体検査の合格が必要であり，日常生活に支障ないレベル以上の健康状態が求められている．また訓練，審査そして飛行などのストレスがある中で心の健康が維持されなければならない．さらに高いモチベーション，情緒安定性，規律性，自己管理意識，安全意識などの心的特性が，社会の期待に応え，信頼されるパイロットとして必要である．

パイロットはこれらの多くのスキル・能力を所定の訓練期間や回数の中で修得する必要がある．これは楽な道ではなく努力を要する．パイロットになるのに特別な資質が必要かという問いがあるが，特殊なパイロットを除いて特別な資質は要しない．しかし人的特性として．以下の３要素がバランスよく備わっていると成功する場合が多い，すなわち適性があるといえる．

① メンタル特性（達成意欲，努力を継続できる力，心の安定性，自主性，心の強さ，素直さ，ストレス耐性，協調性，責任感，プラス思考，リーダーシップ……）
② 知識・理解力（物事の要点を理解する力，記憶力，応用力，計数能力，情報処理力……）
③ 要領･センス（操縦感覚，空間認識力，優先順位判断力，多重業務処理力，テキパキさ，確実さ……）

これらの要素は定量化が難しく，ある特性が秀でていれば他の特性を部分的にカバーするという面もある．教育訓練で開発される部分もあるが，個人が持っている資質も無視できない．

7.2.3　資格・訓練・審査

民間航空の機長になるまでの一般的なキャリアパスと必要な資格を図 7.4 に示す．

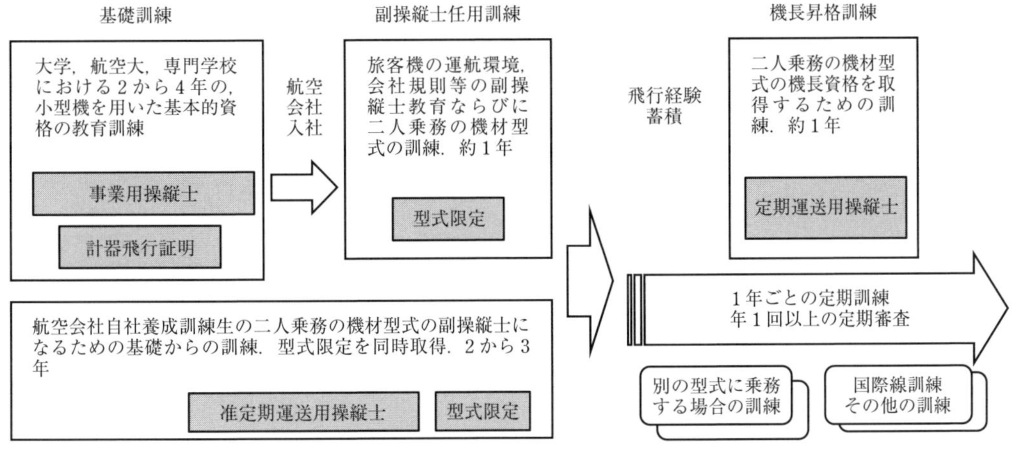

図 7.4　パイロットの訓練とキャリアパス

図中のシャドウ枠内は各訓練をへて審査を合格したときに取得する技能証明（ライセンス・資格）を表す．各技能証明の内容を表 7.2 に示す．

表 7.2　各技能証明の内容

技能証明	業務範囲概要
事業用操縦士	航空運送事業を行う飛行機の操縦を行うことができる．但し航空運送事業の場合，操縦士二人を要する飛行機の機長はできない．
計器飛行証明	計器にのみ依存して行う飛行ができる．
型式限定	操縦士二人を要する飛行機の操縦には機材型式ごと（例 B787，A320）にその型式の資格が必要である．
定期運送用操縦士	航空運送事業を行う操縦士二人を要する飛行機の機長として操縦を行うことができる．
准定期運送用操縦士	機長以外の操縦者として，操縦士二人を要する航空機の操縦を行うことができる．

このようにパイロットは多くの訓練と審査をパスして技能証明を取得しなければならない．また副操縦士になってからも 1 年ごとの各種訓練と年 1 回以上の審査が定期的に行われる．種類の異なる航空機を操縦する場合には新たに型式限定を取得する必要があり，国際線の操縦には，国際線の訓練・審査に加え，ICAO で定める航空英語能力証明を取得しなければならない．その他に航空身体検査証明がある．これは航空機の操縦に必要な心身の状態を保持しているかどうか，すなわち，航空医学的な適性があるかどうかを検査し証明する制度で，半年ないし 1 年ごとに検査を受けなければならない．パイロットは健康に留意し，心身の状態を健全に保つ必要がある．

パイロットは初心者のときからリタイアするまで訓練，審査の連続といえ，これらの訓練をこなし，審査をパスして資格を維持しなければならない．しかしながら重要なことは通常の飛行を含めすべての機会で常に技術を磨き，新しい知識を吸収して能力を開発しようとするポジティブな姿勢，自己開発意欲である．この姿勢により訓練，審査にも前向きに取り組むことができ，より大きな成果が得られる．

7.3　機材の健全性の確保

航空機は耐空性審査要領の厳しい安全性基準に基づいて設計・製造されているが，そのままで年間数千時間の飛行を 20 年以上にわたり継続する機体の健全性を維持していくことはできない．航空機固有の信頼性を維持し，必要であれば向上させるのが整備である．

整備作業には日常のオイル，ガスなどの交換・補充作業，不具合発生時の修復，各サブシステムの点検・試験・交換，機体構造の点検・修理，そして信頼性向上のための各種改修作業などがある．航空機の部品数は数百万点で自動車より 2 桁大きい．この複雑かつ多様なシステムの整備を遺漏なく円滑に実施するにはシステマティックな整備プログラムを定める必要がある．

整備プログラムは，航空機メーカー，監督官庁および航空会社が協議して航空機の特徴やそれまでの経験などを基に作成される．各システムについて安全性に与える影響，故障発見の容易さ，考えうる故障原因などを論理的に検討して必要な整備業務と実施時期が定められる．航空機の就航後は，航空機の状況を監視し，必要に応じ整備プログラムを改訂していく．整備プログラムは監督官庁の認可を必要としている．

整備で重要なことは，定められたプログラムと手順による確実な作業はもちろん，複雑な各システムを常時監視し，不具合を兆候段階で捕捉し，問題点を整理し，将来予測を行い，効果効率的な対策を講じることである．これに基づき必要であれば機材の改修や装備品の換装も行う．そのために日常運航と整備作業にかかわる多量な情報を収集し，データベース化してモニターと分析を継続的に行う必要がある．これらを信頼性管理システムという．

航空会社は自社で発生した不具合情報をメーカーに連絡する．近年のIT技術，通信技術の発達により，メーカーは全世界すべての機材の使用状況をリアルタイムで把握できるようになってきた．メーカーは不具合情報を収集し，必要に応じて航空会社に不具合情報をフィードバックするとともに，必要な対応措置を連絡する．安全上重要な不具合情報とその対応措置は監督官庁から命令という形で周知される．このように機材の健全性は，設計・製造段階だけではなく，運航に供せられてからの整備と併せてライフタイムを通して維持向上されていく．

7.4　空港

航空機が離発着する場所を一般に飛行場といい，公共の用に供する飛行場を「空港」という．空港には一般的な施設として以下のものがあるが，ここでは飛行機の離発着に直接かかわる滑走路と航行援助施設について概説する．

・滑走路（飛行機が離着陸する路面）
・駐機場
・誘導路（滑走路と駐機場を接続する路面）
・旅客ターミナル，貨物ターミナル
・管制塔，管理事務所，気象サービス施設
・航行援助施設（電波あるいは灯火等により航空機の航行を援助する設備，施設）
・燃料タンクおよび給油施設
・航空機整備格納庫

7.4.1　滑走路

飛行機の離陸には停止から所定の離陸速度までの加速が，また着陸には所定の着陸速度から停止するまでの減速が必要である．この加減速が十分安全に行える長さ，幅，そして飛行機の重量を十分に支える強度を持った滑走路が必要である．

(1)　滑走路長

飛行機の離着陸距離は機体重量が重くなるほど，また離着陸速度が速くなるほど長くなる．燃料や貨物を満載した長距離国際線大型ジェット機が使用する空港では長い滑走路が必要になるが，短距離を運航する小型機の使用する滑走路は短くてよい．日本で一番長い滑走路は成田国際空港の A 滑走路と関西国際空港の B 滑走路で 4000 m である．一方，定期便が就航している空港で一番短い滑走路は調布空港，新島空港，神津島空港などの 800 m である．幅は 4000 m 滑走路の場合 60 m，800 m 滑走路では 25 m などである．

旅客機の必要とする滑走路の長さは運用上の様々な要因に対応する安全余裕を考慮して決められる．離陸距離は，飛行機が滑走を開始してから定められた速度で引き起こし，地面を離れ，35 ft（運航の世界では，高度の単位として一般に ft：feet が用いられる．1 ft = 0.3048 m であり 35 ft = 10.7 m）の高さに達するまでの水平距離であるが，離陸滑走中のエンジン故障など重大トラブルが発生し，そのまま離陸を継続もしくは離陸を中止することを想定するなどの安全余裕を確保した距離が必要である．そのほか離陸距離に影響を与える風，温度，気圧あるいは降雨，降雪による滑走路の滑りやすさなど多くの要素が考慮される．一方，着陸距離は滑走路末端部の上空 50 ft（15 m）を通過した地点から，機種を引き起こしてスムーズに接地し，完全に停止するまでの水平距離であるが，これも各種安全余裕を考慮して必要な距離が決められる．

(2)　滑走路の向きと滑走路番号

空気力を利用して飛ぶ飛行機に重要なのは空気に対する対気速度であり，地面に対する対地速度ではない．離陸も着陸も風に正対して行うのが理想である．一定の対気速度に対して向かい風では対地速度が小さくなり，滑走距離を短くできる．逆に追い風では対地速度ならびに滑走距離が増加するとともに，強い追い風の離着陸は危険要素をはらむ．このため，一定以上の追い風での離着陸は禁止されている．さらに，横風が強いときにも離着陸が困難になるので，最大の横風値が定められている．空港を建設するときには滑走路の方向をその場所における卓越風方向（出現頻度の多い風向）にできるだけ合わせる．また，必要に応じて横風用の滑走路も設置する．

滑走路の両端には「16」と「34」など 2 桁の数字が大きく書かれている．この数字は滑走路番号と呼ばれ，進入方向から見た滑走路の方位を磁北から測った角度（磁方位）の 10 分の 1（小数点以下第 1 位を四捨五入）の整数で表している．一般に方位と言えば，地球の自転軸が通る北極点の方向である地理的北，すなわち真北（しんぽく）を基準にした地理方位（真方位）であるが，航空や航海の世界では，主に磁気コンパスで方位を計測してきた経緯から現在も磁方位を用いている．ちなみに羽田空港では磁北は真北に対し約 7° 西に傾いている．東京国際空港（羽田空港）の A 滑走路の南端には 34L，北端には 16R と記されている．これは，A 滑走路は約 340° の磁方位を向いており，南向きに使う場合はその反方位で約 160° であることを意味している．また，数字の後の「L」や「R」は，平行した滑走路が 2 本ある場合に付けられる．34L であれば 340° 方向を向いた左手の滑走路を示す．羽田空港で A 滑走路と並行した C 滑走路は 34R および 16L と記され，A 滑走路と区別できる．図 7.5 に羽田空港の滑走路概略図を示す．

(3)　滑走路の標識（マーキング）

滑走路には様々な標識が施されている．表示すべき標識とその表示方法は，滑走路の規模や運用方法に応じて細かく指定されている．長さが 2400 m 以上で計器着陸にも使用される滑走路の例を図 7.6 に示す．代表的な標識を以下に説明する．

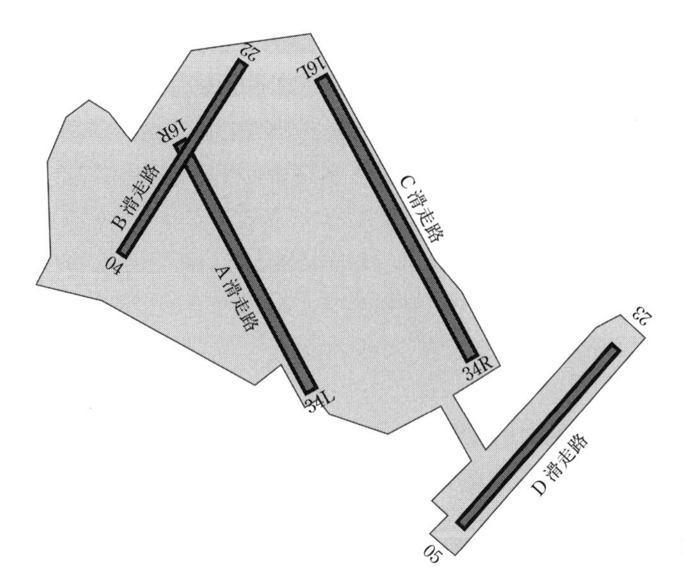

図 7.5　羽田空港滑走路配置概念図

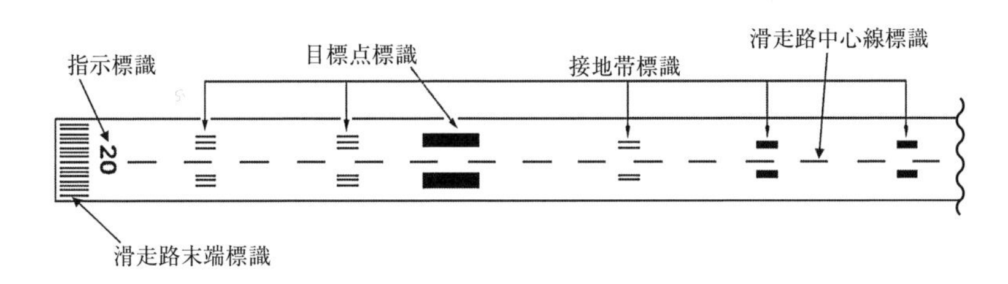

図 7.6　滑走路の各種標識例

・指示標識：滑走路番号の表示である．

・滑走路末端標識：滑走路の末端を表す標識で，縦縞で描かれている．縦縞の本数，線の太さ，間隔は滑走路の幅によって決められている．

・目標点標識：着陸目標点を示すための標識で，目標点の始点までの距離は，滑走路の長さに応じ滑走路進入端から 150 m ～ 400 m に設定されている．図に示されているように，標識は滑走路中心線標識の両脇に太い縦線で表示される．

・接地帯標識：着陸接地区域を指示するための標識で，数本の細い縦線で示され，縦線の数は滑走路端に近い方が多く，遠ざかると 1 本まで少なくなる．着陸では，基本的に設置帯標識が描かれている区域内に接地することが求められる．

この他，滑走路幅の中心を表す滑走路中心標識，滑走路長の中央を表す滑走路中央標識などがあり，いずれも表示方法が細かく決められている．

7.4.2　空港の航行援助施設

飛行機の安全な離発着を支えるため空港には様々な航行援助施設が設置されている．特に夜間や視界が悪いときに重要な役割を果たすのが飛行場灯火と無線援助施設である．

(1) 滑走路灯等

夜の空港には赤，白，黄，緑，青など色とりどりの灯火が瞬いて幻想的でもある．これらの色や点灯の仕方にはそれぞれ意味がある．滑走路の中心線と両サイドは白，誘導路の中心線は緑であるが，滑走路に接続する誘導路は緑と黄が交互に並ぶ．誘導路の両サイドは青である．赤は警戒色で，障害物の位置や滑走路末端や停止位置を表す．

滑走路，誘導路の中心線を表す灯火は路面に埋め込まれており，飛行機に踏まれても壊れないように作られている．また，路面の両サイドの灯火は路面からぎりぎり突き出す程度に低く設置され，走行の邪魔にならないように配慮されている．

(2) 進入灯

着陸してくる航空機にその最終進入の経路を示す灯火で，滑走路手前に設置してある．進入灯には連鎖式という滑走路に向かって流れるように閃光するタイプもある．

(3) 進入角指示灯

飛行機は適正な角度で滑走路に進入しなければならない．一定規模以上の空港では，パイロットに進入角情報を与えるPAPI（Precision Approach Path Indicator）という灯火が着陸目標点付近の滑走路横に設置されている．4つのライトが滑走路に直角に並んで設置されていて，着陸してくる飛行機から角度により赤または白に見え，それぞれ赤白の切り替わる角度が異なる．パイロットは4つのライトの赤白の組み合わせにより進入角の適切さを判断する．PAPIの見え方とその意味を図7.7に示す．

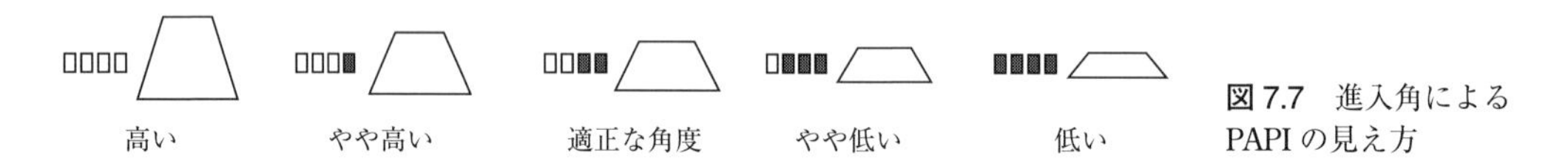

図7.7 進入角によるPAPIの見え方

(4) 計器着陸装置

空港周辺の天候が良く，遠くから空港が視認できる場合はパイロットが目視に頼って着陸することができるが，低い雲に覆われる，あるいは霧などで上述の灯火類の視認も困難な場合がある．そのようなときに飛行機を誘導するのが各種無線援助施設である．その中で代表的でかつ重要な施設が計器着陸装置ILS（Instrument Landing System）である．

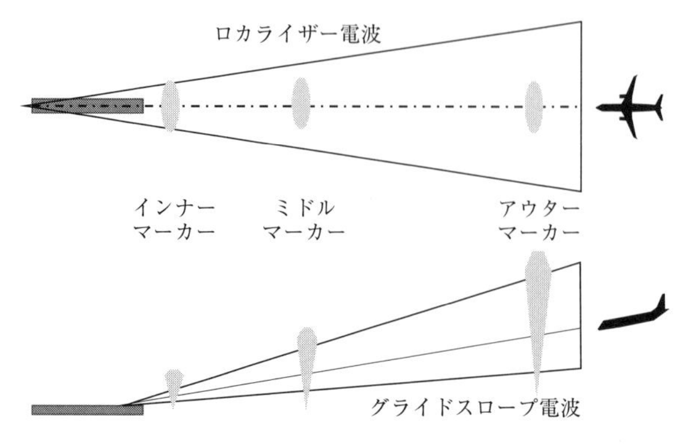

図7.8 ILSの概念図

ILSは，どの高度まで誘導できるかでCAT（カテゴリーの略）Ⅰ，Ⅱ，Ⅲなどの種類があるが，基本的なCAT Ⅰでは200 ft（60 m）の高度まで安全に誘導してくれる．すなわち200 ftまで目標物が視認できなくても着陸が可能となる．

ILSは指向性を持った電波を最終進入中の航空機に向けて発射し，着陸進入経路と正しい降下角に沿って滑走路まで正確に誘導する装置である．ILSの電波送信装置は以下の3種類から構成されている．図7.8にILSの概念図を示す．

① ローカライザー

ローカライザーは，進入してくる航空機に滑走路中心線の延長線上の正しい進入経路と左右へのずれを示す装置で，VHF帯の電波を使用している．

② グライドスロープ

グライドスロープは，進入してくる航空機に正しい降下角と上下のずれを示す装置で，UHF帯の電波を使用している．計器着陸の降下角は水平面に対し2.5°以上3.5°以下（CAT Ⅱ／Ⅲ運航では最大3°）に設定されている．

③ マーカービーコン

マーカービーコンは，進入経路上の特定の位置に設置され，指向性のある75 MHz（VHF帯）の電波を上空へ向けて発射し，進入してくる航空機に滑走路までの距離を知らせる装置である．滑走路から近い順に，インナーマーカー，ミドルマーカー，アウターマーカーの順で並んでおり，滑走路端からの距離はそれぞれ約300 m，約1000 m，約7～15 kmに設置されている．これらの上空を航空機が通過したときに，操縦室内のそれぞれ特有のライトと音で確認できる．

最近のILSにはDME（Distance Measuring Equipment：航空機から地上局までの距離を測定する装置）が併設されており，DMEによって位置が確認できるので，マーカービーコンは設置されていないことが多い．

近年ILSに代わるGLS（GNSS—Global Navigation Satellite System—Landing System）が開発されている．これはGPS等GNSSの電波を，精密進入のために精度を補強して用いる誘導装置で，一式の装置で複数の滑走路に対応できるなど優れた点があり，徐々に普及が進んでいる．

7.5　空の交通整理

7.5.1　空の交通規則

地上を走る自動車には交通規則が定められている．秩序を保ち事故を極力少なくするため，だれもがその規則に従って運転することが求められている．道路という目に見えるところを運転するのであってもその規則に従わないと事故になりかねない．空は地上に比べると広く大きいが，目に見える境界線も道路もない．航空機は，一見自由に飛べるように思えるが，それぞれが自由気ままに飛ぶとしたら危ないことこの上ない．外が見えない雲中を飛んでいるときは，他の航空機が接近してきていても気が付かず，高い山などの障害物に衝突する可能性もある．3 次元の空間を飛ぶがゆえに安全を確保するための規則が細かく定められている．さらに，国境をまたいで飛ぶことができるので各国の規則を統一しておかなければ混乱を招くことになる．そのため，世界各国が定める交通規則は ICAO 国際標準に準拠して作られている．(7.1.2 項参照)

航空機の飛行方式は大きく計器飛行方式（IFR：Instrument Flight Rules）と有視界飛行方式（VFR：Visual Flight Rules）の 2 つに分類される．

IFR とは，出発飛行場からの離陸およびそれに引き続く上昇，巡航，そして目的飛行場への降下飛行と着陸を航空管理当局が定めた経路や管制官が与えた指示による経路を飛行し，かつ管制官の与える高度や速度などの維持，変更の指示に常時従って行う飛行のことをいう．そのため管制官は，目視やレーダーにより，あるいは航空機の位置通報によりそれぞれの航空機を特定し，衝突の危険がないよう高度を含めた適切な間隔を保って飛行させるよう指示を出す．パイロットは基本的にその指示に従わなければならない．通常エアラインの飛行機はこの方式によって飛行している．

VFR とは IFR 以外の飛行方式のことである．この方式ではパイロットは，目視によって他の航空機，地表，地上障害物などからの間隔を保ち，衝突の回避など安全確保はすべて自己責任で行わなくてはならない．飛行する経路や高度，速度などは基本的には決められた範囲の中で自由に選択できる．ただし, 自由である分リスクも伴う．また, 常に雲から一定の距離を取って飛行しなければならないし，目視により安全間隔を確保するので良好な気象状態でなければならない．

航空機の飛ぶ巡航高度は，表 7.3 に示すように飛行方式と飛行する方角によって細かく定められている．表より，すれ違う航空機どうしの高度間隔は最低でも 500 ft（約 150 m）以上あることになる．

日本の場合，高度 29000 ft（約 8840 m）以上の空域では VFR での飛行が禁止されている．また航空交通が混雑する特定の飛行場周辺の空域でも，すべての航空機どうしに安全な間隔を設定する必要があるので原則として VFR での飛行が禁止されている．

さらに，離陸または着陸する場合を除いて，航空機は地上または水上の人や物件の安全を考慮して，その密集度に応じてこれ以下で飛んではいけない高度が定められており，これを最低安全高度という．

表 7.3　巡航高度

<table>
<tr><td>磁方位</td><td colspan="2">000°～179°</td><td colspan="2">180°～359°</td></tr>
<tr><td></td><td>VFR</td><td>IFR</td><td>VFR</td><td>IFR</td></tr>
<tr><td>41000 ft を超える高度</td><td rowspan="2">飛行不可</td><td>45000 ft に 4000 ft の倍数を加えた高度</td><td rowspan="2">飛行不可</td><td>43000 ft に 4000 ft の倍数を加えた高度</td></tr>
<tr><td>41000 ft 以下～29000 ft を超える高度</td><td rowspan="2">1000 ft の奇数倍の高度</td><td rowspan="2">1000ft の偶数倍の高度</td></tr>
<tr><td>29000 ft 以下～3000 ft を超える高度</td><td>1000 ft の奇数倍に 500 ft を加えた高度</td><td>1000 ft の偶数倍に 500 ft を加えた高度</td></tr>
</table>

IFR の航空機が巡航に使用する空中の通路である航空路（Airway）にも最低経路高度（MEA: Minimum En-Route Altitude）が定められており，障害物からの安全間隔が設定されている．

7.5.2　管制の役割

管制の役割は，航空交通の安全で秩序正しい流れの維持促進のため，航空機に各種の支援や指示を行うことにある．航空機同士の間隔維持や円滑な航空交通のための管制指示の発出や航空機から要求のあった飛行方法の承認などの業務に加え，航空機への気象情報や交通情報の提供，緊急事態に陥った航空機に対する支援などの業務を行う．航空機の責任者であるパイロット（機長）と管制官は，定められた規則に基づき，共通の認識と相互理解のもとで，協力して安全運航を担っている．

世界の空は，公海上の一部を除きほぼ全域が ICAO 加盟国により分担して管制業務が実施されている．日本が分担する空域は福岡 FIR（Flight Information Region）といわれ，札幌，東京，福岡，那覇の 4 つに分割された日本領土付近の空域と太平洋側に設けられた広大な洋上の空域で構成されている．その空域において行われる航空交通管制業務は，その分担範囲によって図 7.9 のように 5 つの業務に分けられる．

航空路管制業務とは，主に航空路を飛行する IFR 機に対して行う管制業務であり，管轄する空域を飛行する IFR 機の管制間隔の維持，管制承認等の発出や情報の提供を行う．

進入管制業務とは，航空路に接続する空域において離陸後の上昇飛行または着陸のための降下飛行を行う IFR 機に対し主に管制間隔の維持を行う管制業務である．

ターミナル・レーダー管制業務とは，進入管制業務を行うために設定された空域のうち，交通量が多い空域などでレーダーを使用して行う進入管制業務である．レーダーを使用することによって管制間隔の短縮が可能になり多くの交通量に対応可能となる．

飛行場管制業務とは，飛行場から離陸または着陸する航空機や飛行場周辺等を飛行する航空機，または離陸前や着陸後に地上を走行する航空機と飛行場業務に従事する車両等に対して行う管制業務であり，航空機や車両等に安全の支援を行う．

着陸誘導管制業務とは，飛行場に着陸しようとする IFR 機に対して精密進入用レーダーによって滑走路の進入端近くまで誘導する管制業務である．着陸誘導管制は航空機に特別の航法

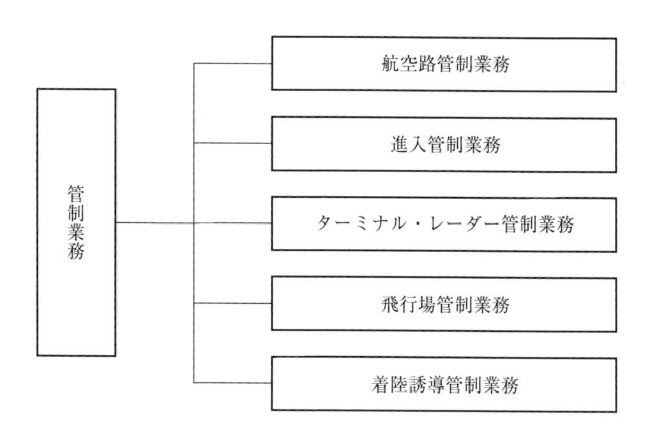

図 7.9　管制業務

用装備を必要としないため過去は多用されていたが，近年は他の計器進入方式の設定が普及したため，この管制業務を提供している空港は少なくなっている．

7.6　運航と気象

航空機の運航において，最も重要な要素のひとつは気象である．航空機の運航に影響を与える気象現象は数多くあるが，その中でも主なものについて，離着陸時と巡航中の段階に分けてそれぞれを概説する．

7.6.1　離着陸時

(1)　視程・雲高

航空機が飛ぶ方式は IFR と VFR の 2 つに分類されているが（7.5.1 項参照），VFR による飛行は目視による安全確保が基本であるので，有視界気象状態（VMC：Visual Meteorological Condition）で行わなければならない．VMC の条件は，飛行する領域ごとに水平方向の視程と雲との水平，垂直間隔で定義されている．例えば，飛行場における離着陸の VMC の条件は，水平方向の視程が 5000 m 以上，地上からの雲高が 300 m 以上である．

この場合，視程は，飛行場周辺の建物や地形などの物標を目安にして，観測員が目視で計測する．天空の全周半分以上の範囲で共通して得られる水平視程の最大値を卓越視程と呼ぶが，この値を視程として用いる．

また雲高は，雲の底までの高さをいい，通常，複数の雲が様々な高さに存在しているので，雲量が 5/8 以上，つまり天空のおおむね半分を超える範囲を覆う雲の底の高さを VMC の条件の雲高としている．

IFR による飛行の場合，離着陸とも視程・雲高の最低気象条件が空港施設などの条件により細かく定められていて，視程・雲高がこれを満たさなければ離着陸できない．

(2)　気温・気圧

航空機のエンジン推力と揚力は空気密度が影響する．例えば海面上で気温が国際標準大気よりも 20 ℃高い 35 ℃になると，空気密度は約 7%減少する．これにともなってエンジン推力が低下し，離陸速度も速くする必要があるので離陸性能が悪くなる．気温 T，気圧 p と空気密度 ρ の間には状態方程式 $p = \rho RT$（R：気体定数）の関係があるので，気温，気圧を観測し，性能への影響を判断する．

航空機の高度は気圧で測る．同じ高さでも高気圧と低気圧では高度計指示値が異なることになる．離着陸など地面に近くの飛行では，高度計指示値が実際の高さと異なると非常に危険なため，低高度ではその空港の局地気圧で高度計を補正している．

(3)　風向・風速

風は航空機の離着陸に大きな影響を与える（7.4.1 項参照）．風は，風向と風速によって表す．風向は風が吹いてくる方向である．例えば，北の風とは北から南に向かって吹く風を指す．

風は短時間で風向・風速が変化するが，飛行に与える影響を考慮して，ある時間幅の平均風

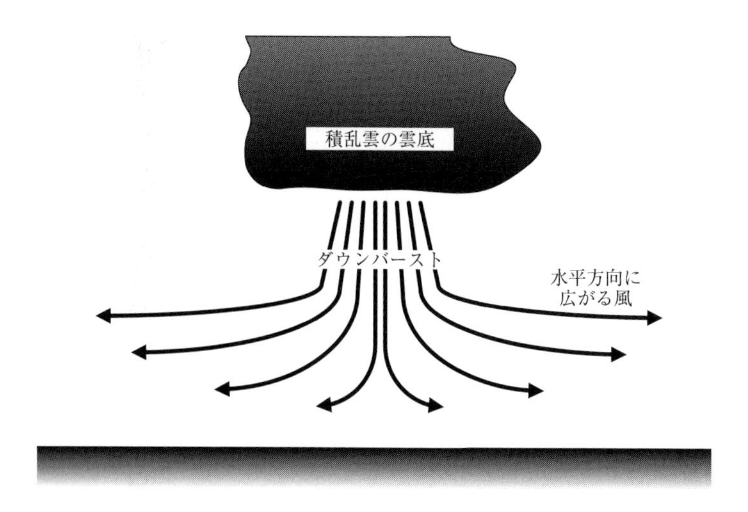

図7.10　ダウンバースト

を用いて通報される．したがって，どのような時間幅を用いるかによってその値が異なる．管制塔からは，2分間の平均値で風速が通報される（一般の天気通報は10分間の平均値である）．これに加え風の変動を表すために，ガストと呼ばれる最大瞬間風速を通報するが，これは純粋に「瞬間」ではなく，3秒間の平均風速を表す．また，気象では通常風向を真方位で表すが，管制塔で通報する場合は風向を磁方位で表す．

(4)　ダウンバースト・マイクロバースト

強い下降気流が，積乱雲等の対流雲の下で地上付近まで降下し，急激に発散して水平方向に広がって爆発的に噴き出すことがある．このような下降気流をダウンバーストと呼ぶ．ダウンバーストによる水平方向の風の吹き出しは，直径15 kmを超えて広がることもある．ダウンバーストは気象現象の中でも極めて激しいもので，過去には航空機の墜落事故も発生している．

ダウンバーストの中で直径4 km以下の小型のものをマイクロバーストという．マイクロバーストは水平方向のスケールは小さいが，それによって発生する風向･風速の急変は特に激しい．

国内の主要空港では，ダウンバーストやマイクロバーストによる風の急変を検知し，航空機に警報を通報するために，ドップラーレーダーおよびドップラーライダーの設置が進んでいる．

7.6.2　巡航中

(1)　積乱雲

積乱雲は，航空機の運航に大きな影響を与える気象現象で，激しい乱気流，着氷，ひょう，強雨，ガスト，雷電，竜巻などをともなう．日本で積乱雲の発生が多くなるのは梅雨明けから夏の時期と，日本海側における冬の時期であるが，それ以外にも時として強い積乱雲が発生する．

発生期・最盛期の積乱雲の中では，対流が激しく起きている．これにより強い上昇流（数十m/s）が生じ，雲頂が短時間で高くなっていく．またその周辺では，激しい乱気流が存在する可能性が高い．

最盛期の積乱雲の中では，氷が上下に移動し，お互いに衝突して擦れ，静電気が発生する．

これを繰り返すことで帯電し，雲の上部には正の電荷が，雲の下部には負の電荷が集まる．さらに雲の下部の負の電荷に引き寄せられ，地表面付近には正の電荷が集まる．やがて電位差が大きくなると放電する．これが雷である．雲と地面との間の放電を対地放電，雲の中または雲と雲との放電を雲放電と呼ぶ．対地放電が落雷である．

航空機は積乱雲を可能な限り迂回することが望ましい．その際も，積乱雲の風下側ではなく，風上側を飛行する方が安全である．風下側には，積乱雲に関連する雲が広がっていたり，雲中から上昇流に乗って飛ばされたひょうが雲の外に落ちてくる可能性があるためである．さらに，積乱雲の雲底と地上との間に航空機が入ることによって，それが引き金となって航空機を介して落雷することがある．そのような状況での離着陸は見合わせるべきである．

⑵　着氷

雲の中には氷点よりかなり低い温度でも氷結しない水の状態，つまり過冷却水が存在する．過冷却水は不安定な状態なので，何らかの衝撃が加わると瞬間的に氷結していく．雲中の過冷却水が航空機の機体と衝突して，短時間に氷結する現象を着氷と呼ぶ．着氷が発生すると，翼の形が変形して揚力が減少したり，抗力が増大することがある．また，プロペラに氷が付いて効率が落ちたり，機体重量が増加するといった飛行に悪い影響を与える．これに備えて多くの航空機には防氷装置や除氷装置が装備されている．

着氷には主に次の種類がある．

・雨氷：ガラス状の透明な氷で，0～－10℃程度の氷点より低いが比較的高い温度で多く発生する．大きな過冷却水がゆっくりと氷結したもので，機体に固く固着し，取り除くのが難しい．非常に危険な着氷である．

・樹氷：乳白色の不透明な氷の粒の集合体で，表面がざらざらしている．－40～－10℃の低い温度で発生する．小さな過冷却水が，瞬間的に氷結し積層して固着したものである．樹氷は雨氷に比べて大きく形状を変化させるが，比較的除去しやすい．

・粗氷：雨氷と樹氷が混ざって形成されたものを粗氷と呼ぶ．

ジェット機は高い巡航高度と大きな上昇・降下率で運航し，また防氷装置も優れているので着氷はあまり大きな影響は生じないが，小型機では大きな問題となる．

⑶　山岳波

乱気流には様々な要因があり，2.3.4 項で述べたジェット気流に関連するもの以外にいくつかの種類がある．そのうちのひとつが山岳波である．山脈に直角に近い風向で強い風が吹くと，その風下に山岳波と呼ばれる波が発生することがある．山岳波は，時には山脈の風下 200 km 以上に伸びることもある．また気象条件によっては，山岳の風下ではなく上方へ伝播し，圏界面付近まで達する場合もある．

山岳波が発生しているとき，それに伴って図 7.11 に示すようなロール雲等の特徴的な雲が現れることがある．強い乱気流が予想されるため，それらの雲の中や近くを飛行することは避けなければならない．なお，これらの雲は山岳波が発生していることの目印になるが，大気が乾燥している場合は雲ができない．ロール雲等が現れなくても，山岳地帯で風が強ければ山岳波にともなう乱気流が存在する可能性がある．

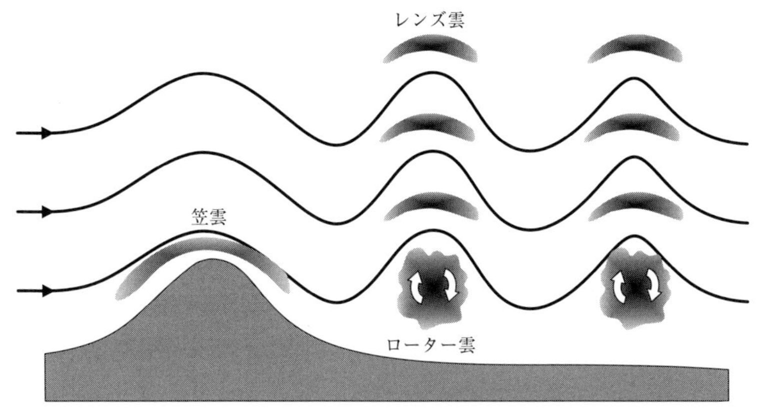

図 7.11　山岳派にともなう雲

(4)　火山灰

火山灰はマグマが破砕・急冷したもので，ガラスや鉱物結晶からなる．火山灰の中を航空機が飛行すると，機体やエンジンに次のような影響が生じる．

- ・融解：火山灰の融点は一般に 1100 ℃以下で，ジェット・エンジンの燃焼室の温度よりも低い．そのため火山灰はエンジンの高温部で融解し，内部に融着する．これにより急激な推力の低下や場合によってはエンジンの停止に至る．
- ・研磨：火山灰の粒子は不規則で固いため，機体に傷をつけ，エンジンにも損傷を与える．またフロントガラスを破損したり，擦りガラスのように研磨して視界を阻害してしまう恐れもある．
- ・付着：火山灰で，速度を計測するピトー管がつまり，速度の指示が不正確になる．また火山灰により，機体の各部が腐食することがある．
- ・静電気：火山灰が静電気で帯電していると，航空機の無線通信に影響を与えることがある．

したがって航空機は火山灰を回避して飛行しければならない．火山噴火の監視と火山灰雲の実況・予測情報を提供する組織として，世界 9 か所の航空路火山灰情報センター（VAAC：Volcanic Ash Advisory Center）が運用されている．日本では，東京 VAAC として気象庁が航空関係者に情報を提供している．

7.7　環境にやさしく

航空交通による代表的な環境負荷が騒音と排気ガスである．レシプロ機の時代は交通量も少なく，環境負荷は社会的に大きな問題にならなかった．しかし初期のジェット旅客機は非常に大きな騒音を発し，スモーク，窒素酸化物などの排気ガスと併せて空港周辺の環境に大きな影響を与え，空港の存続問題にまで発展した．その後，技術の進歩により騒音，排気ガスともに大きく改善されてきた．しかし航空交通は今後も成長が予想され，さらに温室効果ガスといわれる二酸化炭素の排出抑制と併せて，航空機環境性能の向上，運航方法の改良や空港周辺対策などの環境対策を継続的に実施していくことが求められている．

7.7.1 騒音

初期のジェット旅客機には航空機としての騒音基準は定められていなかった．しかし，その大きな騒音からICAOで国際的な騒音基準が定められ，その後順次厳しい基準が定められてきた．基準を満足しないと航空機材として認可されない．騒音基準は離陸騒音，離陸側方騒音，着陸騒音の3種類があり，それぞれ最大離陸重量の関数として騒音基準値が定められている．図7.12に3種類の騒音基準の測定地点を示す．

時代とともに厳しくなる基準は，それを可能にする技術の進歩がなければ達成できない．図7.13に年代別の航空機の騒音レベルを示す．約半世紀の間に騒音値は約20 dB低減され，うるささは1/4以下になった[13][14]．この騒音低減は高バイパス比などエンジン技術と低騒音フラップなど機体技術のたゆまぬ進歩によって達成されたものである．

空港周辺の騒音負荷軽減は航空機の低騒音化だけではなく，空港周辺の土地利用計画と管理，騒音軽減飛行方式，および運航規制の4つの騒音対策を空港ごとにバランスよく組み合わせて実施することが求められる．日本においてもこれらの施策を組み合わせて空港騒音対策を実施している．

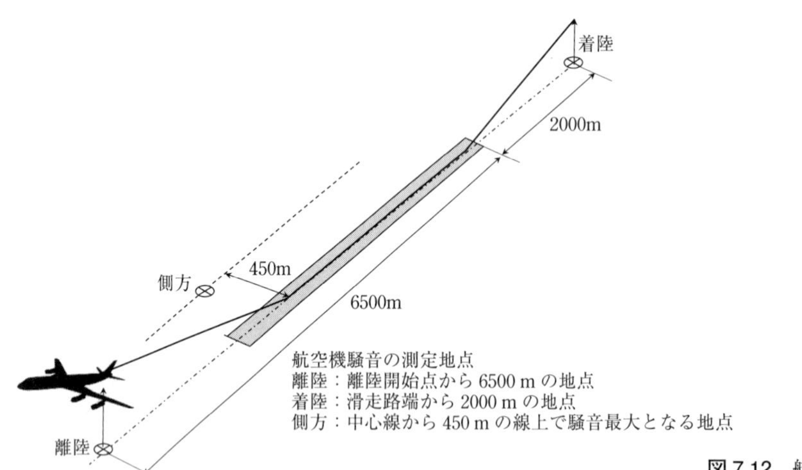

図7.12　航空機騒音の測定地点

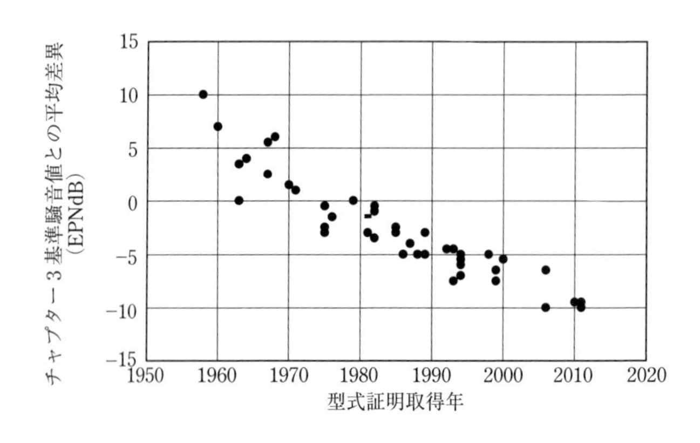

図7.13　航空機の騒音低減の進歩

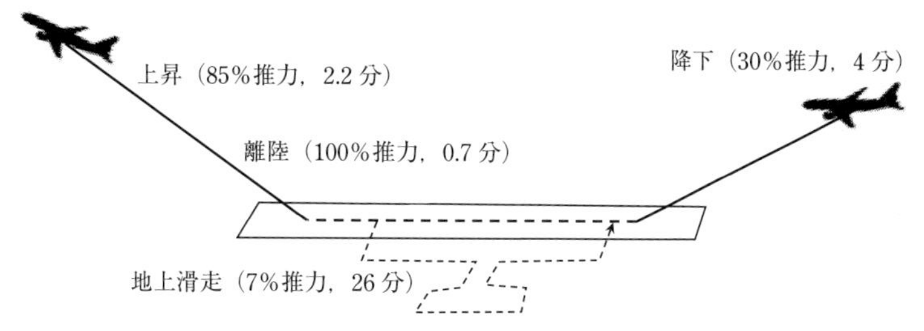

図 7.14　ICAO LTO サイクル排気ガス評価モデル

7.7.2　排気ガス

航空機の排気ガスの影響は，空港周辺の局地的な大気環境に与える影響と，燃料燃焼より生成される二酸化炭素が地球環境全体に与える影響に分けて考えられる．

騒音に引き続き空港周辺の排気ガスについても ICAO で航空機の排出基準が設定された．この排出基準は，図 7.14 に示すように空港周辺（高度 3000 ft，約 910 m 以下）の地上走行，離陸，着陸をモデル化した LTO（Landing and Take-Off）サイクルを設定し，このモデルで HC，CO，NOx，Smoke について定格推力や圧縮比などの関数として定めたものである．この基準も時代とともに漸次強化されてきて，これに対応して主としてエンジンの燃焼室技術改良が行われてきた．

地球温暖化が危惧される中で，温室効果ガスとして二酸化炭素が注目されている．人類の活動による全二酸化炭素排出量のうち，航空輸送の占める割合は約 2% である．ICAO では，輸送量の増加が見込まれる中で，2020 年以降二酸化炭素総排出量を増加させないことを目標としている．その実現のために，各関係機関で航空機の技術改良，代替燃料の開発，管制および運航方法の改善が進められている．

二酸化炭素排出量は燃料消費量に比例し，その意味でも燃費の良い航空機が求められる．エンジン燃費性能の改善，飛行機の揚抗比の改善，および機体軽量化について様々な技術開発が進められている．航空の代替燃料としては水素燃料等も考えられてきたが，現実的に唯一の選択肢がバイオ燃料と考えられ，様々な試みがなされている．バイオ燃料は植物が主原料となり，その成長の過程で光合成により大気中の二酸化炭素を取り込むので，原料植物再生産の循環が確立すれば，ライフサイクル全体で二酸化炭素の排出を抑制できる．課題は十分な供給量の確保と製造コストである[15][16][17]．管制および運航方法の改善とは，発達した電子技術を基に，最適高度や最適経路の飛行などを可能にし，より無駄の少ない飛行を実現することである．これを可能にすべく空域の容量拡大や安全性向上の目的と併せた各種の管制近代化計画が世界中で進んでいる[18]．

第Ⅲ部

宇宙編

第８章

ロケットによる宇宙輸送の実現

空　代：最近，宇宙旅行の話題を聞くようになってきたけれど，私も行ってみたいな．

宇太郎：アメリカをはじめとして各国で宇宙ベンチャーが誕生していて，これからは宇宙旅行も普通になるんじゃないかな．

宙　実：でもね，今でもたまにロケットの打上げ失敗があるようだけど，ちょっと心配じゃない？

空　代：う〜ん．そうだね．何かより安全なロケットはないのかなぁ．

航次郎：それと，搭乗料金も安い方がいいよね．コスト重視で．

宙　美：そんなに都合のいいロケットってあるのかしら．そもそもロケットは，いろいろな種類があるそうだけど，私たちが宇宙旅行に行くとしたらどんなのが向いているのかしら？

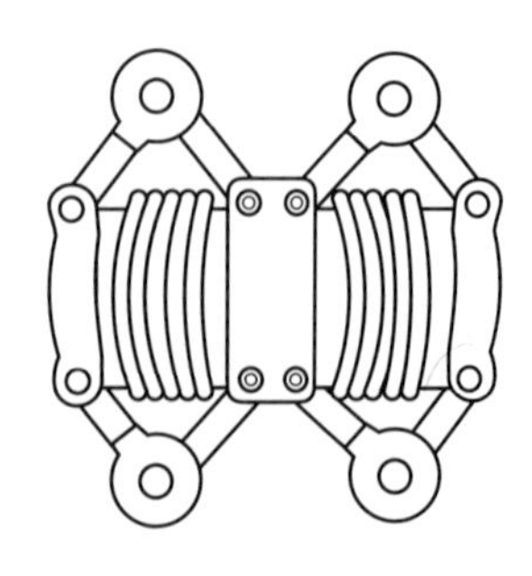

中国で火薬が発明されてから，それを軍事目的に利用した古代のロケットが誕生した．それから宇宙へ進出するためのロケットが誕生するには，長い年月を経なければならなかった．

宇宙ロケットの曙は，ロシアのコンスタンチン・ツィオルコフスキー（K. E. Tsiolkovsky）によって切り開かれた．ツィオルコフスキーは，ニュートン力学に基づいて理論的にロケットの運動を解析し，液体ロケットの構想，多段式ロケットなどの主要な概念を提案した．

その後，宇宙ロケットの実現に向けては，ロバート・ゴダード（R. H. Goddard）やヘルマン・オーベルト（H. Oberth）の初期の活躍を経て，ヴェルナー・フォン・ブラウン（W. M. M. F. von Braun）が液体ロケットの V2 の開発を主導した．この V2 は近代ロケットの金字塔ともいえる存在で，基本的な仕組みは現在も多くのロケットで引き継がれている．フォン・ブラウンは，さらにアポロ計画にも取り組み月面有人探査を成功させた．

一方，旧ソ連ではセルゲイ・コロリョフ（S. P. Korolev）がロケット開発を主導し，史上初の人工衛星打上げや有人宇宙飛行等を成し遂げた．現在では，使い切り型ロケットによる宇宙輸送は成熟期を迎え，さらに下段を複数回利用する再使用型ロケットも実用化されており，これらにより多種多様な人工衛星が打ち上げられて我々の生活に役立っている．

この章では，各種の化学ロケットの歴史や構造，推進の原理およびロケットの運動，航法と誘導制御，アビオニクス，さらに射場に関連したテーマなどについて取り上げる．

8.1　ロケット推進の基礎

すべてのロケットは進行方向とは逆向きに何らかの物質を高速で噴出することによる運動量の変化によって飛行する力を得ている．飛行速度が光速と比して無視できない場合は特殊相対性理論の効果を考慮する必要があるが，現在のロケットでは，その影響はほとんどないためニュートン力学に基づいた議論で十分である．

本節では，まずロケットの運動の式について紹介する．これは運動のみならず性能を見積る上でも大切な式である．そしてこの性能の重要な指標となる比推力および有効排気速度，質量比，特性排気速度などについて述べ，続いて基本的なノズルについての概説し，最後に化学ロケットの推進系の評価に関して説明する．

8.1.1　ツィオルコフスキーの式

ツィオルコフスキーは，幼い頃，猩紅熱（しょうこうねつ）にかかり聴力をほとんど失ったが，独学で数学や天文学を学び，次々とロケットや宇宙開発に関する独創的な構想を発表した．特に，ニュートン力学に基づき導き出した以下に示すロケットの運動の式は有名である．

$$\Delta V = c\ln\left(\frac{1}{\mu}\right) = g_0 I_{sp}\ln\left(\frac{1}{\mu}\right) \tag{8.1}$$

ここで，ΔV はロケットの速度増分，c は有効排気速度，g_0 は標準重力加速度，また I_{sp} は比推力，μ は質量比であるが，これらについてはこの後で述べる．この比推力 I_{sp} と有効排気速度 c との間には以下の関係がある．

$$I_{sp} = \frac{c}{g_0} \tag{8.2}$$

式（8.1）のツィオルコフスキーの式は簡単ではあるが，化学ロケットだけでなく電気推進ロケットや原子力ロケットなどの多くのロケットの推進を考察する上で基礎となっている．ロケットは，推進剤を高速に排気して機体が受ける反作用で推進力を生む．これを推力と呼び，均質な大気の中を安定して飛行する場合，以下の式で表される．

$$F = \dot{m}v_e + \left(p_e - p_a\right)A_e \tag{8.3}$$

ここで，$\dot{m}$ は推進剤消費率，v_e は排気速度，p_e はノズル出口圧力，p_a は外気圧，A_e はノズル出口断面積である．また，上式において右辺第1項は運動量推力，第2項は圧力推力と呼ばれる．有効排気速度の定義（$c = F/\dot{m}$）を使うと，推力は次式で表される．

$$F = \dot{m}c \tag{8.4}$$

上式と式（8.3）を比較すると，有効排気速度は具体的に以下のようになる．

$$c = v_e + \left(p_e - p_a\right)\frac{A_e}{\dot{m}} \tag{8.5}$$

これより，ノズル出口圧力と外気圧に差がない場合，有効排気速度はノズル出口のガス流速に等しくなる．

8.1.2　ロケットの性能を示す諸量

推力を推進剤消費率で割った値を比推力（Specific Impulse）といい，記号では I_{sp} と表記し，これをアイエスピーと呼称している．この比推力の定義式を以下に示す．

$$I_{sp} = \frac{\int_0^{t_b} F dt}{g_0 \int_0^{t_b} \dot{m} dt} \tag{8.6}$$

ここで，F は推力，$\dot{m}$ は推進剤消費率，t_b は燃焼時間で，I_{sp} の単位は秒である．上式より，比推力は単位重量の推進剤で単位推力を発生させ続けられる秒数を表すと考えることができる．推力 F と推進剤消費率 $\dot{m}$ が一定で，燃焼開始と終了時の過渡状態が無視できるようであれば，式（8.6）は以下のように簡略化される．

$$I_{sp} = \frac{F}{\dot{m}g_0} \tag{8.7}$$

ロケットが宇宙空間に出るためには，十分速いスピードが必要である．ツィオルコフスキーの式によると，有効排気速度が大きいほど，質量比が小さいほどロケットの最終速度は速くなる．ここで，質量比はロケットの最後の質量を最初の質量で割った値であるが，この逆数を質量比と定義する場合もあり，注意が必要である．この質量比を小さくすることは，ロケットの全質量の内，燃料の占める割合を大きくすることに相当する．言い換えると，機体質量を軽くする努力と同じことになる．

一方，有効排気速度は比推力に標準重力加速度を掛けた量なので，比推力が大きくなると，ロケットの最終速度も増大する．また，燃焼ガスの温度が高く，分子量が小さいほど比推力は高くなることがわかっている．比推力が高いほど，少ない推進薬で大きな力積量が得られる高性能のロケットであることを意味しており，エンジン性能の指標としてしばしば使用される．

また，他にもロケットの性能評価で用いられる量として特性排気速度というものがある．一般に c^* という記号で表記され，これをシー・スターと読む．1次元ノズル理論を使って c^* を求めると，途中の計算過程は省略するが，最終的に次式が得られる．

$$c^* \equiv \frac{A_t p_c}{\dot{m}} = \frac{\sqrt{\gamma \frac{R_u}{W_m} T}}{\gamma \sqrt{\left(\frac{2}{\gamma+1}\right)^{\frac{\gamma+1}{\gamma-1}}}} \tag{8.8}$$

ここで，A_t はノズルスロート面積，p_c は燃焼圧力，γ は燃焼室内の燃焼ガスの平均比熱比，W_m は同じく平均分子量，T は燃焼室内の温度，R_u は普遍気体定数である．燃焼室内での酸化剤と燃料の燃焼に対して化学平衡計算を行い，そこで得られた値を使って上式から c^* を計算して求めたものを理論特性排気速度という．これを c^*_{th} と表し，実験で得られた特性排気速度 c^*_{ex} をこれで割ると，以下に示す c^* 効率という量（η_{c*} と表す）が得られる．

$$\eta_{c*} = \frac{c^*_{ex}}{c^*_{th}} \tag{8.9}$$

これは燃焼効率を示す指標になっていて，ノズルの特性とは本質的に独立である．ただし，燃焼の効果だけを純粋に示すものではなく，燃焼室壁への熱損失なども含んでいることに注意する必要がある．

8.1.3　ノズル

燃焼室内で推進剤は燃焼し，高温・高圧のガスを生成する．これをノズルに通過させて温度，圧力等を変化させて，運動エネルギーに変換する．超音速流を発生させるため，基本的な構造として先細り部からスロート（流路断面積が最も狭い所）を経て，末広がり部から外気へガスが排気される．液体ロケットエンジンでは，性能が高いベル（釣鐘）型ノズルがよく用いられる．図8.1に，ベル型ノズルの例としてLE-7エンジンを示す．固体ロケットでは，燃焼ガスに含まれるアルミナ等の微小な固体粒子によるノズル壁の侵食の影響があり，ベル型ノズルだとノズル末広がり部が破損する恐れがあるため，コニカル（円錐）型ノズルがよく使われる．同ノズルの例としてイプシロンロケット第2段の伸展ノズルを図8.2に示す．

コニカル型ノズルは排気されるガスが放射状に拡がるため，半径方向の速度成分により推力損失が生じる．このことを拡がり損失と呼び，一般のコニカル型ノズルでは数パーセント程度になる．これを考慮するために以下に示すコニカル型ノズルに対する修正係数 λ が使われる．

$$\lambda = \frac{1+\cos\alpha}{2} \tag{8.10}$$

図8.1　ベル型ノズルの例. LE-7エンジン.（©JAXA）

図8.2　コニカル型ノズルの例. イプシロンロケット第2段ノズル.（©JAXA）

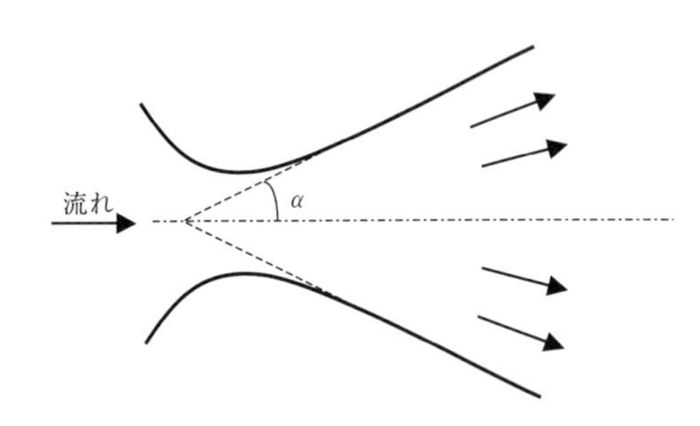

図8.3　コニカル型ノズル内の流れ

ここで，α は円錐半頂角で，図8.3で示される角度である．

推力の式は，上式の λ を用いて以下のように修正される．

$$F = \lambda \dot{m} v_e + (p_e - p_a) A_e \tag{8.11}$$

ベル型ノズルおよびコニカル型ノズルは，ともに外気圧の変化に伴いノズルの効率が変化するため，基本的には最適膨張する所でノズル性能が最大になり，それ以外では低下する．

8.1.4　化学ロケット

燃料と酸化剤の燃焼により高温ガスを発生させ，それをノズルにより高速噴流にして外部に噴出し，その反動で進むロケットを化学ロケットと呼んでいる．大きな推力を生むことが可能なため，地上から打ち上げる大型ロケットはすべてこのタイプである．燃料・酸化剤ともに推進薬が固体のものを固体ロケット，共に液体のものを液体ロケット，それぞれ相が違う場合をハイブリッドロケットと呼んでいる．

なお液体ロケットには，1液式推進薬（ヒドラジン等）を触媒に通して分解反応をさせ，高温ガスを発生させるタイプのエンジンがあり，単純で信頼性が高いという利点から人工衛星や宇宙探査機の姿勢制御エンジン（スラスタ）などに使用される．

表8.1に各種ロケットの推進系の優劣を評価したものを示す．各項目の評価は，同表中で◎を優，○を良，●を可とした．ここでは，全体的な特徴を簡単に把握し，相互の比較をしやすくするため，ある程度大まかな基準で評価している．そのため，詳細については一部相違もあ

表 8.1　化学ロケットの推進系の評価

	固体	液体	ハイブリッド
比推力	○	◎	○
密度	◎	○	○
燃焼効率	◎	◎	●
環境汚染	●	◎	◎
ジェット騒音	●	●	●
安全性	●	●	◎
加速度	◎	○	○
開発費	◎	●	○
打上げ費	○	◎	◎

◎　優，○良，●可

るので注意してほしい．例えば，多くの液体ロケットで用いられる液体酸素や液体水素などは環境への負荷が少ないが，ヒドラジン等の推進剤は人体に有毒であり，漏洩および不完全燃焼が環境汚染の原因となる．

8.2　ロケットの運動と打ち上げ

ロケットの運動は，ロケットエンジンの推力を利用して地上から宇宙に向かって真上に上昇するイメージであろう．ここでいうエンジンは，車のエンジンとは構造や仕組みが大きく異なる．図 8.4 に示すように，ロケットエンジンは消火器に似ており，質量を持った微粒子と気体が高速で排出され，その反作用で推進力を得ている．もしも排出される速度が非常に大きいものであれば，消火器は図の右側に向かってロケットのように吹っ飛ぶことになる．時間経過とともに，排出した微粒子の質量と気体の分だけ消火器は身軽になるので，消火器自体の運動は徐々に右側に加速していく．

このロケットの運動を数式で表現するならば，式（8.12）が出発点となる．速度 $\boldsymbol{v}$ で移動する質点 m に，外力 $\boldsymbol{F}$ が作用すれば，質点 m が持つ運動量 $m\boldsymbol{v}$ は時間とともに変化することを指し示している．この数式は高校の物理で学ぶニュートンの第 2 法則，運動の方程式の原型である．自然界はバランスがとれた安定状態を好むので，物理の世界では，質量保存の法則，運動量保存の法則，エネルギー保存の法則など，保存則が数多く存在する．式（8.12）の右辺の外力 $\boldsymbol{F}$ をゼロと置いた特殊な場合が，運動量保存の法則の式となる．

$$\frac{d(m\boldsymbol{v})}{dt} = \boldsymbol{F} \tag{8.12}$$

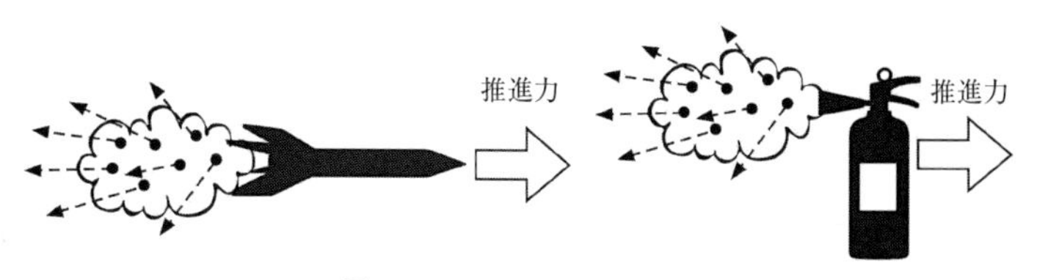

図 8.4　ロケットが飛ぶ原理

本節では，ロケットの運動の根本原理を理解するために，大局的な視点で数式の変形と展開を行う．まず式（8.12）の左辺，運動量 $m\boldsymbol{v}$ の時間微分を数式展開すると，式（8.13）になる．

$$m\frac{d\boldsymbol{v}}{dt}+\boldsymbol{v}\frac{dm}{dt}=\boldsymbol{F} \tag{8.13}$$

式（8.13）の左辺の第1項は，質量 m を有するロケットの上昇速度 $\boldsymbol{v}$ の時間変化を表し，まさにロケットの運動を指し示している．よって第1項に注目して，一般的な運動の方程式，$m(d\boldsymbol{v}/dt)=\boldsymbol{F}$ の形に近づける式変形を試みる．

物理学の教科書で学ぶ運動方程式は，式（8.13）の左辺の第2項が時間とともに変化しない場合，つまり質量の増減がないという特殊な条件での式である．消火器の例えで示したように，質量変化を伴うロケットの運動では左辺の第2項はとても重要であり，そのままの形で右辺に移動し，さらにロケットに作用する外力 $\boldsymbol{F}$ は，具体的に地球の重力 $m\boldsymbol{g}$ とロケット上昇時の空気抵抗 $k\boldsymbol{v}$ であると仮定する．その結果，式（8.13）は式（8.14）のように変形される．ここで $\boldsymbol{g}$ は重力定数，k は空気抵抗を導く比例定数である．

$$m\frac{d\boldsymbol{v}}{dt}=m\boldsymbol{g}-k\boldsymbol{v}-\boldsymbol{v}\frac{dm}{dt} \tag{8.14}$$

この式（8.14）を図8.5とともに丁寧に説明する．

右辺の第1項は地球の重力を表し，上昇するロケットを下向きに引っ張る方向に作用する．第2項は，ロケットの上昇速度 $\boldsymbol{v}$ に比例して発生する空気抵抗を表し，速度が速くなればなるほど，これもまた上昇するロケットの足を引っ張る方向に空気抵抗力が作用する．

次に右辺の第3項について述べる．第3項の値の符号に注目すると，まずマイナス記号の負の符号があり，次に速度ベクトル $\boldsymbol{v}$ が示されている．式（8.14）は，ロケットの進行方向である速度ベクトル $\boldsymbol{v}$ 方向を正の基準方向として組み立てた数式であるので，速度ベクトル $\boldsymbol{v}$ はロケットの上昇方向と同じ，正の値をとる．次に dm/dt は時間とともにロケットの質量がどう変化するかを示す値であり，消火器の説明から想像すると，ロケットの質量は時間とともに軽くなるので，dm/dt は負の符号となる．

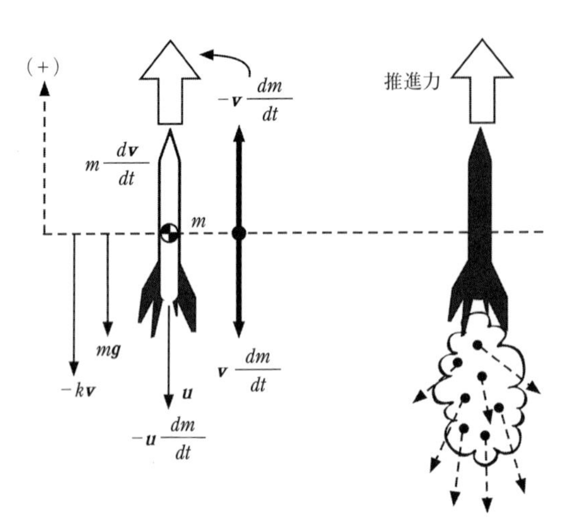

図8.5　ロケットの運動ベクトル

ここで改めて式（8.14）の右辺第3項のみに着目すると，第3項は全体で正の値を取ることになり，それは速度ベクトル $\boldsymbol{v}$ と同じくロケットが上昇する正の方向の力を指し示す．つまり，第3項の外力はロケットを上昇させる原動力であり，これがロケットエンジンの推進力に相当する．別の表現をするならば，ロケットは単位時間当たりに，速度 $\boldsymbol{v}$ で排出した微小質量 dm を元手に，微小運動量 $\boldsymbol{v}dm$ を作り出し，その反作用の力をロケットの推進力として得て，上昇しているといえる．ここで，ロケットから排出される微小質量 dm の速度を修正することにする．現実には dm は，ロケット自身から見た排出相対速度 $\boldsymbol{u}$ と掛け合わせて微小運動量 $\boldsymbol{u}dm$ が作り出されるので，式（8.14）は式（8.15）のように変形することができる．

$$m\frac{d\boldsymbol{v}}{dt}=m\boldsymbol{g}-k\boldsymbol{v}+\boldsymbol{u}\frac{dm}{dt} \tag{8.15}$$

式（8.15）の右辺の第1項と第2項を足し合わせた外力が，第3項の推進力よりも小さい場合には，ロケットは宇宙に向かって上昇を続ける．ロケットの質量 m は時間とともに減少していくので，ロケット上昇を邪魔する第1項の地球の重力が小さくなる．さらに，上昇するとともに空気の密度も急激に低下して，ロケット上昇を邪魔する空気抵抗も減少するので，ロケットはどんどん加速しながら宇宙に到達すると想像できる．万が一，第1項と第2項の外力が第3項の推進力よりも大きい場合は，ロケットは上昇しようとして頑張るものの，結果としては下降し始める．

ロケットの運動と打ち上げは，とてもシンプルな物理法則から成り立っており，子どもから大人まで楽しむペットボトルロケットも同様な原理で打ち上がっている．

8.3　固体ロケット

酸化剤と燃料が共に固体であるロケットの推進剤を固体推進薬といい，これを使ったロケットのことを固体ロケットという．火薬ロケットから始まった固体ロケットは，最も歴史が古く，その有用性から現在も様々な用途で使われている．ここでは，まず，日本で発達した宇宙用の固体ロケットの歴史を概観し，その後，固体ロケットの特徴や用途，固体推進薬の種類や性能，残留推力や燃焼安定性といった話題について扱う．

8.3.1　日本における固体ロケットの歴史

日本における近代的な固体ロケットの研究開発は，第2次世界大戦前後にダブルベース推進薬の開発などで進展が見られたが，それらは主に軍事目的であった．宇宙ロケットの開発に限定すると，東京大学生産技術研究所の糸川英夫によりAVSA（AVionics and Supersonic Aerodynamics）研究班が結成され，東京都の国分寺市でペンシルロケットの水平発射実験が行われたのが始まりである．そのときの実験の様子を図8.6に示す．図8.7は実施された一連のペンシルロケットで，右側から順にペンシル，ペンシル300，2段式ペンシルである．

このペンシルロケット以降，ベビーロケットを経て，カッパロケットでは国際地球観測年（IGY）に参加し，上層大気の観測を行った．次のラムダロケットでは，人工衛星「おおすみ」

図 8.6　ペンシルロケットの水平発射実験（©JAXA）

図 8.7　ペンシルロケット（©JAXA）

を度重なる失敗の後に成功させ，世界で 4 番目の人工衛星打上げ国となった．また，M-3SII ロケットではハレー彗星の探査を行った探査機「すいせい」を，M-V ロケットでは，小惑星イトカワからのサンプルリターンを行った探査機「はやぶさ」をそれぞれ打ち上げている．現在は，小型・高性能・低コスト化を目指して開発されたイプシロンロケットが活躍している．

8.3.2　基本的な特徴・用途

液体ロケットの推進装置は液体ロケットエンジンと呼称されるのに対し，一般に固体ロケットでは固体ロケットモータと呼ばれる．その主な構成は図 8.8 に示すように，モータケース，固体推進薬，ノズル，点火器などから成る．特に，モータケース内の成型された固体推進薬の塊はグレインと呼んでいる．

固体ロケットは大推力を発生することができるので，宇宙用としてはブースター（ロケットを打ち上げる際に必要な推力を得るために機体の外部に設置されるロケット）に用いられることが多い．また，構造が簡単なため小型化しやすいので，キックモータ（人工衛星を軌道に投入するために用いられる），観測ロケット，点火器などに使用されることもある．さらに，推進薬の貯蔵が容易であることも保管上の利点としてあげられる．ただし，液体ロケットと比べて比推力が低いなどの欠点がある．また，固体ロケットは一般に推力の制御が難しいが，推力の方向については可動ノズルや 2 次流体噴射等の推力方向制御装置を用いることでコントロールすることが可能である．推力の大きさについても，グレイン形状を予め希望する推力履歴に合わせて成型しておくことで計画的に調整できる．

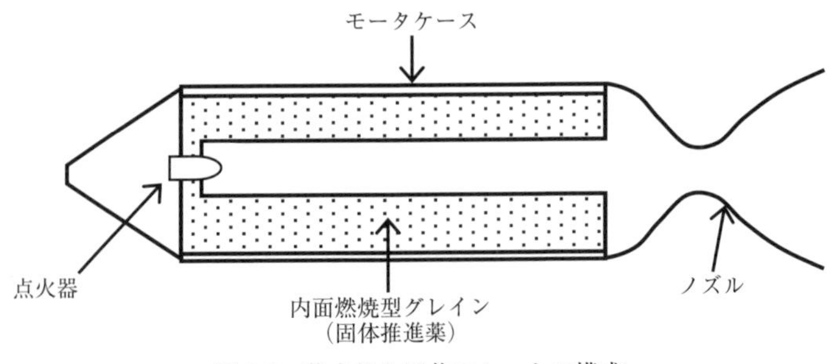

図 8.8　基本的な固体ロケットの構成

8.3.3　固体推進薬

固体ロケットでは推力の発生を担う作動ガスは，固体推進薬の燃焼により生成される．この固体推進薬は均質系推進薬と不均質系推進薬に大別され，この区別は推進薬を構成する成分の巨大分子よりもさらに大きい規模の不均質さ，例えば酸化剤や燃料の微粒子などを含むか否かによって分類される．実用的な均質系推進薬として代表的な物にダブルベース推進薬があるが，これはニトロセルロースとニトログリセリンを主成分としている．どちらもそれ自体に酸素を含有していて単独でも燃焼することができるが，ニトロセルロースは燃料成分が過剰な状態にあり，一方でニトログリセリンは酸化剤成分が過剰な状態にあるため，ダブルベース推進薬の燃焼性能はこれら両成分の混合比率に依存する．一般には，燃焼速度を調整するために微量の触媒を加えたり，推進薬を不透明にして放射による内部点火を防ぐためのカーボンブラックなどが添加されている．また，ダブルベース推進薬は他の固体推進薬と比べて無煙性を有していることも大きな特徴である．

一方，固体ロケットで通常使用される不均質系推進薬は，酸化剤（熱分解により酸素あるいは酸化性ガスを発生する無機化合物結晶）と金属燃料（主としてアルミニウム微粒子）をバインダ（燃料兼結合剤，一般にゴム材料）で固めたもので構成され，コンポジット推進薬と呼ばれている．さらに，これに可塑剤や燃焼速度調節剤などが加えられている．コンポジット推進薬はダブルベース推進薬と比べて比推力が高く，大型化が容易である．図8.9は，M-Vロケット第1段モータに固体推進薬がグレインとして収められている様子を示す．グレインの形状は多様なものがあるが，その初期形状は，燃焼圧力，推力，燃焼時間を決定する重要な要因となっている．

コンポジット推進薬は組み合わせの自由度が高いため，性能向上や環境負荷低減を目指して現在も研究開発が進められている．その種類はかなりの数になり，ロケットごとに異なるといってもよい．また，金属燃料として含有されるアルミニウム微粒子の燃焼は大変複雑で，今日でも全部が理解されているわけではない．新規開発された固体推進薬は，定常燃焼特性や燃焼安定性がそれまでの物とは異なることも多く，新たな研究材料として燃焼学を発展させる原動力となっている．

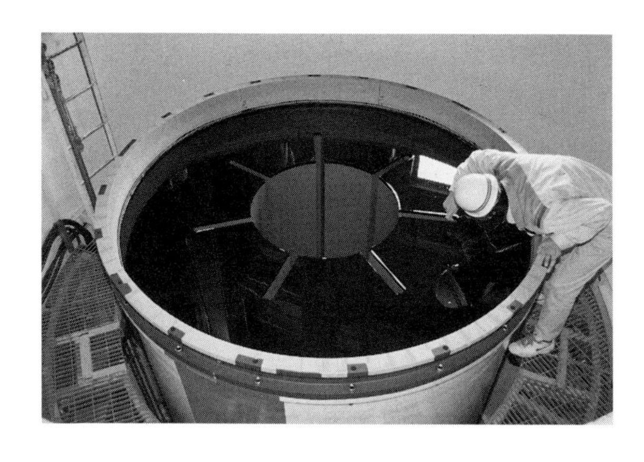

図8.9　固体ロケットのグレイン（©JAXA）

8.3.4　上段固体ロケットモータの残留推力

燃焼終了後も燃焼室の内部，特にノズルスロートの部分は高温状態になっており，そこからの輻射熱によりモータ内壁のインシュレータ等が熱分解してガスを発生する．これにより，エンジン停止後も微弱な推力が継続する．これを残留推力と呼んでいる．空気抵抗が大きい所では，さほど問題にならないが，宇宙空間ではこのような低レベルの推力でも事故に繋がる．

日本初の人工衛星「おおすみ」が成功する以前のラムダロケットではいくつかの問題があったが，そのひとつがこの残留推力の問題であった．L-4S ロケット 4 号機では，切り離した後の第 3 段においてそのノズルからの輻射熱によりモータ内の物体の一部が熱分解してガス化し，残留推力を発生したことにより，60 秒後，切り離してから 250 km 近くも飛行した後で，前方をいく第 4 段に追突してしまった．宇宙空間では空気抵抗がほぼ無視できるため，地上とは異なり摩擦力等の不可逆的な要因により軌道がずれることが少ないため，このような事故が起きた．これ以降も同様の不具合が生じたケースがあったが，現在では理解と対策が進み，大きな問題は生じていない．

8.3.5　固体ロケットモータの燃焼安定性

ロケットの推力履歴は定常燃焼特性に基づいて計算されるが，何らかの要因により燃焼不安定が生じる場合があり，予定した推力パターンより逸脱することがある．これによって衛星の軌道投入精度が低下するため，その予測と対策を施すことは重要である．

一般に，不安定性が増大する要因として固体推進薬の燃焼があり，これにより燃焼振動が増大する．反対に，安定性が増す要因としてノズルやアルミナ粒子の摩擦，および燃焼表面近くの流れの偏向などがあり，これにより燃焼振動は減衰する．初期の頃の固体ロケットモータは，予想値に比べて異常に内圧が上昇したり，最悪の場合はモータケースの破壊に至ることもめずらしくなかった．

1960 年代に入り，アルミニウム微粒子の入ったコンポジット推進薬が普及し始めた．このアルミニウム微粒子の添加は，固体推進薬の性能（比推力）の向上を狙ったものであったが，同時に燃焼生成物であるアルミナ粒子（Al_2O_3）が高周波の音響振動の抑制に大きく寄与して一石二鳥の効果をもたらした．アルミニウム微粒子が含有される以前に生じていた振動燃焼は，内圧上昇を引き起しやすいという意味で最も危険性が高いものであったため，それが解決されて以降，振動燃焼への関心は幾分低下した．その後，時代と共に高性能なロケットが要求されるようになり，固体推進薬も発熱量が大きい高エネルギー物質を含むようになってきたため，再び振動燃焼が発生しやすい状況になっている．

ここで紹介した音響的燃焼不安定は，燃焼室内の音響振動を基本周波数とした振動燃焼で，圧力振動に応じて燃焼速度が変動するタイプと速度振動に応じて燃焼速度が変動するタイプに大別される．音響的燃焼不安定以外には非音響的燃焼不安定があり，これはさらに，チャッフィング（息つき燃焼），低周波燃焼不安定，渦流動を伴う不安定などに分けられる．

このように固体ロケットの燃焼不安定には種類や要因が数多くあり，その理解と対策には，理論（特に安定性理論），実験手法や様々な実験的事実に関する広範囲の知識が必要とされる．

また，未だに発生メカニズムすら詳しくわかっていない振動燃焼の例も多く，今後も燃焼安定性に関する理解と対策を進めることが重要である．

8.4　液体ロケット

液体ロケットの歴史は固体ロケットに比べて浅く，20 世紀になってから登場した．1903 年，ロシアのツィオルコフスキーが液体酸素と液体水素を推進剤とする液体ロケットの設計図を発表したことに始まる．彼は，ロケットの初期質量と作動終了時の質量の比，いわゆるマスレシオが大きいほど作動終了時の速度が大きくなるという「ツィオルコフスキーの式」を発表したことでも有名である．

液体ロケットを最初に作り飛行実験を行ったのは，米国人のゴダードである．1926 年 3 月 16 日に実験は行われ，点火後，しばらく上昇した後バランスを失って傾いて飛び，最高高度 12.3 m，到達距離 56 m，飛行時間 2.5 秒というなさけない結果で世間から全く評価されなかったが，彼の死後液体ロケットは大きく進歩し，アポロ計画で使用されるに至り，画期的な業績として評価されることになる．

ドイツでは，オーベルトが 1923 年に「惑星間宇宙へのロケット」という論文を発表し，ドイツの多くの若者たちにロケットによる宇宙旅行への関心を抱かせることになる．この若者たちが 1927 年「ドイツ宇宙旅行協会」を設立し，ロケットの開発を始める．このメンバーの中に，アポロ計画を指揮した若き日のフォン・ブラウンも含まれていた．ドイツ宇宙旅行協会は 1933 年に，経済不況による資金不足から幕を閉じる．フォン・ブラウンらはナチスの下でロケット兵器の開発に従事し，V2 号を完成させた．V2 号は現代の液体ロケットの基幹要素技術，すなわちターボポンプ，再生冷却の燃焼器およびノズル，ターボポンプ駆動のためのガス発生器等が完成されており，現代の液体ロケットの主要構成とほぼ同じであった．

その液体ロケットの基本構成は，図 8.10 のようになっている．液体燃料と液体酸化剤はターボポンプで加圧され，燃焼室に供給される．ポンプの駆動は，V2 号のようにガス発生器で高温ガスを発生させタービンを回す方法ほかに，スペースシャトルや H- II のように液体水素燃料を燃料過多状態で燃焼させたガスで駆動する方法，燃焼室から高温ガスを抽出して駆動させる方法等様々な方法が使われている．液体燃料と液体酸化剤はインジェクターで燃焼室に噴射されることにより微粒化し気化した後，燃焼する．高温・高圧の燃焼ガスはノズルで膨張しながら加速して排出され，その反動で推進力を得る．燃焼室やノズルは，液体燃料で冷却されることが多く，冷却で奪われた熱は燃焼ガスのエネルギーとして使われるので，このような冷却方式は再生冷却と呼ばれる．

大型のロケットとなる第 1 段や第 2 段ロケットでは図 8.10 の基本構成を取ることが多いが，第 3 段以上の上段ロケットや，宇宙空間で使用する軌道修正用ロケット等の液体ロケットは小型で軽量にする必要があり，図 8.11 のように，ターボポンプを使用せずヘリウム等の高圧不活性ガスにより燃料と酸化剤を供給するガス圧供給式のロケットが使用されることが多い．

液体推進剤は使用時の温度により，極低温推進剤と常温推進剤に分類される．極低温推進剤としては，液体水素燃料，液化天然ガス燃料，液体酸素等があり，常温推進剤としては燃料としてケロシン系燃料，ヒドラジン，モノメチルヒドラジン他，酸化剤として四酸化二窒素，硝酸，過酸化水素等がある．極低温推進剤のほうが概して性能が良いが，長時間保存できないので，長期間にわたって宇宙空間で使用する姿勢制御用ロケットや軌道修正用ロケットには，常温推進剤が用いられる．常温推進剤はヒドラジン，四酸化二窒素のように猛毒なものが多く，充てん作業等の取扱い時に，作業員への防護服の着用や空気の供給が必要となり，危険な上費用がかさむため，毒性の低い常温推進剤の研究が進められている．

液体ロケットの燃焼形態は概ね図 8.12 のように表すことができる．噴射 / 噴霧領域で，インジェクターから噴射された推進剤は，微粒化され無数の液滴微粒子となり霧化され，さらに液滴の気化が進む．極低温の推進剤の場合は，噴射後直ちに気化すると考えられる．次に高速燃焼領域で，燃料と酸化剤の拡散燃焼が急激に進行する．燃焼ガス温度が急激に上昇することにより，軸方向ガス速度も急激に増大する．軸方向速度が大きくなった流線燃焼領域では，燃焼反応が緩やかに進み化学平衡に向かおうとする．

液体ロケットの仲間に，上述のものとは異なる 1 液性のロケットというものがあり，姿勢制御用等に多用されている．ヒドラジン 1 液性スラスタと呼ばれるもので，基本構成を図 8.13 に示す．ヒドラジンは触媒に噴射され，下式のような分解発熱反応を起こす．

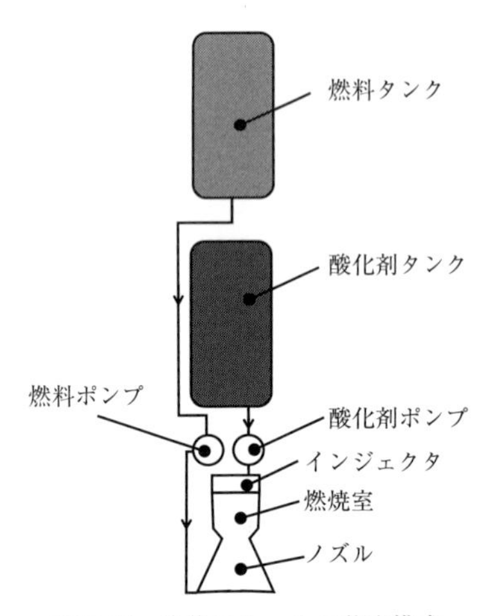

図 8.10　液体ロケットの基本構成

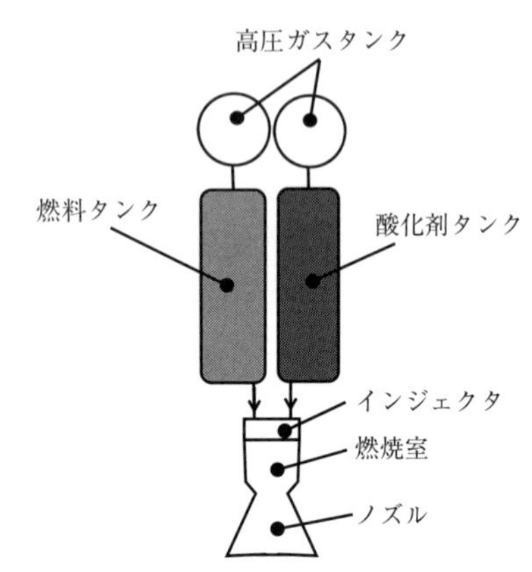

図 8.11　ガス圧供給式液体ロケットの基本構成

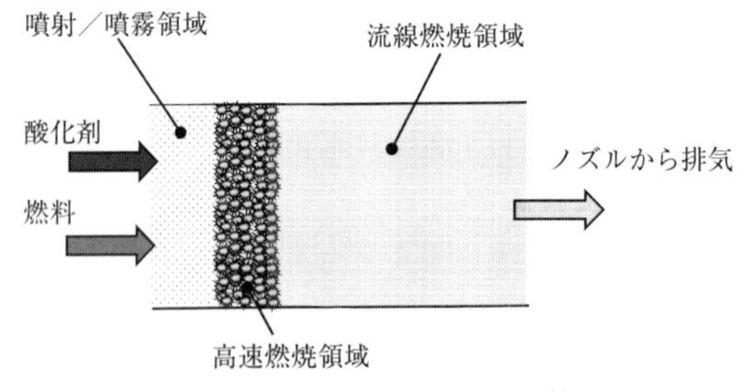

図 8.12　液体ロケットの燃焼形態

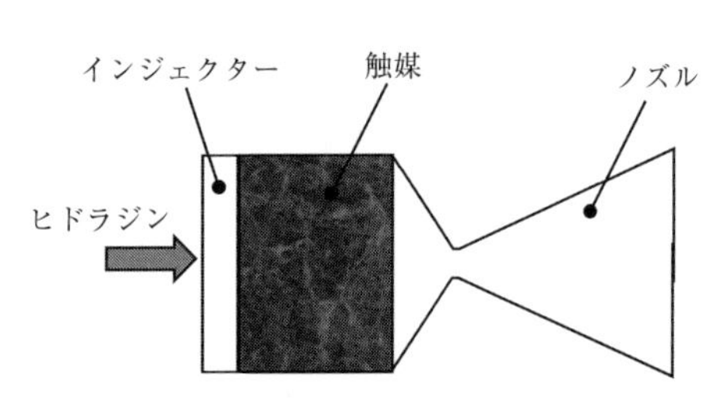

図 8.13　1 液性スラスタの基本構成

$$N_2H_4 \longrightarrow (1-x)NH_3 + xN_2 + 2xH_2$$

式中の x はアンモニア（NH_3）の分解反応度を表す．右辺の高温のガスがノズルから噴射され，推力を発生する．短時間の噴射を多数回繰り返すことができるので，微妙な姿勢制御や速度制御が可能で，ドッキングやランデブー時には欠かせないものである．

8.5　ハイブリッドロケット

ハイブリッドロケットは，固体ロケットと液体ロケットを組み合わせたロケットで，一般には燃料が固体で酸化剤が液体である．

基本構成は図 8.14 に示すようになっており，タンクに充填された液体酸化剤は通常ヘリウム等の高圧ガスで加圧され，インジェクターに供給される．燃焼室内に固体燃料が配置され，その内孔（ポート）にインジェクターから液体酸化剤が微粒化して噴射される．液体酸化剤は気化し，固体燃料から気化した燃料ガスと燃焼室内で燃焼し，発生した高温高圧の燃焼ガスをノズルから排出して推力を得る．

ハイブリッドロケットの大きな特徴として第一にあげられるのは，燃料にゴムやプラスチック等爆発性のないものを使用することができ，火薬を用いる固体ロケットや液体水素やケロシン等の危険物を用いる液体ロケットと比べ安全性が格段に高いことである．さらに固体ロケットと比べると排出ガスに塩酸等の有害物質を含ませないことができ，推力制御が可能な点などがある．液体ロケットに比較すると，複雑で高価な推進剤供給系が半分で，シンプルで低コストなロケットである．

ハイブリッドロケットの歴史は，1930 年代にドイツのファルベン社（I. G. Farben）により石炭と亜酸化窒素を使ったハイブリッドロケットの実験が行われたことに始まる．1940 年代中ごろには，米国のパシフィックロケット協会（Pacific Rocket Society）で飛行に向けたハイブリッドロケットの実験が始まり，1951 年に液体酸素，ゴムベースの推進剤を使用したハイ

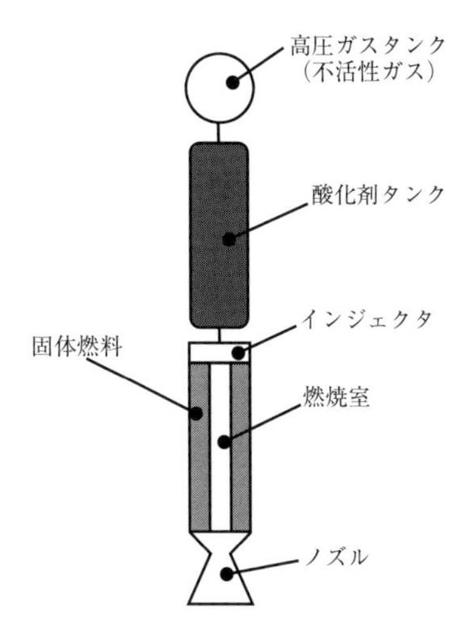

図 8.14　ハイブリッドロケットの基本構成

ブリッドロケットで，高度約 9 km に達する打ち上げに成功した．その後，1970 年代まで，フランス，米国その他の研究機関や企業で研究がつづけられたが，1986 年のスペースシャトルチャレンジャー号の爆発事故を機に，事故の原因となった固体ロケットブースターをハイブリッドロケットに置換する目的で開発が始まり，ハイブリッドロケットの開発ブームが訪れた．米国の AMROC は 1993 年，液体酸素とゴム系の末端水酸基ポリブタジエン（HTPB）を推進剤としたハイブリッドロケットで推力 1210 kN で燃焼時間 10 秒の実験を成功させた．

このように研究開発がなされてきたが，ハイブリッドロケットがこれまで本格的に宇宙輸送に使用されたことはなかった．それは，燃料後退速度が遅く固体ロケットや液体ロケットに比較し性能が低いことが大きな要因である．ハイブリッドロケットの燃焼形態の模式図は図 8.15 に示すように，噴射された酸化剤が気化し酸化剤ガスの流れとなり，固体燃料表面に境界層ができ，さらに，固体燃料表面から気化した燃料ガスと，酸化剤ガスが境界層内で混合し拡散火炎が形成され，この火炎から発生する熱により，固体燃料が表面から気化し拡散火炎に供給される．

燃料後退速度とは，この固体燃料が気化し固体燃料表面が外周側に移動していく速度である．これが遅いということは，酸化剤噴射量に対し固体燃料表面積あたりの燃料ガス発生量が小さいことを意味するため，性能が高い酸化剤と燃料の混合比を達成するためには固体燃料の表面積を大きくする必要がある．そのために固体燃料を長くするか図 8.16 に示すように，多数のポートを設けて表面積を拡大するマルチポート燃料が開発されたが，質量比（初期ロケット質量／ロケット作動後の質量）が小さくなり性能低下を招き，宇宙輸送に使用することができなかった．

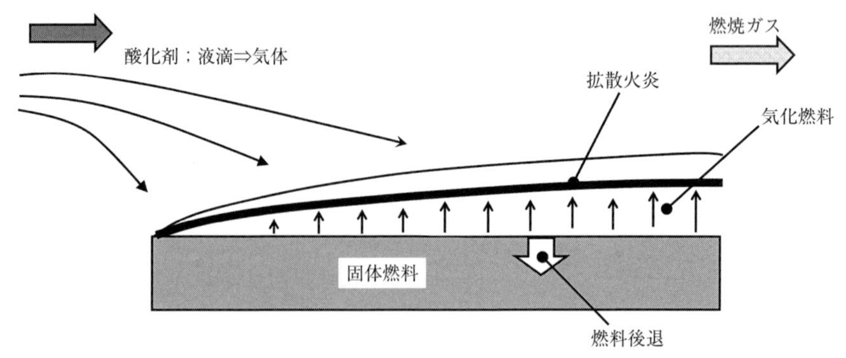

図 8.15　ハイブリッドロケットの燃焼形態

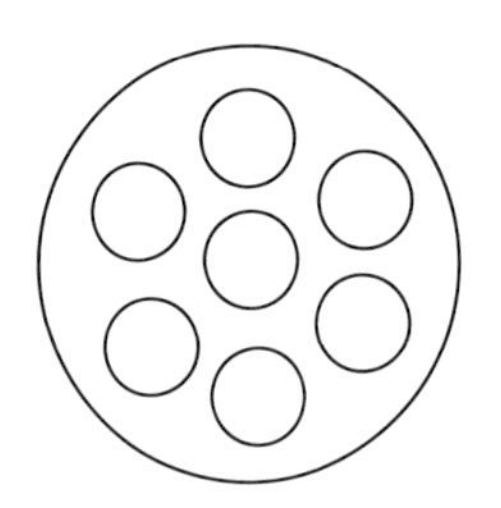
図 8.16　マルチポート（多孔）燃焼断面

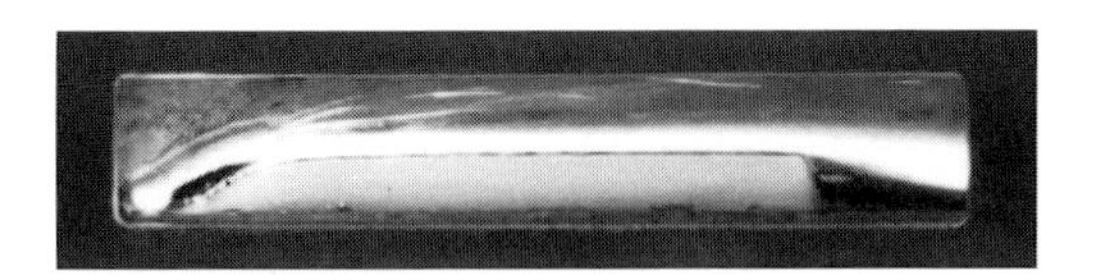

図 8.17　ワックス燃料の燃焼状況の可視化

図 8.18　ハイブリッドロケットの打ち上げ

2000年代になり，この低燃料後退速度という課題を解決するために，ワックスを燃料に使用する研究が盛んになってきた．カラベヨグル（M. A. Karabeyoglu）らは，ワックス燃料の燃料後退速度は従来燃料に比較し3～4倍大きいことを示した．那賀川らは，燃焼の可視化実験にて，ワックスの燃料後退速度が大きいのは，従来燃料は固体の気化で燃料後退が進むのに対し，ワックスの場合は液化で進むことに因ることを示した．

可視化実験によるワックスの燃焼状況を図8.17に示す．また，固体燃料を多段に配置し次の段の前面に燃焼ガスが衝突するようにした縦列多段衝突噴流方式や酸化剤に旋回成分を与えて噴射する酸化剤旋回流方式により，固体燃料表面への熱伝達を促進し，燃料後退速度を増大する方式も研究され成果をあげている．このように，ハイブリッドロケットの最大の課題であった燃料後退速度の増大が克服されつつあり，本格的に宇宙輸送に使用するための研究が，世界中で盛んになってきている．

ハイブリッドロケットは前述の燃焼形態から，マクロな分子団レベルでも予混合にならず，爆発的に燃焼しないことから，液体ロケットや固体ロケットに比べ爆発に対し根本的に安全であると考えられる．このようなことから，有人宇宙輸送，特に一般人が乗るような観光目的の宇宙機には最適であると考えられ，事実，運行に向けて開発が進んでいるスペースシップ2にはハイブリッドロケットが採用されている．

また，大学生が自らロケットを製作し打ち上げを行う教育活動においても，上述の安全性からハイブリッドロケットの使用が近年日本でも盛んになってきており，秋田大学，東北大学，和歌山大学等，多くの大学に学生ロケットのチームが誕生している．その中で，東海大学の学生ロケットチームは2014年の能代宇宙イベントにおいて，高度2.4 kmまで達して機体の完全回収に成功し，日本の学生ロケットの高度記録を塗り替えている．その記録を達成したロケットの打ち上げの様子を図8.18に示す．

8.6　航法と誘導制御

ロケットが正確に飛ぶためには，図8.19に示すように「航法」「誘導」「制御」の3つの機能をロケットの内部に持たせることが必要である．

まず，航法とは，ロケットの位置，速度，姿勢を求めること，またはロケットの軌跡や軌道を正確に求めることを意味する．誘導は，ロケットの実軌道と目標とする予定軌道との誤差を算出し，ロケットを正しい方向に導くための修正軌道を求めることである．最後に制御は，修正軌道の道筋に沿ってロケットを飛行させるための手立てをロケットの制御装置に命令することを意味している．例えば，ロケットの姿勢と飛行方向を変えるために，ロケットエンジンのノズルの向きを2°だけ変更するという手立てをロケットのコンピュータが決定する．そして，コンピュータはノズルを制御しているコントローラに対して，ノズル角度を2°だけ変更しろ，という制御命令を伝送する仕組みとなる．

ロケットの軌道と姿勢を定量的に数値として表現するために，ロケットには図8.20のような様々な定義が施されている．ロケットは円筒形状をしているが，全部品を1カ所に圧縮して固め，1つの質点と見なすと軌道と姿勢の理解がしやすい．図8.20に示す質量中心は重心とも呼ばれ，ロケットの質量バランスが釣り合う点である．玩具のやじろべえの支点に相当する．ロケットの質量中心の位置が，時々刻々変化して線で結ばれてロケットの軌道となる．ロケットの姿勢が変化するときは，この質量中心を支点にしてロケットが回転して姿勢が傾く．

ロケットの姿勢変化は，ロケットの機体に定義されたヨー軸，ピッチ軸，ロール軸と圧力中心が深く関わってくる．圧力中心とは，ロケットが空気中を飛行しているときに受ける空気抵抗がロケット全体にかかり，その圧力を1点に集約させた場合の代表点である．ヨー軸，ピッチ軸，ロール軸は質量中心を貫くように定義されており，一般的に質量中心と圧力中心は異なる位置に存在する．ロケットの形状やロケットに作用する空気抵抗力によって圧力中心の位置は変化し，必ずしも圧力中心と質量中心が一致するとは限らない．

例えば，図8.20に示したようにロケットの進行方向に対して横風の空気抵抗力を受けた場合を考える．空気抵抗力は圧力中心に集約して作用し，ロケットの機首は質量中心を支点に上向きに回転を始める．ロケットのヨー軸またはピッチ軸を回転軸にして，ロケットの回転角度が姿勢変化の大きさとなって現れる．ロケットの姿勢を安定させて飛翔させるには，図8.20に示すように質量中心が圧力中心よりも進行方向前方にあることが望ましい．

最新のロケットでは，その位置や軌道を求めるために加速度センサとGPSセンサが搭載され，姿勢の変化を求めるためにジャイロスコープが搭載されている．ヨー軸，ピッチ軸，ロール軸にあわせて設置された3つの加速度センサによって得られた加速度の大きさは，図8.21に示すように時間積分することでロケットの速度ベクトルを求めることができる．さらに速度をもう一度時間積分すればロケットの位置が求まる．一方，GPSセンサは初めからロケットの位置が数値として得られるセンサである．

ロケットの姿勢を求めるためのジャイロスコープは加速度センサと同様に，ヨー軸，ピッチ軸，ロール軸にあわせて3つ設置され，ロケットの角速度を求めることができる．角速度を時間積分することで各軸の回転角度を求めることができる．

ロケットは，加速度計，GPS，ジャイロスコープで得られたデータをもとに，航法，誘導，制御の処理が高速で繰り返され，正確かつ安全に飛行することができる．

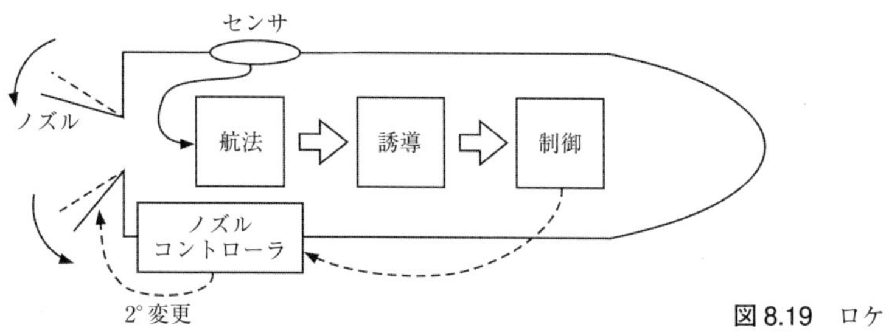

図 8.19　ロケットの航法，誘導，制御の連携

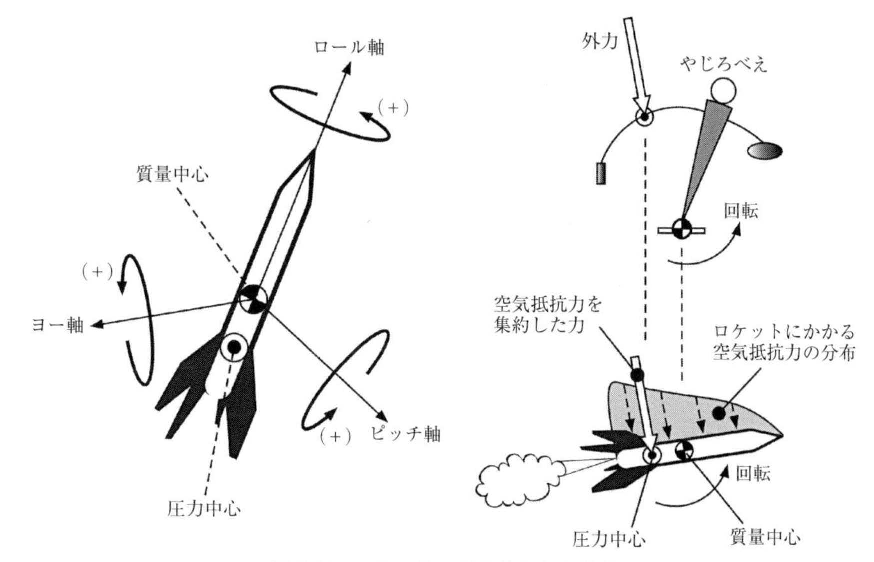

図 8.20　ロケットの軸定義と中心定義

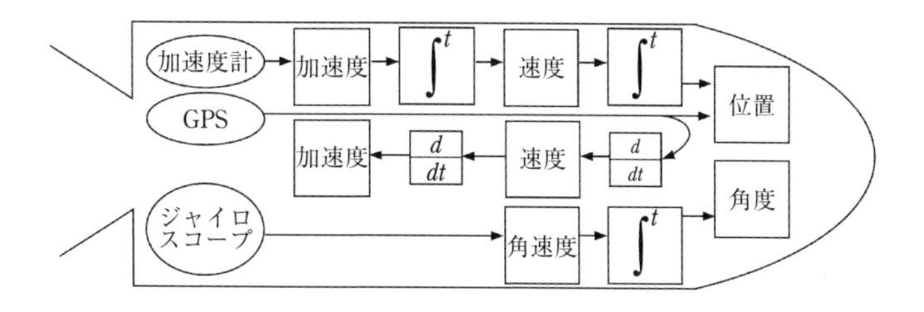

図 8.21　ロケットの位置と姿勢の導き方

8.7　アビオニクスシステム

ロケット内部には，ロケットを正確かつ安全に飛ばすための，アビオニクスと呼ばれるロケット専用の電子機器が搭載されている．本来，アビオニクスという言葉は，航空を意味する英単語 Aviation と電子機器を指し示す英単語の Electronics を組み合わせた造語であり，航空機に搭載する電子機器を指し示す．現在ではロケットに搭載される電子機器もアビオニクスと呼んでいる．

アビオニクスは，平たくいうと電子回路の塊といえる．図 8.22 に示すように，ロケットの運動や姿勢などを計測するセンサ群，高速演算や高速通信を行うためのコンピュータ群，コンピュータによる計算処理結果をロケットの制御や監視に反映させるためのコントローラ群などからアビオニクスは成り立っている．

図 8.23 に示すように，ロケットの飛行を制御する仕組みをアビオニクスの動作とともに追ってみる．まず，ロケットの姿勢が予定と異なる角度になったと仮定する．この姿勢変化の異常は，ジャイロスコープと呼ばれる角度を専門に計測するセンサによって，短時間に繰り返し測定される．角度のデータはアナログの電気信号であり，即座にジャイロスコープ専用のマイクロコンピュータに伝達される．このコンピュータの中では，電気信号をデジタルの角度数値に変換する計算処理が行われ，例えば姿勢変化は 3° であったとコンピュータが導き出したとする．

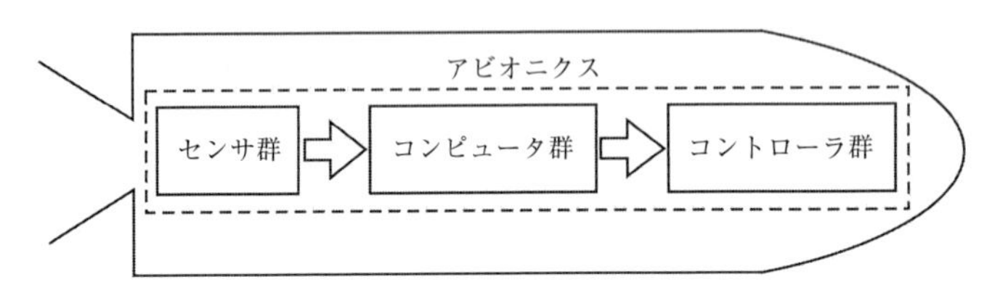

図 8.22　アビオニクスの構成

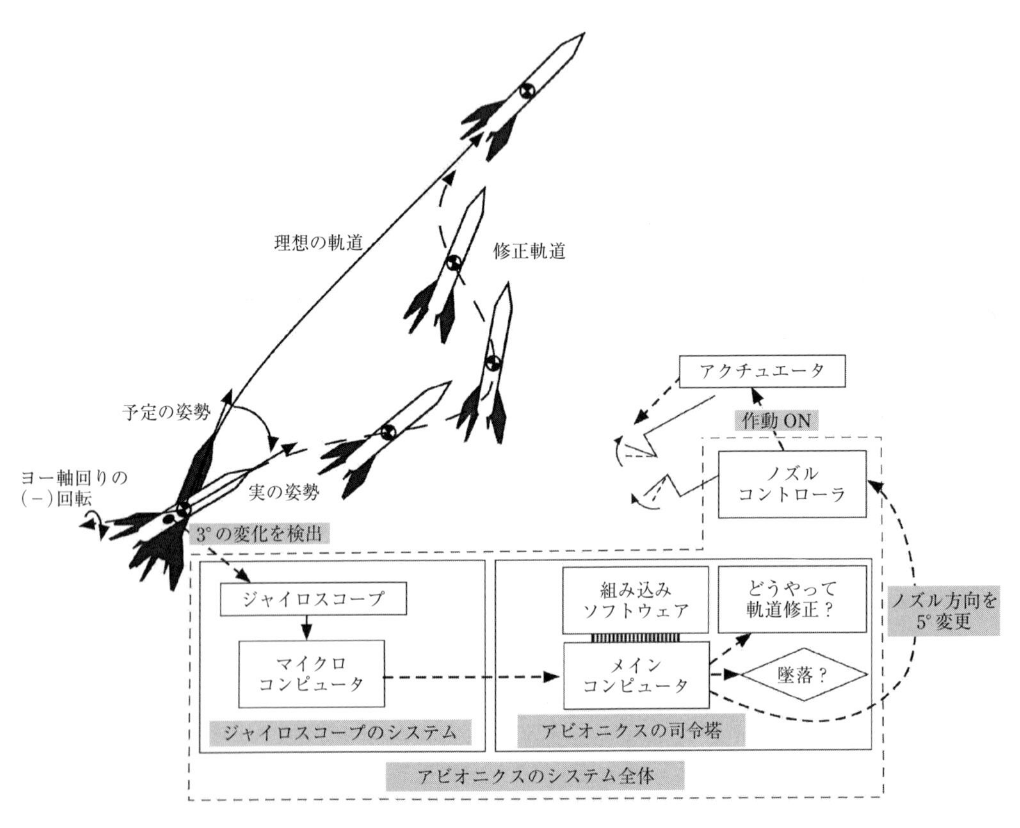

図 8.23　アビオニクスの動作

ジャイロスコープが検出した角度情報は，高速通信網によってマイクロコンピュータからメインコンピュータに逐次伝送される．角度の値を受け取ったメインコンピュータでは，あらかじめ組み込まれたソフトウェアまたはプログラムによって，未来の時刻のロケット位置や姿勢が高速で計算処理される．もしも，このままロケットが飛行を続けると墜落するであろう，という計算結果がメインコンピュータの中で導き出された場合は，次のステップとして，いかにしてロケットの軌道を素早く修正するかという計算に移る．

ソフトウェアに埋め込まれた制御手順，あるいは制御アルゴリズムによって，ロケットの噴射ノズルを5°傾ければ正しいロケット軌道に戻る，という計算結果がメインコンピュータの中で導き出されたら，メインコンピュータからノズルのコントローラに向けて，噴射ノズルを5°傾けよ，という制御命令を送り出す．制御命令を受けとったコントローラは，アクチュエータと呼ばれる機械的な動作をする機構に電気信号を伝達し，ロケットノズルは5°だけ正確に傾くことになる．

ロケットを素早く正常軌道に戻すためには，前述の処理ステップを高速で繰り返し，短時間に制御命令を送り出す必要がある．つまりアビオニクスに求められる性能は，ロケットの航法，誘導，制御を支えるための，「高速検出」「高速計算処理」「高速データ通信」の3つとなる．ここで大切なことは，アビオニクスは強力な計算能力を有するコンピュータとみなすことができるので，そのハードウェアとソフトウェアがお互いに協力しあって最大限の処理能力を引き出す計算機システムを開発することが重要になる．

普段の生活で利用しているデスクトップコンピュータ，肌身離さず持ち歩くスマートデバイスもアビオニクスと同じである．スマートフォンには，加速度計，ジャイロスコープ，気圧計，GPSが搭載され，強力な演算処理の電子部品が組み込まれ，Wi-Fiなど高速のデータ通信機能を有している．ロケット自体をぎゅっと小さくすると，まさにみなさんが手にしているスマートフォンになる．

ハードウェアに注目すると，スマートフォンはMEMS（Micro Electro Mechanical Systems）の技術の集積で製作されている．MEMSとは小さなシリコン基板の上に，センサ，電子回路，機械要素部品などを集積して一体化した電子部品である．スマートフォンの中には，約3 mmから約10 mmサイズに小型化されたMEMSの加速度計，ジャイロスコープ，電子コンパス，GPS，温度湿度センサ，圧力センサ，マイクロフォンなどが凝縮して組み込まれている．

一方，ソフトウェアに注目すると，スマートフォンの基本ソフトウェアであるオペレーティングシステムを書き換えてバージョンアップすれば，高機能になったり動作が高速化され安定化する．

ロケットや人工衛星のアビオニクスも同様で，ハードウェアのレベルで極限まで小型軽量化を行い，次はソフトウェアのレベルでプログラムの間違いを修正し，ハードウェアの能力を最大限に引き出すプログラミングさえ行えば，アビオニクスは進化し続けることができるのが大きな特徴といえる．

現在，アビオニクスの開発に関連して課題となっていることが1つある．それは小型化と軽量化である．アビオニクスは電子回路の塊ゆえ金属部品を数多く使っている．現在のところ宇宙用の MEMS 電子部品は非常に数少ないため，宇宙での使用実績のある電子部品を利用するとその質量はかなり大きくなり，ロケット自体の質量に大きな影響を及ぼすようになる．アビオニクスの質量が大きい場合，ロケットは打ち上げることができなくなる．アビオニクスに接続されている電気信号を伝える配線ケーブルの質量も無視できない．

例えば大型ロケットのアビオニクスの質量は，相撲力士並みの約 200 kg である．もしも，電子部品の小型化，MEMS 部品の活用，集積技術の進歩によって手のひらサイズ並みの小型軽量化された 1 kg のアビオニクスが完成した場合，節約できた 199 kg の質量を有効活用して，計測機器や人工衛星をもう 1 機ロケットに積み込むことができる．または 199 kg の燃料を追加して，高高度や外惑星まで勢いよく飛び出す強力なロケットエンジンを作り出すことも可能となる．

8.8　射場設計とロケット打ち上げ時の音響振動

ロケットを打ち上げるためには，打ち上げを行うための場所（射場という）と設備が必要となる．射場の場所は，軌道投入能力を基に決められており，日本では，鹿児島県の種子島と内之浦に射場が作られている．また，射場を選定するためには，射場及びその周辺における人と建物，その他の安全を確保する必要がある．

一般的に，射場には，いくつかの打ち上げ設備（射点と呼ぶ）があり，ロケットごとにどの射点が使われるかが決められている．また，打ち上げにおいては，ロケットの形態（燃料の種類，量など）に応じて，爆風および飛散物が到達しうる距離が算出され，それに基づき関係者以外の立ち入りを規制する保安距離および警戒区域が決められ，安全が十分に確保された状態で打ち上げが実施される．さらに，航空機及び船舶の航行の安全を確保するために必要な情報が事前に関係機関に連絡されることになっている．

射場では，ロケットおよび衛星などのペイロードの搬入，組立，各種点検，調整，打ち上げのための準備，ロケットの打ち上げ，打上げ後の追跡，飛行中の安全確認およびロケットの管制，衛星を分離した後の軌道への投入に至る一連の作業およびオペレーションが行われるため，これらが円滑に行えるように射場の設計を行う必要がある．ロケットの周りだけを考えても，整備を行うための発射整備塔，ロケットに電源や信号を供給するためのアンビリカルケーブル，推進剤や高圧ガスを供給するための装置，組立整備塔から発射台までロケットを移動するための台車（大型の液体ロケットの場合は組み立て整備塔から移動発射台に乗せたまま射点に移動することが多い），ロケットへの落雷を防止するための避雷針，排気ジェットを排出するための煙道や火炎偏向板など様々な装置・設備の設計・製造を行う必要がある．

さらに，打ち上げコストを削減するためには，事前点検を含めた打ち上げのためのオペレーションに必要な人員を減らすことが重要となる．2013 年 9 月に初号機が打ち上げられたイプシロンロケット（Epsilon launch vehicle）では，従来のロケット打ち上げにおけるオペレーションとは異なり，自動・自律点検技術を応用した自動化が行われ，打ち上げ管制に必要な要員の大幅な削減に成功している．

一方で，ロケット開発および射場設計をする際に考慮すべき現象として，打ち上げ時に発生する音響振動があげられる．この現象を簡単に説明する．

ロケットの発射時に轟音ともいえる大きな音が発生することはテレビなどの映像でもわかるため多くの人が知っているであろう．この音は，ロケットの排気ジェット（ロケットプルーム）の流れが非定常的に（時間的に）変動することにより発生するもので，ロケット排気ノズル近傍の騒音レベル（音圧レベル）は 180 ～ 190 dB（デシベル）にも達する．ジェット機の騒音レベルが 120 ～ 140 dB ということを考えると，その 1000 倍以上にもなる強烈な音が発生することになる．しかしながら，ロケットの射点は人が住む場所からは十分に離れた位置に設置してあり，音は距離とともに減衰するため，環境騒音という意味では問題がないように配慮がされている．問題となるのは，排気ジェットから発生した強烈な音響波がロケットの下方へと伝播した後，図 8.24 に示すように，地表面やロケット射場に設置されている発射整備塔などの構造物に反射してロケットへと伝播し，ロケット先端に搭載されている人工衛星や宇宙機などのペイロードに過酷な振動を与えることである．

スピーカーに近づくと振動（音響波）が伝わることは経験したことがあると思うが，ロケットから発生する 180 ～ 190dB（デシベル）の音は，一般的な音響スピーカーの最大音圧レベルが 80 ～ 90dB 程度であることを考えると，おおよそ 10 万台のスピーカーを並べて発生させた音に近いことになり，かなりの轟音であることがわかる．このため，この音響波により引き起こされる振動も非常に大きくなる．さらに深刻なのは，ロケット打ち上げ時に発生する音響波は，数 Hz から数百 Hz に至る広い周波数域で大きな音圧レベルを持つことである．人工衛星や宇宙機，その搭載機器を開発する際は，音響波により発生するランダム振動による損傷や機器の性能への影響がないように耐環境設計を行うことと地上試験による検証（音響試験）を行うことが要求されている．このため，ロケットおよび人工衛星・宇宙機の開発を行う際には，

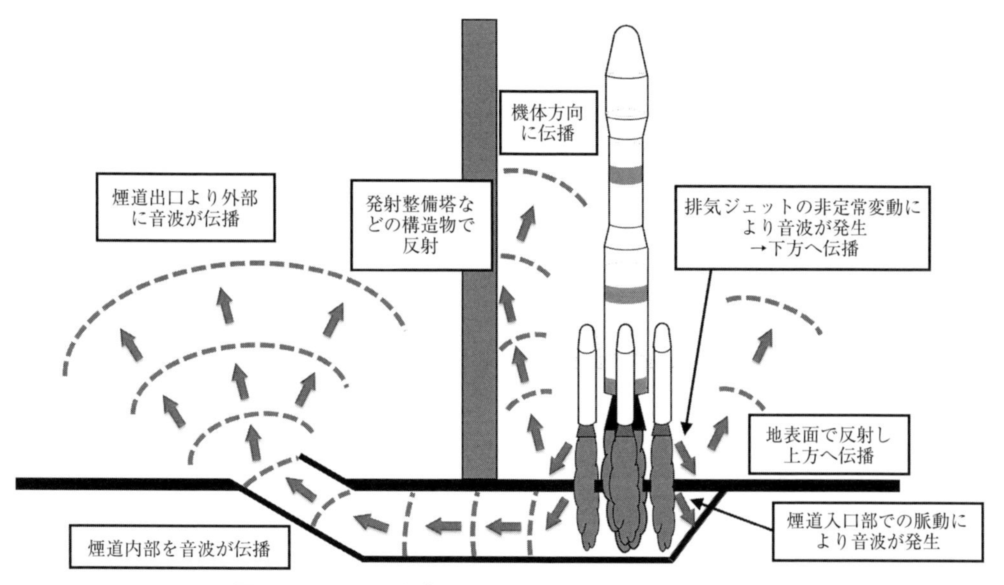

図 8.24　ロケット排気ジェットからの音響波の発生と伝播

ロケット打ち上げ時に発生する音響波の特性（周波数ごとの音圧レベルなど）や伝播現象（どのような強さの音響波がどの方向に伝播するか）を正確に予測し低減することが極めて重要な課題となる．特に，音響波による振動が大きい場合には，搭載する人工衛星などのペイロードを保護するために，構造を強固にする必要がある．そのことは，ロケット全体の重量の増加に繋がるために音響振動の強さと周波数特性を高精度に予測し，ロケット先端内部の構造をマージンと取らずに設計することが各国のロケット開発において大きな課題となってきた．

この音響現象は，前述のように，ロケットノズルから排出される排気ジェットの流れの非定常的な（時間的な）変動が発生の要因であり，推進力が大きなロケットほど強い音響振動が発生することになる．これまでの各国のロケット打ち上げでは，1977年にNASAが開発した予測手法「NASA SP8072」が音響予測手法として主に用いられてきた．しかしながら，予測精度が十分ではなく，スケールモデルによる検証を並行して行う必要があった．

日本では世界に先駆けて，2006年頃よりJAXAを中心に，スーパーコンピュータを用いた数値シミュレーション技術を応用した音響波の発生から伝播に至る一連の現象を統一的に直接解析することが可能な手法を開発し，国産基幹ロケットの開発に応用してきた．この結果，打ち上げ前の段階で音響波の発生と伝播の現象が高精度に把握できるようになっただけでなく，音響波の影響を低減するための射点形状，煙道形状の検討をロケット開発の段階で実現することが可能となっている．

例としては，図8.24に示したように，大型の液体ロケットでは，排気ジェットを排出するために発射台の下部に煙道が設けられ，ロケットから離れた位置に排気口が設けられる．H-IIAロケットやH-IIBロケットの打ち上げ時の音響波の発生を模擬した数値シミュレーションの結果から，煙道の入口でも流入した流れが非定常的に変動することで音響波が発生し煙道内部を伝播すること，煙道出口から音響波が外部へと伝播することが明らかとなっただけでなく，それぞれの経路から伝播する音響波の強さを比較することも可能となった．

さらに，固体ロケットにおいては，大型の液体ロケットのような大規模な煙道を設置しないことが多く，排気ジェットが排出される場所もロケットから近い場所となるため，ロケットへ強い音響波が伝播しないように射点および煙道形状を工夫する必要がある．2013年9月に初号機が打ち上げられたイプシロンロケットでは，数値シミュレーションに基づいた射点形状の設計が世界に先駆けて行われ，排気ジェットが衝突する火炎偏向板の形状や煙道の形状を工夫し，音波が伝播する方向をロケット機体の方向から遠ざけることに成功しており，同サイズの固体ロケットとしては，世界最小レベルの音響環境の実現が達成された．イプシロンロケットの1世代前のロケットであるM-Vロケットの音響レベルと比べると，10分の1以下に抑えられており，日本が世界に先駆けて実現した数値シミュレーションによる射点形状の設計の有効性がわかる．数値シミュレーション技術は，最近では第3の科学と呼ばれ，実験と理論と同様に，未知の現象を解明するための有効な手段となってきているが，ここで述べた数値シミュレーションによるロケット音響現象の解明と実際のロケット開発への応用はそのひとつの好例である．

一方で，各国の大型液体ロケットの打ち上げや，日本におけるH-IIAロケットやH-IIBロケットの打ち上げにおいては，排気ジェットに水を大量に散水することにより音響波の影響を低減する手法も用いられている．しかしながら，この現象とその効果はいまだに解明されていないため，各国は経験に基づいた方法で散水を行っているのが実状である．JAXAや東海大学を含めた日本の研究グループでは，スーパーコンピュータを用いたコンピュータシミュレーションにより発生する混相乱流現象の直接解析を行うことでこの現象を解明する試みを始めている．

さらに，ロケット打ち上げ時の振動現象としては，上記の排気ジェットから発生する音響振動だけではなく，ロケットエンジン内部の燃焼振動による振動もあげられる．この振動の低減に関しても，地上燃焼試験などの実験，数値シミュレーションによる研究が進んでおり，現在開発中のH-Ⅲロケットのエンジン開発においても最先端の技術が投入されている．また，大型液体ロケットの開発においては，近年では，スーパーコンピュータを用いた数値シミュレーションを応用し，液体メインエンジンと固体ブースターの配置の組み合わせを変えながら，煙道を流れる噴流の流れを解析することで，設計段階で最適なエンジン配置と煙道形状の検討が行えるようになってきており，これまでは把握できなかった詳細な現象を設計段階で予測し反映できるようになってきている．

第9章

宇宙へのアクセスが切り開いた新たな世界

宙　美：お正月にウィーンからの衛星生中継でニューイヤーコンサートが観れるなんて便利な世の中になったわね.

宇太郎：そういえば，随分前から衛星生中継というのを，スポーツだけではなく音楽番組でも見かけるようになったよね.

空　代：以前は画質も音質もイマイチだったのが，最近は何がどう進歩したのか，随分良くなったわね.

航次郎：そうそう，昔は，時々画面に「衛星回線に不具合が生じたため一部画面が乱れたことをお詫びします」というようなテロップが流れたこともあったね．最近は見かけないけど.

宙　美：今年は，お正月は地デジで生中継を放送し，その後で数日経ってから衛星放送で再放送があったけど，なんで最初から画質が良い衛星放送で生中継しないのかしら.

航次郎：まあ，年に1回のお祭りだし，お正月は多くの視聴者に広く楽しんでもらおうと考えたんじゃない？

宙　美：そうね．お正月だし，画質よりも簡単に見れる地デジの方が手軽に楽しめていいわ．後でじっくり観賞するのは，衛星放送の再放送ということで，これはこれでうまく考えられているし.

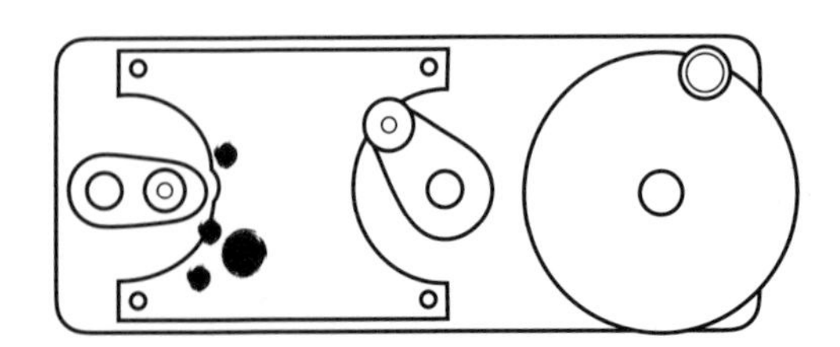

人類が始めての人工衛星打ち上げに成功してから既に半世紀以上が経過した．初期の宇宙開発は，当時冷戦下にあった米ソ両陣営による軍事的競争の歴史そのものであった．しかし1965年のフランスによる人工衛星打ち上げを皮切りに，70年代初頭には日本，中国，イギリスが相次いで自国のロケットによる衛星打ち上げに成功し，宇宙開発は米ソの軍拡競争といった文脈を離れて発展していくことになる．以後，無線技術や電子回路技術の急速な発展もあり，人工衛星による宇宙利用技術は今や飛躍的な進歩を遂げている．

本章では初めに，衛星の軌道，衛星システム，衛星の姿勢制御や構造様式など，人工衛星に関する基本事項について述べる．続いて，宇宙観測衛星，地球観測衛星，静止衛星，測位衛星のそれぞれについて，具体的なミッション例を通じて関連する諸技術を解説する．一方，地球周回軌道の利用は人工衛星のみに限定されるものではない．この観点から9.10節では国際宇宙ステーションによる宇宙利用についても触れた．最後の9.11節では，これらの宇宙開発すべてに関連するトピックとして，技術者の倫理と宇宙に関連する法律について解説する．

9.1　人工衛星の発明と発達

地球を周回する人工衛星の運動が，基本的にニュートン（Newton）の運動法則に従っていることは論を俟たないであろう．ニュートンは自身の力学体系を『自然哲学の数学的諸原理』（プリンキピア）にまとめ1687年に刊行したが，同書の中で早くも人工衛星の原理的可能性についてふれている．

プリンキピアには図9.1のような挿絵が掲載されており，そこには次のような説明がある．「空気抵抗がほぼ無視できるとして，山頂 V から物体を水平方向に放擲した際の運動を考えてみる．物体の速度が小さい場合，その軌跡は図の VD のようになるが，放擲時の速度を増加させていくと，その軌跡は VE，VF，VG と変化していく．さらに速度を増大させると，物体の軌跡は地球を一周する円となり，一定速度で地球を周り続けることになるだろう．（著者訳）」図9.1に描かれた山頂 V を通過する円の軌跡は，まさしく人工衛星の原理そのものである．とはいえ，当時の技術で人工物を第一宇宙速度の7.9 km/sまで加速させることは到底不可能であり，人工衛星の実現は輸送手段としてのロケットの発明を待たねばならなかった．また，そ

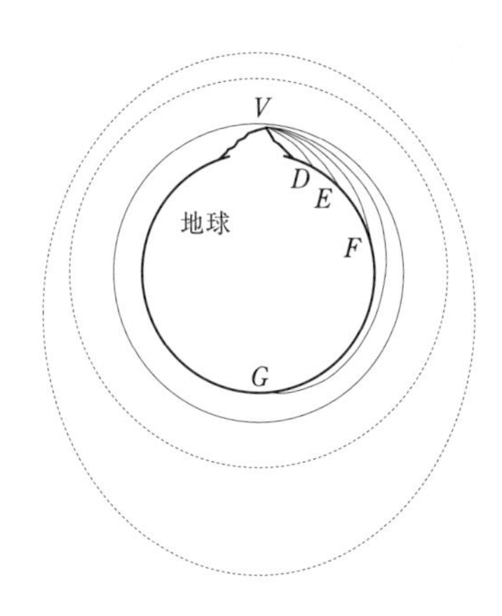

図9.1　プリンキピアにある挿絵（原図をもとに作成）

もそも17世紀の当時は無線技術すら発明されていない．仮に人工衛星の打ち上げが可能であったとしても，そこに何らかの実用的な意味を見出すことはできなかったであろう．

人類が初めて人工衛星の打ち上げに成功したのは，周知の通り1957年に打ち上げられた旧ソ連のスプートニク1号によるものであった．スプートニク1号の打ち上げは，ソ連のロケット技術者セルゲイ·コロリョフの指揮によるものであったが，人類初の人工衛星打ち上げには，ミサイル開発の成果を内外にアピールするという政治的パフォーマンスの意味合いが多分にあり，人工衛星の機能そのものに大きな関心は払われていなかったようである．しかしながらスプートニク打ち上げ成功の報は，当時のソ連フルシチョフ政権の思惑を超えて西側諸国に大きなインパクトを与え，以後，米ソの間で熾烈な宇宙開発競争が繰り広げられることになる．

スプートニク打ち上げ以降，1950年代末から1960年代の全般にわたり，ソ連ではルナ計画やボストーク計画，他方の米国ではマーキュリー計画やアポロ計画等が実施され，多くの人工衛星・探査機が打ち上げられた．その背景には米ソの軍拡競争があったが，むしろこの間の宇宙開発によって多くの科学観測成果が達成されたといえる．米国の衛星エクスプローラー1号によるヴァン·アレン帯の発見などがその一例であり，その他，アポロ計画（米国）·ルナ計画（ソ連）による月探査，マリナー計画（米国）による火星·金星探査などで多くの成果が得られた．

実利用の観点からの衛星開発も，宇宙開発の早期から積極的に進められた．1960年に打ち上げられた米国のタイロス1号は，衛星軌道上からの気象観測に初めて成功し，現在の気象衛星へとつながる端緒をひらいた．1962年には通信衛星としてテルスター1号が米国のソー・デルタロケットにより打ち上げられ，大西洋を経由してのテレビ中継に成功した．同時期に米国は衛星を利用した測位システムの開発も進めており，1961年には測位衛星の試験機としてトランシット1Bを打ち上げている．その後1964年からトランシット衛星の運用機の打ち上げが開始され，衛星測位システムとしてトランシット·システムが構築された．トランシット・システムはもともと軍事目的で開発された技術であったが，1967年からは民間に開放され船舶や航空機の航行支援に利用されるようになった．今日利用されているGPSの原型である．また，1964年には米国のシンコム3号によって静止軌道を利用した衛星通信も実現している．

21世紀に入った今日，実利用分野，科学観測分野での衛星利用はさらに促進し，電子技術・情報通信技術の発達により衛星の高機能化も進んでいる．現在では，多数の気象衛星，地球観測衛星，放送衛星が運用されており，加えて衛星電話網を提供するイリジウム衛星や測位情報を提供するGPSなど，実利用としての人工衛星は我々の日常生活にとって欠かせないものとなっている．また，科学観測の分野に目を向けると，カッシーニ計画やベピコロンボ計画など多国間の共同による探査計画も進められるようになってきた．一方で，軍事分野に関して言えば，冷戦終結後，軍事目的の衛星開発はかえって促進している面がある．その背景には情報通信技術の発達に伴い，世界各地への軍事展開に際して衛星の提供する高度な通信ネットワークが利用されるようになったことがあげられよう．インターネット技術の発達がそうであったように，将来の衛星開発がどのような方向に発展していくのかを予測することは極めて難しい．とはいえ今後の衛星開発も，科学観測・実利用・軍事利用の3要素を軸に展開していくことは間違いないだろう．

9.2　衛星の軌道

宇宙空間を飛翔する宇宙機には，様々な力が働いているが，その中でも他の力と比べて圧倒的に大きい力が地球，惑星，太陽などの引力である．地球を周回する宇宙機の場合には地球の引力，火星や金星を周回する宇宙機の場合には火星や金星の引力，地球から火星や金星に移動する間の惑星間航行中の宇宙機は太陽の引力に支配された運動をする．このように，引力が支配的な力となっている場合には，一定の曲線上を運動する．これが軌道運動である．

9.2.1　軌道の基礎

地球を周回する人工衛星の場合には，地球と人工衛星との間に働く力は，地球の引力，地球の空気抵抗，太陽の引力，月の引力，太陽風の圧力等があるが，この中で地球の引力が圧倒的に大きい．そこで，地球と人工衛星の間には万有引力（地球の引力）だけが働くと考えて物体の運動を考えることにする．このように，互いに中心力を及ぼし合う物体の運動を2体問題という．

質量 m_E の地球と質量 m_s の人工衛星の間に働く力が万有引力のみとし，地球の位置ベクトルを $\boldsymbol{r}_1$，人工衛星の位置ベクトルを $\boldsymbol{r}_2$ としたときの運動方程式は次式で表すことができる．

$$\begin{cases} m_E \dfrac{d^2\boldsymbol{r}_1}{dt^2} = \boldsymbol{F} \\ m_s \dfrac{d^2\boldsymbol{r}_2}{dt^2} = -\boldsymbol{F} \end{cases} \tag{9.1}$$

式（9.1）の m_E と m_s を右辺に移項し，第2式から第1式を引くと次式となる（ただし，$\boldsymbol{r}=\boldsymbol{r}_2-\boldsymbol{r}_1$ とした）．

$$\frac{d^2\boldsymbol{r}}{dt^2} = -\left(\frac{1}{m_E}+\frac{1}{m_s}\right)\boldsymbol{F} \tag{9.2}$$

式（9.2）の $\boldsymbol{F}$ に万有引力の式を代入すると，次式が得られる．

$$\frac{d^2\boldsymbol{r}}{dt^2} = -G\frac{m_E+m_s}{r^2}\frac{\boldsymbol{r}}{r} \tag{9.3}$$

式（9.3）が地球周回衛星軌道の運動方程式である．

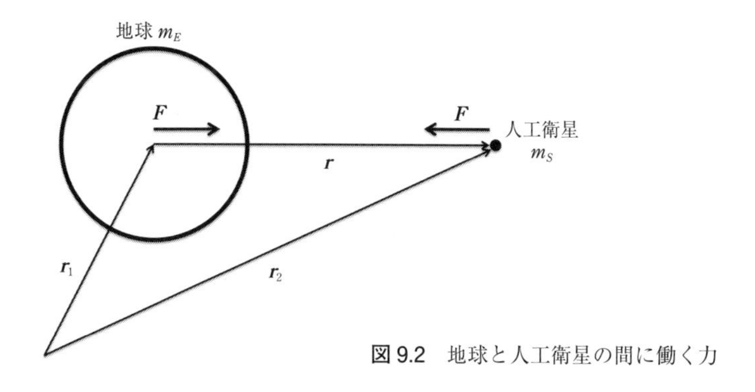

図9.2　地球と人工衛星の間に働く力

この運動方程式は，$\frac{d^2\boldsymbol{r}}{dt^2}$ と $\boldsymbol{r}$ の和の式であるから，得られる解はこの 2 ベクトルが作る平面内にあることを示している．そこで，平面内の直交座標の原点に地球があるとし，r 方向の運動について解くと，次式が得られる．

$$r(\theta)=\frac{p}{1+e\cos\theta} \tag{9.4}$$

この式の e は離心率と呼ばれ，e の値により軌道の形状が決まる．$e=0$ のときは円軌道，$0<e<1$ のときは楕円軌道，$e=1$ のときは放物線軌道，$e>1$ のときは双曲線軌道となる．つまり，宇宙機の軌道は円軌道，楕円軌道，放物線軌道，双曲線軌道の 4 種類のいずれかとなる．

2 体問題においてはエネルギー保存則が成り立ち，ある点での速度 v は，軌道の形状によって一意に決定される．離心率 $e=0$ の円軌道とし，r を地球半径とした場合，軌道上のどの点でも速度は一定となり，その速度は 7.905 km/s である．これが地球周回衛星となる最低の速度であり，第一宇宙速度と呼ぶ．地球を離脱するには $e=1$ の放物線軌道または $e>1$ の双曲線軌道に投入する必要がある．離心率 $e=1$ の放物線軌道とし，r が地球半径の場合の速度は 11.18 km/s である．これが地球を離脱するために必要な速度であり，第二宇宙速度と呼ぶ．

9.2.2　衛星が利用する主な軌道

地球を周回する人工衛星には様々な目的があり，その目的を達成するために最も適切な軌道に打ち上げられる．軌道の大きさ，形状，地球との位置関係を示すためには最低限 6 個のパラメータが必要で，これを軌道 6 要素（orbital 6 elements）という．軌道 6 要素には様々なパラメータの組み合わせがあり，所属機関によって異なる組み合わせのものが使用されている．NORAD（北米航空宇宙防衛司令部）は CelesTrak という Web サイトで地球周回衛星の軌道 6 要素を公開しており，衛星ごとに 2 行要素（TLE：Two Line Elements）と呼ばれる軌道情報が示されている．一般に公開されている軌道計算ソフトウェアや，大学が開発した小型衛星の軌道計算等では，TLE が使用されることが多い．

TLE に含まれる主な軌道情報は，どの程度つぶれた楕円になっているかを示す離心率（eccentricity），1 日の周回数を示す平均運動（mean motion），軌道内での衛星の位置を示す元

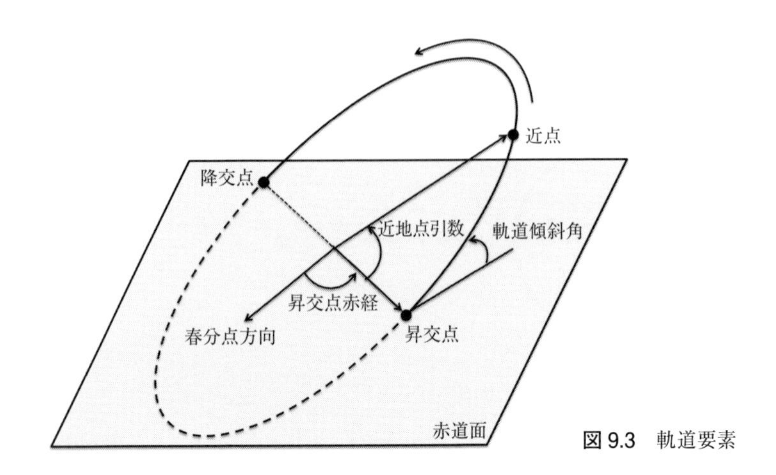

図 9.3　軌道要素

表 9.1　地球周回衛星の利用する主な軌道

分類	名称	軌道高度	軌道傾斜角	特徴・目的・主な人工衛星など
高度	低軌道（LEO）	2000 km 以下	—	国際宇宙ステーション，イリジウム衛星など.
	中軌道（MEO）	2000 km ～約 36000 km	—	GPS 衛星など.
	高軌道（HEO）	遠地点が約 36000 km 以上	—	モルニア衛星，メリディアン衛星など.
軌道傾斜角	順行軌道	—	90 度以下	地球の自転方向と同じ方向に周回する.
	極軌道	—	ほぼ 90 度	地球観測衛星など.
	逆行軌道	—	90 度以上	地球の自転方向と逆に周回する.
軌道周期	同期軌道	—	—	軌道周期が地球自転周期と同じ軌道.
	静止軌道（GEO）	35786 km	0 度	赤道上空で地球自転周期と同じ周期を持つ円軌道．地上から見るといつも同じ位置に見える.
	回帰軌道	—	—	毎日 1 回同じ地点の上空を通過する軌道.
	準回帰軌道	—	—	n 日に 1 回同じ地点の上空を通過する軌道.
	太陽同期軌道（SSO）	※	※	軌道面の回転周期が地球の公転周期と一致している軌道.
	太陽同期準回帰軌道	※	※	太陽同期になっている準回帰軌道．多くの地球観測衛星で利用されている.

※同期を実現する条件を満たす軌道高度と軌道傾斜角を選択する

期における平均近点角（mean anomaly），以上の 3 要素に加え，図 9.3 に示すような，赤道面と軌道面とのなす角を示す軌道傾斜角（inclination），軌道が赤道面と交差する点を示す昇交点赤経（right ascension of the ascending node），昇交点赤経と地球に最も近づく点（近地点）との軌道面内での角度を示す近地点引数（argument of perigee）の 3 要素を加えた合計 6 要素と，元期（epoch）である．この 6 要素＋元期によって，軌道の大きさ，形状，地球との位置関係，現在の衛星の位置を計算によって求めることができる.

衛星が利用する主な軌道は，その特徴により分類され，軌道の高度（地表面方の高さ）による分類，軌道傾斜角による分類，軌道の周期による分類がある．軌道の分類と軌道名，特徴については表 9.1 に示す．放送・通信や地球観測を行う衛星は地球の自転と同期した軌道を使用することが多い．特に，近年の地球観測衛星では，地球が扁平である影響により軌道面が回転することを利用し，この回転速度と地球の公転周期と同期させ，さらに軌道周期を地球自転の整数倍に同期させた太陽同期準回帰軌道が多く利用されている.

9.3　衛星のシステム

人工衛星や探査機などの宇宙機のシステムはバス系システムとミッション系システムの 2 つから成り立っている.

バス系システムは電力の供給，通信，軌道の維持・変更，姿勢の維持など，宇宙機が基本的な機能を果たす上で不可欠となる根幹のシステムである．

それに対しミッション系システムは，人工衛星に与えられたミッションを達成する上で必要なカメラやレーダーなどの観測機器や測定機器から成るシステム群である．ミッション系システムとして搭載されている機器は多くの場合オーダーメイドであり，与えられたミッションに応じて一から開発されている．これら2つのシステムは，更に複数のサブシステムにより構成される．

本節では人工衛星にとり必須のシステムとなるバス系システムに限定して解説する．

9.3.1　電源系サブシステム

電源系サブシステムは搭載機器に必要な電力を安定的に供給する，すべての機器の動作の根幹となる重要なシステムのひとつである．このサブシステムは必要な電力を発生させる電力発生装置，発生させた電力を2次電池に貯蔵するバッテリー（蓄電装置），搭載機器に電力を供給する電力安定化装置の3つのシステムから構成されている．

現在の人工衛星の電力発生装置として，太陽電池を用いたものと原子力電池を用いたものの2種類が存在する．

太陽電池は太陽光エネルギーを光電効果により電力に変換する半導体（電力変換効率20～30％程度）であり，宇宙機の電力発生装置として最も多く用いられている．得られる太陽光エネルギー強度の関係上，火星公転軌道以内で用いられることが多い．しかし太陽電池セルの発電効率の向上により，2016年7月に木星に到達し各種観測を行っている木星探査機ジュノーのように，火星以遠の探査にも用いられつつある．衛星に搭載される太陽電池は，放射線などの過酷な宇宙環境に晒されることにより電力変換効率が劣化するため，あらかじめ劣化量を予測して多めに搭載されることが常である．

一方，原子力電池（RTG：Radioisotope thermoelectric generator）は放射性同位体の一種であるプルトニウム238のα崩壊によって発生する熱を熱源とし，熱電対を用いて発電（電力変換効率10～20%程度）を行う発電装置である．常時発電を行うことができるため，主に太陽電池では対応できない火星以遠を探査する深宇宙探査機（ボイジャー1号・2号，パイオニア10号・11号，ガリレオ探査機，ニューホライズンズ）などに用いられる．近年は電力変換効率の向上を目的として，熱電対の代わりにスターリング機関を用いる方法（電力変換効率25～30%となる見込み）も研究されている．放射性物質を利用している性質上，打ち上げ失敗時や事故により周囲環境を汚染しない構造が求められるほか，運用終了後に他天体へ制御落下させる際は生命が存在している可能性の有無など十分な検討が必要となる．

このほか，例外的に1次電池のみを電源とした人工衛星も存在する．例えば，最初期の人工衛星であるスプートニク1号（旧ソ連）やエクスプローラー1号（米国）には太陽電池が搭載されず，水銀電池や酸化銀電池などの放電特性が優れた1次電池が用いられた．現代においても軌道上での技術実証など，限定的な運用において使用されており，その例として軌道上での展開構造物の展開試験を目的として1990年に打ち上げられた技術試験衛星「おりづる」（日本）などがあげられる．

次に蓄電池であるバッテリーは，電力を大量に使用するピーク電力や地球などの天体の影（食）に入った際に搭載機器に対し電力を安定的に供給するために用いられる．宇宙機に用いられるバッテリーとして，かつては鉛電池やニッカド電池が用いられてきたが，近年ではより放電特性に優れたニッケル水素電池やリチウムイオン電池が採用されている．バッテリーの優劣は人工衛星の寿命に大きく影響するため，ミッション期間を考慮した上で適切なバッテリーが選定される．

電源安定化装置は，電力発生装置や蓄電装置より供給される電力を搭載機器に分配する装置である．この装置は余剰電力を処理するシャント，バッテリーから構成されているが，それらの構成の差異により，非安定化バスと安定化バスの2種類に分類することができる．

図9.4に非安定化バスを，図9.5に安定化バスの概念図を示す．

非安定化バスは，その性質上，主電源電圧（バス電圧）が変動するシステムとなっている．このシステムでは太陽電池の出力電圧をバッテリー出力電圧よりも20%ほど高い電圧に設定しており，日照時には太陽電池から直接バッテリーへの充電が行えるようになっている．そのため日照時のバス電圧はバッテリー電圧よりも高くなる．一方，食時はバッテリー出力のみとなるため，バス電圧はバッテリー電圧まで下がることになる．この方式は搭載機器ごとに電圧を安定させる仕組みが必要になるものの，システムそのものを単純化することができ，軽量かつ信頼性の高い電源システムとすることができるメリットがある．

一方，安定化バスはシステムに充電回路や昇圧回路であるブーストコンバーターが組み込まれており，太陽電池出力電圧とバッテリー出力電圧を安定化させることができる．よって電源系サブシステムはやや複雑になるものの，太陽電池電圧とバッテリー出力電圧を等しくすることができるためバス電圧を安定化させることが可能である．このことから搭載機器側に安定化装置を付加する必要はなく，搭載機器の構造を簡略化することができる．

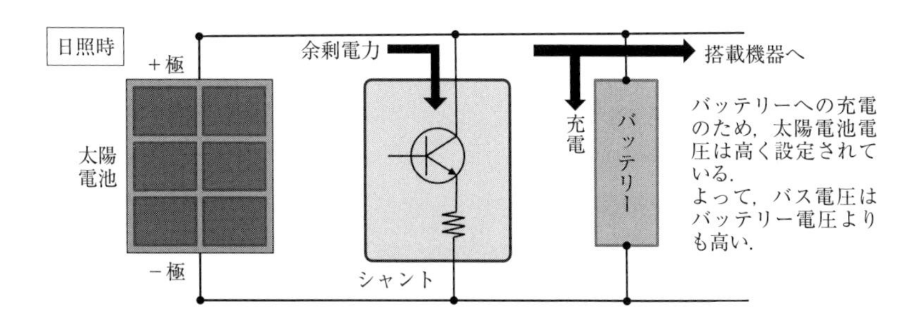

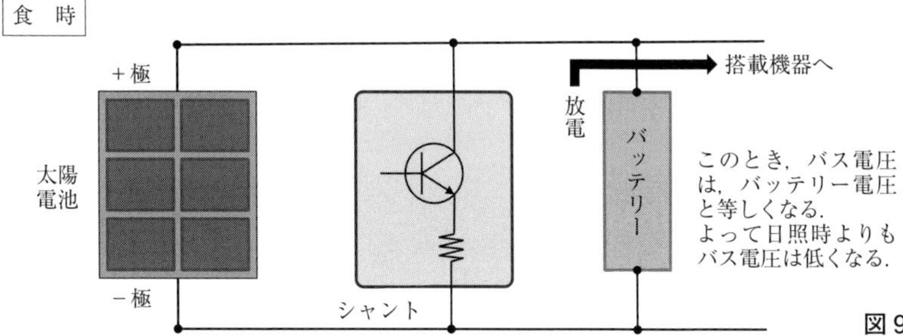

図9.4　非安定化バスの概念図

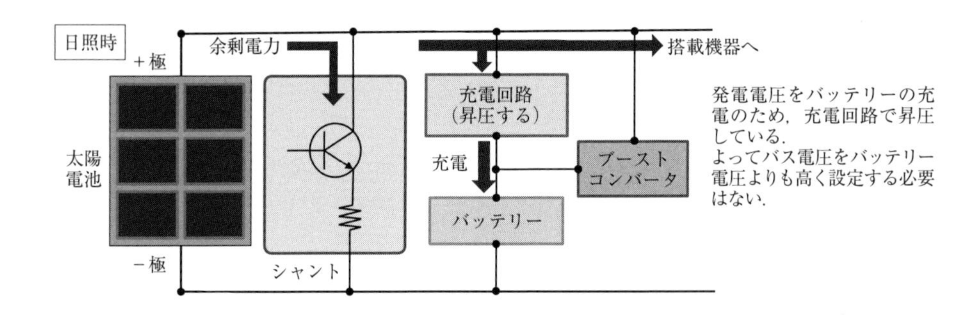

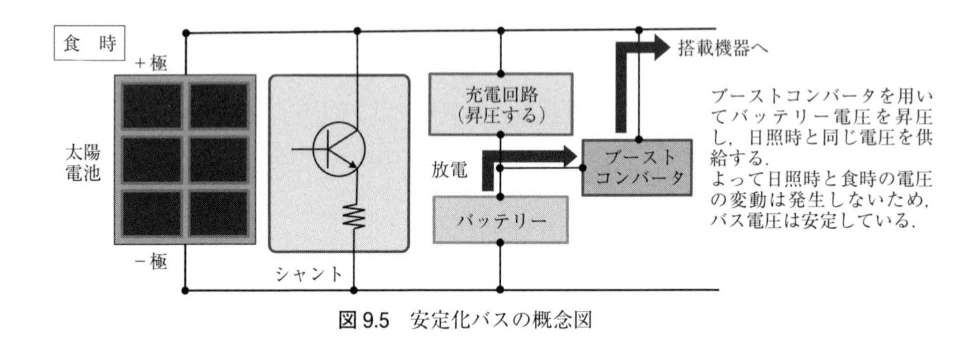

図 9.5　安定化バスの概念図

9.3.2　通信系サブシステム

このサブシステムは，地球上にある基地局と軌道上の人工衛星との間でデータをやり取りすることを目的としている．地上から指令信号（コマンド）を受信しデータ処理系サブシステムを通して命令を実行させるほか，搭載機器の制御や動作状況などを示すハウスキーピングデータ（House Keeping（HK）Data）や，ミッション機器から出力されたサイエンスデータを地上に送信する等，人工衛星の通信機能を担っているシステムである．通信を行うためには当然ながら送受信機が必要であり，このためアンテナも通信系サブシステムの重要な構成要素となる．アンテナについては送受信するデータの種類や宇宙機の使用用途により，以下に述べる無指向性アンテナと指向性アンテナの2種類が使い分けられている．

無指向性アンテナは周囲に均等に電波を放射するアンテナであるため，衛星の姿勢によらずデータの送受信が行うことができる．このため，コマンドデータの受信やハウスキーピングデータの送信に用いられる場合が多い．しかし電波を全方向に放射する関係上，遠距離通信を行うためには大きな電力を必要とするほか，受信用途ではノイズを拾いやすいため高速通信に不向きである．宇宙機によく用いられる無指向性アンテナとして，モノポールアンテナやダイポールアンテナがあげられる．

一方，指向性アンテナは地上局方向にアンテナを向けさせる必要はあるものの，電波を一方向に集中させるため少ない電力で通信ができ，またノイズが入りにくいことからサイエンスデータなどの大きなデータの高速送信や，深宇宙探査機の通信アンテナとして利用されている．よく利用される衛星用の指向性アンテナとして，パラボラアンテナがある．

9.3.3　データ処理系サブシステム

データ処理(Command and Date Handling)系サブシステムは,衛星の制御を一任するコンピュータであり,いわば衛星の頭脳に相当するサブシステムである.人工衛星の制御や監視の他,ミッション遂行のための処理系統を統括する．人工衛星に用いられるデータ処理用コンピュータは，シングルイベント効果（Single Event Effect，入射する放射線により半導体が誤作動や損傷を生じる現象）に対し，耐性が十分に検証され高い信頼性が確立された技術で作られる傾向がある.

9.3.4　姿勢制御系サブシステム

一部の衛星を除き軌道上を飛翔する人工衛星には，自身の姿勢を把握する姿勢決定と，衛星を所定の方角へ向けて姿勢を維持するための姿勢制御が必要となる．例えば太陽電池の発電効率が最大になるように太陽電池パドルを太陽方向に向けるためには，現在姿勢を把握する姿勢決定が必要であり，またアンテナやミッション機器（カメラやレーダー等）を所定の方角へ向けるためには姿勢制御が必要となる.

姿勢制御系サブシステムは，各種姿勢センサを用いて現在の姿勢を確認し，必要に応じて搭載アクチュエータ（姿勢を変化させるための装置）を作動させて姿勢を修正させる機能を持つ.姿勢角を変化させるアクチュエータには受動型と能動型の２種がある．前者は人工衛星の周囲環境（太陽光の光圧，重力，上層大気による空気抵抗）を利用したものであり，多くの場合姿勢精度は劣るものの，電力をほぼ使用せずに制御を行うことができる．後者はアクチュエータを用いて姿勢を精密に制御する方法である．衛星に搭載したコイルにより発生させた磁場と地球磁場とを干渉させることにより衛星姿勢を変化させる磁気トルカや，衛星内部に搭載したホイールを回転させることにより衛星に回転トルクを与えるリアクションホイール等の方式がある．詳細については次節で取り上げる.

9.3.5　推進系サブシステム

人工衛星の姿勢や軌道を変化・維持させるためのシステムとして，推進系サブシステムがある.現在人工衛星に搭載される推進機は,化学反応で生成される高温ガスを噴射することによって推進力を得る化学推進機が主流である.

人工衛星に用いられる化学推進機としては，ヒドラジンを推進剤とした１液式スラスタ（Monopropellant thruster）や，ヒドラジンを燃料とし四酸化二窒素を酸化剤とした２液式スラスタ（Bipropellant turuster）がある．これらの推進機は作動時における信頼性が高く宇宙空間での使用実績も多いため，主推進機および姿勢制御用の小形推進機として多くの人工衛星に搭載されている.

しかしながら推進剤に強い毒性があるため，燃料注入や取り扱いが困難であり，また推進剤タンクや配管などのエンジンを構成する機材が人工衛星の内部容積を多く占めるため，他の機器の搭載スペースを圧迫することとなる．搭載できる推進剤量にも限度があり，頻繁に姿勢制御を行うと推進剤がなくなり姿勢制御・軌道制御を行うことができなくなるため人工衛星の運用寿命に大きく影響する.

近年，化学推進に代わるものとして，電気推進機が注目を集めている．電気推進機は電力を用いて推進剤を加速・噴射させる推進機で，数 100 mN 程度という小さな推力であるものの，比推力（燃費に当たる指標）が化学推進機よりも 10 〜 100 倍と極めて大きい．そのため長時間作動・運用に適している．既に静止衛星の軌道維持や惑星探査機の主推進機として活用されつつある．特にリアクションホイール等のアンローディングに用いる姿勢制御用推進機と主推進機の両方を電気推進機に置き換え，軽量化と運用機関の長寿命化を目的とした全電化衛星が，近年一部の静止衛星において採用されつつある．

9.4　衛星の姿勢制御

まず，人工衛星の姿勢を記述するための座標軸について説明しておこう．地球を周回している衛星は，図 9.6 に示すようにアンテナや地球観測用センサを地球方向に向けた状態で周回運動を行っている．この図で地球を向いた軸をヨー軸，周回軌道の接線方向（すなわち衛星の速度方向）を向いた軸をロール軸，ヨー軸とロール軸に直交する軸をピッチ軸と呼び，衛星の姿勢はこれら 3 軸まわりの回転角によって表される．周回中の衛星は，所期の機能を果たすために様々な場面で自らの姿勢をコントロールする必要がある．その際に必要となる技術が，衛星の姿勢制御技術である．

9.4.1　なぜ制御が必要か

はじめに姿勢制御の必要性を理解するため，ロケットによって軌道に投入された衛星が，その後定常運用を開始するまでに行う一連の動作について典型的なケースを説明しておこう．

打ち上げロケットで軌道に投入された直後の衛星には，ロケット最終段からの分離時に与えられたスピン運動が発生している．そこで初めに，このスピン運動を除去して衛星の回転を止める必要がある（デスピン）．デスピン終了後は，衛星を一定の速さでゆっくりと回転させて太陽方向を捕捉し，太陽電池パドルを展開してパドル面を太陽方向に向ける．これでようやく，最低限の電力を自前で供給できるようになる．続いて衛星搭載の地球センサを用いて地球方向を捕捉し，衛星の姿勢を変更して図 9.6 に示す定常時姿勢を確立する（3 軸姿勢確立）．ここま

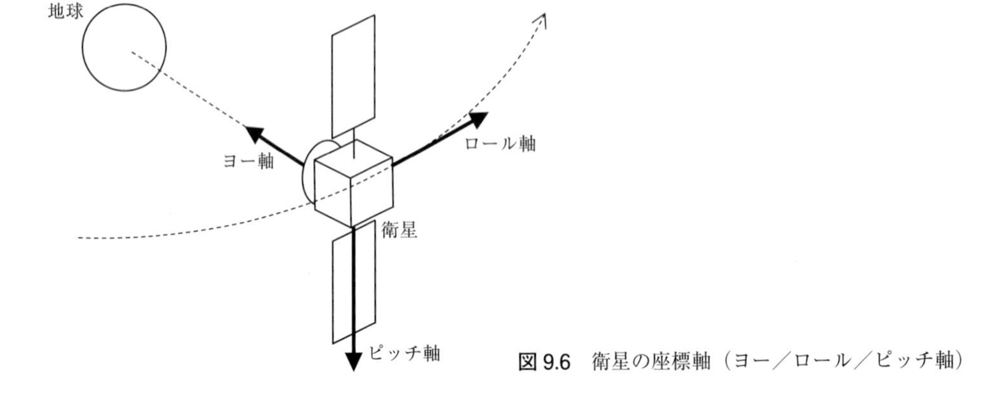

図 9.6　衛星の座標軸（ヨー／ロール／ピッチ軸）

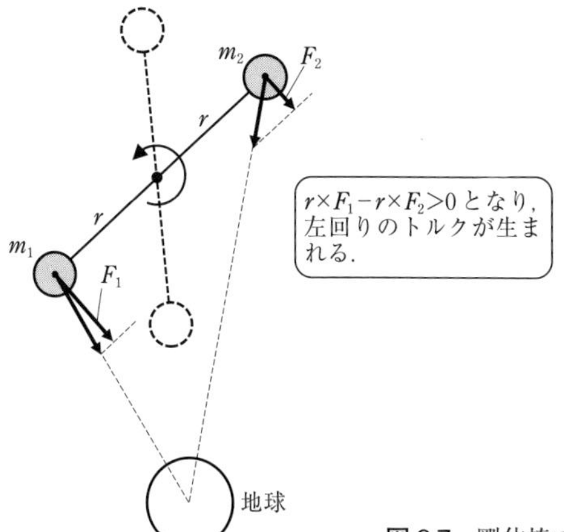

図 9.7　剛体棒でつながれた2質点系に作用する重力傾斜トルク

でが初期運用フェーズと呼ばれる過程である．その後はミッションに応じて，地球観測用センサや宇宙望遠鏡などを所定の方向に向ける必要があり，その際にはさらに高精度な姿勢制御が必要となる．また，周回中の衛星には姿勢を乱す要因となる様々な外乱が働くため，3軸姿勢確立後も姿勢を保持するために定常的な姿勢制御が必要となる．

軌道上の衛星が受ける主な外乱としては，空気力トルク，地磁気トルク，重力傾斜トルク，太陽輻射圧トルクの4種がある．空気力は意外かもしれないが，宇宙空間といえども低軌道を周回する衛星にはそれなりの大気抵抗が働く．これが太陽電池パドルなどに作用すると，衛星を回転させるモーメント（トルク）が生まれる．これが空気力トルクである．地磁気トルクは衛星自身の持つ磁場と地球磁場との相互作用によって発生するもので，小型衛星ほど大きな影響を受ける．重力傾斜トルクは，衛星に作用する引力の向きと大きさが衛星各部で異なることにより発生する．重力傾斜トルクについて理解するため，剛体棒でつながれた2つの質点m_1，m_2に作用する引力について考えてみよう．図9.7に示すように，剛体棒の長さを考慮すると2つの質点に作用する引力の方向は異なる．また図では質点m_1の方が地心との距離が近く，そのため質点m_1にはより大きな引力が働く．その結果として，この2質点系には左回りのトルクが発生することになる．重力傾斜トルクは，このような原理に基づいて発生するトルクである．太陽輻射圧トルクは太陽からの電磁波の圧力に起因するトルクで，静止衛星のように高高度を周回する衛星の場合は，これが最も大きなトルクとなる．定常時姿勢を確立した後も，これらの外乱に抗して衛星の姿勢を維持するために姿勢制御が必要となる．

9.4.2　姿勢センサ・アクチュエータ

衛星の姿勢制御を行うためには，まず衛星自身の現在の姿勢を検出するためのセンサが必要であり，さらにセンサの情報に基づいて姿勢を修正するために，推力やトルクを発生させる装置（アクチュエータ）が必要となる．

(1)　姿勢センサ

衛星の姿勢角を検出するために利用される代表的なセンサを以下にあげる．

・地球センサ：地球から放射される赤外線を検出することにより地球方向を検知するセンサである．ただし地球センサからの情報のみでは，衛星の姿勢角をすべて検出することはできない．図9.6のヨー軸を地球方向に合わせることはできるが，ロール軸・ピッチ軸を所定の方向に向けるためには，その他のセンサが必要となる．

・太陽センサ：太陽からの可視光をCCD素子や太陽電池セルによって検出し，太陽方向を検知する．太陽光は強度が高く検出が容易であるため，衛星姿勢を知るための基本的なセンサとして広く使われている．当然であるが，衛星からみて太陽が地球に遮られる日陰時には利用することができない．

・恒星センサ：CCDカメラなどで恒星の配置を撮影し，衛星内に予め記録しておいた星座地図（恒星カタログ）と照合することで，衛星の姿勢を検出するセンサである．スタートラッカとも呼ばれる．高精度な姿勢検出が可能であるが，恒星が発する暗い光を検出する必要があるため装置が複雑となる．

・ジャイロセンサ：衛星姿勢角の時間変化を検出するためのセンサで，図9.6に示した3軸回りの角速度をそれぞれ検出する．機械式のものやレーザーを利用した光学式のものがある．衛星の姿勢角は，ジャイロセンサからの信号を積分して求めることになる．応答性のよいセンサであるが，長時間にわたって積分を続けると誤差が蓄積していくため，地球センサや恒星センサからの情報を利用して補正を行う必要がある．

上記のように，それぞれのセンサに長短の特徴があり，一般には複数のセンサを組み合わせて，要求される姿勢検出精度が満たされるよう設計を行う．

(2)　アクチュエータ

衛星の姿勢を目標姿勢角へと変更するためには推力やトルクが必要であり，そのために使用される装置をアクチュエータと呼ぶ．姿勢制御に利用される代表的なアクチュエータを以下にあげる．

・スラスタ：高速ガスを噴射して，その反動により推力を発生させる装置である．ヒドラジン系の推進薬を用いた化学式のスラスタが一般的である．大きな推力を発生できるため，速やかに姿勢変更を行いたい場合などには有効であるが，その反面，使用した分だけ確実に推進薬が消費されるので，定常的な姿勢制御に使用されることはない．軌道投入直後の初期フェーズや以下に述べるリアクションホイールのアンローディングなどが主な使途である．なお，ヒドラジンは有毒であるため，低毒性の推進薬を用いたスラスタも近年研究されている．

・リアクションホイール：内部に回転する円盤（ホイール）を備えた装置である（図9.8）．この装置を衛星に搭載した状態でホイールを回転させると，その反動で衛星本体はホイールとは逆回りに回転する（角運動量保存の法則）．この原理を利用して衛星を回転させる装置がリアクションホイールである．リアクションホイールは，定常時における姿勢制御用装置として大型衛星を中心に最も一般的に利用されているアクチュエータである．これを衛星の3軸方向に1機ずつ搭載すれば，衛星の姿勢角を任意の向きに変更することができる．なお，リアクションホイールは衛星搭載機器の中では比較的故障の

図 9.8「きく6号」のリアクションホイール（提供：JAXA）

多い装置であり，そのため4軸4機のリアクションホイールを搭載して冗長性をもたせることも多い．リアクションホイールは長期間使用するうちに，ホイールの回転数が一方向のみに増大して限界値に達し，これ以上の制御が不可能となる場合がある．これを解消するため，スラスタ等で衛星が普段受ける外乱とは逆方向のトルクを発生させてホイールの回転数を落とす作業が必要となる．これをアンローディングと呼ぶ．

・磁気トルカ：コイルに電流を流して磁場を発生し，地球磁場との相互作用によってトルクを発生させる装置である．要するに一種の電磁石といえる．地球磁場の影響が大きい低軌道で有効だが，発生できるトルクの大きさは一般に小さい．とはいえ，装置は簡単で消費電力も非常に小さいため，リソースの限られる小型衛星などでよく用いられ，3軸3機の磁気トルカを備えている場合も多い．ホイールのアンローディングに磁気トルカが用いられる場合もある．

9.4.3　姿勢制御の方法

衛星を目標姿勢角に維持する（あるいは目標姿勢角へと変更する）仕組みの概略を図9.9に示す．

姿勢センサによって検出された衛星の現在の姿勢角は目標姿勢角と比較され，両者の差が制御装置へと入力される．制御装置は，この差を零にするために必要な制御量を算出してアクチュエータを駆動する．アクチュエータを駆動することにより衛星の姿勢角が変化するが，衛星には同時に外乱も作用しており，外乱による姿勢角変化がこれに上乗せされる．変化後の姿勢角は再び姿勢センサによって検出され，目標姿勢角との差を零とするよう制御装置が再度アクチュエータを駆動する．姿勢制御では，このループを常時繰り返すことにより衛星を目標姿勢角に維持している．このような制御をフィードバックによる能動制御と呼ぶ．

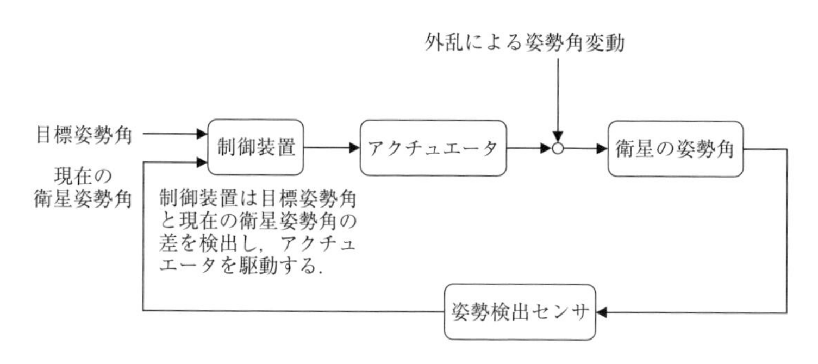

図 9.9　フィードバックによる衛星の姿勢制御

図 9.10　静止気象衛星「ひまわり 2 号」
（スピン安定制御衛星の例）
（提供：JAXA）

制御装置を用いた能動制御の他，受動的な仕組みによって衛星の姿勢角を維持する受動制御が行われる場合もある．例えば，図 9.7 に示した 2 質点系の物体には，この物体を点線の基準状態に戻そうとする重力傾斜トルクが常に働く．これを利用した受動制御を重力傾斜安定方式と呼ぶ．その他の受動制御としては，スピン安定制御方式がある．スピン安定制御は衛星をコマのように常時回転させて姿勢を安定化させる受動制御であり，この制御方式を利用している衛星は円筒形状の外観をとることが多い（図 9.10）．重力傾斜安定やスピン安定など受動制御方式を採用している衛星であっても，多くの場合はフィードバックによる能動制御を併せて行っており，両者の制御効果によって目標姿勢角を維持している．

9.5　衛星の構造／熱制御技術

9.5.1　衛星の構造

(1)　衛星構造における設計要求事項

衛星の構造について考えるにあたり，まず運用時の衛星の外観形状について確認しておこう（図 9.11 ～図 9.13）．衛星の形状は多種多様であるようにも思われるが，いくつかの共通項があることに気づく．どの衛星も箱状ないしは筒状の構造体を有しており，この構造体から平板状の太陽電池パドルが展開されている．箱状／筒状の構造体は衛星構体と呼ばれ，各種センサやアクチュエータ，バッテリー，データ処理計算機等，基本的な搭載機器が，この衛星構体内に格納されている．衛星構体と太陽電池パドルに加え，各衛星にはミッションに応じてアンテナや望遠鏡などが搭載されるが，これらミッション機器がときに非常に大形となるため，衛星ごとにその外観が大きく異なってくるのである．

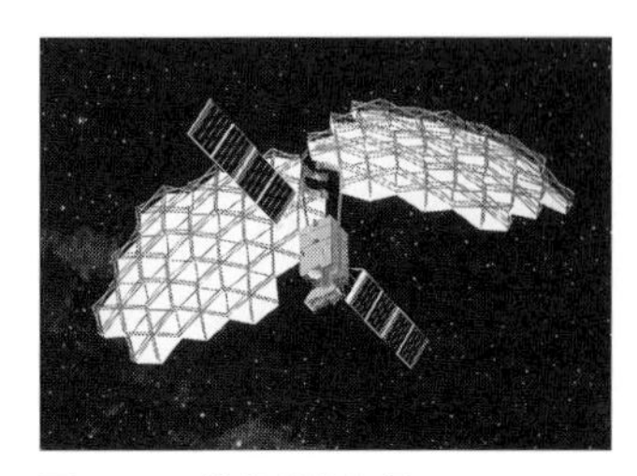

図 9.11　技術試験衛星
「きく 8 号」（提供：JAXA）

図 9.12　赤外線天文衛星
「あかり」（提供：JAXA）

図 9.13　陸域観測技術衛星
「だいち 2 号」（提供：JAXA）

例えば図9.11の「きく8号」には2基の大形アンテナが搭載されており，図9.12の「あかり」には赤外線観測用の反射望遠鏡が搭載されている．また，図9.13の「だいち2号」では太陽電池パドルと直交する方向に合成開口レーダーが搭載されている．なお太陽電池パドルや「きく8号」のような大形アンテナ，「だいち2号」の合成開口レーダーなどは，打ち上げ時にはロケットのフェアリング内にコンパクトに折り畳まれた状態となっており，軌道上で展開される．このように何らかの展開機構がほぼ必須となる点も衛星構造における特徴となっている．

衛星構造の設計にあたってはどのような事項が要求されるのであろうか．軌道に投入され運用中の衛星に作用する力は地上構造物に比べれば非常に小さく，構造強度に対する要求もさほど厳しいものではない．しかしロケットでの打ち上げ時には機軸方向の加速度によって大きな荷重が作用するため，打ち上げ時の荷重に対して衛星構体や搭載機器に損傷が発生しないよう十分な強度を確保することが必要となる．また衛星の高性能化や長寿命化を図るうえでは，ミッション重量や推進剤重量に多くのリソースを充てることが望ましく，このため衛星の基本構造に対しては可能なかぎりの軽量化が求められる．以上に加え，打ち上げ時の衛星はロケットから激しい振動を受ける．過酷な振動環境に耐えるためは，衛星の固有振動数がある要求値以上の値となるよう設計を行う必要がある．衛星の固有振動数に課せられるこの条件は剛性要求と呼ばれるが，実際の設計では，強度要求よりも剛性要求の方が厳しい条件となることが多い．以上をまとめると，打ち上げ時の荷重条件・振動条件に耐えうるだけの強度と剛性を有し，なおかつ可能なかぎり軽量であることが衛星構造に求められる基本的な設計指針となる．

⑵　剛性要求と固有振動数

前項でふれた剛性要求について少し詳しく説明しておこう．始めに「剛性」という用語の意味を明確にしておく．剛性とは構造物の変形の**しにくさ**を表す尺度であり，強度とは全く異なる概念である．構造物に荷重を加えた際，小さな変形しか発生しない場合は剛性が高い，逆に大きな変形が発生する場合は剛性が低いと表現する．

以上を念頭におき，次に固有振動数の概念について簡単にふれておく．いま，図9.14に示すように，天井に固定したばね定数 k N/m のばねに質量 m kg の錘がついている状態を考える．錘を引っ張ってから手をはなすと，錘は振動を開始する（単振動）．錘を引っ張る距離が大きくなれば振動の振幅も当然大きくなるが，1秒間に振動する回数（振動数）は錘を引っ張る距離によらず常に一定となり，

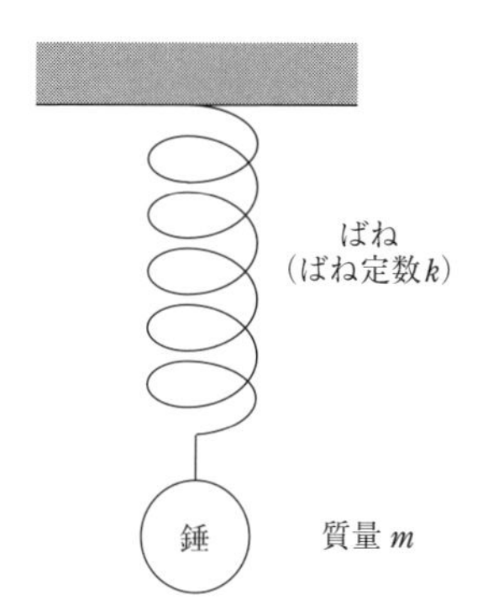

図9.14　ばねマス系

$$f=\frac{1}{2\pi}\sqrt{\frac{k}{m}}\ \mathrm{Hz} \tag{9.5}$$

で表される．これをばねマス系の固有振動数と呼ぶ．この式から，ばねマス系の場合，固有振動数を上げるためにはばね定数kを大きくして（すなわち，ばねの剛性を高めて），かつ錘の質量mを小さくすればよいことがわかる．

一般の衛星は，ここでのばねマス系に比べはるかに複雑な構造となるが，固有振動数を高めるための基本的な考え方は変わらない．外部から急激な力が加えられた場合，衛星も特有の固有振動数で振動を行うが，その際の固有振動数を高めるためには，変形の生じにくい構造様式をとり（すなわち，衛星の剛性を高め），なおかつ軽量化を行って衛星の質量を小さくすればよい．一般に衛星の固有振動数が低いと，ロケットから加えられた振動によって衛星に大きな振幅が発生し，搭載機器等の破損につながる．このため打ち上げロケットの種別に応じて，搭載衛星には「固有振動数○○ Hz 以上」というような剛性要求が課せられる．

なお，以上の説明からわかる通り，固有振動数は剛性のほか質量にも依存している．よって，必ずしも「剛性が高い＝固有振動数が高い」という等式は成り立たないのだが，衛星設計の文脈では両者が同義で扱われることが多い．

(3)　衛星構体の構造様式

剛性要求・強度要求の観点から，衛星構体の構造様式について説明する．打ち上げ時の加速度によって発生する荷重を支え，衛星に必要な剛性を付与するのは，主にこの部分である．衛星構体の主要な構造様式としては，図 9.15 のパネル構造と図 9.16 のシリンダ構造がある．パネル構造は，内部にパネルを配置し，側面にパネルを貼り合わせることで箱型を構成する構造である．内部のパネルは，例えば図に示したような井桁形式で配置される．シリンダ構造は中央部に円筒を設けてパネル等で支持し，側面にパネルを貼り合わせた構造である．アポジモータを持つ静止衛星でよく採用される構造様式で，その際，アポジモータは円筒部に格納される．例えば，図 9.11 に示した「きく8号」は静止衛星であり，構体にはシリンダ構造が採用されている．これらの構造様式においては，さらに必要箇所にトラス材を配置して強度・剛性を高めることもある．なお，搭載機器はパネル面に実装する．

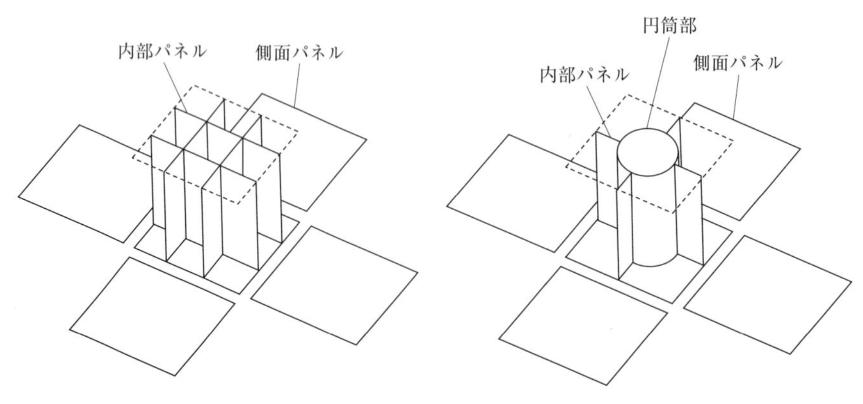

図 9.15　パネル構造様式　　**図 9.16**　シリンダ構造様式

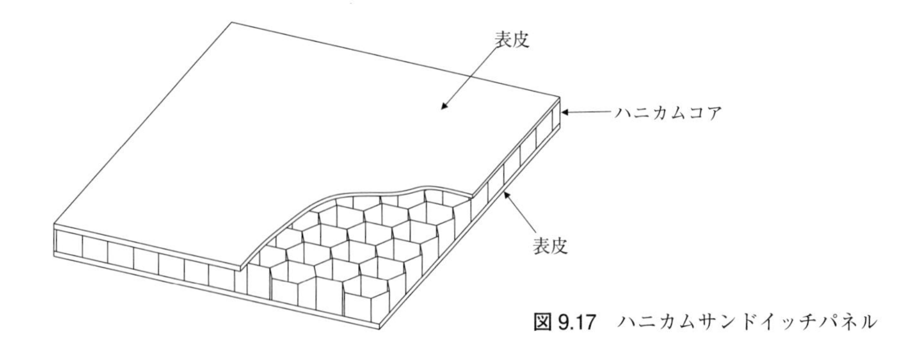

図 9.17　ハニカムサンドイッチパネル

パネル部材には，ハニカムサンドイッチパネルが採用されることが多い．ハニカムサンドイッチパネルは，図 9.17 に示すように表皮とハニカム（蜂の巣）状の芯材から構成されており，表皮にはアルミニウム合金や炭素繊維強化プラスチック（CFRP）の板材が，芯材にはアルミニウム合金のハニカムが使用される．ハニカムサンドイッチパネルを使用するのは，強度上の理由に加えて剛性を高めるという目的がある．一般に板状の部材は板厚が厚いほど曲げ荷重に対する変形量が小さくなる（すなわち曲げ剛性が高くなる）．芯材を用いず，単純に板厚を厚くしても曲げ剛性は高くなるが，一方で重量がかさんでしまう．芯材を利用するとパネル材重量を軽量に保ちつつ板厚を厚くすることができ，曲げ剛性を効率的に高めることができる．衛星構造の固有振動数を高めるためには，軽量でかつ曲げ剛性の高いハニカムサンドイッチパネルの使用が適しているのである．なお，太陽電池パドルの構造にも一般にはハニカムサンドイッチパネルが利用されている．

9.5.2　衛星の熱制御技術

地球を周回する人工衛星は，太陽光に直接照射されている日照時には大きな熱エネルギーの入力を受け，一方で地球の陰の部分を航行している日陰時には 3 K の冷たい宇宙空間にさらされる．このため衛星外部の熱環境は周回運動とともに大きく変動し，衛星の外部に露出している太陽電池パドルなどには $-160 \sim +100$ ℃にもわたる大きな温度変動が生じることもある．すべての衛星搭載機器を，このような広い温度範囲で正常動作させることは不可能であり，ゆえに衛星各部の熱収支を何らかの方法で管理し，各機器の温度を適正な温度範囲内に収める必要がある．そのために必要な技術が衛星の熱制御技術である．衛星に搭載される各機器には，正常動作するために許容できる温度範囲があり，これを許容温度範囲と呼んでいる．前述の太陽電池パドルなどは宇宙空間に直接曝露する必要があり，そのため許容温度範囲が広くなるよう設計せざるを得ないが，一方でバッテリーや光学センサなどは許容温度範囲が狭く厳しい温度管理が必要となる．以下では熱の伝わり方に関する基礎事項を復習し，つづいて熱制御技術の基本について解説する．

高校物理で学習したように，熱の移動形態には伝導・対流・放射（輻射）の 3 種類がある．このうち対流は空気や水などの媒体が必要となるため宇宙空間では発生せず，衛星内部の温度分布は伝導と放射によって決まる．伝導は物体内部での熱移動であり，我々にとっても馴染み深い熱の移動形態である．一方，放射は電磁波を介した熱の移動であり，間に真空をはさんでも熱の移動がおきる（電磁波は真空中でも伝わるため）．例えば真空の宇宙空間を隔てて，我々が太陽の熱を感じ取ることができるのは放射によって熱が伝わるためである．衛星は日照時に太陽光の照射を受けるが，この熱エネルギーは放射によって衛星へと伝わる．一方で衛星自身が持つ熱エネルギーも同じく放射によって外部の宇宙空間へと放出される．さらに衛星内部においても放射による熱の移動がある．以上をまとめると衛星への熱の入出力は図 9.18 に示したようなものになる．衛星の熱制御設計は，放射によって生じる太陽から衛星への熱入力と衛星から宇宙空間への熱放出の収支を管理するとことからはじまり，さらにヒータやヒートパイプなどの能動型熱制御デバイスを用いて衛星搭載機器の温度が許容温度範囲内に収まるよう制御を行うことで達成される．

先に述べた通り，衛星外部の熱環境は日照時と日陰時とで大きく異なり，周回運動にともなって大きな変動が発生する．熱制御の基本は，このような外部の熱環境変化を遮断して外的変化が搭載機器に及ぼす影響を最小限に留めることにある．それには，搭載機器を衛星構体内におさめ，構体全体を断熱材で覆ってしまえばよい．そこで一般には，MLI（Multi Layer Insulation）と呼ばれる多層の断熱材で衛星構体を覆い，日照時の高温条件下では太陽からの熱の流入を防ぎ，逆に日陰時の低温条件下では衛星からの熱の放出を防いで機器が冷えすぎないようにしている．図 9.19 に MLI の層構造を示す．

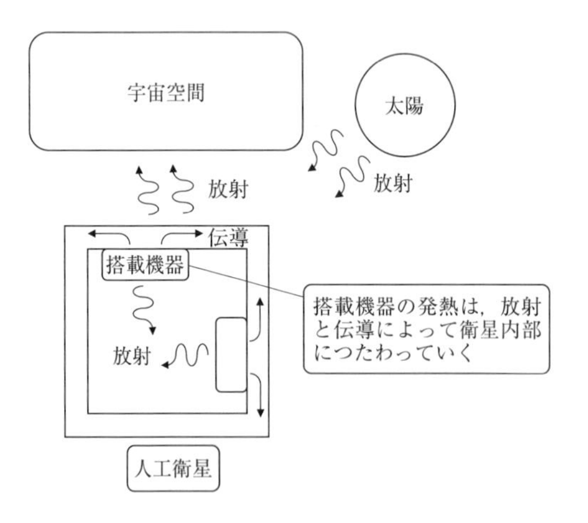

図 9.18　人工衛星における熱の入出力

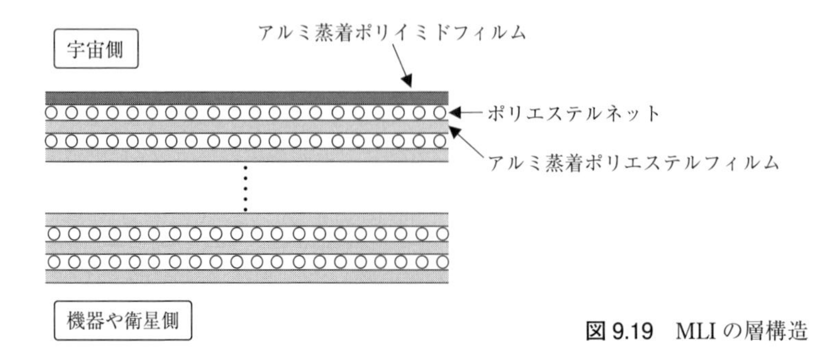

図 9.19　MLI の層構造

MLIはフィルムとポリエステルネットを交互に8層から15層重ね合わせたものとなっており，内側のフィルムにはアルミ蒸着のポリエステルフィルムが，最外層のフィルムにはアルミ蒸着のポリイミドフィルムが一般に用いられる．最外層にポリイミドフィルムが用いられるのは，耐熱性・耐放射線性・対紫外線性等の理由による．人工衛星はしばしば金色のフィルムで包まれたような外観をしているが，これは最外層のアルミ蒸着ポリイミドフィルムが金色をしているためである．

MLIを用いることで衛星構体を外部の宇宙空間から熱的に遮断し，熱の出入を最小限に抑えることができるが，一方で衛星構体を完全にMLIで覆ってしまうと，内部搭載機器の発熱を外部へ放出することができなくなり，高温条件下では衛星内部の温度が上昇してしまう．このため構体表面にラジエータの役割を果たす放熱面を設けて，放射によって内部の熱を宇宙空間へ排出することが行われる．放熱面には熱制御ミラー（OSR: Optical Solar Reflector）と呼ばれる熱制御デバイスがよく利用されており，これが太陽入射面の一部に取り付けられる．OSRは石英ガラスの背面に銀やアルミニウムを蒸着したデバイスであり銀色の外観を示す．OSRは太陽光を銀／アルミニウム蒸着面で反射して衛星内への熱の流入を防ぐ一方，衛星内部の熱を金属蒸着面を通してガラスへと伝導させ，赤外線として宇宙空間に排出する機能を持っている．以上は高温条件下において熱の排出を促すための熱制御であるが，逆に低温条件下で搭載機器の温度が低くなってしまう場合はヒータを使用して熱制御を行う．

このような熱制御法の他，ヒートパイプと呼ばれる能動型の熱制御デバイスが使用される場合もある．図9.20にヒートパイプの作動原理を示す．ヒートパイプは内部にアンモニア等の作動流体を封入したアルミニウム合金製のパイプであり，ハニカムサンドイッチの構体パネルに埋め込まれるかたちで取り付けられることが多い．ヒートパイプ内の作動流体は，発熱機器に結合している高温部において液体から蒸発して蒸気となり，気化熱により機器の熱を奪う．蒸気となった作動流体はヒートパイプ管内に広がるが，放熱面に結合している低温部で冷却されて再び液体となり，その際に熱を放熱部にわたして排出する．

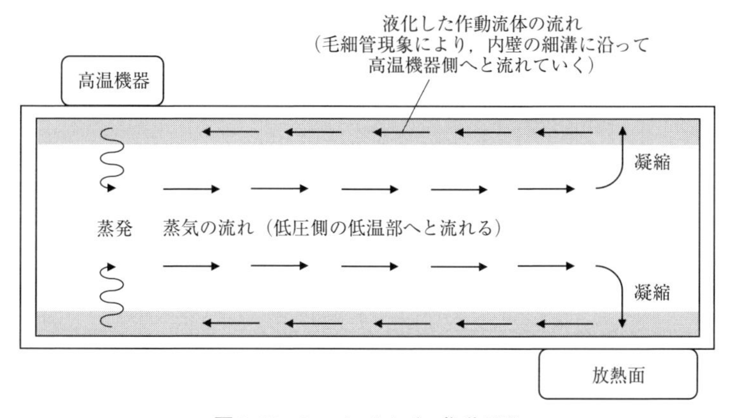

図9.20　ヒートパイプの作動原理

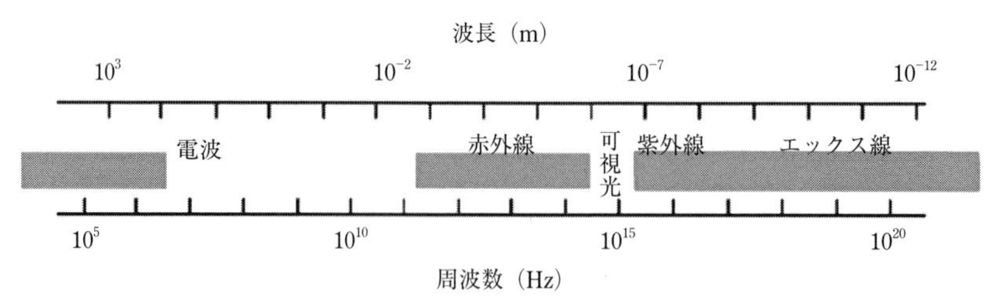

図 9.21　電磁波の名称．図で影になっている部分の電磁波は地上に到達しない

9.6　衛星による宇宙観測

9.6.1　なぜ宇宙観測を行うのか

人工衛星などの宇宙からの観測は，望遠鏡などによる地上からの観測に比べて，衛星の開発や打ち上げロケットなどに巨額の費用がかかり，構造物の重量や大きさ，消費電力や情報伝送量などに厳しい制限があり，部品の交換・修理やハードウェアの更新なども困難であり，デメリットも多い．しかし，宇宙でしか観測できないもので科学的に極めて重要な成果が期待される場合に，人工衛星などによる宇宙観測が行われている．

地上からの観測と宇宙からの観測の決定的な違いは，地球大気の影響の有無にある．大気による吸収で，地上まで到達しない波長領域の電磁波や粒子線は，大気圏外の宇宙から観測するより他に手段がない．エックス線，紫外線や赤外線の大半，およそ 20 MHz 以下の低周波の電波，銀河宇宙線や太陽宇宙線などの 1 次宇宙線がこの例である．逆に地上にまで到達する電磁波の波長領域は「宇宙の窓」と呼ばれている．図 9.21 に電磁波の名称と波長，周波数の関係を示す．

また，地上に到達する可視光であっても，大気による散乱やゆらぎにより，高精度の観測が困難な場合がある．大気自体の発光やエアロゾルによる散乱などで決まる夜空の明るさも，天体観測の背景雑音となり検出能力を低下させる．天文台の望遠鏡が高山に設置されるのは，大気による影響を少しでも軽減することが目的の 1 つである．しかし，大気による影響を完全に取り除くには，大気圏外に望遠鏡を持っていくことが必要である．

宇宙に観測拠点を展開するメリットは，地球大気の影響から逃れるだけではない．望遠鏡の開口径は解像度を決定する重要なパラメータであり，複数の電波望遠鏡を干渉計として使うことで大きな開口径を実現する超長基線電波干渉計（VLBI）がある．地上にある限り地球の大きさが開口径の上限を与える．しかし，電波望遠鏡の 1 つを衛星として打ち上げ，地上の電波望遠鏡との間で干渉計を構成することで開口径を宇宙にまで拡大できる．これをスペース VLBI と呼んでいる．

9.6.2　観測法・実ミッション例

実際の宇宙観測ミッションについて，以下に具体例を 3 つほど紹介する．以下の例の他，日本では衛星による宇宙観測が活発に行われており，「はくちょう」に始まるエックス線天文衛星や赤外線天文衛星「あかり」，太陽観測衛星「ようこう」，「ひので」などがある．

「ひさき」（SPRINT-A）は世界初の惑星観測用宇宙望遠鏡（図 9.22）であり，2013 年 9 月にイプシロンロケットの1号機として，近地点950 km，遠地点1150 kmの地球周回軌道に投入された．ミッション機器は極端紫外線分光器であり，木星の衛星イオから流出する硫黄イオン等で構成されるイオプラズマトーラスや，金星・火星の外圏大気領域からの流出イオンなどの発光（波長50 nm ～ 150 nm）を計測する．イオンはそれぞれの種に固有の波長の極端紫外線で発光している．「ひさき」の極端紫外線分光器には1次元の空間分解能力があり，惑星からどの程度の距離のところにどのようなイオンが分布しているかを観測できるのである．

観測する極端紫外線の波長領域はエックス線に近く，その性質も類似している．このような波長領域では，電磁波は物質内に入りこんで吸収される性質が強く，可視光領域での通常の反射鏡やレンズなどが使えない．日本においては，1970年代にはじまる衛星による宇宙観測の初期の段階から現在に至るまで，合計6機のエックス線天文衛星が開発され打ち上げられてきた．その中で培われたエックス線に対する光学系の技術が，この「ひさき」の極端紫外線分光器にも生かされている．

地球大気のゆらぎによる解像度劣化を宇宙に出ることで解決し最も成功したミッションがハッブル宇宙望遠鏡（図9.23）である．この宇宙望遠鏡はNASAとESAの共同ミッションとして開発され，1990年にスペースシャトルによって高度約600 kmの軌道に投入された．ちなみに名称は宇宙の膨張を発見したエドウィン・ハッブル（Edwin P. Hubble）に因んだものである．口径2.4 mの望遠鏡が採用され，地上の望遠鏡では達成できない高空間分解能の観測を実現した．観測波長領域は，可視光を中心に紫外から近赤外にまで及ぶ．この宇宙望遠鏡の観測により，天文学史に残る数々の貴重な天体写真が得られたのである．また，非常に美しい芸術的な天体写真も多数公開されている．

ハッブル宇宙望遠鏡についてもうひとつの特筆すべき点は，軌道上における数回のサービスミッション（保守作業）で，1993年の光学系不具合の修理があげられる．スペースシャトルの周回する軌道上にあるため，スペースシャトルによる数年に1度の保守・修理を受けるように計画されていた．このため打ち上げ直後に発覚した光学系のひずみを，宇宙飛行士により軌

図9.22　惑星分光観測衛星「ひさき」（©JAXA）

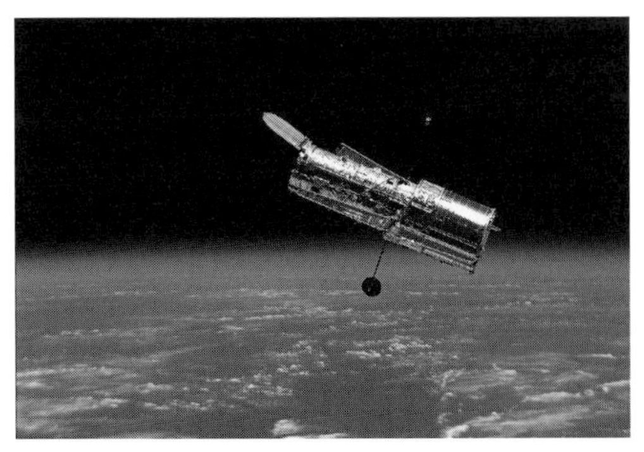

図9.23　軌道上のハッブル宇宙望遠鏡（©NASA）

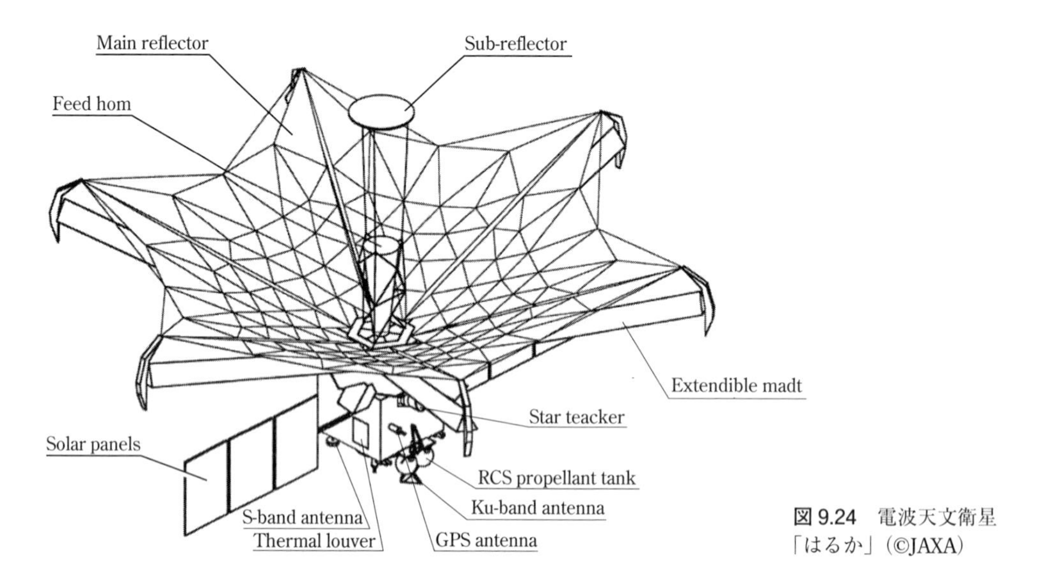

図 9.24　電波天文衛星「はるか」（©JAXA）

道上で修理することができた．その結果，ハッブル宇宙望遠鏡は当初の予定をはるかに超える性能を長期にわたって発揮し，数多くの科学的成果を生み出すことになった．

「はるか」（MUSES-B）（図 9.24）は 1997 年に M-V ロケットの 1 号機として打ち上げられた電波天文衛星であり，世界最初のスペース VLBI 観測を実現した．ケーブルネットワークに金属メッシュ鏡面を組み合わせた，有効口径 8 m のアンテナを持ち，観測周波数は 1.6 GHz と 5.0 GHz である．世界各国の地上の電波望遠鏡と共同観測を実施し，その高い遠地点（高度 21000 km）を生かし，地球直径の約 3 倍（3 万 km）の口径を持つ仮想の電波望遠鏡の一部として天体観測を行った．クエーサーや活動銀河のジェットを高空間分解能で観測することに成功した．これらの科学的な成果の他，大形アンテナの展開技術，衛星と地上との原子時計の時刻比較，精密な姿勢制御など，各種の工学的な実証実験も重要なミッションであった．

9.7　人工衛星による地球観測

9.7.1　地球観測でわかること

日々の天気予報や気候変動研究などを行うためには，地球表面を高い頻度でくまなく観測する必要がある．地球の表面積は約 5 億 1000 万 km^2 と非常に広大であるから，宇宙空間に人工衛星を打ち上げて地球を観測する地球観測衛星の活用が有効である．地球観測衛星は高価な機材ではあるが，ひとつのセンサで全地球規模の現象を観測できるという大きな利点がある．

地球観測衛星を用いることで，大気，海洋，陸面，雪氷面の観測を行うことができる．そのうち大気分野では，降雨の分布と強度，雲や大気中微粒子の分布とその微物理特性（粒子の大きさなど），二酸化炭素などの大気成分濃度，風向，風速，気温の鉛直分布などの観測が行われている．また，火山の噴煙や森林火災の煙などの濃度や広がりの観測も行われている．海洋分野では，海面温度や海洋クロロフィル濃度，海面高度などの観測が行われている．陸面分野では，地球地表面における土地活用の基礎データとなる土地被覆分類（水域，都市，水田，畑地，草地，広葉樹，針葉樹，裸地等の分類）や地表面温度などの観測が行われている．また，合成開口レーダーを用いることで地震や地滑りに伴う地表面の変化の様子を観測することができる．雪氷面分野では，積雪分布，積雪粒径，積雪不純物濃度，海氷分布，海氷密接度等の観測が行われている．

衛星から得られた観測結果の活用方法は様々である．例えば，「ひまわり8号」は10分ごとという高頻度で雲の動きを捉えることができるため，天気予報に欠かすことができない重要なものとなっている．海面水温の分布図は漁場を見つける指標として重要で，実際に漁業で活用されている．火山噴火や森林火災の観測は，災害監視に役立てられている．土地被覆分類，温室効果ガス濃度，海洋クロロフィル濃度などは，物質・エネルギー循環のより正確な予測を可能にするものとして重要である．衛星を使った地球の長期観測も重要である．10年以上の衛星観測データの蓄積は気候変動シグナルの発見に役立てられている．また，衛星観測から得られた各種地球物理量の全球分布は，大気大循環モデル（GCM）によるシミュレーションの初期値として利用されたり，モデルによる予測値の検証に使われたりする．一般に，ひとつの観測衛星の寿命は5年程度であるため，長期観測を行うためには衛星をシリーズ化して順次打ち上げる必要がある．

9.7.2　地球観測衛星とミッション例

衛星に搭載される地球観測センサでは近紫外光からマイクロ波に至る観測波長が用いられることが多い．センサの方式に受動型と能動型がある．水平2次元の広い範囲を一度に観測することができる受動型センサを，イメージングセンサと呼ぶことがある．可視から熱赤外を計測するイメージングセンサとしては，「ひまわり8号」搭載AHI（Advanced Himawari Imager）や，GCOM-C衛星搭載SGLI（Second-generation Global Imager）などがある．マイクロ波領域のイメージングセンサとしては「しずく」衛星搭載AMSR2（Advanced Microwave Scanning Radiometer 2）などがある．受動型の中には，波長分解能を細かくすることにより大気成分を詳細に観測するセンサもある．そのようなセンサのうち，二酸化炭素濃度を計測する「いぶき」衛星FTS（Fourier Transform Spectrometer）がある．

一方の能動型であるが，可視光から近赤外光を用いた能動型センサをライダーといい，マイクロ波の能動型センサをレーダーという．衛星搭載型ライダーの代表的なものとしてはCALIPSO（カリプソ）衛星搭載CALIOP（Cloud-Aerosol Lidar with Orthogonal Polarization）が，レーダーの代表的なものとしては，雨の観測を目的としたTRMM（トリム）衛星搭載PR（Precipitation Radar），雲の観測を目的としたCloudSat（クラウドサット）搭載CPR（Cloud Profiling Radar），陸面観測を目的とした「だいち2号」衛星搭載PALSAR-2（Phased Array L-band Synthetic Aperture Radar-2）等がある．2010年代後半には，受動型センサと能動型センサの同時搭載により，雲，大気中微粒子，放射収支を観測するEarthCARE（アースケアー）衛星の打ち上げが計画されている．

センサの性能の指標のひとつに水平解像度がある．可視イメージングセンサであれば，SGLIのように広範囲を短時間で観測するタイプのセンサの水平解像度は数百メートルから1キロメートル程度，だいち搭載PRISM（Panchromatic Remote-sensing Instrument for Stereo

Mapping）のように狭い範囲を詳細に観測するタイプのセンサの水平解像度は数メートルから数十メートル程度となっている．観測対象物や必要な観測頻度によってセンサの水平解像度と観測範囲が決められる．

地球観測衛星を分類する大きなくくりとして衛星の軌道の違いがある．地球観測に用いられる主な軌道としては，地球表面からの高度約 36000 km の静止軌道，そして 400 ～ 1000 km 程度の低軌道衛星がある（図 9.25 参照）．先に紹介してきた衛星のうち，ひまわり 8 号は静止軌道衛星である．低軌道衛星のうち，南極付近と北極付近を通過するように設定された軌道は極軌道衛星と呼ばれる．地球観測衛星の多くは極軌道に投入されている．また，GCOM-C，しずく，いぶき，CALIPSO，TRMM，CloudSat，だいち，だいち 2 号，EarthCARE 衛星は極軌道である．このうち GCOM-C 衛星は 1 日に地球を約 14 周し，おおよそ 2 日間で地球全体を網羅することができる．また，レーダーやライダーのような能動型センサが搭載される衛星は，地球表面までの距離を短くすることで観測感度が高くなるため，低軌道が選択される．

低軌道に打ち上げられた地球観測衛星をサポートする衛星として，静止軌道に投入されたデータ中継衛星がある．通常，地上に設置されたひとつの受信局が低軌道衛星の観測データを受信できるのは，衛星が受信局の上空を通過するわずか 10 分間程度であるが，データ中継衛星が低軌道衛星と地上受信局の通信を中継することにより，低軌道衛星の飛行領域の半分強程度の領域で通信を行うことができるようになる．実際のデータ中継衛星のミッションとしては「こだま」がある．「こだま」は「だいち 2 号」衛星等のデータ中継を実施している．

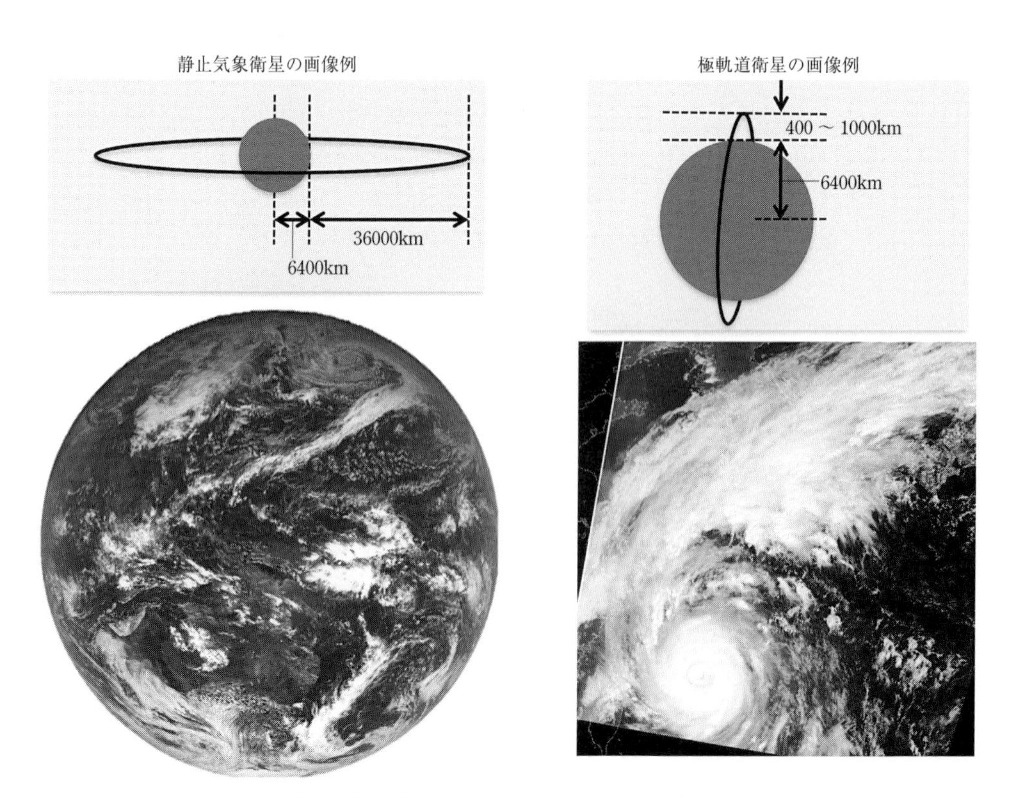

図 9.25　静止気象衛星と極軌道衛星の軌道と画像例

9.8　静止衛星による電波の中継——通信と放送

静止衛星で電波を中継すると，地形や建物の影響を避けて遠方と通信を行うことが可能になる．このような衛星通信・衛星放送は，今では日常生活を支える重要な基盤のひとつになっており，これはまたビジネスとして最初に定着した宇宙利用分野でもある．2013年時点で，軌道上で運用されている衛星は1167機で，そのうち53%を通信衛星が占めている[1]．各種の衛星打ち上げロケットも，これら静止衛星の利用を主に想定してビジネスが展開されている．このように，今では広く普及した衛星通信や衛星放送も，実は1950年代以降に急速に成長してきた宇宙利用分野であり，その背景には宇宙をめぐる様々なアイデアを現実のものにするための技術革新があった．

9.8.1　衛星通信を実現するための初期の試み

1957年10月4日に，当時のソビエト連邦が世界で初めて人工衛星スプートニク1号を打ち上げ，宇宙の利用への道が幕を開けた．しかしその12年前の1945年には英国のアーサー・C・クラーク（Arthur Charles Clarke）が，静止軌道に配置した3機の衛星で電波を中継し通信を行うという構想を発表している．クラークは，2001年宇宙の旅（2001: A Space Odyssey）の作者としても知られるSF作家である．地球の自転と同期して回る人工衛星は，地球上の1点から見たときに静止して見える．このため，電波の中継の際に，周波数が高く多くの情報を高速で送れる指向性が高いアンテナを動かす必要がなく，衛星経由の通信に適している．このような便利なアイデアではあったが，実現させるには2つの大きな課題があった．

1つ目の課題は，高度約36000 kmの静止軌道にある衛星で電波を中継すると，伝搬損失により電波の電力密度が小さくなることである．弱くなった電波を雑音の影響を受けにくいようにして衛星で受信し，今度はそれを強い電波に増幅して地球に送り返す必要がある．これらの技術は，地上においても無線通信用に開発されていたが，途中に中継地点をおくことが可能な地上とは異なり，衛星経由の場合はすべてを静止軌道上の衛星で処理しなければならない．1954年には米国のベル研究所のJ・R・ピアース（John Robinson Pierce）が，高い感度のアンテナを使い，また電波を増幅して中継するという構想を掲げて研究が始まった．

2つ目の課題は，静止軌道まで衛星を運ぶための手段である．1900年代のツィオルコフスキー（Konstantin Eduardovich Tsiolkovsky，ロシア語 Константи́н Эдуа́рдович Циолко́вский）の多段式ロケットや液体ロケットの提案に始まり，1926年のゴダード（Robert Hutchings Goddard）による世界初の液体ロケットの開発を経て，衛星打ち上げ技術の発展が見られるようになった．しかし，静止軌道まで到達するには，一層の技術のブレークスルーが必要だった．そこで，一度，地球を片側の焦点とし，遠地点（アポジ点という）が静止軌道の高度である楕円軌道（静止トランスファー軌道）に衛星を投入し，その遠地点で衛星に搭載したエンジンを噴射して静止軌道に投入するという二段階の軌道投入方法が米国のH・ローゼン（Harold Rosen）によって考案された．現在使われている静止軌道に至るまでの主要なプロセスの説明を図9.26に示す．

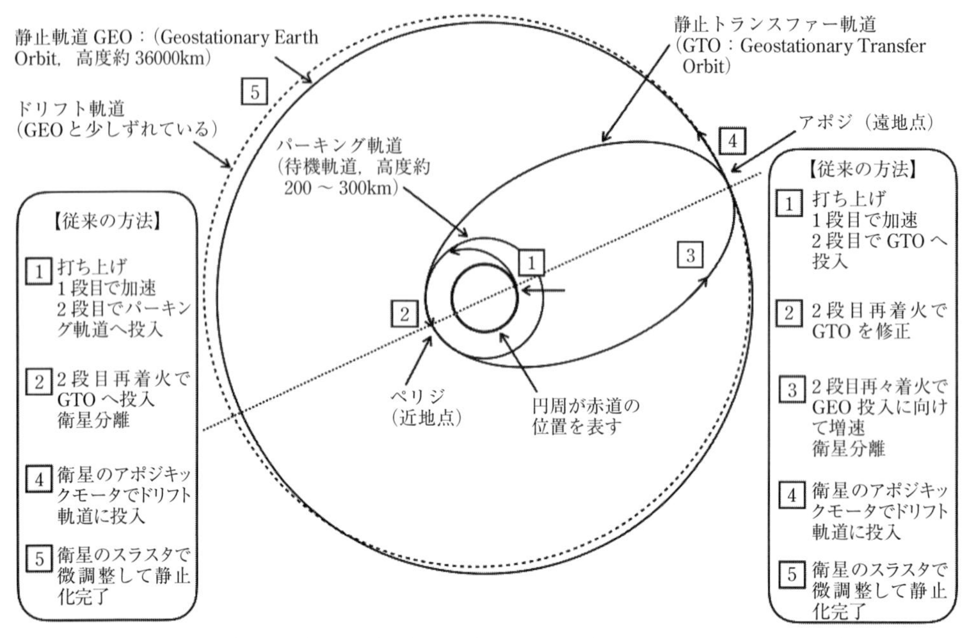

図9.26　静止衛星の打ち上げで使う軌道と静止軌道（地球を極方向から見た様子）

9.8.2　人工衛星で電波を中継する実験

1961 年 5 月 25 日，米国のケネディ大統領により，アポロ計画と合わせて，人工衛星による通信網構築の構想が表明された．これより，人工衛星でソビエト連邦に先を越されたことに対する国家の威信をかけた宇宙開発競争が始まった．既に 1960 年には高度約 2000 km と低軌道ではあるがエコー 1 衛星による電波の中継が行われ，また 1962 年には遠地点高度約 5700 km の楕円軌道に投入したテルスター衛星による米国とヨーロッパ間のテレビ中継が，さらに翌 1963 年 11 月には日米衛星中継が行われた．このときにはケネディの暗殺を伝えるニュースが流され，リアルタイムでニュースが世界に伝わるということの重大さに，人類は初めて遭遇したことになる．これを契機に，人工衛星で電波を中継する衛星通信の技術は急速に進展した．

9.8.3　静止衛星の実現がもたらした利便性の向上

テルスター衛星は周回衛星であったため，中継できる時間は 90 分程度であったが，衛星による電波の中継とこれを静止軌道で実現するための技術が結びつき，1964 年 8 月に初の静止通信衛星シンコム 3 号によるテレビ中継が実現した．同年 10 月には，この衛星を使って，アジアで初めて開催された東京オリンピックの中継も行われ，衛星による中継を世界中の多くの人が身近なものとして享受するきっかけになった．国際間のような長距離での通信に適した衛星通信を世界規模で普及させるために 1964 年にインテルサット（Intelsat）が，また 1972 年には旧ソビエト連邦が中心になったインタースプートニク（Intersputnik）が発足した．衛星通信は，船舶や自動車などの移動体を対象とした通信にも欠かせないものであり，1979 年にはインマルサット（Inmarsat）が発足した．災害時には可搬型の端末を設置することで，容易に通信回線を構築することができるなど，他の通信手段では難しい用途においても，今後一層の利用の拡大と発展が期待されている．

9.8.4　静止通信衛星のための新しい技術

静止衛星による電波の中継は，その特徴を活かして広く使われるとともに新しい利用技術やそれを実現するための搭載機器の研究開発も行われている．中でも衛星搭載アンテナは要求性能と使用する周波数で形状や寸法が規定されるため，衛星本体の形態やアンテナの折り畳みや搭載の方法など，技術的な難易度も高くなる．

国内の衛星通信は，1977 年の実験用静止通信衛星 CS「さくら」にはじまり，1983 年の CS-2a，CS-2b「さくら 2 号 a，b」，1988 年の CS-3a，CS-3b「さくら 3 号 a，b」と世代が進むのに伴い，技術の向上と大容量化が図られてきた．中でも，CS-3 では世界で初めて Ka バンド（20/30 GHz 帯）を使った大容量衛星通信を実現し，地上の無線回線との干渉を回避しながら日本列島をカバーする高い信頼性を有する通信網を築いた．これらの衛星はいずれもスピン安定型衛星であったが，その後の N-STAR 衛星では一層の大容量化のために 3 軸姿勢制御型衛星となっている．

衛星通信では使用する周波数で用途が決まってくる．前述した Ka バンドや Ku バンド（12/14 GHz 帯），C バンド（4/6 GHz 帯）は，固定通信と呼ばれる据え置き型の送受信装置を使った通信で使われる周波数である．これに対して，移動体通信では，より低い周波数である S バンド（2.4 ～ 2.6 GHz 帯）や L バンド（1.5/1.6 GH 帯）などが使われる．これらの周波数帯では，波長が大きくなるためアンテナが大形化することになり，衛星に搭載するためには折り畳みが可能なアンテナが必要になる．これらのアンテナを展開させるための機構は予備系を搭載することが困難で，展開時にトラブルが発生するとミッションに多大な影響を及ぼすことになる．したがって，超軽量で大形な展開アンテナの開発は喫緊の課題であり，世界的にも多くの研究開発が行われてきた[2]．

移動体を対象とした S バンドを用いる衛星通信では，アンテナの直径は 10 ～ 15 m 程度にもなり，これを搭載した技術試験衛星として 2006 年に図 9.27 に示す ETS-VIII（きく 8 号）が打ち上げられた．これは，寸法が 19m×17m もの大形展開アンテナを送信用と受信用に 2 面搭載し，静止軌道で中継する移動体通信実験が行われた．このアンテナは，金属の細い線材をメッシュ状に編んだものをケーブルで引っ張ることでパラボラ形状（回転放物面）を形成している．多数の張力を与えたケーブルと，それらと吊り合わせるように圧縮力が作用する CFRP（炭素繊維強化プラスチック）を主体とした骨組み構造で構成されている．この骨組み構造は，傘のように展開させる仕組みになっており，全体を 14 個の六角錐体の組み合わせで構成している．金属メッシュを鏡面に使用したアンテナは，支持方法は異なるものの，海外でもいくつかの形式のものが考案され実用化されている．

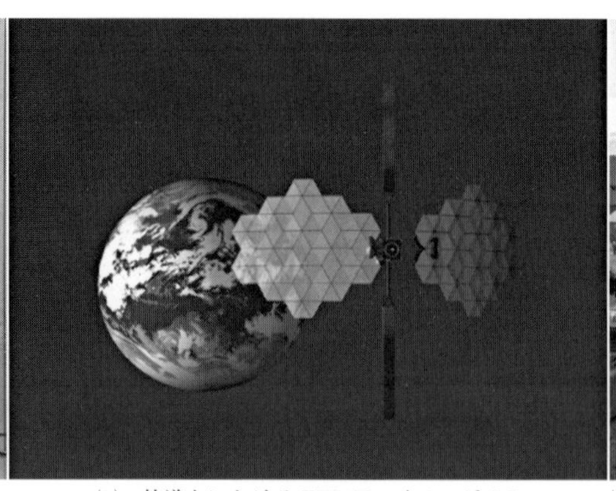

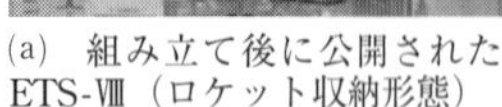

(a) 組み立て後に公開された ETS-Ⅷ（ロケット収納形態）

(b) 軌道上における ETS-Ⅷのイメージ CG

(c) 鹿児島県総合防災訓練における ETS-Ⅷ「きく 8号」通信実験

図 9.27 大形展開アンテナを搭載した技術試験衛星 ETS- Ⅷ（きく 8 号）と防災訓練における通信実験（©JAXA）

9.9 衛星による測位と輸送管理

9.9.1 衛星による測位システム

航海が長距離の主要な移動手段だった時代から，現在地を知り，目的地へと導くための様々な航法のための道具が考案されてきた．位置が決まっているランドマーク，例えば灯台は航海において不可欠な存在だった．太陽や月・恒星を使った天文航法では六分儀が重要な役割を果たすようになる．その後，無線通信の発明を経てビーコン波を使った電波航法が発達するが，電磁波（光や電波も電磁波に含まれる）を使った航法であることには変わりはない．その電波を発するものを宇宙に置き，それを使って測位を行うのが衛星測位システムである．

カーナビゲーションや携帯電話，カメラなど多くの身近な製品に GPS 機能が組み込まれており，GPS は今や日常生活に欠かせないものになってきている．GPS と呼ばれているのは，米国が 1970 年代の初めに軍事目的として基本設計を開始し，1995 年に完全運用が開始された全地球測位システム（Global Positioning System）のことである．同様な衛星システムは他にもあり，1970 年代後半にはソビエト連邦が，やはり軍事目的でグロナス（GLONASS: Global Navigation Satellite System）[1] の開発を始め，1980 年代後半には民生利用を開始した．欧州連合（EU）と欧州宇宙機関（ESA）も，1999 年頃からガリレオ（Galileo）[2] という民生用の測位衛星システムを開発している．GPS の知名度が圧倒的に高いが，一般的な名称としては GNSS（Global Navigation Satellite System：全地球測位衛星システム）が使われる．日本では測位精度を向上させることを目的に，これらの測位衛星システムを補完する準天頂衛星システム（QZSS: Quasi-Zenith Satellite System）の開発を進め，2010 年に初号機が打ち上げられ，将来は 4 機体制での運用が予定されている．以下では，GPS と QZSS について述べる．

9.9.2　広く使われているGPS

GPSは前述したように軍事目的として米国国防総省（DoD: Department of Defense）で開発されてきた．GPS衛星は軌道半径が約20000 kmで赤道面と55°の角度をなす6つの軌道面に各4機（予備機を除く）が配置されている．周期は約11時間58分である．運用状況は米国沿岸警備隊ナビゲーションセンター（US Coast Guard Navigation Center）のウェブページ（https://www.navcen.uscg.gov/）で知ることができる．運用が開始されてから20年以上を経過し，性能が向上した衛星へと順次置き換わってきている．それに伴い，衛星の設計寿命も当初の4.5年程度から10～15年へと伸びている．民生用として利用されている部分は，当初は意図的に精度を劣化させる方法が使われていたが，現在は暗号化することで軍事用途と民生用途を分けている．

測位衛星システムは，衛星の他に地上局を含めたシステムとして運用されている．前述したのは，この宇宙部分を構成するGPS衛星である．これに対して地上に置かれるのが制御部分である．これには，衛星の運用を監視し制御する管制局と，受信のみを行う5つの監視局がある．監視局で得た衛星のデータを基にして管制局から衛星を運用するための信号を送信する．GPSの受信機はユーザ部分と呼ばれ，これはメーカーにより開発と製造が行われる．そのために必要な情報は，前述した米国沿岸警備隊のウェブサイトから得られる．

GPSの測位精度を確保するために，高精度で高い安定性を有する原子時計が使われている．測位の原理は，いわゆる三角測量と同じであり，そのためには最低3機の衛星が必要となる．精度の向上にはデータの同期を取ることが不可欠であるが，ユーザ部分については低コスト化のために高精度な時刻を得る方法が使えない．このために実際の測位では，必要な精度を確保するために4機以上の衛星が使われる．

9.9.3　独自の道を歩むQZSS

軍事目的をベースに置く米国のGPSに対して，同じようなスタンスで構築した東側の測位システムがグロナスであり，またこれらに依存しない民生用のみとして構築を目指しているのが欧州のガリレオである．日本では，これらのシステムと共存することを前提にして測位精度の向上を目指す方法が選択された．これが日本版GPSとも呼ばれる図9.28に示すQZSSである．ここで使われる衛星は静止衛星と類似しているが，軌道上の1点に静止しているのではなく，南北方向に8の字を描くように見える軌道を取る．また，この軌道に複数の衛星を置くので，地上から見たときに静止軌道よりも常に仰角が高い位置に来た衛星を使うことができる．そのため，図9.29に示すように建物や山間部などでもGPSやガリレオの衛星と合わせて見える衛星の数を増やすことができ，測位精度の向上につながる．このためには，前項でも述べたような高精度時刻装置が必須になるが，米国製のセシウム原子時計を使用した高精度時刻比較装置が開発され，9.8節でも触れたETS-VIII（きく8号）で実証実験が行われた．QZSSは利用できる地域が限定されるが，日本だけではなく，ほぼ同じような経度のエリアにあるアジアやオセアニアの諸国でも利用が可能であり，日本の技術による国際貢献の一環にも位置付けられている．

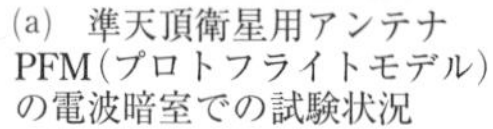

(a)　準天頂衛星用アンテナ
PFM（プロトフライトモデル）
の電波暗室での試験状況

(b)　軌道上における準天頂衛星
初号機「みちびき」衛星 CG

図 9.28　準天頂衛星初号機「みちびき」（©JAXA）

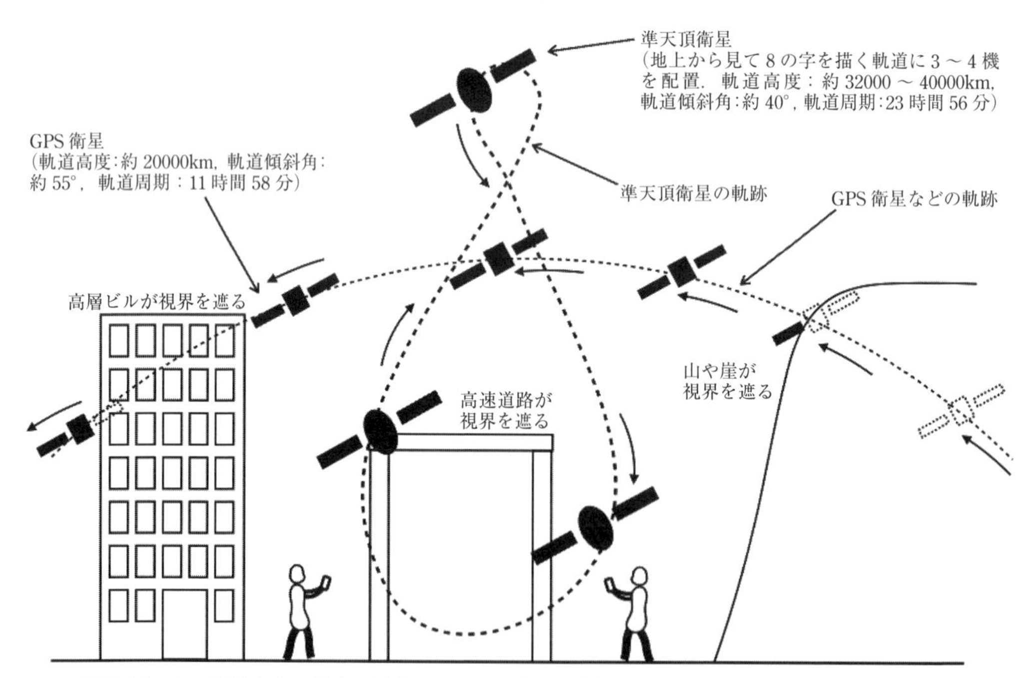

図 9.29　GPS 衛星などの既存の測位システムと準天頂衛星システムの組み合わせ利用のイメージ

9.10　宇宙環境の利用と国際宇宙ステーション

国際宇宙ステーション（ISS: International Space Station）は，15 か国の協力で運用されている，微小重力環境や宇宙暴露環境において有人による実験を行うことができる宇宙の実験室である．軌道高度は約 400 km であり，約 90 分かけて地球を一周している．1998 年にロシアの基本モジュールであるザーリャ（2000 年にはズヴェスタに機能を引き継ぐ）をベースに米国（デスティニー，ハーモニー，ユニティ），ESA（コロンバス，キューポラ），カナダ（カナダ

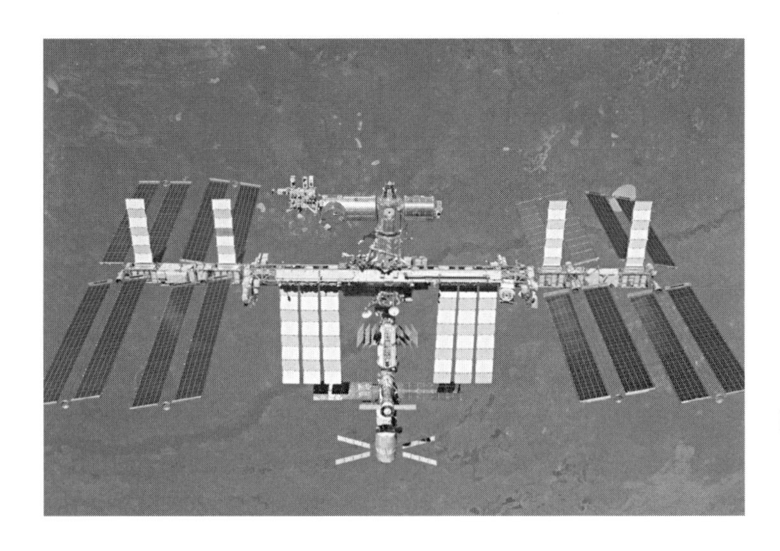

図 9.30　軌道上の国際宇宙ステーション．中央奥の左側が日本モジュール「きぼう」．（©NASA）

アーム2，デクスター），日本（きぼう）の各モジュールを連結し2011年7月に，図9.30に示す108.5 m×72 mのISSが完成した．ロシアは旧ソビエト連邦の時代よりミールという宇宙ステーションを運用しており，その技術がこのロシアの基本モジュールに活かされている．このように国際的な協力体制で構築され運用されていることがISSの大きな特徴である．

9.10.1　日本モジュール「きぼう」

日本モジュールである「きぼう」には，ISSで唯一の船外実験プラットフォームがあり，ロボットアームを使って操作をしながら宇宙空間の環境を使った実験を行うことができる．船外実験プラットフォームは幅5 m，長さ5.2 m，高さ3.8 mで，実験装置を取り付けるための12個のポートを有している．このポートを複数の実験テーマで共有して実験や観測を行うことができるポート共有実験装置が2012年7月から運用され，主に公募で選ばれた実験が行われている．インフレータブル式アクチュエータにより伸展する革新的な超軽量展開構造物の基盤技術の確立を目指したSIMPLEプロジェクトもその実験のひとつで，2012年8月17日にインフレータブル式のアクチュエータにより長さ1.3 mのCFRP製のマストを伸展させるという世界初の実験が行われ，その後3年間にわたる宇宙環境での健全性が確認された．実験装置の輸送は，スペースシャトルが引退した現在では，日本の宇宙ステーション補給機「こうのとり」(HTV: H-II Transfer Vehicle）で行われ，輸送から撤収までを日本が担当して行っている．

9.10.2　有人宇宙への道

ISSの大きな特色に有人による運用や実験がある．前述した日本モジュール「きぼう」にも，直径4.4 m，長さ11.2 mの船内実験室があり，1気圧に与圧された環境下で微小重力環境における実験を行っている．有人による実験は，宇宙服を着用しないで細かな操作が行えるというメリットがあり，医療や材料，科学，生物実験など多くのテーマが行われている．また，宇宙で人間が生活することが人体にもたらす影響を調べ，将来の月や火星への有人探査のための基礎データを蓄積することも重要な目的になっている．

9.10.3　軌道上の宇宙実験室の変遷

米国では，国家の威信をかけて取り組んできたアポロ計画の次の目標として，経済へのフィードバックを考えた産業利用を視野に入れた計画が求められていた．そこで，1970年代にISSの計画が始まったが，完成までには40年を超える歳月を要し，またその間に国家間の関係も，経済的な状況も大きく変わっていった．国際協力と言っても，当初ロシア（当時はソビエト連邦）は入っておらず，ESA，カナダ，日本の参加で進められていた．しかし，1986年のスペースシャトル「チャレンジャー号」の事故や，1991年12月のソビエト連邦の崩壊を経て，国際間の枠組みも大きく変わっていくことになる．

前述したように，ソビエト連邦は既に独自の宇宙ステーション「ミール」を運用しており，ソユーズ宇宙船による有人輸送システムと合わせて有人技術を蓄積していた．これらの技術の第三世界への流出を防ぐ意味もあり，またミールの技術を取り入れることでコストの削減を図ることも考慮に入れ，ロシアが参加することになり，その後の国際協力の形ができあがった．1995年6月のミールとスペースシャトルのドッキングを経て，最初に述べた1998年からのISS建設へと繋がっていった．

9.10.4　今後の宇宙環境利用に向けて

ISSの今後と，さらに将来の月や火星の有人計画を考えると，そこには多くの課題があることがわかる．ロシアの参加を得て大幅な設計変更を行い建設が始まった後も，2003年のスペースシャトル「コロンビア号」の事故と，2011年8月のスペースシャトルの運用終了により，有人輸送は一時期ロシアのソユーズ宇宙船だけになっていたが，2020年5月からは米国の民間会社が運用するドラゴン宇宙船も使われるようになった．

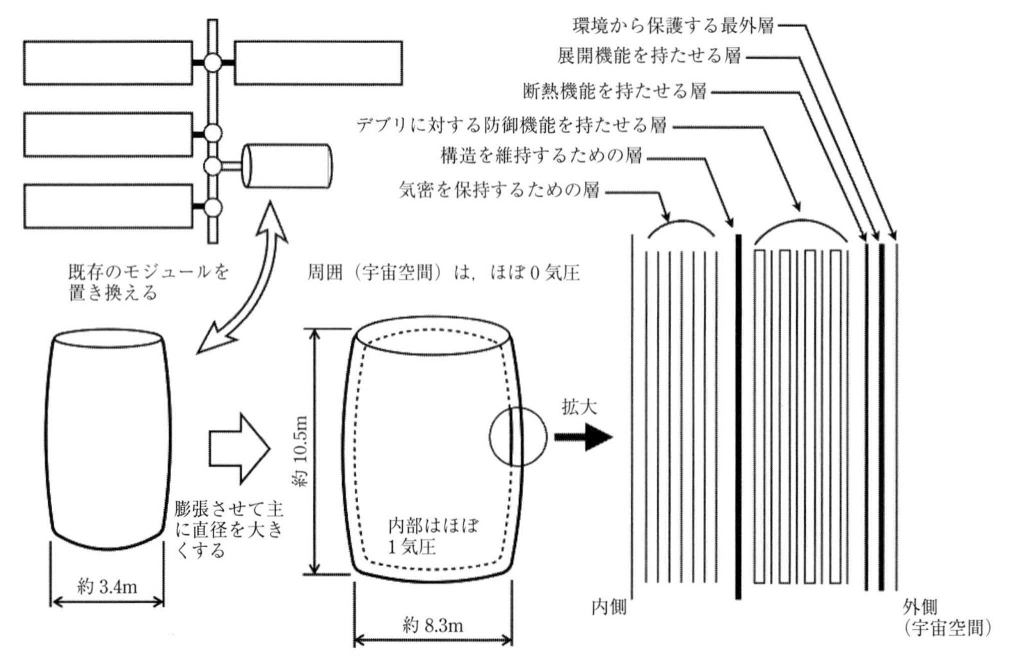

図9.31　インフレータブル式による宇宙ステーション用居住モジュールのしくみ

物資だけの輸送については，これまで日本の宇宙ステーション補給機「こうのとり」の他に，ロシアのプログレス補給船および米国の民間会社が運用するシグナス宇宙船とドラゴン宇宙船が使われてきたが，「こうのとり」の運用は2020年8月に終了した．このような中でISSの運用が2024年ごろまでに延長されたが，モジュールの中には設計寿命の15年を超えるものもあり，図9.31に示すような米国のベンチャー企業であるビゲロー・エアロスペース社の新たなインフレータブル式モジュールを連結する実験が行れている．インフレータブル式の居住モジュールは，将来は火星有人計画でも構想されており，有人技術を支えるインフラ技術として期待が寄せられている．

9.11　技術者倫理と宇宙に関する法律

宇宙に関する技術といえども他の技術と大きな違いがあるわけではないが，それが大規模なシステムの構築によるものであることと，長い目で見たときに社会にもたらす影響が非常に大きいということが特異的と考えることができる．前者は，打ち上げのためのロケットや宇宙ステーション，人工衛星や探査機の開発や運用を見れば明らかであるし，後者においては地球外生命体の探査や地球上の生命の起源に関する探査の結果を想定すれば十分だろう．それらは単なる知的好奇心というだけでは済まされず，研究者や技術者には高い倫理観が求められるし，イノベーションの創出が不可欠である以上は技術経営（MOT: Management of Technology）の視点も欠かせない．歴史上に残された多くの成果が，このような人類の高度な知恵と知性がもたらしたものと考えることができる．本節では宇宙に関する法律について述べる前に，技術者倫理とMOTについて簡単に触れておく．

9.11.1　宇宙と技術者倫理

事故や事件の事例は技術者倫理の教材として使われることが多い．宇宙に関しては1986年のスペースシャトルチャレンジャー号の事故がよく取り上げられる．この事故は，ロケットブースターのシール部品が劣化しているという情報を事前に把握しておきながら，適切な対策を取らなかったため打ち上げ時に空中分解に至り墜落したというものである．事故の状況の分析結果や事故に至った経緯の調査報告などの詳細が公開されている．その中でよく取り上げられるのが，技術者と経営者という立場の異なる当事者の言動である．「技術者の帽子を脱ぎ，経営者の帽子をかぶりたまえ」と言う有名なフレーズにそれが端的に示されている．

技術者は専門家として，他の誰よりも現場の状況を理解している．つまり，第三者に対して適切に説明したり必要な情報を開示できる唯一の立場にいる．もしそこに事故につながるような懸念があるとすれば，事故を未然に防いだり被害を最小限にくい止めるために行動する責任がある．これはまた，科学技術が人々から信頼される素地を作り，科学技術の進歩によって社会問題を解決するという社会の健全な発展に寄与することにもつながる．しかし，実際は，技術者と言っても企業や組織のピラミッド構造の中で業務を行うので，技術者と経営者という明確な立場の相違よりも，同じような技術者の中でのヒエラルキーが問題になることの方が多い．

そのため，個々の事例はわかりやすいが，本質的なところで分析と対策が進まなければ同じような事故を避けることができない．

米国では20世紀になってから，技術者倫理に関する規定が学協会で制定されるようになった．そして，これまでの慣習に基づいた倫理に対して，公衆の利益や環境への配慮といったような広い対象を背景に現在まで進展してきた．例えば，1900年代の初頭には，電気電子工学の学会であるIEEE（The Institute of Electrical and Electronics Engineers, Inc.）や機械工学の学会であるASME（American Society of Mechanical Engineers）がそれぞれ倫理規定を制定している．日本においては，日本機械学会が，1999年12月14日（最新は2013年1月16日理事会一部変更承認）に「日本機械学会倫理規定」（https://www.jsme.or.jp/about/ethical-consideration/）を制定した．また，日本航空宇宙学会も，2014年1月10日（2017年6月23日改定）に「日本航空宇宙学会倫理規定」（https://www.jsass.or.jp/society/214/）を制定した．

同様な倫理規定は，多くの学協会や企業・組織においても制定されるようになってきている．それぞれの組織に属する技術者は，これらの倫理規定を遵守する必要がある．ただし，そのためには技術者として不断の研鑽が必要になる．自分が関わる科学技術がどのような危害をもたらす可能性があるのか，それが正確に認識できなければならない．また，それを第三者に口頭や文書で的確に説明する必要もある．人間であれば感情や利害（これが先に述べた経営者の視点のひとつ）に左右されることがあるかもしれないが，科学技術による知見を尊重し，それを基にした適切な判断ができなければならない．技術者には，このような能力が向上できるように日々の勉学と研鑽が求められている．

9.11.2　MOTの視点が不可欠な宇宙ビジネス

MOTは，特にイノベーションの創出を目的とするような企業などにおいて，技術の発展や変化と経営管理を総合的に捉えて，バランスを保ちながら企業などを運営していく手法である．1990年代に米国で開始された後に普及し，日本では2000年代から取り入れられるようになった．それまでは，経営学修士（MBA: Master of Business Administration）が有名であったが，それを現代のニーズに合うように発展させたものとも，また工学の分野のMBAに相当するものともいわれている．MOTが普及した背景には，企業などの国際競争力の向上や，経済の活性化や継続的な人材育成の必要性などがあった．

宇宙はフロンティア研究の代表的な場でもあり，コストもかかるが社会に与える影響も大きく，効率的な技術開発が不可欠である．国の事業として行われる部分に対して，近年ではビジネスとして成立しているものも少なくなく，MOTの手法を取り入れた企業や組織の活動が求められるようになっている．技術に対して経済的な価値を生み出すという視点で捉え，いつどのような技術を開発していくのか，またどの技術をどこで導入するのかといったことを戦略的に検討して経営や運営に反映していく．社会から期待される技術者の能力には，独創性のある技術の提案，新技術やシーズの創出，革新技術による事業化やベンチャー創出，リスクマネジメント，戦略的な知的財産の活用などがあるが，フロンティア領域での研究開発はこれらの能力を向上させるのに適している．

9.11.3　国際法としての宇宙法

国際法としての宇宙法（International Space Law）は1960年代になってから国際連合（国連）において検討が進み制定された．当時は，1957年10月のソビエト連邦によるスプートニク1号の打ち上げと1958年1月の米国によるエクスプローラー1号の打ち上げで宇宙利用が幕を開けようとしていた．これらの宇宙利用と法制化の歴史上の関係を図9.32に示す．国連宇宙空間平和利用委員会の下部組織である法律小委員会で検討され，まず1967年に宇宙条約（宇宙憲章）が制定された．これは月その他の天体を含む宇宙空間の探査および利用における国家活動を律する原則に関する条約であった．そこには，宇宙活動自由の原則，宇宙空間領有禁止の原則，宇宙平和利用の原則，国家への責任集中の原則の4つの基本的な原則が示されている．

宇宙活動自由の原則は，宇宙条約第1条で規定され，すべての国が，天体を含む宇宙空間を自由に探査および利用することが可能とし，すべての国の利益のために，また全人類に認められる活動分野とされている．宇宙空間領有禁止原則では，天体を含む宇宙空間は，主権の主張，使用，占拠，またはその他のいかなる手段によっても，国家による領有権の対象とはならないとしている．その際に，国々の領土･領海上空の「領空」や公海上空の「公空」の上部空域に，新たな法制度の下におかれた「宇宙空間」という空域を創設している．

宇宙平和利用の原則では，天体を含む宇宙空間の軍事利用の禁止が示されている．ここで，天体についてはもっぱら平和目的のために利用し，一切の軍事利用が制約されているものの，宇宙空間については「核兵器および他の種類の大量破壊兵器を運ぶ物体を地球を回る軌道に乗せないこと」だけが規定され偵察衛星の利用が制約されていない．国家への責任集中の原則では，宇宙開発活動に伴う国際的責任を国家に集中させ，打ち上げられた宇宙物体が他国に損害を与えた場合は，打ち上げ国は無過失責任を負うとしている．

西暦（年）	米国	ソビエト連邦／ロシア	法制化
1950			
1960	◆ 1958：エクスプローラー1号の打ち上げ	◇ 1957：スプートニクの打ち上げ	△ 1958：国連宇宙空間平和利用委員会
	◆ 1969：月面有人探査		△ 1967：宇宙条約（宇宙憲章）制定 △ 1968：救助返還協定制定
1970		◇ 1970：月無人サンプルリターンおよび無人探査 ◇ 1971：サリュートの打ち上げ	△ 1972：宇宙損害責任条約制定 △ 1976：宇宙物体登録条約制定 △ 1979：月協定制定
1980			
1990	◆ 1986：スペースシャトルチャレンジャー号事故	◇ 1991：ソビエト連邦の崩壊	
	⬘ 1995：ミールとスペースシャトルのドッキング		
2000	◆ 2003：スペースシャトルコロンビア号事故		日本
2010			△ 2008：宇宙基本法
	⬘ 2011：国際宇宙ステーションの完成		△ 2012：内閣府宇宙戦略室宇宙政策委員会

図9.32　宇宙利用の進捗と関連する法制化の流れ

その後，1968年には救助返還協定が制定された．これは，宇宙飛行士の救助や送還ならびに宇宙空間に打ち上げられた物体の返還に関する協定で，宇宙飛行士の事故・遭難・緊急着陸の際には，その飛行士に対するすべての可能な援助を付与することが求められている．また，1972年には宇宙損害責任条約が，1976年には宇宙物体登録条約が，1979年には月協定がそれぞれ制定された．宇宙法の条文は国際連合宇宙局（UNOOSA: United Nations Office for Outer Space Affairs）のウェブサイト（https://www.unoosa.org/）や，JAXAのウェブサイト（https://stage.tksc.jaxa.jp/spacelaw/）で見ることができる．

9.11.4　国内法の宇宙基本法

日本では，宇宙基本法が2008年5月28日に公布され，同年8月27日に施行された．それまでは，国内の宇宙開発については文部科学省に置かれた宇宙開発委員会で扱われていたが，宇宙基本法の施行後は内閣府に設けられた宇宙開発戦略本部で扱うように変更になった．条文は内閣府の宇宙政策のウェブサイト（https://www8.cao.go.jp/space/law/law.html）で見ることができる．宇宙基本法の基本的な理念は，「宇宙の平和的利用，国民生活向上および我国の安全保障などへの寄与，宇宙関連産業の技術力および国際競争力の強化，人類社会の発展への貢献，国際協力の推進，国による総合的施策の策定及び実施の責務」とされている．

宇宙基本法の目標には，研究開発を促進することが示されているが，その目的をこれまでより拡大しかつ具体化したことに特徴が表れている．それは，宇宙開発や宇宙利用による国際社会の平和と日本の安全保障への活用であり，それをもって宇宙産業の振興を図ることを想定している．宇宙産業の振興のためには，民間事業者による宇宙開発や宇宙利用が促進できるような枠組みの構築が必要である．また，継続的に研究者・技術者を養成し維持していくことも欠かせない．人工衛星や宇宙機の主体性を持った打ち上げを継続して行えるようにして，技術力の向上やシステムや装置・運用にまたがる信頼性の向上を図る必要がある．宇宙探査および宇宙科学研究についても，国際協力を中心にした研究開発や人材の育成を通して，これまでの科学的な成果に加えて地球環境の保全のような直接人類への貢献がフィードバックされる成果も求められている．

註

1）GLONASS: 軌道半径25510 kmで赤道面と64.8°の角度をなす3つの軌道面に各8機の衛星を配置する．周期は約11.25時間である．運用状況は，ロシア航空宇宙局（Russian Space Agency）のInformation Analytical Centerのウェブサイト（https://www.glonass-iac.ru/）で知ることができる．

2）Galileo: 軌道半径29600 kmで赤道面と56°の角度をなす3つの軌道面に各10機の衛星を配置する予定となっている．周期は約14時間である．初期には打ち上げの失敗もあり，システムの構築に時間がかかっている．

第10章

惑星間の航行による探査フィールドの拡大

宙　美：この間，ボイジャーが太陽圏から出たってニュースで言っていたけど，よくそんなに遠くまでいけるわよね．

宇太郎：ヨットみたいに宇宙で帆を広げて進む探査機もあるらしいね．宇宙は太陽の光子が飛んでくるから時間をかければ加速できるんだね．

空　代：太陽から遠くなると，太陽光をエネルギーに使うのが難しくなるわね．

航次郎：軌道を変えるのに，他の惑星の引力を利用しているって聞いたことがある．

宙　美：物理で勉強した万有引力の法則かしら．

宇太郎：でも，複数の惑星が影響を及ぼすし，時時刻々と動いているから，計算は大変そうだけど，空気がない宇宙では意外に計算通りにいくのかもね．

天体の運行や変化の観測は，肉眼による観測に始まり，古代エジプト，インカ，ギリシャなどで主として暦や時刻の計測・調整のために行われた．17世紀初頭にイタリアのガリレオ・ガリレイ（Galileo Galilei）は，オランダのハンス・リッペルスハイ（Hans Lipperhey）が発明した望遠鏡（1608年）を自作・改良して天体観測を行った．翌年からガリレイは，月面の凹凸（1609年），木星の4つの衛星（イオ，エウロパ，ガニメデ，カリスト，1610年），金星の満ち欠け（1610年），太陽の黒点（1610年）などを次々に発見し，天体望遠鏡による宇宙観測を劇的に進化させた．

一方，宇宙航行に関する研究は，19世紀末から20世紀初頭に始まった．ロシアのコンスタンチン・ツィオルコフスキー（Константин Эдуардович Циолковский）は，ロケット推進に関する理論的な考察を行い，有名な「ツィオルコフスキーの式（ロケット方程式）」を示した（1897年）．また，ロシアのフリードリッヒ・ザンデル（Фридрих Артурович Цандер）は，惑星間航行に関する研究を行い，重力アシスト（スイングバイ）による飛翔体の加速・減速の方法について初めて示した（1925年）．同時期に，ドイツのヘルマン・オーベルト（Hermann Oberth）は著書の中で宇宙航行の原理について記述している．

このような中で，ロケットの技術的な開発は，米国のロバート・ゴダード（Robert H. Goddard）による液体ロケットの飛行実験から始まる（1926年）．同時期に，ロシアのザンデル，ドイツのオーベルトやヴェルナー・フォン・ブラウン（Wernher von Braun）らは，実用的なロケットの開発ならびに飛行実験を行った．

宇宙空間に初めて到達したロケットは，ドイツのA4ロケット（1942年）で，初の人工衛星は旧ソビエト連邦のスプートニク1号（1957年）である．その後，地球以外の天体を目指し，月（1959年）や金星（1962年），火星（1964年），木星（1973年），水星（1974年），土星（1979年），天王星（1986年），海王星（1989年），冥王星（2015年）などに次々と探査機が送りこまれた．

本章ではこれらの探査機の航行に必須の軌道計画やロケットエンジンを使った輸送技術について解説する．また，これまでに打ち上げられた探査機の概要とミッションの一例についても紹介する．表10.1に宇宙探査の種類をあげる．主にフライバイ（通過観察），周回軌道からの観察，着陸による表面観察などがある．

表10.1　宇宙探査機による探査の種類・方法

探査の種類		探査対象までの距離	探査時間	探査範囲	難度
フライバイ	通過軌道からの観察	長	短	通過点付近	中
周回	周回軌道からの観察	長	長	周回軌道から見える領域のみ	高
着陸	地上観察	短	長	着陸点近傍に限定	超高

10.1　惑星間航行の軌道計画

地球から打ち上げた宇宙機が，地球の重力が及ぶ領域から脱出して惑星間航行を行うことは，大航海時代のように未知の航路を切り開いて旅する様（さま）に似ており，人類にとって胸踊る出来事の1つである．宇宙機が地球の重力の束縛から解き放たれて目標の惑星に到達するには，宇宙機の推進機（ロケットエンジン）の推力ベクトルの大きさと方向を適切なタイミングで適切な時間幅だけ作用させることが重要である．すなわち推進機を最適に動作させると，地球の重力圏から離脱し，惑星間を航行し，深宇宙に向かう軌道を取ることができる．

このような惑星間航行の軌道を計画するためには，地球出発から惑星到達までの軌道の遷移に必要な速度修正量（$\varDelta V$，推進機の動作で発生させる）を定める必要がある．このとき，近似的に宇宙機と主天体との間に作用する引力のみを考慮する2体問題を用いることにより，簡便に理解することができる．宇宙機が地球を出発する際の軌道（地球脱出軌道）を定める場合の主天体は地球で，その後の惑星間軌道の主天体は太陽である．また，惑星到達時の軌道（惑星周回軌道）の主天体は惑星である．したがって，地球脱出軌道から惑星周回軌道に至るまで，宇宙機と主天体とのそれぞれの軌道を円滑につなぎ合わせる必要がある．なお，これらの軌道は，第9章で述べたように，円軌道，楕円軌道，放物線軌道，双曲線軌道のいずれかで，円錐曲線（円錐を任意の平面で切断したときの断面の曲線群（2次関数））とも呼ばれ，これらをつなぐ方法は，接続円錐曲線法（Patched conics method）と呼ばれる．実際には，その他の天体の影響や太陽輻射圧なども考慮する必要があり，より厳密な手段として数値積分法（Numerical integration method）を用いて軌道を定めている．このような手順で必要な速度修正量が定まると，次は宇宙機が搭載すべき推進剤の総量が決まる．

10.1.1　地球重力圏からの脱出軌道 [1]

宇宙機が地球の重力の影響圏から脱出する軌道は，地球脱出軌道と呼ばれる．この場合，宇宙機に必要な速度修正量$\varDelta V$を発生させることで，地球周回軌道（楕円軌道，近点速度 $\boldsymbol{v}_P$）から惑星間航行に向かう双曲線軌道（双曲線脱出速度，$\boldsymbol{v}_{Rout}$）へ移行させる（図10.1）．

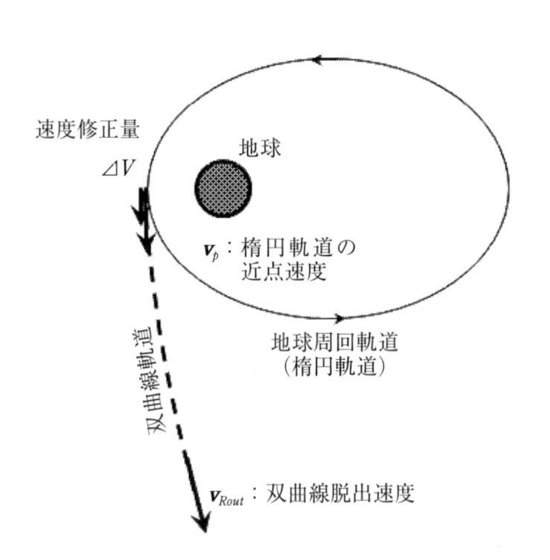

図10.1　地球重力圏からの脱出軌道

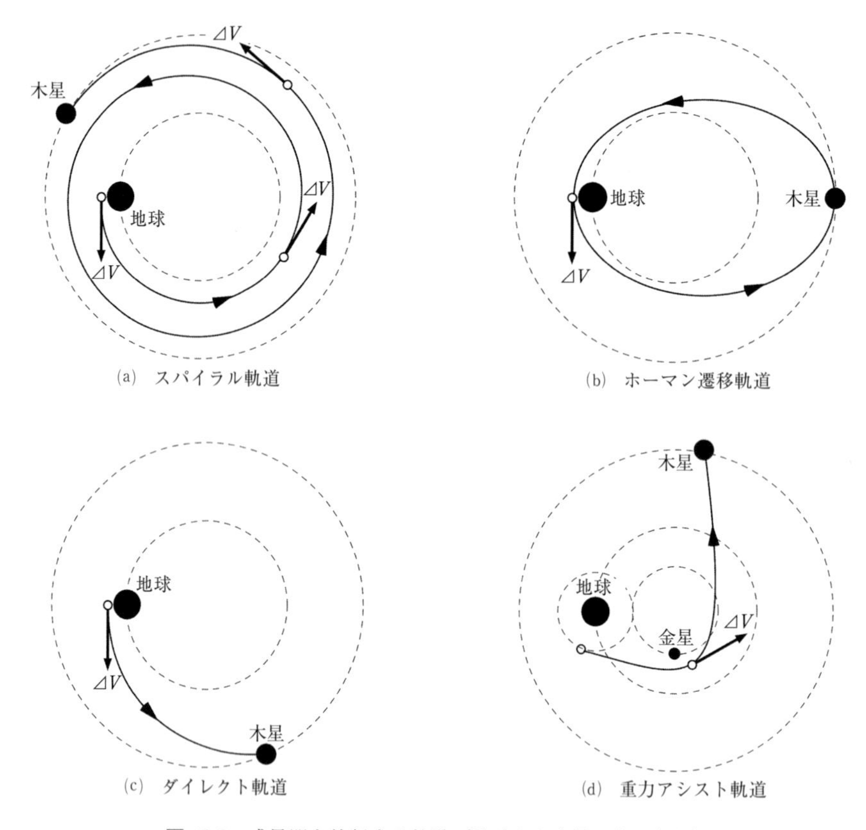

図 10.2　惑星間を航行する軌道（地球から木星へ向かう例）

10.1.2　惑星間を航行する軌道

地球以外の惑星（ここでは一例として木星とする）に宇宙機を送り込む場合，代表例として4通りの軌道計画がある．(1)スパイラル軌道，(2)ホーマン遷移軌道，(3)ダイレクト軌道，(4)重力アシスト軌道，などで，図 10.2(a)〜(d)に示す．

(1)　スパイラル軌道

スパイラル軌道は，イオンエンジンのような小さい推力の推進機を連続的に動作させて，宇宙機の速度をわずかな修正量ΔVだけ増加させながら，図 10.2(a)のようにスパイラル状に軌道経路を徐々に押し広げる方法である．目標の惑星までの到達時間は長く掛かるが，小型軽量の推進機を効率良く動作させることで，遠方まで到達させることができる点が大きなメリットである．

(2)　ホーマン遷移軌道

ホーマン軌道は，図 10.2(b)のように地球と木星を結ぶ楕円軌道で，軌道力学を使って容易に計算することができる．地上から打ち上げられた宇宙機は，まず地球の周りを周回し，地球をはさんで木星と反対側の地点で推進機を1回だけ動作させて（力積（インパルス）を発生），速度をΔV増加させる．これにより，木星に向かう楕円軌道に遷移させることができる．太陽系の惑星はほぼ同一平面内で円に近い楕円軌道を描いているため，ホーマン軌道を用いて，地球出発時および惑星到達時のそれぞれの速度を算出できる．

(3)　ダイレクト軌道

ダイレクト軌道（図10.2(c)）は，その他の軌道計画のうちで最も推進機のエネルギーが要求される特別な軌道で，大出力の推進機が必要である．地球の周回軌道上で，綿密に計算されたベクトル方向に1回だけ推進機を動作させて，図のように探査目的の木星に向けてまっしぐらに航行させる軌道である．ダイレクト軌道を使うと，短時間で目的地に到達できるという大きなメリットがある．

(4)　重力アシスト軌道[1]

重力アシスト（Gravity assist）軌道（図10.2(d)）は，途中で第3体（ここでは金星）の重力を利用して宇宙機の速度を加速する方法で，スイングバイ（Swing-by）軌道，フライバイ（Fly-by）軌道とも呼ばれる．この方法により，打ち上げエネルギー（すなわち宇宙機に搭載する推進剤質量）の低減や飛行時間の短縮が可能である．

図10.3に示すように，太陽を基準（固定座標）にみたときの重力アシスト対象天体の公転速度 $\boldsymbol{v}_G$，探査機の重力アシスト前・後の速度がそれぞれ $\boldsymbol{v}_{in}$，$\boldsymbol{v}_{out}$ のとき，対象天体からみた相対的な進入速度 $\boldsymbol{v}_{Rin}$ は，

$$\boldsymbol{v}_{Rin} = \boldsymbol{v}_{in} - \boldsymbol{v}_G \tag{10.1}$$

である．同様に重力アシスト後の相対脱出速度 $\boldsymbol{v}_{Rout}$ は，

$$\boldsymbol{v}_{Rout} = \boldsymbol{v}_{out} - \boldsymbol{v}_G \tag{10.2}$$

である．すなわち，探査機は対象天体に対して相対的に $\boldsymbol{v}_{Rin}$ で進入し，$\boldsymbol{v}_{Rout}$ で脱出する双曲線軌道をとる．このとき $\boldsymbol{v}_{Rin}$ と $\boldsymbol{v}_{Rout}$ の大きさは同一で，方向が φ_s（速度偏向角）に変わる．したがって，太陽からみた重力アシスト後の速度 $\boldsymbol{v}_{out}$ は，

$$\boldsymbol{v}_{out} = \boldsymbol{v}_{Rout} + \boldsymbol{v}_G \tag{10.3}$$

で，すなわち宇宙機の速度が加速され（$\boldsymbol{v}_{out} > \boldsymbol{v}_{in}$），方向も変わる．

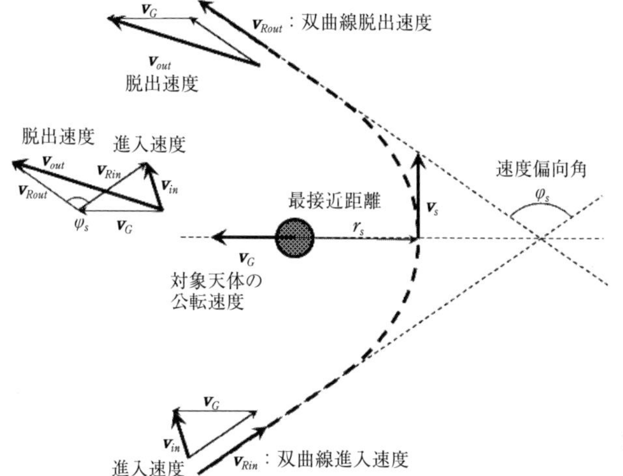

図10.3　重力アシスト軌道
（参考文献[1]を参考に作成）

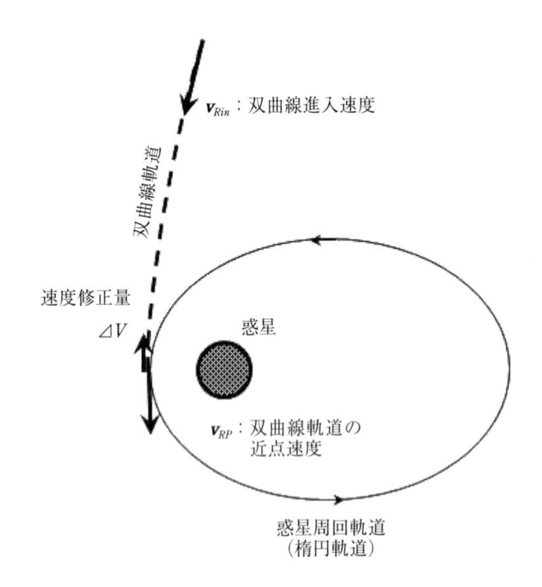

図 10.4　惑星周回軌道への投入

(5)　惑星周回軌道への投入[1]

宇宙機が目標の惑星の重力圏に入り周回する軌道は，惑星周回軌道と呼ばれる．この場合，宇宙機に必要な減速$-\varDelta V$を発生させることで，惑星間航行の双曲線軌道（双曲線進入速度$\boldsymbol{v}_{Rin}$）から惑星周回軌道（楕円軌道）へ移行させる（図 10.4）．このとき，楕円軌道の近点速度の方が円軌道速度より大きいため，軌道投入に必要な減速度は小さくて済む．また，大気を持つ惑星に軌道投入させる場合，大気抵抗を利用して宇宙機の速度を減速できるので，推進剤を節約しつつ軌道投入することができる．

10.1.3　実際の軌道計画

実際の探査機においては，例えば重力アシストは，1974 年 2 月に金星および水星を探査したマリナー 10 号（米国）が史上初めて行った．それ以前の初期の金星・火星探査（例えば，マリナー計画（米国），ベネラ計画（旧ソ連），マルス計画（旧ソ連））では，ホーマン軌道を用いている．スパイラル軌道は，イオンエンジンを搭載したドーン（2007/9/27 ～現在航行中），はやぶさ（2003/5/9 ～ 2010/6/13）などの探査機が採用した．最速の探査機として冥王星を観測したニューホライゾンズ（2006/1/19 ～ 2015/7/14（冥王星最接近）～現在航行中）は，ダイレクト軌道に近い軌道をとった（途中の木星で重力アシストを実行）．

惑星間を航行するような大規模な宇宙ミッションを計画するときには，宇宙機の質量，推進機の出力，課せられた時間の制約などを様々に考慮して，前述の軌道から最適なものを選択し，ときには複数の軌道を組み合わせて計画が練られる．エネルギー効率を配慮した軌道変更方法のスパイラル軌道とホーマン遷移軌道，そして宇宙航行の時間短縮を配慮したダイレクト軌道と重力アシスト軌道のすべてにおいて，速度修正$\varDelta V$のタイミングが重要となる．よって，宇宙ミッションに関わる研究者は，地上のコンピュータを使って繰り返し宇宙機の精密な軌道計算を行い，さらに絶妙のタイミングで最適な推進力を宇宙機が確実に発揮するように工夫している．

10.2　惑星間航行用の輸送技術

惑星空間（深宇宙空間）に宇宙機（探査機）を航行させるための輸送技術としては，現時点では，ロケットエンジンを用いる方法が唯一である．ロケットエンジンは，宇宙機の姿勢や軌道を自由に制御するためにも用いられる．この節では，宇宙用ロケットエンジンの種類や性能について説明する．

10.2.1　宇宙用ロケットエンジンの種類[1][2]

(1)　ロケットエンジンの性能

ロケットエンジンの性能を表す指標や方程式は複数あるが，ここでは宇宙航行に関わる重要なものを取り上げて説明する．

i）推力

ロケットの推力 F は，ロケットから排気される推進剤ガスの質量流量（単位時間で消費する推進剤質量）$\dot{m}$ と排気速度 u_e との積，

$$F = \dot{m}u_e \tag{10.4}$$

で表せる．したがって，大きな推力を得る場合は，質量流量および排気速度を大きくすればよい．しかしながら，大きな質量流量を得るには，大型の推進剤タンクを備えた巨大ロケットを要するのでコストが莫大になり現実的ではない．一般的には，宇宙機に搭載可能な推進剤の質量は大幅に制限される．したがって，排気速度 u_e をいかにして大きくするか工夫する方が現実的といえる．

ii）力積

ロケットエンジンは，宇宙機に対して推力を及ぼす．これにより宇宙機は，推力を作動時間で積分した力積を獲得する．この力積により，宇宙機の軌道や姿勢の変更・制御がなされる．

iii）比推力

比推力（I_{sp}, specific impulse）は，単位重量当りの推進剤で得られる全力積で，推力一定の場合は，推力を推進剤消費重量で除して（gは重力加速度），

$$I_{sp} = \frac{F}{\dot{m}g} = \frac{\dot{m}u_e}{\dot{m}g} = \frac{u_e}{g} \tag{10.5}$$

で表される．単位は「秒」でエンジンの燃費を表す指標で，上式より排気速度に比例する．比推力が高いエンジンほど長時間の利用（長期ミッションあるいは遠くへ行くミッション）に適している．

iv）ツィオルコフスキーのロケット方程式

宇宙機の初期質量 M_i，最終質量 M_f（$=M_i - M_p$）（M_p は推進剤質量）として，排気速度が一定のとき，宇宙機の速度増分ΔV（前述の速度修正量と同義）は以下のように表せる．

$$\Delta V = u_e \ln\left(\frac{M_i}{M_f}\right) \tag{10.6}$$

上式は，ツィオルコフスキーのロケット方程式としてよく知られている．ΔVが大きいほど遠くの天体に到達できるので，質量比M_i/M_fおよび排気速度u_eを大きく取ることで，大きなΔVを実現できる．ここで，前者はいかに巨大なロケットで大量の推進剤を噴射するかで決まるので，必然的にコストが膨大になり現実的ではない．後者は，比推力の高いロケットを採用することで実現可能である．

(2)　宇宙用ロケットエンジン（補助エンジンンと主エンジン）

ロケットエンジンの種類，サイズや性能は，用途によって大きく異なる．姿勢制御など小さい力積を発生する補助エンジンと軌道変更などの大きな力積を発生する主エンジンとに大別される．特に前者はスラスタ（Thruster）とも呼ばれる．宇宙機の質量にもよるが，例えば補助エンジン（姿勢制御用スラスタ）は比較的小型・軽量で，複数器をパルス的に短時間作動させる．これにより微小力積を宇宙機に与え，回転運動や並進運動を誘起させて姿勢の精密な制御を実行する．一方，主エンジン（軌道制御用エンジン）は，比較的大型で長時間作動させる．これにより，大きな力積を宇宙機に与え，軌道・針路を大幅に変更することが可能である．また，主エンジンは，軌道維持のような補助エンジン的な役割を担うこともある．

(3)　化学ロケットと電気ロケット

宇宙用のロケットエンジンは，化学ロケットエンジン（化学推進）（第8章参照）と電気ロケットエンジン（電気推進）とに大別される．

宇宙用の化学ロケットエンジンは，液体ロケットが広く用いられており，2液式と1液式に大別される．2液式は，燃料と酸化剤を内蔵し，これらの燃焼反応で発生した高温・高圧ガスをノズルから噴出することで推力を発生する．1液式は，1種類の液体を触媒や加熱により分解してガス化し，ノズルから噴出することで推力を発生する．構造が単純なので小型のスラスタに適している．いずれもエネルギー源が化学エネルギー（化学反応（燃焼反応や触媒反応）で発生する熱エネルギー）なのでこう呼ばれる．この高い熱エネルギーを持つ高温・高圧の気体は，釣り鐘型のノズル中を通すと，空気力学的な作用により加速されて超音速流となる．すなわち，ノズルを介して熱エネルギーがガスの運動エネルギーに変換されて，高速度のガス流がノズル出口から排気される．このときの反作用によりノズル出口面が推力を受けることで推力を発生する．

電気ロケットエンジンは，電気エネルギーを種々の加速機構を介して推進エネルギーに変換する[3][4]．エネルギー源を電池（主として太陽電池）に頼るので，化学ロケットの燃焼反応に匹敵するような高エネルギー密度の電池が開発されない限りは，エネルギー源（発生エネルギー（あるいは推力））の大きさという点で化学ロケットに劣る．

しかしながら，比推力が高い点など様々な利点があり，特に最近実用化が進み，今後一層の用途の拡大が期待されている．この場合，高密度の電気エネルギーを少量の推進剤に投入するので，推進剤は電離したプラズマ状態となる．このことからプラズマロケットエンジンと呼ばれる場合もある．加速機構は，電熱加速，静電加速，電磁加速に大別される．

電熱加速型は，電気ヒータや電気放電などによって気体の推進剤を加熱して高温の気体を作り，それをノズルで空気力学的に加速・排出する方式である．レジストジェット，アークジェットなどが実用化されている.

静電加速型は，推進剤を電気放電により電離してイオン化し，それを静電場で加速する方式である．加速電圧を上げることにより10000秒を超える比推力を得ることも可能である．イオンエンジン，ホールスラスタなどが実用化されている.

電磁加速型は，推進剤を電気放電で電離し，プラズマ状態のまま電磁的に（プラズマ中に流れる電流と磁場の相互作用（ローレンツ（Lorentz）力）で）加速する方式である．静電加速型に匹敵する比推力を得ることが可能である．MPD（Magneto-plasma Dynamic）スラスタ，PPT（Pulsed Plasma Thruster）などが実証済みである.

電気ロケットエンジンは，化学ロケットに比べ比推力は格段に大きいが，前述の通り，発生推力は極めて小さい. このため, 地上からの打ち上げよりもむしろ宇宙空間における長時間ミッションに適している．本節では，これらの中で代表的な，イオンエンジン，ホールスラスタ，MPDスラスタ（アークジェット）などについて紹介する.

10.2.2　イオンエンジン

イオンエンジンは，直流放電やマイクロ波放電を用いて推進剤をプラズマ化し，高電圧を電極により陽イオンのみを静電加速させ，その反力により推力を得る電気推進機である．推進剤には化学反応性がほぼない希ガスが用いられ, 特にすべての希ガスのうち最も電離電圧が低く，また原子量も大きいキセノンが多用される．構造上，空間電荷制限を受けるため推力・電力比は30 mN/kW程と投入電力に対し小さいものの，比推力は3000 s程度と高く，1万時間以上の連続作動に耐えうる耐久性がある等，使用にあたり利点が多い．そのため古くから宇宙機の軌道制御用推進機として用いられ，宇宙空間での利用実績が最も多い電気推進機のひとつである．図10.5にイオンエンジンの概略図を示す.

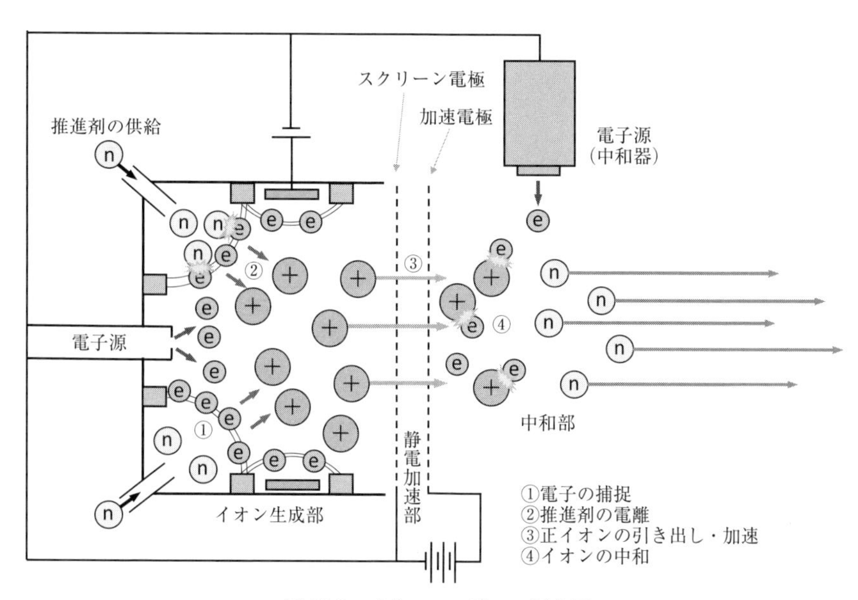

図10.5　イオンエンジンの概念図

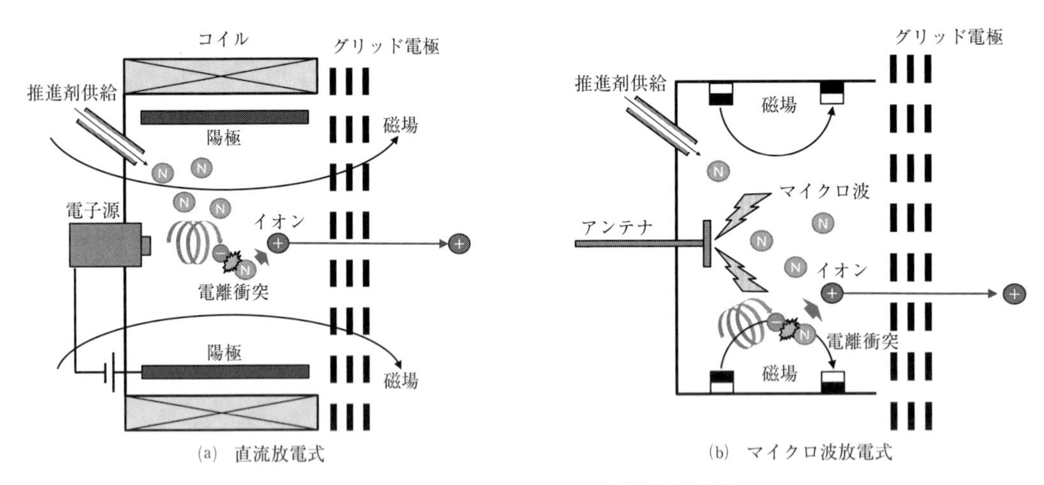

図 10.6　直流放電型とマイクロ波放電型の比較

イオンエンジンの内部は，供給された推進剤をプラズマ化させるイオン生成部，生成したイオンを加速させるための静電加速部，加速・噴射されたイオン流を電気的中性に変える中和部から構成されている．

イオンエンジンのイオン生成部は，プラズマの生成方法の違いから，直流放電式とマイクロ波放電式の 2 種類に分類される．図 10.6 にそれぞれの概略図を示す．

直流放電式は，内部に組み込まれた電子源（陰極）と放電室に取り付けられた陽極との間で直流放電を起こし，そのときに発せられる高エネルギーの 1 次電子と推進剤の粒子とを衝突させることによってプラズマ化（電離）させる方式である．利用実績が豊富な方式ではあるが，放電現象により電極が損耗するため比較的寿命が短く，また電極でのスパッタにより金属粉が発生し，電源部や加速グリッド間での短絡（ショート）を誘発するなどの欠点がある．

電極位置と磁場の形状によりカウフマン型とカスプ型に分類することができる．

一方，マイクロ波放電式は放電室内部に組み込まれたアンテナからマイクロ波を放射し，内部に導入された推進剤をマイクロ波により励起させることによって電離を行う，電極を用いないプラズマ生成方式である．放電用電極が存在しないため，長寿命化させることができるほか，放電回路周りの構造を簡略化が可能であり，電気的な絶縁の確保も容易になる利点がある．この方式は，特に日本での研究開発が盛んであり，その成果である小惑星探査機「はやぶさ」に搭載されたマイクロ波放電式イオンエンジン μ10 がミッションにおいて大きな役割を果たした．以上のイオン生成方法によって生成されたイオンは，次に加速噴射を行うために静電加速部に送り込まれることになる．

静電加速部は，穴を多数開けた多孔電極であるグリッド電極 2 〜 3 枚から成り，それらの電極間に高電圧を印加し強電場を形成することによりイオンを加速させる機構となっている．これらのグリッド電極は，それぞれ上流側からスクリーングリッド，アクセルグリッド，ディゼルグリッドと呼ばれる．正電荷加速部であるスクリーングリッドには正電圧＋1kV 程度の高電圧を，アクセルグリッドには負電圧－300 V，ディゼルグリッドは 0 V（アース電位）が印加され，それぞれが 1 mm 以下の間隔で正確に並べられている．生成されたイオンがグリッド電極の孔を通るとき，電極間の強電場によりイオンが秒速30 km程まで加速・噴射されることになるが，そのまま噴射するだけでは噴射したイオン同士が反発して拡散するため推進性能が低くなることになる．また正電荷を持ったイオンを噴射し続けると，搭載している宇宙機自体が負電荷を帯びることになる．このとき，負電荷の宇宙機と噴射した陽イオンとの間に大きな引力が発生し，イオンを噴射させることが不可能となる．よって，噴射後すぐに電子と結合させてイオンを中和させる中和器が必要となる．

中和部は，推進機から噴射されたイオンと等価の電子を空間中に放出する，中和器から構成される．中和器は直流放電型において組み込まれている電子源とほぼ同等のものである．中和器から放出された電子は，噴射したイオンと結合して中性粒子に変えるほか，推進機の電気的中性を保つ役割があるため，イオンエンジンや後述のホールスラスタのように静電加速を行う電気推進機には不可欠な装置である．

以上のような構造を持つイオンエンジンであるが，イオンエンジンの構想そのものは，1945年にハーバート・ラッド（Herbert Radd）がイオンビームを利用した「イオンロケット」の概念を論文で発表したことに始まる．その後，NASAのE. ストゥリンガー（E. Stuhlinger）らが「イオンロケット」についての基礎研究を開始し，1950年代後半からNASAグレン研究センターで本格的に直流放電式イオンエンジンの研究開発が開始された．

1964年7月20日に口径80 mmのセシウムを推進剤としたカウフマン型イオンエンジン（推力5.6 mN，比推力8050 s，最大消費電力0.6 kW）と，口径100 mmの水銀を推進剤としたカウフマン型イオンエンジン（推力28 mN，比推力4900 s，最大消費電力1.4 kW）を搭載したイオンエンジン技術衛星SERT-1（Space Electric Rocket Test 1）がScout X-4により打ち上げられた．試験は成功裏に終了し，イオンエンジンが軌道上で推進機として作動することを実証した．その後も開発が続けられ，1980年代以降の米国の商用静止通信衛星の軌道制御用の推進機としてイオンエンジンが採用され，衛星の運用停止まで1日当たり0.5～5時間程度運用された．1998年10月24日に打ち上げられた技術試験探査機Deep Space-1では，主推進機として世界初となる，推力92 mNのカスプ型イオンエンジンNSTAR（NASA Solar Technology Application Readiness，比推力3100 s）が搭載され，延べ16265時間の噴射に成功した．このNSTARは，2007年9月27日に打ち上げられ，2016年現在も小惑星帯を探査中の探査機Dawnに主推進機として3機搭載されている．

日本国内においては，1960年代からJAXA統合前の航空宇宙技術研究所（National Aerospace Laboratory of Japan，NAL），宇宙科学研究所（Institute of Space and Astronautical Science，ISAS），宇宙開発事業団（National Space Development Agency of Japan，NASDA）で研究開発が進められてきた．1982年に打ち上げられた技術試験衛星「きく4号」に，日本の衛星としては初めて水銀を推進剤とした推力2 mNのカウフマン型イオンエンジン（比推力2200 s，最大消費電力100W，水銀搭載量0.6 kg）が2台搭載され，各100時間程度の作動実証試験が実施された．その後も改良が続けられ，1994年に打ち上げられた，「きく6号」にキセノンを推進剤とした推力23.3 mNのイオンエンジンXIES（Xenon Ion Engine System）（比推力2906 s，消費電力1.57 kW（2機同時作動時））が4機搭載され，軌道上での試験において

6500 時間以上の宇宙実績を達成した．特に 2003 年に打ち上げられ 2010 年に地球に帰還した小惑星探査機「はやぶさ」に 4 機搭載された推力 8 mN のマイクロ波放電式イオンエンジン μ10（比推力 3200 s，消費電力 0.35 kW）は，世界初の完全無電極のイオンエンジンであり，従来の直流放電式イオンエンジンの 3 倍以上の作動時間となる 36000 時間の作動時間を達成した．

「はやぶさ」の後継機である小惑星探査機「はやぶさ 2」には，推力を 10 mN に向上させた改良型 μ10 を 4 機搭載し，2017 年現在，小惑星リュウグウに向け飛翔中である．

10.2.3　ホールスラスタ

イオンエンジンは前節で述べた通り，3000 s という高い比推力を生み出す電気推進機ではあるが推力は比較的小さい．これは，スクリーングリッド - アクセルグリッド間を単位時間当たりに通ることができるイオン電流の大きさが，グリッド間の距離と電位差により決定される空間電荷制限則により，ある一定以上のイオンが流れなくなるためである．より多くのイオンを加速させるためには，電極間距離を小さくし，電位差を大きくすることにより達成することができるが，あまりにも間隔が狭すぎると高電圧が印加されたグリッド間で放電・短絡が発生しやすくなるため，ある程度の限界が存在する．そのため放電室出口の面積を広げる，すなわち推進機本体を大型化することにより推力を稼ぐ方法がとられている．ホールスラスタは，これらのイオンの加速を阻害する空間電位電流則に縛られない電気推進機である．図 10.7 にその概念図を示す．

図 10.7 に示すように，ホールスラスタは円環状の放電室と，その内部に磁場を形成するためのコイルおよびヨークから成る磁気回路，中和器から構成されている．放電室内は径方向に印加した磁場 $\boldsymbol{B}$ と軸方向の電場 $\boldsymbol{E}$ が直交するように設計されている．

推進機の作動においては，まず放電室外にあるホローカソード（中空陰極）から電子が放出され，陽極との電位差により放電室内に電子を引き込む．引き込まれた電子は，径方向に印加された磁場 $\boldsymbol{B}$ により磁力線回りに回転運動するサイクロトロン運動を起こす．サイクロトロ

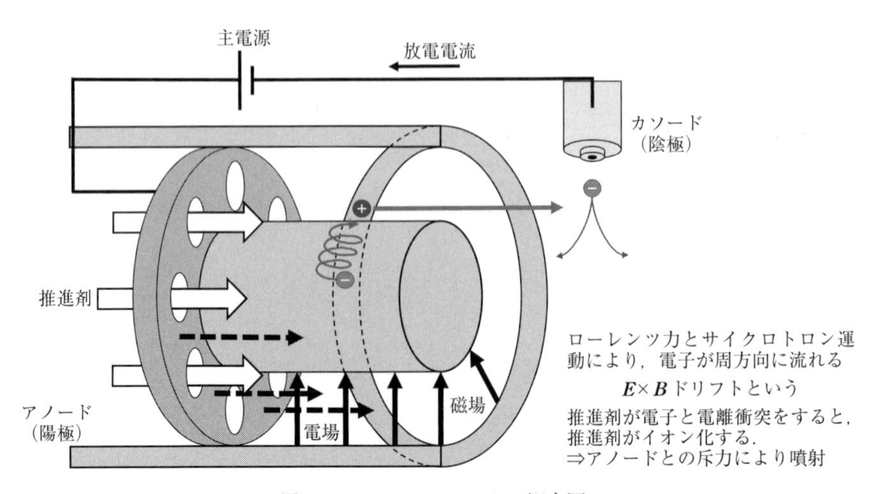

図 10.7　ホールスラスタの概念図

ン運動により捕捉された電子は，陽極との電位差により回転運動中にも陽極側に引き寄せられることになる．この引き寄せられる力とサイクロトロン運動による回転が組み合わさることにより，磁力線を1周回るごとに回転中心がずれていく．これを「$\boldsymbol{E}\times\boldsymbol{B}$ドリフト運動」，もしくはホール効果という．

$\boldsymbol{E}\times\boldsymbol{B}$ドリフト運動により，電子は円環状の放電室内を周方向に回転を始め，周方向に流れる電子流（電流）を作り出す．この電子の流れ（電流）をホール電流といい，陽極上流部から流入した推進剤がこれらの電子に衝突すると，推進剤と電子が電離衝突をおこしてイオンとなる．イオンは電子よりもはるかに質量が大きいため，サイクロトロン運動による回転半径も極めて大きい．よって放電室内で磁場に捕捉されずに放電室外に出るため，放電室内のイオンの挙動は陽極との反発力が支配的となる．反発したイオンは放電室内で加速されて放電室出口から出ると同時に，中和器からの電子により中和されて高速で排気されることによって推力を得る．

ホールスラスタは，基本的には以上の方法によって推進剤のイオン化と加速・排気が行われるが，放電室と陽極のレイアウトの違いから，マグネティックレイヤー型（Magnetic Layer type）とアノードレイヤー型（Anode Layer type）の2種に分類される．図10.8にマグネティックレイヤー型およびアノードレイヤー型の概略図を示す．

マグネティックレイヤー型ホールスラスタは多くの場合，主に絶縁体である窒化ホウ素によって形成された円環型のセラミックス製放電室を有し，上流部に陽極を配置したホールスラスタの最も基本的な構造を有している．放電室出口付近の磁場形状や放電電圧に起因する安定作動領域が比較的広いため，1970年代に旧ソ連によって実用化され以来，現在までに100機近い人工衛星に搭載されているなど，宇宙実証が最も進んでいる．しかしながら長時間作動により放電室の出口付近がプラズマにより損耗し，噴出するプラズマの発散角が広がることから比推力が低下する傾向がある．

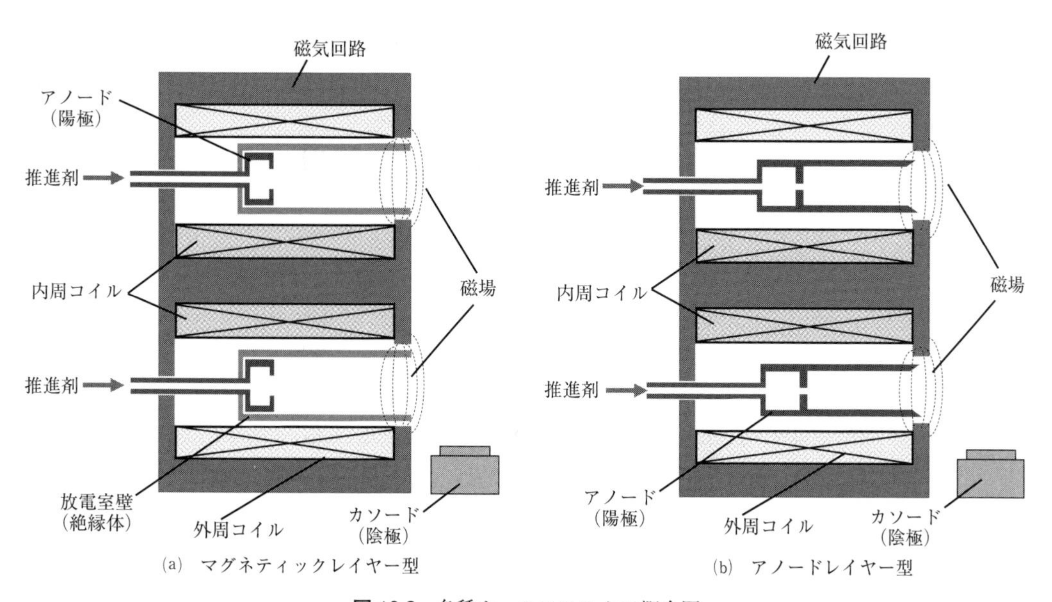

図10.8　各種ホールスラスタの概念図

一方，アノードレイヤー型ホールスラスタは，マグネティックレイヤー型に見られるセラミック製の放電室を有しておらず，耐スパッタ性に優れたステンレスなどの金属で作られた短い放電室と，ホローアノードと呼ばれる導電性材料で作られた陽極を持つ．しかし安定作動領域が狭いため実用化が遅れているものの，放電室の損耗がほぼなく，推進機の長寿命化が期待することができる．

ホールスラスタの研究開発は 1960 年代初頭に米国と旧ソ連でほぼ同時期に開始された．初期のホールスラスタはドリフト電子による電離作用が考慮されておらず，電場と磁場を印加した領域にあらかじめアークジェットスラスタなどで生成したプラズマを放電室内に供給して，加速させる構造となっていた．この時期のホールスラスタは電離領域と加速領域は明確に分かれていたが，1970 年代に旧ソ連において放電室内に流入した電子をドリフト運動させることにより推進剤と電離衝突させる，マグネティックレイヤー型ホールスラスタが開発された．1971 年には SPT-EOL と呼ばれるマグネティックレイヤー型ホールスラスタが宇宙空間での作動に成功し，その後 100 機以上の人工衛星に搭載されるまでに至った．冷戦が終結した 1990 年代からは欧米諸国でもマグネティックレイヤー型ホールスラスタへの関心が高まり，ESA の月探査機 SMART-1 に搭載されたマグネティックレイヤー型ホールスラスタ PPS1350 などが開発されている．

一方，アノードレイヤー型ホールスラスタは，まず 2 段放電式（電離部と加速部が分けられているもの）のスラスタを中心に開発が進んだ．しかし，この 2 段放電式のスラスタは高比推力の作動域（6000 ～ 8000 s）でなければ高い推進効率が得られず，また作動に必要な電力が大きく人工衛星の軌道制御に適さないため実用化に至らなかった．

その後改良がなされ，1998 年に NASA の RHETT2/EPDM プログラムにおいて TAL-WSF と呼ばれるアノードレイヤー型ホールスラスタが 10 分間の繰り返し作動試験を軌道上で行うことに成功した．

アノードレイヤー型ホールスラスタは，その高い比推力と耐久性，高推力という特徴から，さらなる性能向上のため大電力化が検討されており，世界各国で研究が進められている．

10.2.4　MPD スラスタ（電磁加速プラズマスラスタ），アークジェットスラスタ

MPD（Magneto-plasma Dynamic）スラスタは，電流と磁場の相互作用（電磁加速）によりプラズマを加速する機構を採用している（図 10.9）．

図 10.9 に示すように，円筒形の陽極とその中心軸に設置した棒状の陰極とこれらを保持する耐熱絶縁材からなる．これらの電極間に推進剤ガス（ヒドラジン，アンモニアやこれらの分解ガスなど（水素ガスや窒素ガス））を供給し，同時に電気放電（アーク放電）を発生させることでプラズマを生成する．このときプラズマ中に流れる放電電流 $\boldsymbol{j}$ とこの電流によって陰極周りに誘起される磁場（自己誘起磁場）$\boldsymbol{B}$ との相互作用でプラズマに体積力（電磁力（ローレンツ力）（$=\boldsymbol{j}\times\boldsymbol{B}$））が作用し，この過程でプラズマが加速され，その反作用で推力が発生する．

この方法における理論的な推力は，電流の 2 乗に比例する[1][2]．このことから，特に大電流（千アンペア以上）の条件で，比較的高密度・高速度のプラズマ流，すなわち高推力および高比推

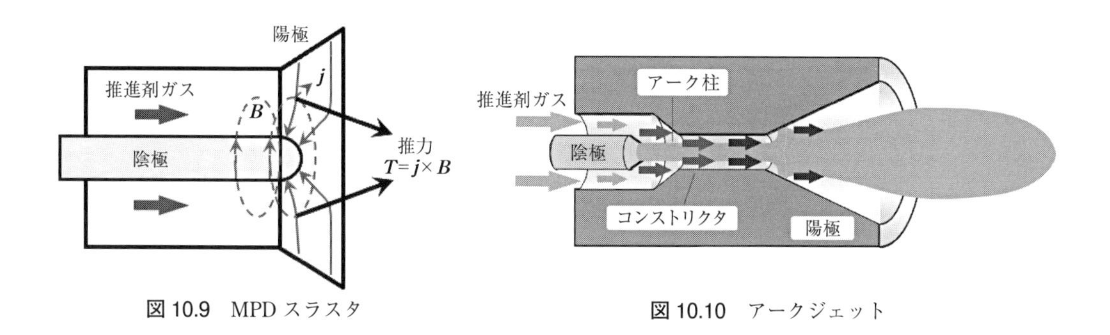

図10.9　MPDスラスタ　　　図10.10　アークジェット

力（数千秒～1万秒）が得られる．さらにコイルに大電流を流す電磁石を併用することで推力の向上が可能である．

このような特性により，比較的短時間で遠くの天体を目指すようなミッション（例えば有人の火星探査など）に適している．一方で，大電流を必要とすることから，大容量の電源（例えば，数十kW以上）が必要で，現在の技術では原子炉以外でこの電力を長期的に供給できる電源は困難である．この点が実用化を進める上での障壁となっている．なお，これまで，日本の実験衛星（EPEX，Electric Propulsion Experiment，1995年）による作動実験が唯一の宇宙実証例である．

MPDスラスタと同様の電極形状で，アーク放電の放電電流が数十アンペア程度の場合は，電磁力による加速の効果は激減するが，電流によるジュール加熱で高温プラズマ（アークプラズマ，温度はおよそ数万度）が発生する（図10.10）．

図10.10に示すように，電極間で発生した高温プラズマは，先細・末広ノズルを通過する際の空気力学的効果により加速され，推力を発生する．この方式はアークジェットと呼ばれ，1990年代に入ってから急速に実用化が進み，主として静止衛星の南北軌道制御用に多数が採用されてきた．なお，推進剤は一液式あるいは二液式化学推進ロケットと共有するため，ヒドラジンを用いることが一般的である．例えば，米国エアロジェット社製のアークジェット（MR-510）は，作動電力2kWで平均比推力585秒を達成している[3]．

10.2.5　光推進——光子ロケット，ソーラーセイル，レーザー推進

光が圧力を及ぼす作用を持つことは，英国のマックスウェル（James Clerk Maxwell）が理論的に予測し（1862年），ロシアのレベーデフ（Пётр Николаевич Лебедев），米国のニコルス（Ernest Fox Nichols）らが実験的に実証した（それぞれ1900年と1901年）．これは夏目漱石の小説『三四郎』（1908年）の中でも，「光線の圧力」として取り上げられ，以下のように説明されている．

> 『理論上はマクスエル以来予想されていたのですが，それをレベデフという人が始めて実験で証明したのです。……』

光の圧力（光圧）は非常に小さい．出力PWの光線を完全な鏡面で反射するときに得られる推力をFNとすると，光線の単位出力当りの推力（運動量結合係数C_m）は，

$$C_m = \frac{F}{P} = \frac{2}{c} = 6.7\ \mathrm{nN/W} \tag{10.7}$$

となる．ここで，c は真空中の光速で，例えば 100 kW の光線で得られる推力はわずか 670 μN（0.67 mN）である．

光（特に太陽光）の圧力を宇宙推進に用いる最初の理論は，ロシアのザンデル（Фридрих АртуровичЦандер），ツィオルコフスキー（Константин ЭдуардовичЦиолковский），ドイツのオーベルト（Hermann Oberth）らによってそれぞれ独立に提案された（1923 ～ 24 年）[1]．彼らは惑星間の航行がロケットで実現可能と考えていた．そればかりでなく，さらに遠くの恒星への航行には，ロケットでは（長距離・長時間の航行に）十分な推進剤を搭載できない点で限界があることも認識していた．

これに対して，ドイツのゼンガー（Eugen Sänger）は，恒星間飛行の実現にはこれまでとは異なる推進技術が必須として，光子ロケット（photon rocket）を提案した（1953 年）．これは図 10.11 に示すように，光源が発する光線を放物面で反射し，その反力として推力を得る方式である．ゼンガーは，レーザーが発明された後，光源にレーザーを用いる方法に修正している．また，光源として物質･反物質の対消滅反応で発生するガンマ線を利用する案も提案した．

1966 年，ハンガリーのマルクス（George Marx）は，地上基地からレーザーを宇宙船に照射して推進させるレーザーセイルを用いる恒星間飛行について理論的に検証した[2]．その結果，光から宇宙船の運動エネルギーへのエネルギー変換効率は，宇宙船の速度が光速に近づくと 100% に達するという驚くべき結論を示し，当時の科学誌上で注目の的となった．レーザーセイル（あるいはマイクロ波セイル）は，その後も米国のフォワード（Robert Forward）らによって恒星間飛行の手段としてさらに理論的に検証されている[3]．なお，マルクスの理論は，シモンズ（J. F. L. Simmons）らによって修正された（1993 年）．例えば，質量が 1 t の宇宙船に対して 1 TW のレーザーを 3 年間照射すると，光速の 80% まで加速できることを示した[4]．

また，米国のルービン（Philip Lubin）らのレーザーセイルによる恒星間飛行の最近の研究[5]は，物理学者のホーキング（Stephen William Hawking）が構想をメディアに発表する（2016 年 4 月）など注目を浴びている．

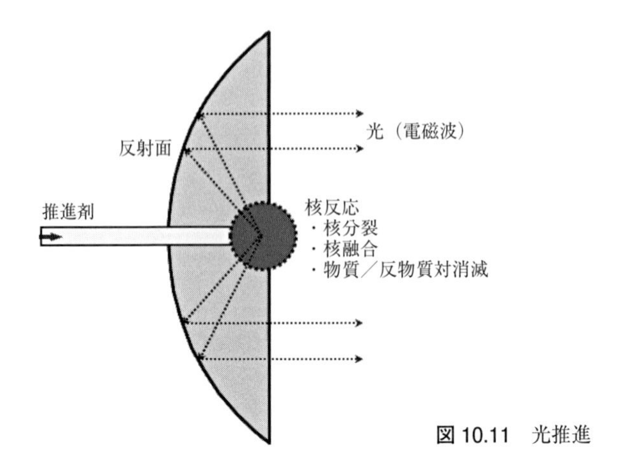

図 10.11　光推進

表 10.1　レーザーアブレーション推進

各種パラメータ	代表的な性能値
推力質量比	高（例えば 15 N/kg）
推力	レーザー出力に比例して増大
推力密度	高密度（8×10^5 N/m^2）
推進効率	非常に高効率（$>$ 100%）
比推力	低比推力～高比推力 ($200 < I_{sp} < 5000$ s)
主たる限界	レーザーの電気・光変換効率 40 ～ 60%

図 10.12　レーザーロケット[6]

太陽光を薄膜状の反射鏡（帆）に当てて反力として推進力を得るソーラーセイルは，2010 年に日本（JAXA）のイカロス（IKAROS，質量 310 kg）によって初めて宇宙で実証実験が行われた．

光による推力は非常に小さいので，実用的な推力を得るためには，レーザーアブレーション（レーザーによる物質のプラズマ化）に伴う加速のような 2 次的な物理現象を利用するしかない．なお，代表的な材料のレーザーアブレーションで得られる C_m は 0.1 ～ 10 kN/MW で，式（10.7）よりも 4 ～ 6 桁大きい．このようなレーザーアブレーションを利用する推進（Laser propulsion，LP）は，電気推進の一種として 1972 年に米国のカントロヴィッツ（Arthur Robert Kantrowitz）がその概念を提唱したことに始まる．この技術の多くは現時点で基礎研究の段階で，平均出力 mW 級の小型衛星の姿勢制御用スラスタから，平均出力 kW 級のスペースデブリ再突入除去用システム，平均出力 MW から GW 級の高出力レーザーによる地上から LEO（Low earth orbit）への飛翔体の打ち上げシステムなど幅広い用途を含む．LP の代表的な性能を表 10.1 に示す[1]．比推力 I_{sp} は，化学ロケットのレベル（≦ 500 s）から高比推力（3500 ～ 5000 s）まで幅広い．一般的に電気推進では，推進効率は投入電気エネルギーに対する発生噴流の運動エネルギーの割合で表す．これが 100% を超えるのは，推進剤に高エネルギー材料を用いる場合である．

この方法を用いた史上初のレーザーロケット（ライトクラフト，Lightcraft）打ち上げ実験は，米国 RPI（Rensselaer Polytechnic Institute）のミラボー（Leik Myrabo）らによって行われた（1997 年）．ライトクラフトが閃光を放ちながら上昇する様子はまるで SF 映画のようで，当時多くのメディアに取り上げられた（図 10.12）[6]．その後，各国において同様の実証実験が行われた．

10.2.6　その他の輸送技術

前述の推進機の他にも様々な宇宙輸送技術が研究されている．小型・大型様々なものがあるが，ここでは，まず小型衛星用の推進機について取り上げる．これらは既存の技術を単に小型化したものではなく，サイズが小さい利点を活かす工夫が施されている．次に，有人惑星探査で必須となる大型推進機について紹介する．最後に，新しい輸送技術について紹介する．

(1)　電界放射式電気推進（FEEP，Field Emission Electric Propulsion）

電界放射式電気推進は，小型衛星の姿勢制御や軌道制御用の小型推進機である[1]．液体金属推進剤を推進機ヘッド中のタンクに貯蔵し，針状あるいはスリット状電極の先端部に導入する．

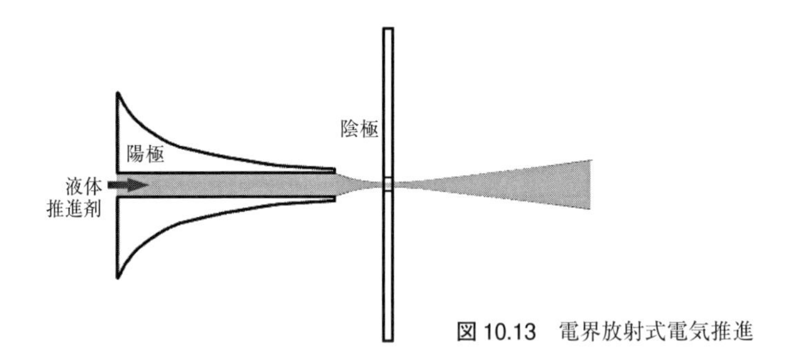

図 10.13　電界放射式電気推進

図 10.13 に示すように，先端部と加速電極との間に電圧を印加すると，電界の作用によって先端部に供給される推進剤の液面の曲率半径が微小化する．この微小化によって液面先端部の電界強度が増大するので，曲率半径の微小化がさらに進む．この先端部の電界強度がイオンの電離強度を上回ると，推進剤のイオン化が進みイオンが発生し，同時に電界により加速される．これはイオン（あるいは電子）の電界放射と呼ばれる．推進剤には電離エネルギーが小さく比較的融点が低いセシウムやインジウムが採用される．

この方式は，電極への電圧の印加だけでイオンの生成および加速が可能で，物理的機構が単純な点から，応答性がよく制御性に優れ，さらに推力ノイズが少ないという利点を持つ．また，イオンエンジンと同様に中和器を必要とする．セシウムを推進剤とする 2 次元スリット構造タイプと，インジウムを推進剤とする 3 次元プラグ構造（円錐形上）のものがある．

コロイド（静電スプレー）推進機は，FEEP とほぼ同様の構造で，推進剤にイオン液体（コロイド液体）を用い，先端部から液滴（イオン液滴，帯電）を噴霧し，これを電界によって微粒化・イオン化し，加速する方式である．2015 年に打ち上げられた米国・欧州共同開発の LISA パスファインダーに採用された．

⑵　VASIMR（Variable Specific Impulse Magnetoplasma Rocket, 比推力可変プラズマロケット）

VASIMR は, 元 NASA 宇宙飛行士のチャン＝ディアス（Franklin Chang-Díaz）が考案し（1977 年），惑星間航行用のエンジンとして実用化に向けた開発が進められている[2]．動作は主として 3 段階で，第 1 段階で推進剤を第 1 ヘリコン・アンテナで電離し（低温プラズマ生成），第 2 段階で第 2 ヘリコン・アンテナでイオンサイクロトロン共鳴加熱（ICRH，Ion Cyclotron Resonance Heating）を利用してプラズマを加熱する．第 3 段階で磁場ノズルを利用して高エネルギープラズマを膨張・加速する．アンテナ（電極）がプラズマに接しないので，電極損耗が比較的小さく，電極寿命という点で従来の電気推進ロケットと比べると大幅に有利である．VASIMR の最終的な目標比推力は 3000 ～ 5 万秒で，4 MW クラスの VASIMR で有人の火星飛行を目指している．

⑶　その他の大電力推進機

現在，各国の 14 の宇宙機関からなる国際宇宙探査協力機関（ISECG，International Space Exploration Coordination Group）が，2025 年頃の小惑星有人探査，2030 年代の火星有人探査を目指す計画を発表している．この計画では，有人飛行に伴う様々な物資の大量輸送を大電力の電気推進ロケットが担う．このため各国において, 50 kW 級の電気推進機（ホールスラスタ，イオンエンジン，MPD スラスタなど）を開発中である（電源は太陽電池）.

(4)　その他の新しい輸送技術

その他，上記以外にも様々な輸送技術が研究されている．特に，恒星間飛行など長距離に及ぶ宇宙航行の実現を目指して，これに関連する物理学（場や時空の理論）そのものを新たに考えることなど理論的および実験的な研究が行われている[3]．例えば，人工重力の発生などを宇宙推進に利用するフィールド推進や光速度よりも速く移動する方法など，様々な新しい輸送技術が各国で検討されている.

10.3　宇宙探査機

10.3.1　準惑星の探査機

(1)　小惑星帯の探査（ドーン，Dawn）[1]

小惑星帯（火星と木星の間で小惑星が多数（数十（～数百）万個）公転する領域）に属する小惑星の探査は，木星探査機ガリレオ（Galileo，1989/10/18 打ち上げ）や土星探査機カッシーニ（Cassini-Huygens，1997/10/15 打ち上げ），彗星探査機ロゼッタ（Rosetta，2004/3/2 打ち上げ）などが目的地に向かう途中に観察した例が複数ある．しかしながら，小惑星帯の天体の周回軌道に入る本格的な探査は，NASA が 2007 年（9/27）に打ち上げた探査機ドーン（質量 1240 kg）が初めてである.

ドーンは，打ち上げから 4 年後に小惑星ベスタ（4 Vesta）に到着し，ベスタを周回する軌道で 1 年間観測を行った．その 2 年半後には，準惑星ケレス（Ceres）に到着し，ケレス周回軌道で 2 年半に及ぶ観測を行っている（2017/7 現在）．この探査機は，主エンジンに 3 機のイオンエンジンを使用しているのが特徴で，これを 1 機ずつ使いながら長期間にわたり加速することが可能である．この方法により，地球（太陽）から徐々に遠ざかるスパイラル軌道で航行し（図 10.2 (a)を参照），太陽の周りを約 2 回公転した後に遠方の天体（ベスタ）への到達に成功した．ベスタ観測後は再度イオンエンジンで長期間加速して，さらに遠くの天体（ケレス）に達した.

ドーンは，カメラや分光器で表面の測量（地形図の作成）や構成物質･組成の分析などを行った．ベスタ（直径 468 ～ 530 km）は小惑星帯で 3 番目に大きい天体である．ドーンによる観測で得られたベスタの写真ならびに特徴を図 10.14 に示す．図に示すように多数のクレータや赤道周辺の溝状の地形など起伏に富んだ地形が確認された.

◆北半球に通称「雪だるま」クレータ.
◆南極附近に 2 つの巨大クレータ（レアシルビア（直径 500 km）とベネネイア（直径 400 km））.
◆表層は宇宙から飛来する岩や塵が堆積，下層にベスタ形成時の表層が残存.
◆表面の組成は地球の火山岩に見られる鉄やマグネシウム.
◆表面温度は 173 K（日陰）から 250 K（日なた）.

図 10.14　小惑星ベスタの特徴（©NASA/JPL/UCLA/MPS/DLR/IDA）

◆表面の主な組成はフィロ珪酸塩（粘土質の鉱物でマグネシウムを含む結晶中にアンモニアを含有）.
◆クレータ形状（多角形状，ひび割れ）や液体が流れた痕跡，氷の火山の存在などから外殻層に大量の氷（水）が含まれると推定.
◆表面に 300 ヶ所以上の輝点（最も高輝度領域はオッカトルクレータ（Occator，直径 92 km）.
◆高輝度領域の主成分は炭酸ナトリウム（Na_2CO_3）で内部からの上昇と推定（内部が予想以上に高温の可能性）.

図 10.15　準惑星ケレスの特徴（©NASA/JPL/UCLA/MPS/DLR/IDA）

ケレス（直径約 950 km）（図 10.15）は，小惑星帯最大の天体で準惑星に属する．ハーシェル宇宙天文台による観測（2012 ～ 2013 年）でケレスに水が存在することが確認されたことから，ケレス表面下に大量の水があると考えられてきた．ドーンによる観測では，この大量の水（氷）の発見が期待された．しかしながら，表面に露出した氷はほとんど見られなかった．これは，赤道付近の表面温度（約 240 K）が表層に氷を維持するには高すぎることによる.

一方，ドーンによる観測で，ケレスの外殻層に大量の水分を含む痕跡（図中の多角形状のクレータや多数の輝点など）や水分を含むわずかな大気が一時的に発生していることなど，水の存在を裏付ける間接的および直接的な証拠がいくつも確認された（オキソクレータ（Oxo，直径 10 km）の一部では検出に成功）．また，ケレスの構成物質にアンモニアが含まれることも確認された．アンモニアは主として太陽系外縁部（海王星の軌道付近）に由来することから，ケレス（本体あるいはその一部）が，この軌道付近から現在の軌道に飛来したことを裏付ける証拠といえる.

このようにドーンは惑星間航行を経て 2 つの天体の周回軌道に入り，それぞれの観測に成功するという初の快挙を達成した．これを実現に導いた原動力が主エンジンのイオンエンジンで，その特徴である高比推力（高速度イオン）を発生可能な点が長距離・長期間に及ぶ惑星間の航行を可能にしている（10.2.2 項参照）.

(2)　冥王星の探査（ニューホライゾンズ，New Horizons）[2][3]

冥王星（直径 2370 km）は，1930 年に太陽系の第 9 番目の惑星としてクライド・トンボー（Clyde William Tombaugh）によって発見された（その後，冥王星と同程度およびそれ以上の大きさの天体が次々と発見されたことにより，2006 年に「惑星」の区分から新たに「準惑星」の区分に改められた）．冥王星は太陽からの距離が約 40 AU（1 AU（天文単位）= 149597870.700 km は太陽・地球間距離）もの遠方にあり，これまでのハッブル宇宙望遠鏡による観測でも，表面に明暗の分布があることくらいしかわかっていなかった.

ニューホライゾンズ（質量 478 kg）は，2006 年（1/19）に初めて冥王星を目指して打ち上げられた米国の探査機である．冥王星までの距離は非常に遠いので，この探査機が惑星間航行軌道に投入されたときの速度は史上最速（30 km/s）であった．これにより，打ち上げ後わずか 9 時間で月の軌道を通過し，3 ヵ月で火星軌道を通過した．さらに打ち上げ後 13 ヵ月で木星に最接近して重力アシストで加速した（2007/2/28）．このような驚くべき速度にもかかわらず，冥王星に到達するまでには 9 年半も掛かった．冥王星に最接近したときの通過速度は 13.78 km/s で（2015/7/14 にフライバイ，最接近距離 12500 km），わずか数分の間に様々な機器を活用して，冥王星や衛星カロン（Charon，直径 1208 km），4 個の小さな衛星（ステュクス（Styx），ニクス（Nix），ケルベロス（Kerberos），ヒドラ（Hydra））などの観測を行った（図 10.16）．その後，図のように探査機が冥王星（およびカロン）の日陰（太陽の陰）を通過するときに太陽側を振り返り，表面近傍の大気成分の観測も行った．なお，この最接近時，探査機から地球に観測データが届くのに片道 4.5 時間も掛かった．

ニューホライゾンズによる観測で得られた冥王星の写真ならびに特徴を図 10.17 に示す．観測により，冥王星表面にクレータが少ないことや平坦な領域が広く分布していること，地殻の活動が現在も継続中と推定できる特徴などが確認された．さらに，青色の薄い大気が複数の層を形成している様子も確認された．

ニューホライゾンズは，今後，2019 年（1/1）にカイパーベルト天体（Kuiper Belt Object，KBO）2014 MU69 に最接近し観測を行う予定である．この観測により，さらに遠方の世界が明らかになるので，多くの未知の観測成果が大いに期待できる．

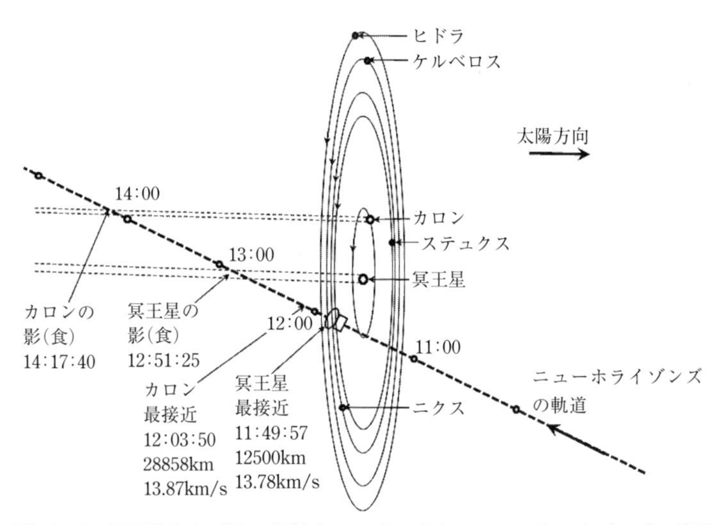

図 10.16　冥王星およびその衛星をフライバイするニューホライゾンズの軌道
（図中の時刻は協定世界時，参考文献[2][3]を参考に作成）

◆表面の構成物質は，窒素，メタン，一酸化炭素，および水など（いずれも固体）．
◆ハート型のスプートニク平原（幅約 1200 km）に地殻下層（氷）上昇による多角形状を確認（内部の熱作用によると推定）．
◆平原に巨大な水の氷山（窒素，一酸化炭素，水などの混合物が噴出）が漂い，窒素の氷河が渓谷を形成．
◆衛星カロンの表面は冥王星と同様にクレータが少なく平坦．

図 10.17　準惑星冥王星の特徴

10.3.2　彗星の探査機

彗星の探査で特に注目されたのが，1986 年にハレー彗星（1P / Halley）が 76 年ぶり（公転周期 75.3 年）に地球に最接近したときの国際協力である．日本のさきがけ，すいせいをはじめ，ソ連のベガ（Bera）1 号・2 号，欧州のジオット（Giotto），米国（および欧州共同開発）のアイス（ICE）など各国の探査機が観測に参加した[1][2]．これらの探査機は「ハレー艦隊（Halley Armada）」と呼ばれた．その後は，様々な彗星を対象に，米国のスターダスト（Stardust），ディープインパクト（Deep Impact），欧州のロゼッタ（Rosetta）などの探査機がそれぞれ挑戦的な観測を行った．ここではこれらの中から最近の例について紹介する．

(1)　ロゼッタ（Rosetta）[3]

ロゼッタは欧州宇宙機構（ESA）により 2004 年に打ち上げられた探査機で，2014 年にチュリュモフ・ゲラシメンコ彗星（67P / Churyumov-Gerasimenko）に到着し，彗星を周回する軌道に至った最初の探査機である．

探査機はロゼッタ本体（質量 2900 kg）とフィラエ着陸機（Philae，質量 100 kg）からなる．この探査機は，打ち上げ後に地球での重力アシストを 3 回（2005/3，2007/11，2009/11），火星での重力アシスト 1 回（2007/2），および 2 つの小惑星へのフライバイ（小惑星 2867 ステニス（Stenis，2008/9），小惑星 21 ルテシア（Lutetia，2010/6））を行うなど，複雑に計算された軌道を経て，打ち上げから 10 年後にようやく目的の彗星に到達した．その後，約 2 年半にも及ぶ観測を行った．

ロゼッタによる観測で得られた彗星の写真ならびに特徴を図 10.18 に示す．図に示すようにロゼッタは，彗星表面の詳細な地形や構成物質などについて様々な機器で詳しく観測を行った．その結果，この彗星が大小 2 つの天体が低速度で衝突・結合して形成されたこと（大塊の長径 4.1 km，小塊の長径 2.6 km）などを明らかにした．フィラエ着陸機は，探査機として初めて彗星の核（表面）に軟着陸した（2014/11/12）．その際，表面の高精細画像ならびに組成など様々な観測データを取得した．

地球上の水は，彗星や小惑星の飛来（衝突）でもたらされたと考えられているが，ロゼッタによる観測の結果，地球上の水の起源がこの種の彗星でないことが判明した．これは，計測した水分中の重水素の割合が，地球上のそれと異なることから結論付けられた．ロゼッタ本体は，彗星表面に着地（衝突）する形でミッションを終えた（2016/9/30）．

◆表面は塵に覆われた領域，ゴツゴツした岩状領域，平坦な領域に分類．
◆表面に有機高分子化合物（硫化物および鉄ニッケル合金を含有）が広く分布．
◆周囲に水蒸気，一酸化炭素，二酸化炭素，酸素分子などからなる大気が存在．
◆太陽接近に伴い表面活動が活発化し結合部や窪地から激しくガス噴出．
◆彗星の核に磁場がないことを確認．

図 10.18　67P/ チュリュモフ・ゲラシメンコ彗星（©ESA/Rosetta/NavCam – CC BY-SA IGO 3.0）

(2)　ディープインパクト[4][5]

ディープインパクト（Deep Impact，質量1020 kg）は米国により2005年（1/12）に打ち上げられた彗星探査機で，テンペル第1彗星（Tempel 1（9P/Tempel））に接近して（距離88万km，2005/7/3），衝突体（Impactor，質量370 kg）を衝突させ，そのときに発生するガスや塵を親機から観測した(2005/7/4)(図10.19)．衝突体は衝突直前まで彗星の核を撮影した．なお，衝突の様子は親機のみならず地球上の望遠鏡でも観測された．これらの結果，この衝突で発生したガス中から水や炭素が確認された．これは彗星表面において有機物が存在することの間接的な証拠となった．

なお，親機はその後エポキシ（Epoxy）に改名し（2007/12/1），2010/10/11にハートレー第2彗星（Hartley 2（103P / Hartley））に約700 kmまで最接近してその核を観測した．

(3)　スターダスト[6]

スターダスト（Stardust，質量300 kg）は米国により1999年（2/7）に打ち上げられた彗星探査機で，ヴィルト第2彗星（Wild 2（81P / Wild））の探査を目的として，2004年（1/2）に彗星の尾の中に入り試料を採取した．その後，星間物質（宇宙塵）の採取にも取り組み，2006年（1/15）に地球にそれぞれの試料を持ち帰った．地球に試料を持ち帰った最初のサンプルリターン・ミッションである．サンプルからはこれまでにカンラン石やアミノ酸の一種であるグリシン（glycine）などが確認されている．

図10.19　ディープインパクトが撮影した衝突体衝突後（67秒後）のテンペル第1彗星（©NASA/JPL-Caltech/UMD）．衝突体の衝突により彗星表面の衝突点が高温になりガス化し周囲に飛散している．

第 11 章

月や惑星を直接探査する

宇太郎：これまで望遠鏡で観測していた惑星が，直接現地に行って調べることができるようになったんだね．

宙　美：そういえば，この間のニュースでジュノーっていう探査機が木星の観測を始めたって言っていた．

航次郎：あっそれそれ，写真を見たらこれまでの探査機とは違って大きな太陽電池パドルがついているね．

空　代：え？　それってもしかして，地球外生命に対する配慮なの？

宇太郎：う～ん．そうだったらすごい選択なんだけど，どうも原子力電池じゃなくても必要な電力が賄えるということがわかったためらしい．

宙　美：そうね．太陽電池で済ませられるならそれに越したことがないものね．

航次郎：宇宙の方が先に原子力エネルギーから太陽エネルギーに移行していっているんだね．

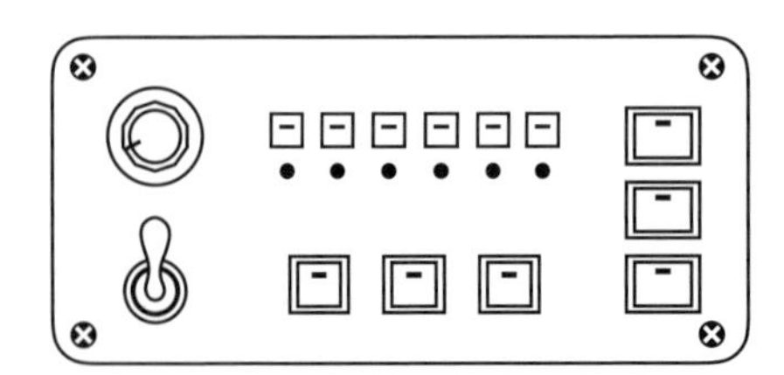

地球を離れて宇宙を探査することができるようになった背景には，探査機の開発やその打ち上げ技術の進歩がある．探査機は，それぞれの目的（ミッションと呼ぶ）に応じてオーダーメイドされる部分と，複数の探査機で共通的に活用できる部分から成り立っており，これは第9章で述べた人工衛星と類似した構成でもある．一方で，推進方式や軌道制御方式，地球との通信方式などは，その探査機に必要で適した方法が開発され使われてきた．本章ではまず，探査の目的に目を向け，探査をする対象への理解を深めるための考え方と歴史について述べる．次に，月，水星，金星，火星，木星，土星を対象に取り上げ，これまでの探査機の紹介とそこで得られた成果のあらましを述べる．最後に，未来の惑星探査で期待されている新しい技術について紹介する．

11.1　探査する対象の環境を知ろう

我々の太陽系内には，地球を含む8つの惑星が太陽の周りを公転している（図11.1）．2006年までは冥王星が太陽系第9惑星とされていた．しかし2006年に開かれた国際天文学連合総会で惑星の定義を決めるための議論が行われ，冥王星は「準惑星」に分類されることになり，惑星ではなくなっている．

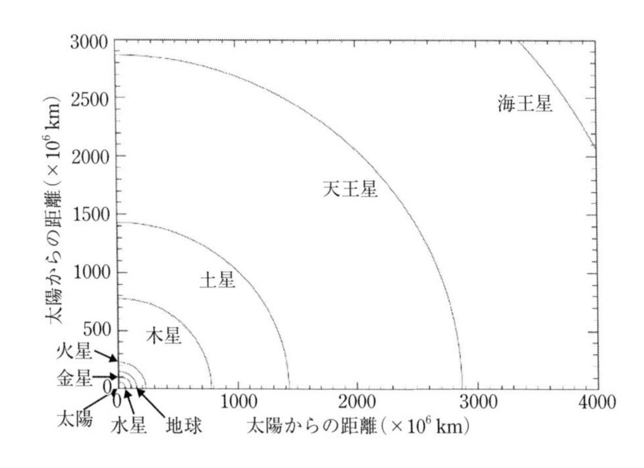

図 11.1　太陽系の8つの惑星の軌道

表 11.1　惑星の諸元

	惑星	質量（×10^{23} kg）	平均半径（km）	重力加速度（m/s^2）	太陽からの平均距離（×10^6 km）	公転周期（day）	自転周期（day）
地球型惑星	水星	3.3	2439.7	2.78	57.9	0.24	58.65
	金星	48.7	6052	8.87	108.2	0.62	−243
	地球	59.8	6378	9.78	149.6	1	1
	火星	6.42	3396	3.72	228	1.88	1.026
木星型惑星	木星	19004	71492	22.88	778	1186	0.41
	土星	5685	60268	90.5	1429	29.46	0.43
	天王星	868	25559	7.77	2869	84.01	−0.746
	海王星	1024	24764	11.1	4504	164.8	0.67

太陽系内には，惑星の他に惑星になり損ねた無数の小天体や惑星を回る衛星（月）が存在する．惑星はその質量と位置で2つの種類に分けられる（表11.1）．内側にある，水星，金星，地球，火星は地球型惑星と呼ばれ，小さく，密度の高い岩石の世界であり，大気は少しあるかほとんどなく，衛星も少ない．一方，外側の木星，土星，天王星，海王星は木星型惑星と呼ばれ，大きく，密度は低く，厚い大気を持ち，内部は液状で，衛星を多く持つ．このような2つの種類に分けられることは，太陽系の形成過程によっていると考えられている．

惑星の熱環境は，太陽から放射される光のエネルギーにより，ほとんど規定される．太陽に近ければ熱く，遠ければ寒くなる．水星は太陽に最も近く，昼側の表面温度は400 ℃にもなる．一方で，太陽から最も遠い海王星では，−220 ℃となる．惑星の表面温度は，太陽から受け取るエネルギーと惑星が宇宙空間へ再放射するエネルギーのバランス（放射平衡）で決まる．このため，夜側（日陰）においては太陽からのエネルギー入力がなく，惑星からの熱の再放射のみとなる．自転が遅い天体では夜が長く，低温となる．水星の場合，夜間の温度は−190 ℃にまで低下する．惑星に大気がある場合は，温室効果がはたらくため，大気がない場合の放射平衡温度よりも表面温度は高くなる．さらに大気の大循環や惑星の自転があれば，表面の昼夜の温度差も緩和される．惑星の温度を決めるもう1つの要因は，惑星からの熱の発生である．木星型惑星の場合，重力収縮による発熱がある．

この熱環境は，天体の成分を決める要因ともなる．例えば，太陽に近ければ温度が高く，水は蒸発してしまうため，火星よりも内側では岩石が主体となる．地球は水が豊富に存在するように見えるが，惑星全体のごく一部を占めるに過ぎない．一方，太陽から遠ければ水は氷となって天体表面に残り，木星や土星の衛星のように氷を多く持つ氷衛星の世界となる．この表面の氷原は，地球の表面を覆う岩石の地殻のようなもので，その下には分厚い液体の水の層が存在すると考えられている．

大気の有無は，惑星の表面温度だけでなく，表面の放射線環境を決める．大気がなければ，太陽からの太陽風プラズマや高エネルギーの太陽宇宙線，エックス線や紫外線に惑星表面は晒され，宇宙空間の環境と大差はなくなる．相当の大気があれば，太陽からの上記の各種放射線は惑星大気の原子・分子と衝突して吸収され，表面にはほとんど到達しなくなる．

地球や木星型惑星は，惑星固有の磁場を持っている．固有磁場を持つ惑星はその周囲に磁気圏を形成し，太陽風プラズマなど比較的エネルギーの低い荷電粒子の進入を防いでいる．その一方で，磁気圏内部に捕捉された高エネルギーの電子や陽子からなる放射線帯（地球ではバンアレン帯とも呼ぶ）が存在する．地球の月は，ほとんどの場合地球磁気圏の外の惑星間空間にあるが，太陽系で最大規模の木星磁気圏では，地球の千倍の強度の放射線帯があり，木星近くを公転する衛星はこの強烈な放射線環境に晒されている．

11.2　探査する目的は？

人類初の人工衛星スプートニク1号の打ち上げ後，米国と旧ソ連は相次いで月や火星・金星に探査機を送った．その結果，我々は月・惑星に関する新たな知見を得たのであるが，全く別の一面もあり，米・ソの冷戦のさなかで軍事的・技術的な優位性を誇示する国威発揚の効果も否定はできない．米国の自由主義陣営と，旧ソ連の社会主義陣営のどちらに属したほうが有利なのかを，第 3 国とともに自国民に対しても示すため，国の総力をあげて月に人類を送り込む競争をしていた．現在では，国威発揚の効果は小さくなっているものの，近年の中国の探査機の月面着陸やインドの月探査機の打ち上げなど，政治的な目的は今でも残っている．探査は将来の月面基地の建設や月資源の利用に向けた重要なステップでもある．

米ソの宇宙開発競争は政治的な意味合いが強かったが，結果として，月や惑星に関する科学に飛躍的な進展をもたらしたことも事実である．月や惑星の科学的探査から我々が求めようとしているのは，我々の地球がなぜ今ある姿となったのか，地球環境は将来にはどうなるのか，に対する答えである．この中には生命の誕生と進化に関する疑問も含まれる．「我々はどこから来てどこへ行くのか？」は人類の持つ根源的な問いである．地球の過去や未来に行くことはできないが，太陽系内の他の天体を探査することは，地球の過去や未来を理解しようとする試みであり，我々人類にとって重要な意味を持っている．

11.3　これまでの月の探査の歴史

旧ソ連では，1957 年の人工衛星スプートニク 1 号の打ち上げの後，「ルナ計画」により月探査を目指していた．史上初めて月に到達したのがルナ 2 号で，1959 年 9 月 14 日，月面に衝突した．続いてルナ 3 号では，1959 年 10 月 7 日に，人類が未だ見たことのなかった月の裏側の撮影に成功した．月の裏側は，表側とは違い海地域が少ないことがわかった．その後も，旧ソ連は月の無人探査を行い，1966 年 1 月，ルナ 9 号により月面軟着陸に成功し，1966 年 3 月，ルナ 10 号では月周回軌道への投入に成功した．

これに対し，米国では 1961 年から 1965 年のレンジャー 1 〜 9 号，1965 年から 1968 年のサーベイヤー 1 〜 7 号，1966 年から 1967 年のルナオービター 1 〜 5 号などの無人探査機による準備を経て，「アポロ計画」による有人探査が推し進められた．1969 年 12 月，アポロ 8 号で初の有人月周回飛行が行われた．1969 年 7 月 20 日，アポロ 11 号の着陸船は月面の「静の海」に着陸した．翌 21 日には，2 名の宇宙飛行士が初めて地球外の天体表面に降り立った（図 11.2）．その後，1972 年のアポロ 17 号まで，アポロ 13 号を除いて計 6 回の有人月着陸・帰還に成功した．合計 400 kg 以上の月の岩石・土壌を地球に持ち帰った．また，地震計，熱流量計，レーザー反射板など，様々な観測機器を月面に設置した．

その後，旧ソ連は 1976 年のルナ 24 号まで，無人月探査を継続した．ルナ 17 号とルナ 21 号では無人月面車による月面調査を行った．また，ルナ 16 号，ルナ 20 号，ルナ 24 号では月のサンプルリターンを行い，合計 326 g の月試料を地球に持ち帰った．

ルナ計画やアポロ計画のあと，月探査はしばらく行われなかった．日本では 1990 年に「ひてん」を月に送ったが，その後の月惑星探査のためのスイングバイ技術の習得が主たる目的で，ダスト計測器だけが搭載されていた．1994 年には米国のクレメンタインが久しぶりに月周回軌道からの月面観測を行い，極軌道から月全球を撮像した．1998 年のルナ・プロスペクタで

図 11.2　月面に降り立った宇宙飛行士（©NASA）

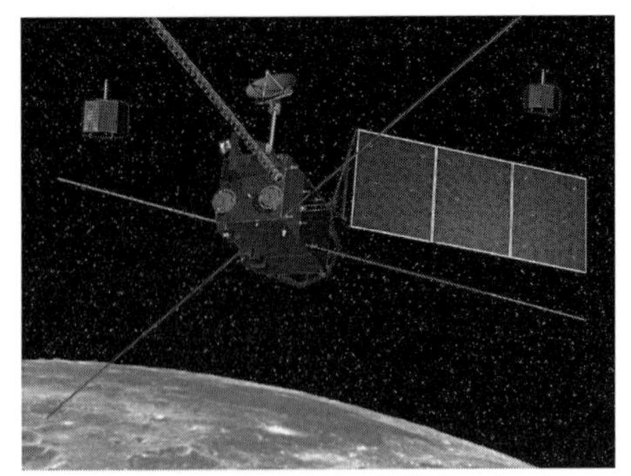

図 11.3　日本の月周回衛星「かぐや」（©JAXA/SELENE）

は周回軌道から磁力計を用いて，月面の残留磁化の分布を調べた．

2007 年以降は，日本，中国，インド，米国による無人月探査が相次いでいる．2007 年 9 月 14 日に打ち上げられた日本の月周回衛星「かぐや」（図 11.3）は，14 もの観測機器が搭載され，アポロ計画以降最大の月探査計画であった．高度 100 km の極軌道から，高分解能カメラによる月全面の撮像や，2 つの子衛星を用いての月裏側全域の重力場計測や，レーダーによる月内部構造の観測など，重要な観測が行われた．

中国では，2007 年のチャンヤ 1 号で月周回軌道への投入に成功し，2010 年のチャンヤ 2 号を経て，2013 年にはチャンヤ 3 号で世界 3 か国目となる月面軟着陸に成功した．さらに，月面探査車も運用に成功した．一方，インドでは 2008 年にチャンドラヤーン 1 号を月周回軌道に投入した．

米国では，2009 年のエルクロス，ルナリコネサンスオービターや 2011 年のグレイル，2013 年のラディーなどによる月探査が相次いで行われている．これら米国や中国による新たな月探査の活発化の背景には，次の有人探査への準備があるとされる．今後は，月面基地の建設や，月資源の利用など，月探査は新たな局面へと移行していくと考えられる．

11.4　地球型惑星である水星と金星を探査機で探査する

11.4.1　水星の探査

(1)　惑星としての特徴

水星は太陽に最も近い惑星であり，太陽からの平均距離は地球 - 太陽間距離のおよそ 1/3 強にあたる 0.39 AU である．赤道半径は 2440 km と太陽系の惑星の中では最も小さく，大気はごくわずかしか存在しない．惑星の平均密度は地球とほぼ同等の 5.4 g/cm^3 で，中心部には大きな金属鉄のコアが存在すると考えられているが，内部構造の詳細は明らかになっていない．また，地球と同じく固有磁場を持っているが磁場の成因は未解明である．

(2)　水星探査の特徴

水星の周回探査では，以下の 2 つの理由により高い技術レベルが要求される．第 1 の理由は，太陽に最も近い惑星であるために太陽重力の影響が大きく，探査機を水星周回軌道へ投入するまでに多大な燃料が必要となることである．搭載燃料の質量を現実的な値に収めるためには，投入エネルギーを減らすための方策として軌道計画の最適化や探査機本体の軽量化等の技術的課題に取り組む必要がある．第2の理由は，同じく太陽に近いことから，探査機が大きな太陽熱入力を受けることである．周回軌道上で探査機が受ける太陽光強度は地球周辺の約11倍にも達し，このため探査機の熱設計において厳しい要求が課せられることになる．

⑶　これまでに実施された水星探査

前述の理由から，現在までに水星に到達した探査機は，米国のマリナー10号と，同じく米国のメッセンジャーのわずか2機にとどまっている．マリナー10号は1973年に打ち上げられ，金星スイングバイを経たのち，水星を計3回フライバイ（接近通過）して観測を行った．その際，水星表面の約45%の領域を撮影したほか，水星に固有磁場が存在することを発見している．また，このときの観測で水星表面には月に似たクレータが多数存在することが確認された（図11.4）．

2機目の水星探査機であるメッセンジャーは，それから30年あまりを経た2004年に打ち上げられた．打ち上げ後，スイングバイを繰り返して水星に接近し，2011年に水星の周回軌道へと投入された．マリナー10号による水星探査は近接通過の短時間のみを利用したものであったが，メッセンジャーは水星周回軌道へと投入されたため，長期間にわたり水星の詳細観測を行うことができた．メッセンジャーは4年間にわたって観測を続け，水星の全領域をカバーする30万枚にも及ぶ画像を撮影したほか，レーザー高度計を使用して水星表面の詳細な地形データも取得している．また，この際の観測では水星表面の化学組成や水星磁場等に関する測定も行われた．

⑷　近年の動向

日本と欧州宇宙機関ESAは共同の水星探査計画として「ベピコロンボ計画」をすすめており，本書執筆時点では2018年に探査機が打ち上げられる予定となっている．ベピコロンボ水星探査機システムは，4つのモジュールが一体化した複合モジュールとなっており，電気推進モジュール（MTM: Mercury Transfer Module）・水星表面探査機（MPO: Mercury Planetary Orbiter）・水星磁気圏探査機（MMO: Mercury Magnetospheric Orbiter）・MMOサンシール

図11.4　Mariner10が撮影した水星表面の写真（©NASA）

図11.5　日本が開発を担当した水星磁気圏探査機MMO（提供：JAXA）

ド（MOSIF: Magnetospheric Orbiter Sunshiled and Interface Structure）により構成されている．水星到達後，これらのモジュールは分離され，MPO と MMO の 2 機の探査機が，それぞれ独立した周回軌道で探査を行う．日本はこれら探査機のうち MMO の開発を担当している．MMO は水星磁気圏の観測を主ミッションとしたスピン安定型の探査機であり，水星固有磁場のマッピング観測や，磁気圏活動に伴うプラズマ現象の観測等を行うことになっている（図 11.5）．ベピコロンボ探査機システムは 2025 年に水星に到着する予定である．

11.4.2　金星の探査

宇宙開発の黎明期にあたる 1960 年代初頭より，金星には米ソを中心に数多くの探査機が送られてきた．金星探査に成功した初めての探査機は 1962 年に打ち上げられた米国のマリナー 2 号であり，金星から約 35000 km の地点をフライバイ（接近通過）して，金星温度や磁場等の測定を行った．以降，東西冷戦が終結する 1980 年代末に至るまで，米ソ両国によって大規模な金星探査計画が展開されていった．この時期の代表的な金星探査計画としては，米国の「マリナー計画」（1962 ～ 1973 年），「パイオニア・ヴィーナス計画」（1978 年），旧ソ連の「ベネラ計画」（1961 ～ 1983 年），「ベガ計画」（1984 年）があげられる．

⑴　惑星としての特徴

金星は大気を有する地球型の岩石惑星であり，地球の兄弟星ないしは双子星と呼ばれることもある．表 11.2 に金星と地球の比較データを示すが，確かに赤道半径・質量・重力等は地球のそれに近い．しかしながら，その他の点では，金星の環境は地球環境と著しく異なっている．金星は二酸化炭素を主成分とする濃密な大気に覆われており，その結果，惑星表面の大気圧は地球表面の 90 倍にも達している．また二酸化炭素による温室効果の結果，表面温度は昼夜によらず 400 ℃を超える高温となっている．さらに高度 50 ～ 70 km の領域には濃硫酸の雲が存在し，惑星の全表面を覆っている．

⑵　これまでに実施された金星探査

前項では水星探査の探査形態として，フライバイを利用した探査と周回探査機による探査の 2 形態を紹介した．一方，金星の場合，水星とは異なり高密度の大気が存在するため，より多様な探査形態が可能となる．以下，これまでに実施された金星探査を探査形態別に紹介する．

表 11.2　金星と地球の比較データ

	金星	地球
軌道長半径（AU）	0.7233	1.0000
赤道半径（km）	6051.8	6378.1
質量（kg）	4.869×10^{24}	5.974×10^{24}
重力（m/s^2）	8.870	9.780
公転周期（日）	224.70	365.26
自転周期	－243.02 日※	23.934 時間
表面温度	460℃	―
表面気圧（気圧）	90	1.01

※他の惑星とは自転の向きが逆

【フライバイ / スイングバイを利用した探査】

金星近傍を接近通過する際の短い時間を利用した探査であり，初期の金星探査はもっぱらこの形態をとっていた．初めて金星探査に成功したマリナー 2 号もフライバイを利用している．この探査形態には他天体に向かう途上で金星を探査する場合も含まれる（この場合は，フライバイではなくスイングバイによる探査となる）．例えばマリナー 10 号は水星探査を行う際，2 度にわたって金星スイングバイを行い，その際に金星大気等の観測を行っている．

【周回探査機による探査】

探査機を金星周回軌道に投入して実施する探査であり，フライバイによる探査に比べてミッションの難易度は高くなるが，長期間にわたっての継続探査が可能である．旧ソ連のベネラ 15，16 号（1983 年打ち上げ）や米国のマゼラン探査機（1989 年打ち上げ）が，この形態の探査を行っている．マゼランは金星周回軌道上で 5 年間に渡り観測を行い，金星表面の 98% に及ぶ領域を 300 m 以上の分解能で地図化することに成功した．

【探査プローブ / 着陸機の直接投下による探査】

前述の通り，金星は高密度の大気に覆われている．よってプローブや着陸機を金星大気に突入させ，パラシュートや減速殻により突入速度を制御しながら，降下中に，さらには着陸後も探査を行うという形態が考えられる．探査範囲は投下点周辺に限定されるが，大気や惑星表面の直接探査が可能である．旧ソ連のベネラ計画は主にこの探査形態をとっていた．高温・高圧の過酷な環境のため探査時間は限られるが，ベネラ 7 号以降，複数の探査機が金星表面への着陸に成功し，惑星表面の画像撮影や岩石の分析等を行っている．

【惑星気球による探査】

気球モジュールを投下し，金星大気圏突入後に気球を膨張展開して目標高度を浮遊させながら観測を行うというユニークな探査法である．旧ソ連のベガ 1 号・2 号では，この形態の探査が実施された．後に触れるが金星大気は高速度で循環運動をしているため（スーパーローテーション），気球探査によって短時間に広い領域を観測することが可能である．

(4)　近年の動向

金星に関しては過去に数多くの探査計画が実施されてきたが，地質形成や大気構造について今なお多くの謎が残されている．中でも上層大気が自転速度の約 60 倍もの高速度で大循環する現象はスーパーローテーションと呼ばれ，惑星気象学上の大きな難問となっている．

近年の金星探査としては，欧州宇宙機関 ESA によって 2005 年に打ち上げられたヴィーナス・エクスプレスがあげられる．ヴィーナス・エクスプレスは金星の極軌道上で 8 年間にわたり観測を行い，南極域の渦構造について詳細な観測を行うなど，スーパーローテーションの成因解明に役立つ多くのデータを取得した．日本も日本初の金星探査機として「あかつき」の打ち上げを 2010 年に行っている．「あかつき」は打ち上げ半年後に金星周回軌道へと投入される予定であったが，主エンジンの不具合により軌道投入に失敗し，以後，太陽を周回する軌道を飛行することとなった．しかし，その後に数度の軌道修正を行い，5 年後の 2015 年，代替の姿勢制御用エンジンを用いて金星周回軌道への投入に成功した．軌道投入後，すべての搭載観測機器の動作が確認され「あかつき」による金星観測が開始された．図 11.6 は「あかつき」の搭

図 11.6「あかつき」が撮影した金星画像
（提供：JAXA）

載カメラ IR2 によって撮影された金星画像である [1].

11.5　地球型惑星である火星を探査する

11.5.1　探査機による探査

金星に並び，火星にはこれまでに数多くの探査機が送られてきた．これら 2 つの惑星には比較的少ない軌道投入エネルギーで探査機を到達させることが可能であり，このため宇宙開発の早期から，米ソを中心として両惑星の探査が活発に行われてきた．火星探査に関していえば，米国が 1960 年代より目覚ましい成果を積み上げていったのに対し，ソ連は多数の探査機の投入にもかかわらず大きな成果を得ることができなかった．ソ連の火星探査は失敗の歴史でもあったが，その理由をただ 1 つの要因で説明することはできない．とはいえ惑星探査という高リスクのミッションに対し，冗長設計の点で甘さがあった点は否めないだろう．例えば 1971 年に打ち上げられたソ連の火星探査機マルス 1 号，2 号はプログラムの書き換えが不可能な設計となっていた．両機が火星周回軌道へ達した際，火星には砂嵐が発生していたが，着陸モジュールはプログラム通りに投下され，1 機は墜落，もう 1 機もわずかな時間しか機能することができなかった．ちなみに同年に打ち上げられた米国の探査機マリナー 9 号はプログラムの書き換えが可能な設計となっており，ミッション遂行に成功している（ただし火星表面への着陸はミッション内容に含まれていなかった）．

以下では米国の探査計画を中心として，主に周回探査機による火星探査について解説する．ローバーや飛行機を用いた火星探査については次節以降で述べる．

(1)　惑星としての特徴

火星は直径が地球のほぼ半分程度の岩石惑星であり，二酸化炭素を主成分とした薄い大気を持っている．表面の気圧は約 1/100 気圧であり，表面重力は地球の 1/3 程度である．自転軸が公転面の垂直方向から約 25°傾いているため，地球と同じく四季が存在する．南北両極には極冠と呼ばれる白く見える領域が存在するが，これは二酸化炭素と水が固体となって凍結したものであり，季節によってその大きさは変化する．太陽系内の惑星の中では表面環境が地球に最も近く，また近年の観測結果から火星表面に過去，大量の液体の水が存在していたことがほぼ確実となっている．このようなことから過去の火星には生命が存在していた可能性も考えられ，生命の痕跡を調査することは火星探査における大きな目的のひとつとなっている．

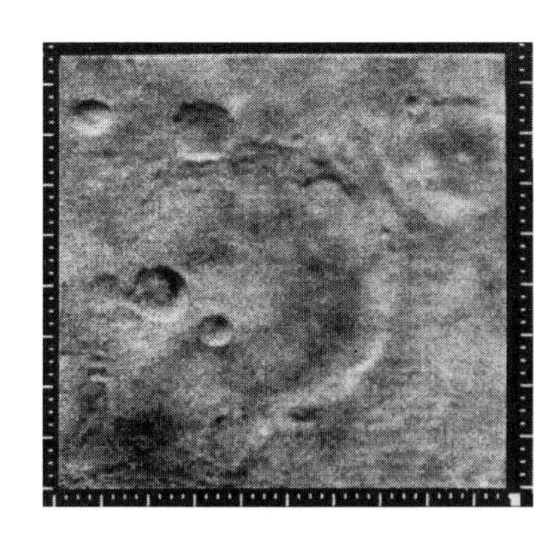

図11.7　マリナー4号が撮影した火星表面の写真（©NASA）（1枚あたりの画素数は200×200 pixel，1 pixelあたりの分解能は3 km程度の粗い画像データであった．地球に送信された画像データの総量は，すべての写真を合わせてもわずか650 kBだった）

(2)　これまでに実施された火星探査

火星探査の形態は，フライバイを利用した探査，周回探査機による探査，着陸機による探査（ローバーによる探査も含む）の3形態に分類することができ，歴史的にも，ほぼこの順番で探査が実施されてきた．以下，これまでに実施されてきた火星探査を年代順に紹介する．

【1960年代――フライバイを利用した探査】

金星探査と同じく，初期の火星探査はフライバイによる短時間の探査が中心であった．火星探査に初めて成功したのは1964年に打ち上げられた米国のマリナー4号であり，打ち上げ後228日間の惑星間巡航を経て火星に到達し，近接通過の際に火星表面の画像を22枚撮影して地球に送信した．搭載カメラの分解能やデータ転送速度の限界から，その画像は極めて粗いものであったが，それでも初めて撮影された火星表面の写真は当時の人々を驚嘆させた（図11.7）．1969年，米国は再び2機の探査機（マリナー6号・7号）を火星に送って，近接通過による探査を行い，広角カメラ / 望遠カメラの双方を用いて火星表面を撮影し，表面温度や上層大気成分の調査を行った．

【1970年代初頭――周回探査機による探査】

1971年5月，米国によって打ち上げられたマリナー9号は，同年11月に火星を周回する軌道へと乗り，世界初の火星周回探査機となった．地球以外の惑星の周回軌道へ投入された探査機はマリナー9号が初めてのことである．マリナー9号は姿勢制御用のガスが尽きるまで350日間にわたって観測を続け，火星全域の地形図を作成したほか，気象観測や重力場の計測などを行った．このときの全球的な観測により，火星は巨大火山や巨大峡谷を持つダイナミックな表面地形を有することが明らかとなった．加えて，火星表面に無数の河床状地形が存在することが確認され，かつてこの惑星の表面に大量の水が流れていたことが示唆された．

【1970年代中期――着陸機による探査】

マリナー9号の成功を受け，米国はさらに規模を拡大した火星探査計画として「バイキング計画」に着手した．バイキング探査機はマリナー形式の周回探査機と火星着陸機とにより構成されており（図11.8），全く同型の探査機であるバイキング1号と2号が1975年の8月と9月に相次いで打ち上げられた．バイキング1号は打ち上げ10ヶ月後に火星周回軌道へと達し，周回軌道上に1ヶ月とどまった後，着陸モジュールを火星表面へと投下し，史上初の火星着陸に成功した．

図 11.8　バイキング 1 号探査機（©NASA）
（太陽電池パドルを拡げている上部が周回探査モジュール．下部の卵状カプセルの内部に着陸モジュールが格納されている．）

火星の薄い大気の中で着陸モジュールを降下・軟着陸させるためには，パラシュートによる減速のみでは十分でなく，複数の減速装置を組み合わせる必要がある．バイキング着陸機では，空力減速殻・パラシュート・逆噴射推進の 3 種を組み合わせた減速法がとられたが，これが，その後の火星軟着陸における標準的な方法となった．地球環境とは異なり，減速用パラシュートは低密度かつ超音速の状態で展開する必要がある．バイキング計画では，地球成層圏を利用した事前の展開試験により超音速パラシュートの特性把握が行われた（成層圏までの運搬には高高度気球が使用された）．

バイキング 1 号に続きバイキング 2 号も火星着陸に成功し，2 機の着陸機によって土壌分析や大気成分の分析等が行われた．また土壌中における微生物の存在を確認するための実験も行われたが，このときの実験では生物や有機物の存在を確認することはできなかった．

【1990 年代以降の探査】

マリナー 9 号とそれに続くバイキング探査計画で成功を収めてから，米国の火星探査計画は一時下火となる．その理由としては，バイキング以後は，ボイジャー計画のように火星以遠の惑星探査に力が注がれたことや，1970 年代中盤からスタートしたスペースシャトル計画により宇宙開発の軸足が火星探査から離れたことなどがあげられる．しかし 1990 年代に入ってから NASA は再び精力的な火星探査を開始する．1996 年に打ち上げたマーズ・グローバル・サーベイヤーで 20 年越しの火星周回探査を成功させると，以後，数度の失敗をはさみながらも，マーズ・オデッセイ（2001 年打ち上げ），マーズ・リコネッサンス・オービター（2005 年打ち上げ），MAVEN（2013 年打ち上げ）の 3 機で火星周回探査を成功させた．

マリナー 9 号以後の技術的な進展として，これらの周回探査機はいずれも，最終周回軌道への投入にあたってエアロブレーキ方式を採用し，燃料の節約を行っている．エアロブレーキは，惑星大気の空気抵抗を利用して探査機の周回軌道を徐々に変更する技術である．この方式では，探査機をまず，図 11.9 に示すような長楕円軌道へと投入する．その際，近火点（火星に最も近づく地点）の高度を 100 km 程度まで低くしておき，探査機がこの領域を通過する際に，火星高層大気による抵抗を受けるようにしておく．近火点を通過するたびに探査機は少しずつ減速し，その結果として遠火点高度が徐々に減少していく．遠火点が所望の高度まで下がった後に，推進剤を用いて近火点高度を上げれば近火点通過時の減速は収まり，最終的に探査機を所定の軌道に投入することができる．推進剤のみを用いて軌道変更を行う場合に比べ，エアロブレーキ方式では空気抵抗を利用した分だけ推進剤を節約することが可能である．例えばマーズ・

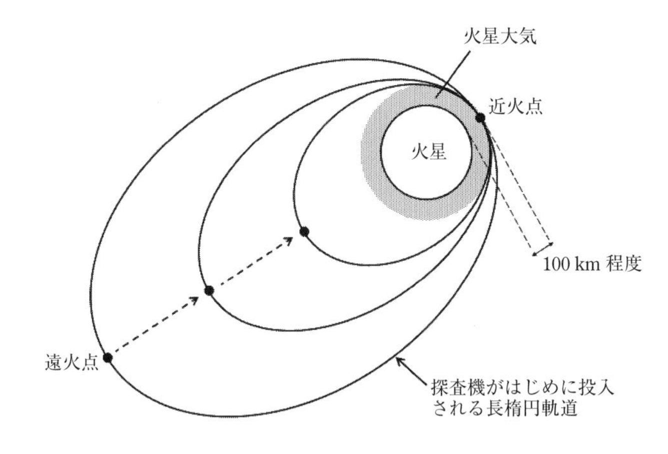

図 11.9　エアロブレーキ方式による軌道変更

リコネッサンス・オービターは，はじめ遠火点高度を 54000 km，近火点高度を 97 ～ 109 km 程度とする長楕円軌道へと投入され，その後 6 ヶ月間にわたるエアロブレーキングで遠火点高度を 450 km まで下げ，最終的に近火点高度 250 km，遠火点高度 316 km の周回軌道へと投入されている．

ここにあげた第 2 世代の火星探査機による全球観測により，火星の詳細地形図が作成され，さらにはレーダー探査による極冠層構造の解明や地下に存在するであろう氷の分析，偏在する残留磁場の計測，上層大気の活動など，新たな観測データが次々と蓄積されていった．バイキング探査計画以降の 20 年間，火星探査そのものは実施されていなかったものの，この間エレクトロニクス技術は飛躍的な進歩をとげ，地球観測衛星の開発を通じてリモートセンシング機器の性能は大幅に向上していた．このような背景から，第 2 世代の火星探査機には高性能の観測機器が搭載されていたのである．なお 90 年代以降の火星探査では，ローバーを用いた探査も実施されているが，その内容については 11.5.2 項を参照してほしい．

⑶　日本の火星探査

日本は 1998 年に国内初の火星周回探査機として「のぞみ」の打ち上げを行っている．主ミッションは火星上層大気と太陽風との相互作用に関する研究データの取得であり，打ち上げ 10 ヶ月後の 1999 年 10 月に火星へ到達する予定となっていた．「のぞみ」は燃料系統の不具合から地球重力圏の離脱時に十分な推力を発生することができず，予定軌道による火星到達が不可能となったが，その後，軌道計画を変更し，当初予定から 4 年遅れとなる 2003 年 12 月に火星へと到達することとなった．以降，順調に巡航を続けたものの，2002 年 4 月に発生した熱制御系の不具合から主エンジンが使用不可能となり，最終的に火星周回軌道への投入は断念された．探査計画そのものは不成功となったが，「のぞみ」の開発・運用を通じて得られた技術やノウハウは，後の「はやぶさ」計画へと引き継がれていくこととなる．

⑷　近年の動向

マーズ・エクスプレス（2003 年打ち上げ）で火星周回軌道への投入を成功させた欧州宇宙機関 ESA は，現在ロシアとの共同でエクソマーズ計画を進めている．エクソマーズ計画は 2 回の打ち上げミッションで構成されており，1 回目の打ち上げは 2016 年に成功し，現在探査機は火星への途上にある．2 度目の打ち上げは 2018 年に実施される予定となっている．これらの探査計画では，周回探査機と着陸機を組み合わせた探査が行われることになっている．

米国は 2020 年の打ち上げを目指したマーズ 2020 計画を進めている．マーズ 2020 は次項でふれるマーズ・サイエンス・ラボラトリーの要素技術を発展させた探査計画であり，おそらくマーズ・サイエンス・ラボラトリーと同様，大型のローバーを用いた表面探査が行われることになると思われる．米国政府はさらなる将来計画として，2030 年代の有人火星探査計画を表明しているが，巨額の予算を米国一国で拠出することは困難であり，火星の有人探査は国際的な枠組みのもとで行われることになるだろう．

インド宇宙研究機関（ISRO）は 2014 年 11 月，火星探査機マンガルヤーンを打ち上げ，翌年 9 月に火星周回軌道への投入に成功した．アジア初の火星周回探査成功の背景には，科学的成果よりもむしろ，技術力の獲得や探査実績そのものを重視するインドの宇宙政策があったといえる．

日本は「のぞみ」以後の探査計画として，火星着陸探査計画の検討を 2008 年から続けているが，現在のところ具体的な探査計画への着手はなされていない．

11.5.2　ローバーによる月と火星の探査

月と火星はこれまでにローバーによる直接探査が行われてきた数少ない天体である．米国やソビエト連邦は 1960 ～ 1970 年代に月で数多くの探査を行ってきた．両国による国をあげた競争により，有人ミッション，無人ミッションともに数多くの着陸が行われた．かならずしも科学的な探査だけが目的というわけではなく，打ち上げロケットの開発も含めた技術力の向上と国威発揚の意味合いもあった．しかしここで開発された技術は，その後の宇宙への大量輸送手段の成熟へと，また有人宇宙技術はその後の国際宇宙ステーションへとつながっていくことになる．

⑴　月探査の歴史の変遷

NASA は，月で人が移動するための手段として LRV（Lunar Roving Vehicle）と呼ばれるバギーカー型のローバーを開発し，1971 ～ 1972 年の月面探査で使用した．月は有人探査が可能なので，人が移動するための手段というのは今でも考えられており，有人用のローバーの開発が進められている．一方，開発の途中から無人探査へと切り替えたソビエト連邦は，ルノホート（Lunokhod）と呼ばれる，現在の無人ローバーの原型となるようなローバーを開発し，1970 ～ 1973 年の月面探査で使用した．これらの多くは国家プロジェクトであるが，その一方で，近年の Google Lunar X Prize のようなコンテストでは，多くの国々から無人月着陸機や無人ローバーが提案された．

⑵　エアバッグで衝撃を吸収して着陸させた小形なローバーによる火星探査

火星は，これまでに無人ローバーがいくつか投入されてきた．1997 年のマーズ・パスファインダー（Mars Pathfinder）で使用されたソジャーナ（Sojourner）は，質量が約 11 kg と比較的小形なローバーである．このときは，火星にソジャーナを着陸させるのにエアバッグが使用されたが，これはインフレータブル構造を衝撃の吸収に利用する実用例でもあった．2004

図 11.10　火星探査ローバー「オポチュニティ」の火星走行イメージ（©NASA）

図 11.11　火星探査ローバーの着陸で使用したエアバッグ（©NASA）

年にはマーズ・エクスプロレーション・ローバー（Mars Exploration Rover）でも，図 11.10 に示すスピリット（Spirit）とオポチュニティ（Opportunity）という，質量が約 185 kg の 2 台のローバーが，図 11.11 に示す同様なエアバッグを使って火星に送り込まれた．

最近の NASA は大形で高コストな探査車に注力するようになってきている．もともと火星への輸送コストは大きいので，確実性とミッションの充実性を考えて選ばれたアプローチであろうが，1970 年代には膨張膜構造を使ったインフレータブル式のローバーも数多く提案されていた．1990 年代の初頭に，NASA は「より早く，より良く，より安く（Faster, Better, Cheaper）」のスローガンのもとでディスカバリー計画を進めており，前述したマーズ・パスファインダーはその計画の一環でもあった．また，これを契機に小形化に向けた数多くの斬新な研究開発が行われ，宇宙インフレータブル構造の研究開発も活発化した．これまで，惑星の軌道に投入された宇宙船から切り離された着陸機が月や火星の表面に軟着陸し，そこからローバーを降ろすという方法が一般的だったのに対して，図 11.11 に示したような多数のエアバッグに覆われたローバーを上空から落下させ，火星の表面でバウンドさせることで衝撃エネルギーを吸収しながら着陸させた．

⑶　スカイクレーンを使って着陸させた大形ローバーによる火星探査

その後の NASA のローバーは，2012 年のマーズ・サイエンス・ラボラトリー（Mars Science Laboratory）で使用された，キュリオシティ（Curiosity）（図 11.12）のように，スカイクレーンと呼ばれる大掛かりな装置を使って軟着陸させる方法がとられた．スカイクレーンは，パラシュートで減速させた後に，切り離された着陸機をさらにスラスタ噴射で減速し，その後にキュリオシティだけを軟着陸させ，スラスタを搭載した部分は直ちに退避して離れた場所に落下するというものであった．このときは，探査ローバーの質量も約 900 kg と小形自動車並であり，もはやエアバッグ方式による着陸は困難なうえ，将来の有人探査を見据えると信頼性が高い軟着陸技術を確立させることも必要であり，高コストではあってもこのような方法がとられたと思われる．火星への輸送コストは月に比べるとはるかに大きいので，着陸技術が高コストであってもミッション全体のリスクを低くすることに開発予算を投入していると考えることもできる．

図 11.12　火星探査ローバー「キュリオシティ」の走行実験（©NASA）

このように，ディスカバリー計画とは異なる方向に進みだした現在の火星探査計画ではあるが，それはまた火星探査が実利を求める新しいフェーズに入ったことの表れでもある．また，エアバッグによる探査車の着陸の成功がなければ，スカイクレーンによる軟着陸の時代は来なかったともいえる．これからの宇宙インフレータブル構造の研究のターゲットは，他の惑星探査や，月や火星であっても新たなミッションを提案するために貢献することになると考えられる．

⑷　多様な探査を目指すインフレータブル式ローバー

当初の NASA のインフレータブルローバーのホイールでは，高強度繊維織物とクロロプレンゴムなどを組み合わせた膜材が検討されていた．このような材料は引張強度や引裂強度が高い反面，面積あたりの質量も大きい．そのため一層の軽量化を目指すには，使用される条件を満たす範囲内で，構造強度や剛性が確保できる範囲で，できるだけ面密度が小さな膜材料を使うことが望ましい．このような観点から，直径 300 ～ 500 mm 程度の比較的小形なホイール（タイヤに相当する車輪）を想定し，質量が 1 kg 程度と超軽量なローバーを目指してこれまでに研究として取り組んできた例を図 11.13 に示す．

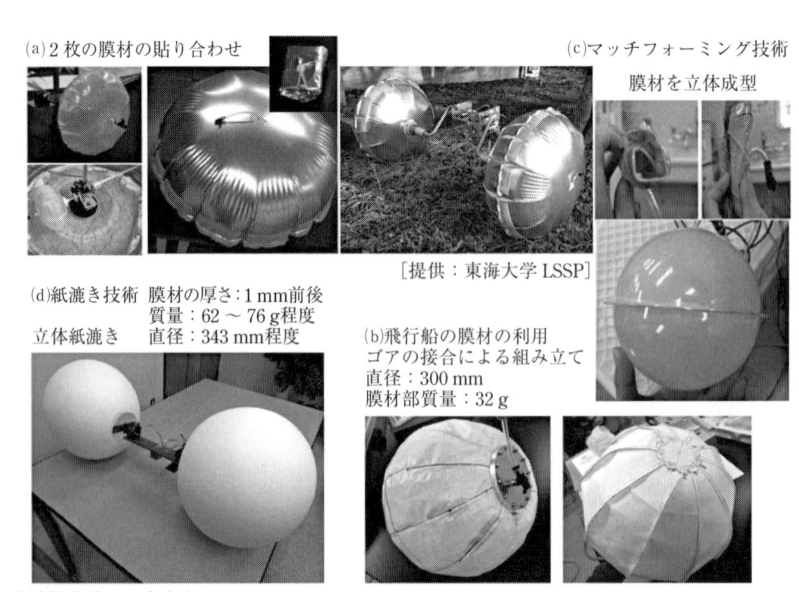

図 11.13　膜材料を使った超軽量なインフレータブルホイールの例．
角田博明，宇宙インフレータブル構造技術―月や惑星へ活躍のフィールドをもとめて―，日本航空宇宙学会誌第 65 巻第 2 号（2017 年 2 月号）より転載．（© 日本航空宇宙学会）

身近な物で使いやすい汎用的な膜材として飛行船の膜材がある．これは，繊維織物と高い気密性を有する樹脂フィルムを積層したもので非常に軽量である．また，もともと熱溶着で大きな飛行船を作ることを前提としており，表面はポリウレタン層となっている．類似の膜材には梱包材として使われているものもある．耐宇宙環境性を考慮すると，ポリイミドフィルムやエンジニアリングプラスチックのフィルムを使うことが望ましい．技術的な難易度は高いが，高温の金型によるプレス成型を行い立体加工することができる．

曲面を一体で成型するのは製造設備に依存する部分が大きいが，和紙の製造で使われる紙漉き技術に着目をすると，紙を漉く簀桁（すげた）の形状を工夫することで，立体的な紙漉きを行うことができる．こうしてほぼ球形状になるように立体紙漉きを行ったものを使ってローバーのホイールに適用したモックアップを同図(d)に示す．和紙には気密性がないので，展開させる際には風船のような内袋で膨張させる必要がある．樹脂フィルムに比べると引張強度は劣るが，内側からの圧力を取り去っても，材料と形状で確保される剛性により，軽量なローバーのホイールとして使用できる可能性がある．また和紙は成型する過程で，あるいは成型した後で別の材料を組み合わせることで機能や性能を高めることもできる．一例ではあるが，このような方法で，既存の技術を応用して宇宙環境で使える超軽量なローバーホイールの実現を目指していく試みも行われている．

11.5.3　飛行機による探査

惑星探査の手法としてこれまで多く用いられた方法は 2 つある．まず，探査機を観測対象の惑星の衛星軌道上に投入し，惑星表面を宇宙空間から光波（画像）や電波（レーダー）を利用し，惑星の衛星軌道上を周回しながら観測する方法である．オービター（Orbiter）と呼ばれる．JAXA の金星探査機の「あかつき」が良い例である．次に，惑星の地表に向けて，探査機から着陸機を分離し，大気圏突入・降下・着陸させる方法である．ランダ（Lander）と呼ばれる．NASA のバイキングや，マーズ・サイエンス・ラボ（MSL）が代表的である．それぞれに長所短所があるため，探査の目的に従って使い分けられてきた．

ランダの場合，着陸地点とその周囲の状況は，宇宙からの観察と比較して，詳細で直接的なデータ取得が利点であることは論を待たない．しかし，その利点は，着陸地点周囲の限られた範囲に限定される．そのため，この点を克服するために，NASA の火星探査では，小型のロボット探索車を搭載し，陸上移動で観測領域を広げる手段を採用して大成功を収めている．しかしながら，陸上移動は，移動可能範囲が地形に影響され，また，移動速度が小さいなど，改善すべき制限がある．

惑星探査に関する最近の注目は，地質調査である．惑星の成り立ちを理解する上で重要な調査のひとつであるが，簡単にはできない．地球上ではボウリング調査のように深い穴を掘って調査をすることができる．しかし，火星では，ランダが地表を掘削できる深さはせいぜい数メートルである．その程度の深さでは，地表表面のみの調査しかできない，幸運にも地層の様子は，峡谷などの壁面に露出していることが多く，最近の火星探査では，峡谷壁面の詳細な映像の取得が重要項目にあげられている．しかし，峡谷壁面は，真上から観測するオービターでは撮影できないばかりか，地上を移動するロボット探査車では近付くことができない．そのため，調査の空白領域となっている．

これを解決するためにロボット航空機を送り込み，探査範囲の拡大と，峡谷壁面の近接画像の取得実現に向けた研究が広がりを見せている．ただし，このような航空機は，完全な自律無人機である必要がある．最大の理由は，遠隔操作をする場合の指令電波が地球と惑星との間を往復するまで相当の時間が必要となるからである（地球と火星の通信必要時間は，往復最小約 8 分，最大約 40 分）．航空機は短時間であっても操縦に時間遅れがあっては致命的であるから，地球からのリアルタイムでの遠隔操作は不可能である．これを解決するには，自らの判断で飛行と探査が遂行可能な頭脳を取り付けた自律無人機が不可欠となる．

本項では，流体力学的な観点から，火星での飛行を目的とした固定翼機（火星飛行機）の翼断面形状について概説する．

さて，大気を持つ他の惑星で航空機が飛行するためには，地球での航空機と同じものでよいだろうか？　原理的には十分可能であるが，解決すべき大きな課題が 2 つある．

まず，推進力の発生方法（エンジン）である．大気が存在しても酸素がなければ，地球と同じ仕組みのエンジンは使えない．この問題の解決方法については，太陽光発電による電動プロペラ推進が有力とされているが，推力が小さいという課題を解決する必要がある．将来的には，惑星の大気を酸化剤とした新しい推進方式が検討されている．ただし，本項では詳細な議論を割愛する．

次に，翼断面形状である．航空機には，重力，揚力，そして，抗力の 3 つの力が働き，そのバランスによって上昇，巡航，降下，および旋回などの運動を実現する．したがって，重力を十分に上回る揚力が必要となる．揚力を発生させる装置は主翼であり，その性能は翼断面形状で決まる．そのため，航空機はその用途にしたがって様々な翼断面形状が採用されている．地球上で使われている航空機の翼断面形状の代表として，対称翼（NACA0012 翼）と呼ばれるものを図 11.14 に示す．翼前縁（前方の先端）が丸みを帯び，翼全体は膨らみがあり，後縁（後方の先端）はとがっている．翼上面と下面が同一形状であるため，対称翼と呼ばれている．これに対し，火星飛行機の翼断面形状は大きく異なる．現在，火星飛行機に適した翼断面形状のひとつとして検討されているものに石井翼型がある（図 11.15）．これは，フリーフライトハンドランチグライダーの世界記録保持者の石井氏によって考案されたものである．

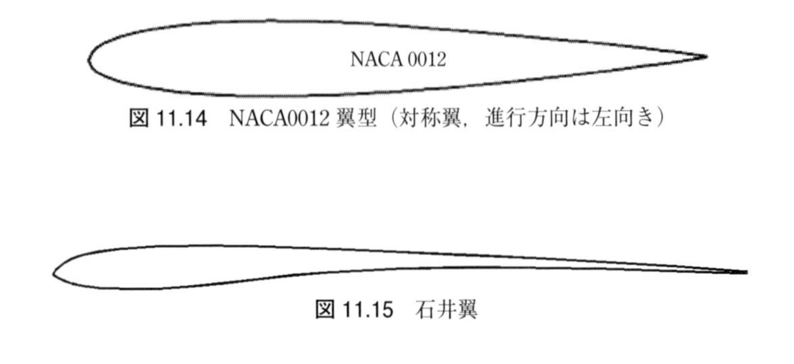

図 11.14　NACA0012 翼型（対称翼，進行方向は左向き）

図 11.15　石井翼

石井翼をNACA0012と比較すると，次の点に特徴がある，すなわち，第1には，前縁がとがっている．第2は，翼上面が平らである．第3は，翼下面で大きな正の曲率を持つ，すなわち，翼下面がえぐれている．これらの特徴は，すべて，火星の大気環境が地球のそれと全く異なることに理由がある．

火星表面の大気は，圧力が地球の1/100，主成分が二酸化炭素であり，地球と大きく異なる．このうち，翼断面形状に大きな影響を与えるのは，圧力である．圧力が地球の1/100ということは，密度もそれと同等なほど小さくなる．翼が発生する揚力は，気流の動圧 Q と翼の揚力係数 C_L の積に面積をかければ計算できる．このうち C_L は翼断面形状でほぼ決まる．また，Q は気流の運動エネルギーであるため，密度 ρ と速度 U の2乗の積に比例する．したがって，飛行速度が同じであれば，火星では地球の1/100の Q しか発生しない．火星では，重力が地球の半分以下（重力加速度は，地球9.8 m/s^2，火星3.7 m/s^2）であるため，揚力は地球の半分程度で十分であるが，それでも C_L が大きな翼型が必要になる．

揚力係数 C_L は，飛行する大気の条件と翼断面形状でほぼ決まる．音速以下の速度では，飛行目的に最適な翼断面形状(つまり C_L が大きい翼型)は，流れの特性数であるレイノルズ数(Re)がキーとなる．Re は，飛行機の大きさ（L，代表長さ），飛行速度（U），そして気流の密度（ρ）に比例し，気流の粘性係数（μ）に反比例する．したがって，大気密度が地球の1/100である火星では，同じ大きさの飛行機が同じ速度で飛行しても Re は1/100になる．つまり，地球で最適な翼断面形状であっても，火星で使うには不適当なものとなる．見方を変えれば，火星で目的とする飛行速度の1/100で地球上で最適化された翼断面形状が必要となる．地球上で飛行する航空機の1/100の速度で飛んでいるものとしては，ラジコン飛行機や紙飛行機，あるいは鳥や昆虫などの生き物が該当する．そのため，地球上では，もっぱらサイズや速度の小さい模型飛行機や紙飛行機の翼断面形状に利用され，「よく飛ぶ」と評価されてはいるものの，実物の飛行機には適用できない石井翼のような形状が火星飛行機に適した形状となる．

現在，火星大気中での飛行が検討されている火星飛行機には，図11.16に示す形状が提案されている．大気を有する惑星での探査活動に自律無人航空機の利用が検討されているが，その翼形断面形状，さらにプロペラで推進する場合は，そのプロペラの断面形状は，飛行する惑星の大気状況と飛行目的によって，地球のそれとは大きく異なる形状となる．

図11.16　火星飛行機のコンセプト
（画像提供：JAXA）

地球以外の天体であっても，大気があれば航空機が飛行できる可能性はある．ただし，その大気の状況がどのようなものであるか，詳細に判明していることが必要条件である．この観点から，これまで多くの探査機が到達し，大気の状況が惑星表面から宇宙空間に至るまで詳細なデータがそろっている火星において無人航空機による探査の準備が進んでいる．

11.6　サンプルリターン技術

サンプルリターンとは，地球以外の天体や惑星間空間から何らかの試料を持ち帰り，これを地球上で回収するミッションの総称である．アポロ計画のように人間を介した試料回収も広義のサンプルリターンに含まれるが，本節では無人サンプルリターン技術に限定して解説する．サンプルリターンでは試料を直接回収できるため，地上での広範な分析が可能となり，着陸探査機等によるその場分析に比べて，はるかに詳細なデータを取得することができる．

サンプルリターンは，(1)目的の天体への到達，(2)サンプルの採取，(3)地球への帰還とサンプルの回収，という3つのフェーズで構成される．いままでサンプルリターンの探査対象とされた天体は，月 / 彗星 / 小惑星 /（他惑星の）衛星，と多様であり，そのほか惑星間空間もサンプルリターン・ミッションの探査対象となっている．また，天体へのアプローチも，フライバイによる接近通過 / 天体への着陸 / 天体への短時間の着地，の3形態があり，このためサンプルの採取法はミッションごとに大きく異なっている．なお，ここでは天体に接地後，長時間あるいは永住的に留まる場合を「着陸」，はやぶさ探査機のように数秒程度の短時間だけ天体に接地する場合を「着地」と呼んで区別することにする．

サンプルの回収法に関しては，いずれのミッションにおいても地球へ帰還した探査機から再突入カプセルを地球大気へと突入させる方法が採られており，ミッションに共通する要素技術と捉えることができる．

以下では，サンプルリターン・ミッションの具体例を紹介し，つづいてミッション共通の技術であるサンプルの回収法について説明する．

11.6.1　現在までに実施されたサンプルリターン・ミッション

無人サンプルリターンに成功した初めての探査機は1970年に打ち上げられた旧ソ連の月探査機ルナ16号であり，そのミッションは月表面の土壌（レゴリス）を回収することであった．

ルナ16号ミッションでは探査機を月面に軟着陸させた後，探査機搭載のロボットアームに取り付けたドリルで月表面を採掘するという方法が採られた．採掘された土壌は，そのまま円筒状の容器へと送られるようになっており，土壌を収めた容器が最後に大気圏突入用のカプセルへと格納された．カプセルはその後，地上で回収され土壌の組成分析が行われている．以後，ソ連はルナ20号，24号（それぞれ1972年，1976年に打ち上げ）の2機で，同様の方法によりレゴリスの無人サンプルリターンを行っている．

ルナ計画以降のサンプルリターン・ミッションとしては，米国が2001年に打ち上げたジェネシス探査機があげられる．ジェネシスは太陽風試料の採集・回収を目的とした探査機であり，これがルナ計画後に行われた最初の無人サンプルリターン・ミッションとなった．ジェネシス探査機はラグランジュポイント L1[2] の周囲を周回する軌道へと投入され，2 年以上にわたって太陽風に含まれる粒子を採集し，地球へと帰還した．ジェネシス探査機は，6 角形状の薄いウエハーを敷き詰めた採取盤を搭載しており，これを太陽風に暴露することで粒子の採集を行った（図 11.17）．

そのほか米国はヴィルト第 2 彗星のコマ試料（彗星核の周りを球状に包むガスや塵の集まりをコマ（coma）と呼ぶ）の回収を目的としたスターダスト探査機を 1999 年に打ち上げている．スターダストは打ち上げ 5 年後の 2004 年にヴィルト第 2 彗星へと到達し，フライバイにより彗星の核まで 230 km の地点まで接近してコマ試料の採集を行った．数 km/s オーダーの超高速で衝突する彗星粒子を捕捉するため，スターダストではシリカエアロゲルを用いた試料採取装置が採用された（図 11.18）．

エアロゲルは体積の 99% 以上が空孔となっている極めて低密度の物質である．超高速で衝突する粒子を減速・捕捉するのに適しており，衝突時に試料が変質ないしは蒸発するのを防ぐことが可能である．回収されたエアロゲルには 1 万個を超える粒子が捕獲されており，各国の研究チームに分配されて広範な試料分析が行われた．

ロシアは，火星の衛星フォボスの土壌試料回収を目的としたフォボス・グルント探査機を 2011 年に打ち上げたが，地球周回軌道からの離脱に失敗し，探査計画は不成功に終わった．フォボス・グルントは火星周回軌道へと投入された後に，フォボスへ接近・着陸し，搭載のロボットアームで土壌を採取した後，地球へ帰還する予定となっていた．

日本は，小惑星イトカワの探査を目的としたサンプルリターン・ミッションとして 2003 年に「はやぶさ」探査機の打ち上げを行い，イトカワ表面の微粒子を回収することに成功した．イトカワの重力は極めて小さいため，「はやぶさ」では小惑星の表面に短時間着地し，その際に試料を採取するという方式が採られた．その後 2014 年には，小惑星リュウグウの探査と試料回収を目的とした探査機「はやぶさ 2」が打ち上げられている．

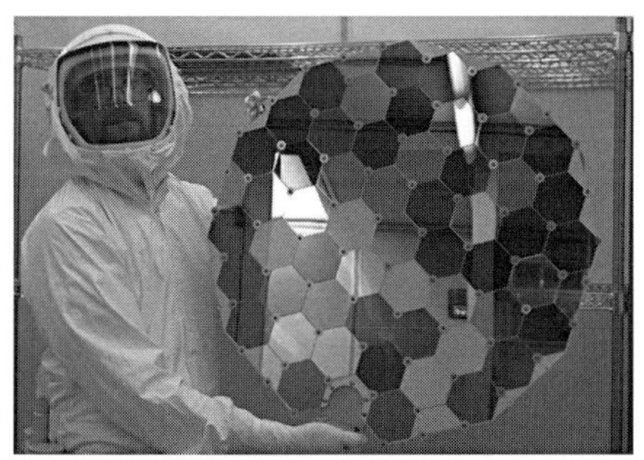

図 11.17　ジェネシス探査機に搭載された採集装置（©NASA）

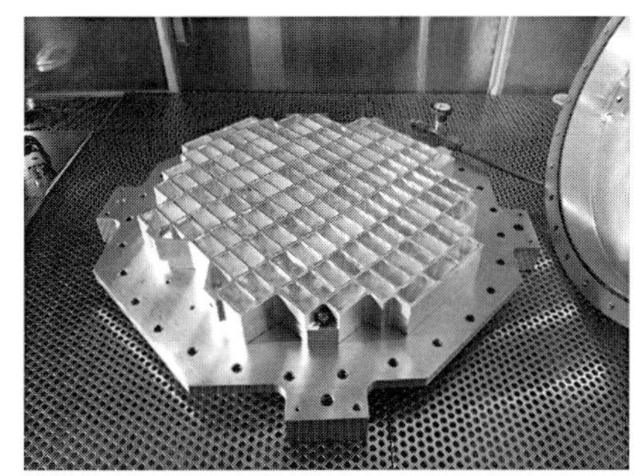

図 11.18　シリカエアロゲルを用いた採取装置（©NASA）

11.6.2　サンプルの回収

地球へと帰還した探査機は，最後に試料を格納した再突入カプセルを分離して，地球に再突入させる．再突入カプセルは，一般に図 11.19 に示すような鈍頭円錐形状となっており，鈍頭部の曲率半径 R や円錐の半頂角は，突入時の減速性能や空力安定性，空力加熱率等を考慮して決定される．今までに実施されたサンプルリターン・ミッションでは，半頂角 40 ～ 70° のカプセル形状が採用されている．

探査機システムの簡略化のため，分離後のカプセルは惑星間軌道から直接再突入軌道へと投入される．このためカプセルの突入速度は一般に 11 ～ 13 km/s 程度の高速度となり，地球周回軌道からの再突入に比べて，さらに厳しい空力加熱を受けることになる．

ここで空力加熱について簡単に触れておこう．一般に大気中を高速で運動する物体は前方の空気を断熱圧縮し，空気の温度を上昇させる．再突入カプセルの場合は，極超音速で大気中を飛行落下するため前方に衝撃波が形成され，この衝撃波の背後領域が断熱圧縮によって高温となり，機体を加熱することになる．このメカニズムによる加熱を（対流）空力加熱と呼ぶ．カプセル鈍頭部の曲率半径を R とした場合，対流加熱は $\sqrt{R}$ にほぼ反比例するため，再突入カプセルの先端部は一般に十分な大きさの R をもたせた鈍頭形状となっている．

空力加熱の大きさは，単位面積の表面を通じて単位時間あたりに流入する熱量である「空力加熱率」により評価される．再突入カプセルにおける空力加熱率は，スペースシャトルの約 30 倍にも達する場合があり，当然何らかの熱防御対策が必要となる．再突入カプセルで一般に採られている熱防御法は，アブレーションと呼ばれる方法である．アブレーション熱防御法では，アブレータと呼ばれる耐熱材で機体をコーティングして，機体本体を空力加熱から防護する．アブレータ材には，炭素繊維に高分子樹脂を含浸させた炭化型アブレータがよく用いられる．アブレータ材が空力加熱を受けると，樹脂が熱分解を起こして炭化し，多孔質の炭化層が形成されていく．炭化層の内側には熱分解が進行している熱分解層があり，ここから生成される熱分解ガスは吸熱反応によってアブレータ自身から熱を奪いつつ，炭化層を通り抜けて表面へと噴出する（図 11.20）．表面に噴出したガスは，炭化層の表面に境界層を形成し，外部の高温気体からの熱を遮断する．

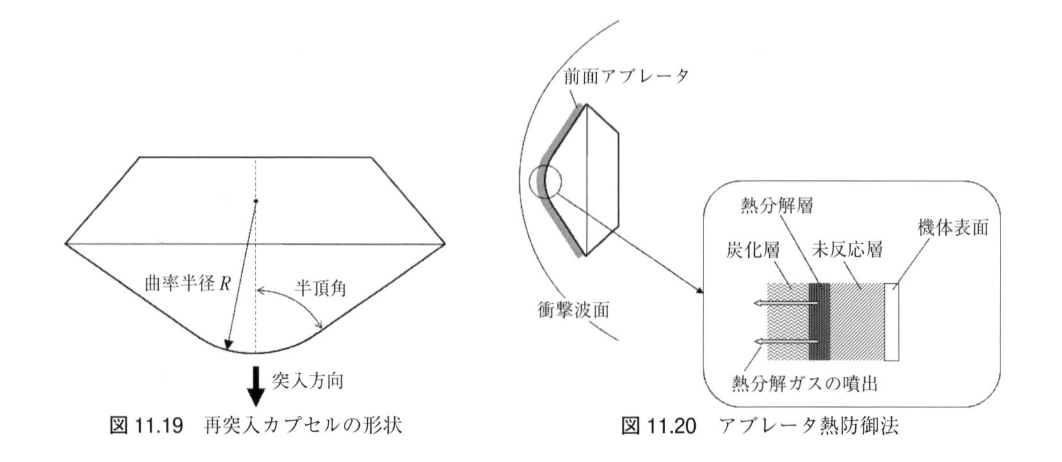

図 11.19　再突入カプセルの形状

図 11.20　アブレータ熱防御法

以上のように，アブレーション熱防御法では，熱分解ガスによる吸熱，および境界層による熱の遮断という2つのメカニズムによりカプセル本体を空力加熱から防御している．

地球大気によって減速した再突入カプセルは，最後にパラシュートを放出して開傘し，軟着陸して回収される．カプセルには加速度センサが搭載されており，降下の加速度が所定の値まで減少したのを確認した後にタイマ回路を作動させ，一定時間経過後にパラシュート放出のトリガ信号を出力する．パラシュートの放出に先立ち，機体の運動を安定化させるためにドローグシュート（小形のパラシュート）を放出する場合もある．

11.7　外惑星の探査

11.7.1　木星の探査

木星は太陽系で最も大きく，天体望遠鏡でも容易に観測ができるため，古くから人々に馴染みが深い惑星である．1970年代から，パイオニア，ボイジャー，ガリレオとこれまでに5機の探査機による接近探査が行われており，これまでの望遠鏡による観測結果とは異なる木星の姿が明らかになってきた．1990年代からは，さらにハッブル宇宙望遠鏡による観測も始まり，多くの鮮明な画像が得られるようになった．木星の表面は水素とヘリウムの気体でできており，内部に行くにつれて圧力が高くなりこれらが液化し，またさらには固体（金属）として存在するようになる．また，地球の約2.4倍もの木星の重力は，木星を回る衛星に潮汐力を発生させている．最近の探査では後述するように木星の衛星に生命の存在が示唆されており，これまでの天体望遠鏡で馴染みが深かった惑星に，また別の意味での注目が集まっている．

60個以上と数多い木星の衛星の中でも，エウロパはガリレオ探査機による探査から，地下に塩分を含んだ液体の水があることが示唆されており，生命の存在に期待が寄せられている．図11.21に示すように，エウロパは直径3138 kmと地球の4分の1程度の大きさで，表面は主に水の氷で覆われている．ガリレオ探査機によるエウロパと木星への接近による磁場の変化の観測から，エウロパの内部に何らかの誘電体に相当する物質（塩分を含んだ液体の水）が存在することが推定された．これが電流を作り出し，その結果磁場が形成され，それが木星の磁場と干渉して両者の接近により変化が発生していると考えられている．表面は極度に低い温度ではあるものの，潮汐力によって生み出されるエネルギーで，水が液体で存在できる温度になっていると考えられている．このようなエウロパの地下の海は，地球上の深海のような光が届かない環境と似た世界と考えられている．

2016年7月5日に，図11.22に示す最新のジュノー探査機が木星の周回軌道に到達した．ジュノーは，2011年8月にNASAが打ち上げた探査機で，約1年8か月をかけて次第に高度を下げながら，木星大気の組成，重力場，磁場や極付近の磁気圏の詳細な調査を行い，最後は木星の大気圏に突入させることになっている．ジュノー探査機では，3枚の大きな太陽電池のパドルがひときわ目を引く．これは従来の惑星探査機でよく使われていた原子力電池に代わり，電力を太陽光から得ているためである．こういった選択の背景には，太陽電池に関する技術の向上があるとされているが，安全性やコストの面から原子力電池の優位性が低下してきていると

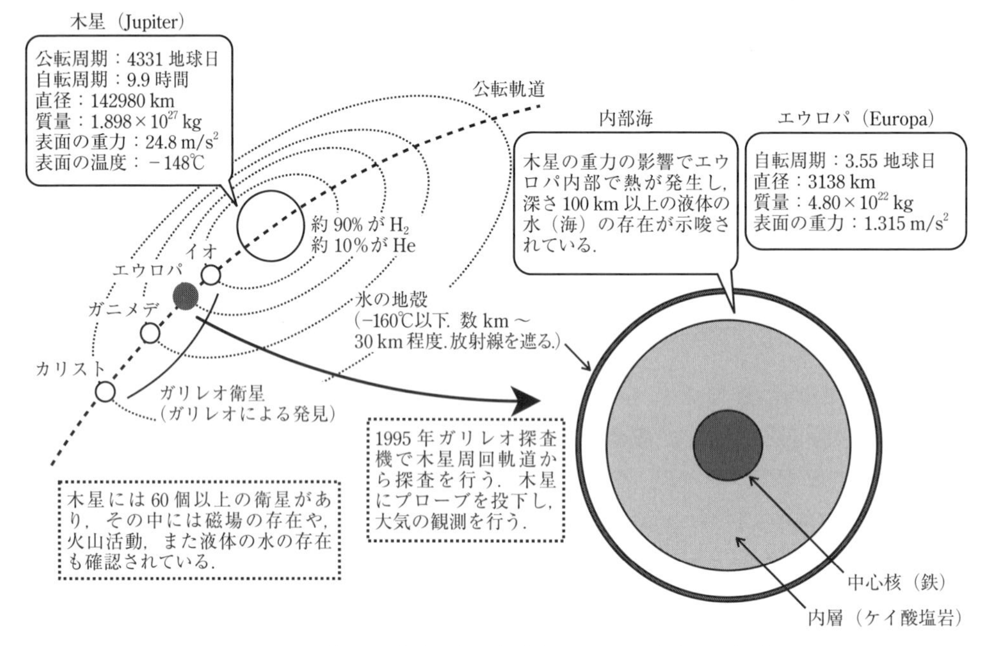

図 11.21　巨大ガス惑星である木星とエウロパの内部海の探査

図 11.22　2011年に打ち上げられ2016年7月に木星の極軌道に入った木星探査機ジュノー（©NASA）

も考えられる. また結果的には, 今回のエウロパで期待されている地球外生命への影響を考慮したようにもなっており, 今後の人類による宇宙（地球を含む）での活動の基盤になっていくかもしれない.

11.7.2　土星の探査

土星は太陽系で木星の次に大きなガス惑星で, 小さな岩石や氷から成る美しいリングを持った姿が多くの人々に親しまれている. 1970年代から, パイオニア, ボイジャー, カッシーニとこれまでに4機の探査機による接近探査が行われてきた. また木星と同様に1990年代からは, さらにハッブル宇宙望遠鏡による観測も始まり, 多くの鮮明な画像が得られている. 土星の表面の大気はほとんどが水素で, 残りの3％程度がヘリウムの気体である. 木星と同様に, 内部

図 11.23　土星探査機カッシーニ（手前に見える円盤状のものがホイヘンス・プローブ（ESAとの共同開発）で衛星タイタンに投下し観測を行った）（©NASA）

に行くにつれて液体，またさらには固体（金属）として存在するようになる．土星にも磁場があり，極域では紫外線域でのオーロラが見られることがわかってきた．最近の探査では，木星とはだいぶ異なる環境の中ではあるが，土星の衛星にも生命の存在が示唆されている．

2004年6月にカッシーニ探査機が土星を回る人工衛星になり，多くの成果を上げてきた．カッシーニは，1997年10月にNASAが打ち上げた探査機で，ホイヘンスと呼ばれるESA開発の小型探査機（プローブ）を搭載している（図11.23）．ホイヘンスを，土星の衛星タイタンに降下させ，降下中の大気と着陸後のタイタン表面の観測データを取得した．ホイヘンスは，直径8 m程度のパラシュートを開いてタイタンの大気中を大気のサンプルを採取しながら，約2時間30分をかけながら降下した．また，2005年1月14日の着陸後1時間程度にわたり，大気の成分や環境の観測を行い，それらのデータを地球に送ってきた．カッシーニの土星探査は，2017年まで延長して行われ，土星の長期間にわたる季節の変化など，これまでにない成果が得られた．

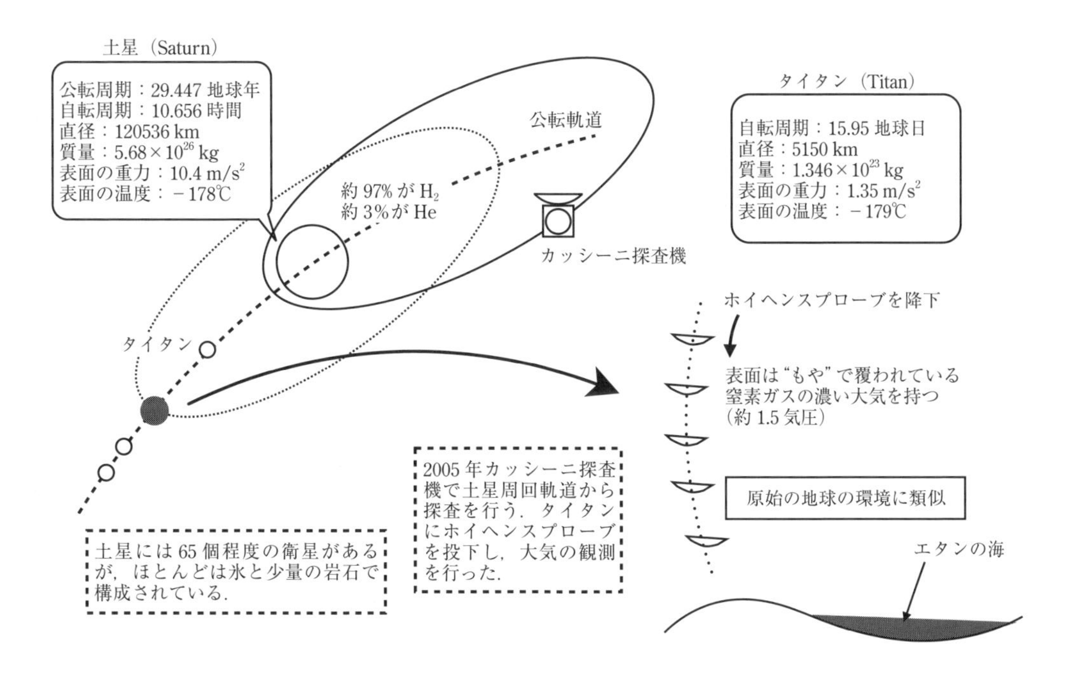

図 11.24　巨大ガス惑星である土星とホイヘンスプローブによるタイタンの探査

土星も木星に劣らず約 65 個と数多くの衛星を有している．その中で最大の衛星がタイタンで，直径は約 5150 km である．図 11.24 に示すようにタイタンの表面には数百キロメートルの窒素の大気があり，大気圧は地球の約 1.5 倍である．前述したカッシーニとホイヘンスの観測により，タイタンの表面には山や湖があり，地球に似た地形であることがわかってきた．しかし，その環境は地球とは大きく異なり，湖といってもそれは液体のエタン（C_2H_6）が主であり，他にメタン（CH_4）や窒素が液体として存在している．これは気温が −179℃と極めて低いためで，水はすべて氷として存在することになる．このような極寒の地では，エタンやメタンが蒸発し，液体の雨となって降り，その湖が存在する．このように存在する物質は地球とは異なるが，地形や循環系は類似している．また，エタンやメタンの化学式を見てもわかるように，これらは炭素と水素からなる有機物であり，生命の誕生に必要な条件が存在することになる．このようなことから，タイタンでの生命の存在に期待が寄せられている．

11.8　これからの惑星探査が目指すもの

月や惑星探査には，政治的な目的と科学的な目的があることは，今後も変わらないであろう．政治的に最も重要となるのが月である．月は地球に最も近く，アクセスが容易であり，その実利用に向けた探査が，既に各国が競う形で始まっている．月の地下資源の利用，月面基地の建設，深宇宙への中継拠点としての利用など，月の利用価値は極めて大きい．月資源の中で重要となるのが水（氷）であり，飲み水の他，酸素や水素の取り出しなどの用途があり，その存在地が追及されるであろう．

一方で，科学的な探査では，地球外の生命の痕跡を探し求めることが最重要課題である．この目的で，太古の河川洪水の後が数多く発見されている火星の探査は，徹底的に行われるであろう．また，氷原の下に液体の水の存在が確認されている外惑星の衛星（木星のエウロパ，ガニメデや土星のエンケラドスなど）も重要な探査対象となる．生命誕生や進化に関する多様性が確認されれば，地球生命の起源に関する我々の理解が大きく進むことになる．

近年の観測技術の進歩により，系外惑星（太陽以外の恒星を回る惑星）が数多く発見され，第 2 の地球・生命発見への期待が高まっている．しかし，恒星系までの距離は非常に大きく，天文学的な光による観測手法では，得られる情報に限界がある．太陽系内の惑星や衛星は，その場に行って直接に探査して詳細に調べることができる貴重な存在である．これからの惑星科学は，系外惑星のリモート観測と太陽系内の惑星の直接探査とが，相補的な関係をもって進展していくであろう．

政治的な意味合いの強い月探査においては，各国の利権が絡み，競争の色合いが強く出てくるだろう．それに対し，科学的な探査においては，巨額の費用が掛かることもあり，国際協力で進めることが今や常識となってきた．2022 年に探査機打ち上げを想定している木星探査計画 JUICE は，ESA 主導ではあるが，世界各国が参加するもので，日本からも，中性粒子計測器，波動計測器，サブミリ波計測器，レーザー高度計の 4 つの搭載観測機器を提供することになっている．

註

1) 「あかつき」搭載カメラのうち，IR1, IR2 の 2 台は 2017 年 3 月に観測休止となったが，その他の搭載カメラ（中間赤外カメラ，紫外イメージャ，雷・大気光カメラ）は，本書誌筆時点の現在でも正常観測を継続している．
2) 太陽周りを周回する物体（例えば探査機）には，太陽および地球からの引力と，周回運動に伴う遠心力が作用する．これら 3 者の力が釣り合う点がラグランジュポイントであり，L1 ～ L5 の 5 ヶ所のラグランジュポイントが存在することが知られている．L1 は太陽と地球を結ぶ直線上に存在するラグランジュポイントであり，L1 に探査機を投入すれば地球磁気圏の影響を受けずに太陽活動を観測することができる．L1 には，地球・太陽との相対位置を保ちながら L1 近傍を周回する軌道（ハロー軌道）が存在し，ジェネシス探査機は，このハロー軌道へと投入された．

第 12 章

技術進歩がもたらすフィールドの拡大

宇太郎：スペースシャトルは運用が終わったけど，使い捨てのロケットとは違う斬新なコンセプトだったね.

宙　美：オービターは地球に戻ってきて，整備してまた使われる．なんかリサイクルのお手本みたいね.

航次郎：コストダウンを目指したけど，やっぱり整備コストが大きかったのかな.

空　代：でも，これからは，ハイテク化していくとお金がかかるから，離着陸できる宇宙往還機が望ましいよね.

宇太郎：宇宙に行ってまた戻ってこられる飛行機か.

宙　美：だからこれからはエアポートじゃなくてスペースポートというのが整備されるのね.

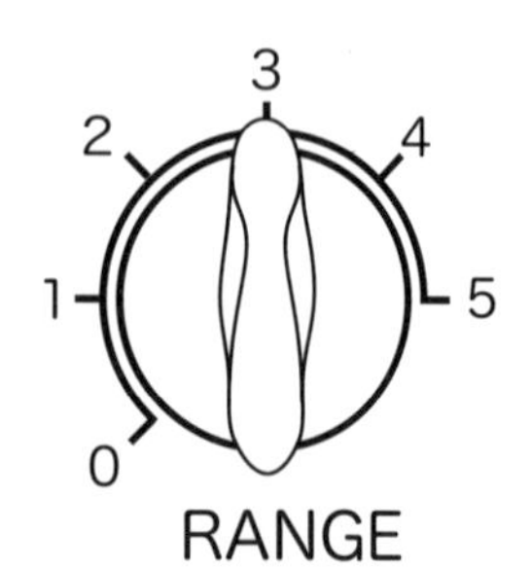

本章は人類の活動フィールドを拡大するために，現在行われている宇宙利用技術の革新を目指した活動について紹介する．最初に地球や火星への大気圏突入のための新たな技術開発について解説し，次に地球から衛星軌道までの宇宙輸送コストを革新的に低減するスペースプレーンについて述べる．続いて，一般人が宇宙に観光旅行で行くための活動を紹介し，さらに，宇宙で居住するための技術開発と宇宙太陽光発電所について解説する．最後に，宇宙での活動を拡大していくうえで大きな問題となっているスペースデブリについて考察する．

12.1　大気圏への突入のための新たな技術

有人宇宙飛行や無人サンプルリターン・ミッションにおいては，カプセル型飛翔体を地上ないしは海上で回収する必要があり，そのため大気圏突入のための技術が必須となる．大気圏突入技術は，Entry（突入），Decent（緩降下），Landing（着陸）の3要素で構成され，EDL技術と呼ばれるが，その技術開発の歴史は古く，宇宙開発の初期に遡る．米国はNASA発足時の1958年からEDL技術の開発に着手しており，マーキュリー計画，アポロ計画を経て，1970年代初頭には既に現在につながるEDL技術の基盤を確立している．この時期に培われた技術は地球大気への突入を念頭においたものであり，その内容については11.6節で既に紹介した．以後1990年代に至るまで，EDL技術に大きな進展は見られなかったが，2000年頃から欧米や日本において同技術の革新に向けた新たな取り組みが行われるようになってきた．

本節では，次世代のEDL技術として近年注目を集めているインフレータブル型空力減速機（IAD, Inflatable Aerodynamic Decelerator）について解説する．

12.1.1　新たな大気圏突入技術の開発に向けて

前述のとおり，EDLの基礎技術は宇宙開発の初期の段階で既に確立しており，アポロ計画の時代から引き継がれているEDL技術は現在では高い信頼性を有している．それではなぜ，今世紀に至ってEDLの技術革新が求められるようになったのであろうか．ここではまず，その背景について説明しておこう．

アポロ計画で成功を収めた米国は，1970年からバイキング火星探査計画に着手した．バイキング計画では，着陸モジュールを火星大気圏へ投入して火星表面に軟着陸させる必要があり，そのため火星大気を対象としたEDL技術が，この時期に開発されている．その内容は地球大気への突入技術をほぼ踏襲したものであったが，緩降下用のパラシュートを超音速下で開傘・機能させなければならない点が大きく異なっていた．これは火星大気が地球に比べ非常に低密度であることに起因している．この問題に対処するため，当時のNASAは大規模な飛翔試験を実施して超音速パラシュートに関する特性把握を行った．バイキング計画では，その成果として開発されたDisc Gap Band（DBG）型超音速パラシュート（図12.1）が採用され，同計画の火星EDLを成功へと導いた．

バイキング計画以後，火星探査は久しく実施されなかったが，1990年代中頃から火星への探査計画は一挙に活発化し，米国を中心に再び多数の探査機が火星へと送られるようになっ

図 12.1　風洞試験中の DBG 型超音速パラシュート（©NASA）

た（11.5 節参照）．これらの探査計画でも，もちろん着陸機の投入が行われているが，実はすべての緩降下でバイキング時代の DGB 型パラシュートが使用されている．一方で，DGB 型パラシュートにはマッハ 1.5 を超える領域で減速性能が低下するという問題があり，このため緩降下可能な重量はマーズ・サイエンス・ラボラトリーの探査車キュリオシティ（約 900 kg）程度までが限界とされている．将来の有人火星探査を見据えている NASA にとっては，より大重量の物資を火星表面へ投入する技術が必要であり，このような背景から本節冒頭に述べた EDL の技術革新に向けた動きが始まったのである．

12.1.2　インフレータブル型空力減速機

バイキング探査機以降マーズ・サイエンス・ラボラトリーに至るまで，これまでの火星 EDL では，鈍頭形状・金属製の空力減速殻を用いて初段の減速を行い，その後に超音速パラシュートを開傘して緩降下する，という方法が採られていた．将来さらに大重量のモジュールを突入降下させるためには，まず空力減速殻の表面積を大きくして初段の減速性能を上げる必要があるが，搭載ロケットのフェアリング寸法を考えると大面積の確保に限界があることは明らかである．そこで注目されたのが，インフレータブル型空力減速機（IAD）のアイデアである．

IAD は風船のように膜材を膨らませて減速殻を構成するシステムであり，この方式であればフェアリングの制約を超えて大面積を確保することが可能となる．IAD は 1960 年代，70 年代の一時期に将来技術として研究されたことはあったものの，その後，実用化に結びつくことはなかった．しかしながら，今世紀に入って NASA の技術者達は再びこの技術に目を向け始めたのである．

NASA は 2000 年頃からインフレータブル型極超音速減速機（HIAD, Hypersonic Inflatable Aerodynamic Decelerator）の開発に着手し，膜材や熱防護システムの検討を行った後，計 3 回のフライト実証試験（IRVE, Inflatable Reentry Vehicle Experiment）を実施した．図 12.2 に HIAD の構成形態を示す．HIAD は，浮き輪のような膜材を円錐形状に連ね，その上から熱防護用の柔軟シートをかぶせて空力減速殻を構成する方式を採用している．2012 年に実施された実証試験 IRVE-3 では，高度 450 km の宇宙空間で直径 3 m のインフレータブル型減速殻を膨張展開し，試験機を地球大気圏へと突入させた．大気突入中は所期の減速性能を示すことが確認され，試験機は最終的に 30 m/s の速度で海上へと落下した．

2014 年からは，NASA ジェット推進研究所で低密度超音速減速機（LDSD, Low Density

図 12.2　インフレータブル型極超音速減速機（©NASA）

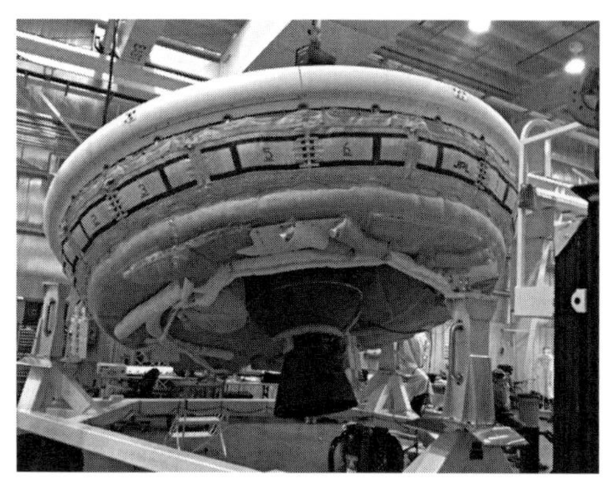

図 12.3　NASAで開発されたSIAD-R試験機（Courtesy NASA/JPL-Caltech.）

Supersonic Decelerator）のフライト試験が開始されたが，ここでもIAD技術が利用されている．LDSDはインフレータブル型超音速減速機（SIAD, Supersonic Inflatable Aerodynamic Decelerator），ラムエアで風船状の減速装置を展開するバリュートシステム，および30 m級の超音速パラシュートを組み合わせた減速システムである．超音速パラシュートは従来のDGB型ではなく新規開発することとなった．

先のHIADは大気圏突入時に使用する展開型熱防護システムとして開発が進められているが，これに対しLDSDは明確に火星大気圏への突入ミッションを念頭に置いた開発プロジェクトとなっている．SIADは現在，直径6 mのSIAD-Rと直径8 mのSIAD-Eの2種が検討されており，いずれも柔軟膜材を利用したインフレータブル部を持っている．図12.3にNASAで開発されたSIAD-Rの試験機を示す．

LDSDは火星大気突入後に，SIADでマッハ2程度までの減速を行い，その後に超音速パラシュートを開傘して亜音速まで機体を減速させる構成で，2000 kg～3000 kgのペイロードを火星表面へ投入できると考えられている．LDSDに関しては，これまでに2度のフライト試験が実施されているが（2014年，2015年に実施），いずれの試験でもSIADの展開膨張には成功したものの超音速パラシュートは展開直後に破壊し，緩降下ミッションは失敗に終わっている．

12.1.3　日本におけるインフレータブル型空力減速機の開発状況

日本でも2000年頃から，IAD実証機の研究開発が開始された．日本のIAD開発では，地球帰還機への適用ならびに火星着陸探査機への適用の双方が想定されている．図12.4は日本で開発が進められているIAD実証機のプロトタイプモデルである．NASAのHIADがインフレータブル膜材を連ねて円錐形状を構成していたのに対し，図の実証機は最外周のみにインフレータブル膜材を配置し，中心部から円錐状の膜面を広げる方式となっている．

地球EDL技術への応用を考えた場合にも，IADには多くの利点がある．第一に従来の再突入カプセルに比べて大面積を確保できるため，空力加熱を大幅に低減することができる．また，IADを用いてそのまま緩降下を行えば再減速用のパラシュート開傘が不要で，システムが簡略化される．さらに海上での回収を考えた場合，インフレータブル部はフロートとしての機能も

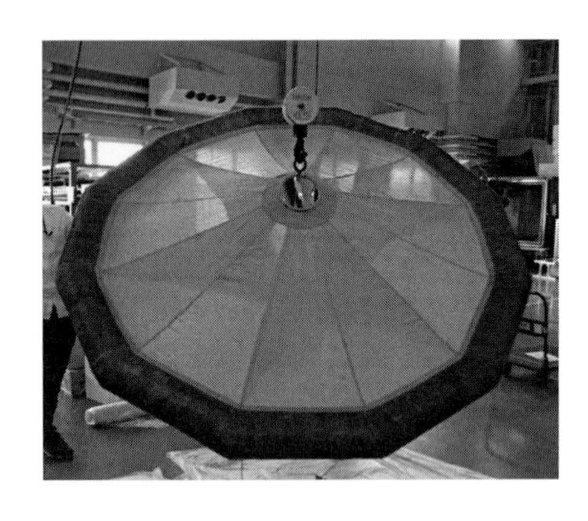

図 12.4　IAD 実証機のプロトタイプモデル．写真のプロトタイプモデルは，直径 3.5 m，重量 4.7 kg のもの．
（提供：ISAS/JAXA 山田和彦氏）

果たすことができる．

日本では 2004 年に成層圏気球を利用した投下試験を行い，シングルトーラス型の IAD を模擬した直径 1.45 m の実験機を用いて，自由飛行環境下で遷音速までの安定飛行に成功した．つづいて 2009 年にも成層圏気球による投下試験を行い，直径 1.26 m の IAD を搭載した小型の実験機により，上空でのガス注入よる IAD の膨張展開，その後の低速領域での安定飛行を実証した．また，2012 年には観測ロケットを利用して高度 150 km の宇宙空間から IAD 実験機を大気圏へと突入させ，超音速領域からの減速・緩降下に成功し，実験機を海上に着水させた．さらに 2017 年には，ISS 日本実験棟「きぼう」から IAD システムを搭載した超小型衛星 EGG を放出し，軌道上での膨張展開，ならびに地球大気圏への突入ミッションを成功させた．

IAD システムの開発は，日本の他，ESA の IRDT（Inflatable Reentry and Decent Technology），ロシアの RITD（Reentry Inflatable Technology Development），フィンランドの MetNet 計画等でも行われている．

12.2　宇宙輸送の革新——スペースプレーン

地球から衛星軌道までの宇宙輸送は，現在液体ロケットか固体ロケット，またはそれらを組み合わせたロケットで行われている．宇宙輸送用のロケットはその質量の約 90%が推進剤で，そのうちの 90%近くが酸化剤である．推進剤が燃え尽きるとタンク等が不要な質量になるため，ロケットを 2 ～ 3 段というように多段化し，各段の推進剤が燃え尽きると各段のロケットごと廃棄するという方法がとられている．したがって，スペースシャトルではロケットの一部が再使用されていたが，通常ロケットはほとんど使い捨てで一回だけしか使用せず，衛星の打ち上げ費用は日本の基幹ロケット H-ⅡA で 1 kg 当たり低軌道への打ち上げの場合で約 80 万円，最も低価格と言われている米国のファルコンロケットでも約 40 万円と高額になっている．NASA が 1992 年に出した試算では，宇宙産業が大きく発展するには，現在の打ち上げ価格を 10 分の 1 にする必要があると述べている．また，宇宙太陽光発電での発電コストが，現行の発電システムの価格に見合うようになるには，やはり打ち上げ価格を 10 分の 1 程度にする必要があるといわれている．

このような革新的な低価格を実現するには，上述の NASA の試算では宇宙輸送システムを使い捨てから完全再使用できるようにする必要があるとしている.

ひとつの方法として，ロケットの質量の大部分を占める酸素を大気中から取り入れて燃料を燃焼させる空気吸い込み型エンジンを使用することが提案されている．このシステムは 2 種類考えられていて，ひとつは 2 段で地球周回軌道に到達する TSTO（Two Stage to Orbit）で，1 段目に空気吸い込み型エンジンを使用し，2 段目はロケットで地球周回軌道に達するシステムである．TSTO の概念図を図 12.5 に示す.

もうひとつは，空気吸い込み型エンジンを使用した単段で地球周回軌道に達する SSTO（Single Stage to Orbit）である．現行の宇宙輸送用ロケットでは，空気は抵抗になるため，高度を早く上昇させてから加速する軌道を採る．一方，空気吸い込み型エンジンを搭載する場合は，空気の比較的濃い低高度で加速する軌道を飛ぶ必要性から翼を持った機体が採用される．この場合は，水平に滑走して離陸し，滑空して着陸するため，スペースプレーンと呼ばれる.

完全再使用で衛星軌道に達するには，TSTO では飛行速度マッハ 6 程度まで空気吸い込み型エンジンを使用し，SSTO ではマッハ 10 以上まで空気吸い込み型エンジンを使用する必要がある．航空機に使用されているターボジェット系のジェット・エンジンは，図 12.6（a）に示すような空気吸い込み型エンジンであるが，タービンの耐熱限界から速度限界がマッハ 3 程度で，スペースプレーンには使用できない．これに対しラムジェットは同図 12.6（b）に示すように，タービンや圧縮機がなくタービンの耐熱限界がない.

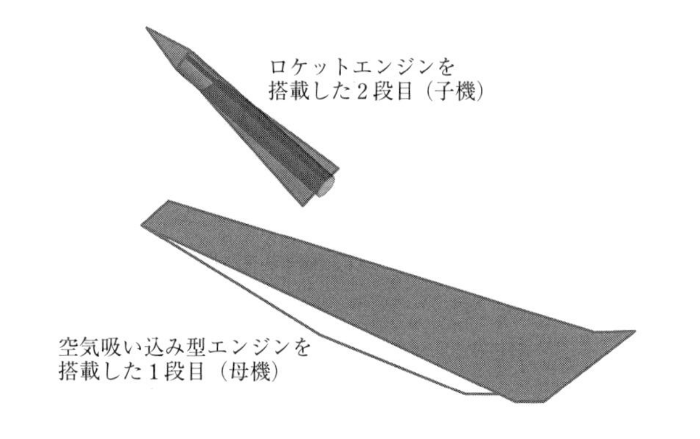

図 12.5　2 段式スペースプレーンの概念図

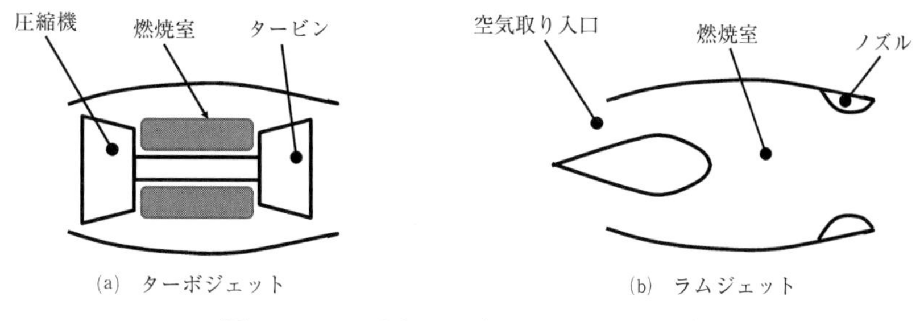

図 12.6　ターボジェットとラムジェットの比較

亜音速気流中で燃料を燃焼させる亜音速燃焼ラムジェットでは，マッハ 6 程度まで作動可能である．これを超えると燃焼ガス温度が高くなりすぎ，燃焼の再結合反応が不活発になり，熱エネルギーを取り出せなくなるという限界がある．この限界を超えるには，燃焼ガス温度の上昇を抑えるために超音速気流中で燃焼させる超音速燃焼ラムジェット（スクラムジェット）の技術が必要である．スクラムジェットを搭載した NASA の X-43 実験機を使用した飛行実験で，マッハ 10 程度での作動が可能なことが，2004 年 11 月に実証されている．

ラムジェットが圧縮機やタービンを必要としない理由は，飛行速度がおよそマッハ 2 程度になると，飛行動圧が上昇し，ジェット・エンジンとして作動に必要な高圧が得られるため，圧縮機の必要性がなくなり，これを駆動するためのタービンも必要なくなるからである．逆に言えば，ラムジェットはマッハ 2 程度まで自力で作動できないため，他の推進機関で作動できる速度まで加速させる必要がある．その手段としては，ロケットやターボジェットが考えられており，ターボジェットとラムジェットを組み合わせてひとつのエンジンとしたものが TBCC（Turbine Based Combined Cycle）エンジンで，ロケットとラムジェットを組み合わせてひとつのエンジンとしたものが RBCC（Rocket Based Combined Cycle）エンジンである．

日本での TBCC の研究開発例としては，1987 年頃～ 2003 年にかけて，図 12.7 の概念図に示すような ATREX エンジンが宇宙科学研究所により研究開発された．このエンジンでは燃料の液体水素で，導入した空気や燃焼器から熱を吸収し，気化した水素ガスでターボポンプを駆

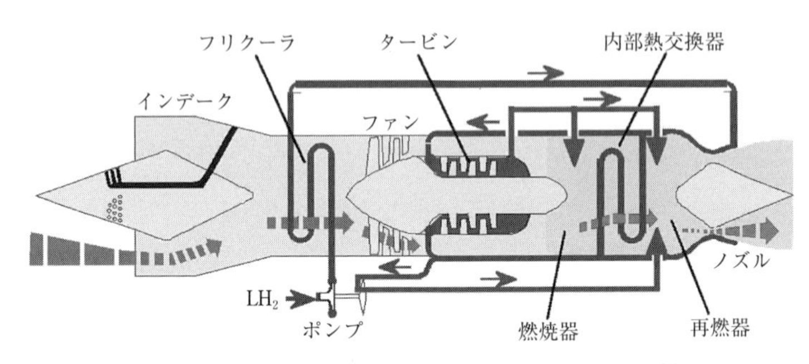

図 12.7　ATREX エンジン概念図（提供：JAXA/ISAS[2]）

図 12.8　SSTO 用 RBCC エンジンの概念図（© 日本航空宇宙学会）[3]

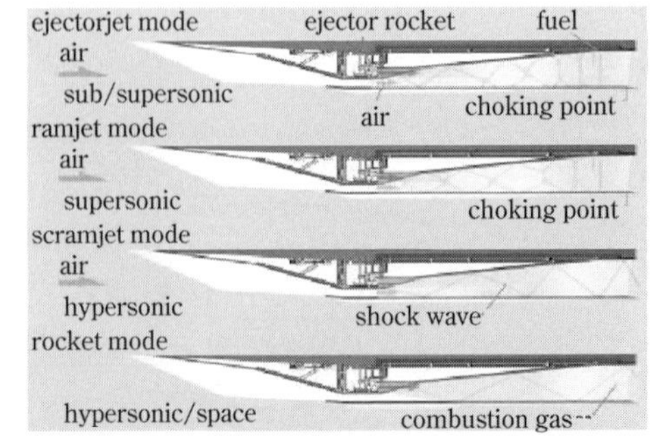

図 12.9　SSTO 用 RBCC エンジンの作動モード（© 日本航空宇宙学会）[3]

動するエキスパンダーサイクルを採用した．なお，この研究開発は地上燃焼実験を実施した段階で終了し，空気を水素冷却してから圧縮機に導入する予冷ターボジェットの研究開発に引き継がれた．

RBCC の日本での研究開発例としては，1980 年代から JAXA により，図 12.8 に示すような SSTO 用エンジンの基礎研究があげられる．このエンジンは，図 12.9 に示すように最初は液酸液水ロケットエンジンをコアロケットとしたエジェクタージェットとして作動し，ラムジェットが作動可能な超音速領域になるとラムジェットとして作動，極超音速領域になるとスクラムジェットとして作動，宇宙空間に出てから衛星軌道までは液酸液水ロケットとして作動するというように，ひとつのエンジンが 4 モードで作動する方式である．

上述のエジェクタージェットとは，図 12.10 に示すように，コアロケットの排気ガスにより周囲の空気をダクトに吸い込み，この空気で排気ガス内の燃料成分もしくは外部から噴射される燃料と 2 次燃焼させ，この 2 次燃焼ガスを噴射し推力を得るものである．上述のように液酸液水をコアロケットとするエジェクタージェットが JAXA で研究開発されてきた一方で，2010 年頃より，東海大学の那賀川らによって，ハイブリッドロケットをコアロケットとするエジェクタージェットの研究開発が進められ，2015 年には前述の JAXA の研究チームとの共同研究が始まった．このエジェクタージェットは図 12.11 に示すように，ラムジェットと組み合わされた RBCC エンジンにおいてマッハ 2 まで作動し，この RBCC エンジンは TSTO の 1 段目用エンジンとして使用することが想定されている．

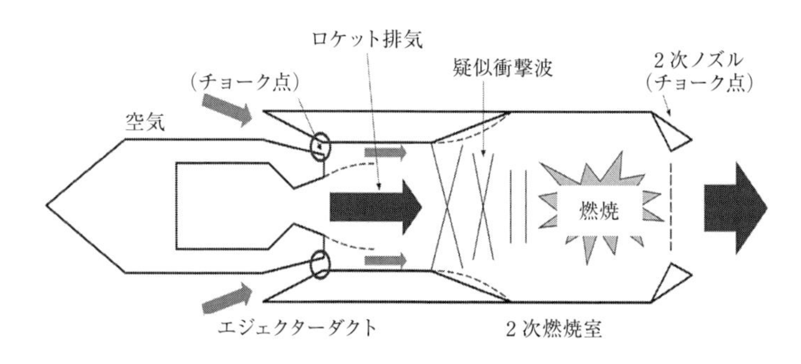

図 12.10　エジェクタージェット作動原理

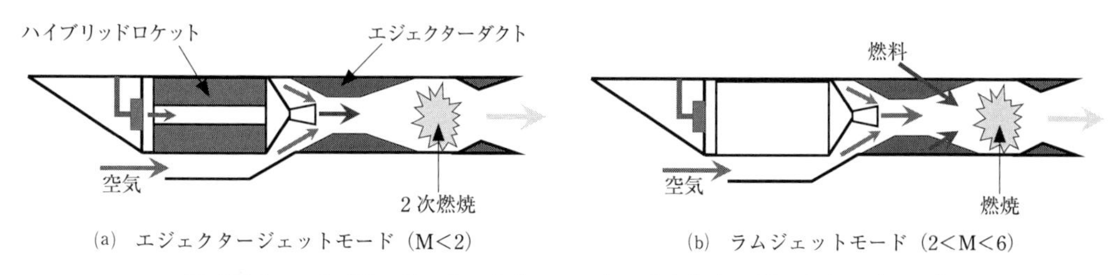

(a)　エジェクタージェットモード（M<2）　　(b)　ラムジェットモード（2<M<6）

図 12.11　ハイブリッドロケットをコアロケットとしたエジェクタージェット

12.3　有人宇宙開発から宇宙観光旅行へ

最初に宇宙に出た人類は，1961年4月12日ソ連の宇宙船ボストーク1号による「地球は青かった」の言葉で知られるユーリ・A・ガガーリンである．この直後の5月5日，米国のアラン・シェパードが宇宙船フリーダム7により，宇宙弾道飛行を行った．これにより，米国とソ連の有人宇宙開発競争が始まった．1961年5月25日，ジョン・F・ケネディ米国大統領は，1960年代に「人間を月に送りこみ安全に帰還させる」と宣言した．現実に1969年7月20日，サターンV型ロケットで打ち上げられたアポロ11号宇宙船から切り離された月着陸船イーグルは月に着陸し，ニール・アームストロング船長が人類として初めて月面に降り立った．最初の一歩を記す際に「これは一人の人間にとっては小さな一歩だが、人類にとっては偉大な飛躍である」(That's one small step for (a) man, one giant leap for mankind.) と言った言葉は有名である．

人類を初めて月に送り込んだアポロ計画の終了後，NASAは一部再使用型宇宙機スペースシャトルを開発した．図12.12の写真はスペースシャトルの打ち上げ時の様子を示す．人間や貨物が乗る有翼のオービターと呼ばれる宇宙機が特徴で，垂直に打ち上げられるが，帰還時は滑空して滑走路に着陸する．メインエンジンは液酸液水ロケットで，2本の固体ロケットブースターと供に使用して離陸する．スペースシャトルは1981年から2011年まで135回打ち上げられた．しかし，1986年にチャレンジャー号の打ち上げ時の爆発事故，2003年にコロンビア号の地球への再突入の際の空中分解事故が発生している．外部燃料タンクがオービターより前方に飛び出していることにより，タンクから剥がれた耐熱タイルがオービターに衝突し損傷させる可能性があるという構造的欠陥や，再使用時のメンテナンス費用が予想をはるかに上回り，使い捨てロケットに対しコストメリットがない等の理由で，有人宇宙船の後継機の登場を待たずに引退を余儀なくされた．

上述のスペースシャトルによる物資の輸送をメインに，国際宇宙ステーション（International Space Station）が1999年から2011年にかけて建設された（9.10節参照）．参加国の米国，ロシア，欧州宇宙機関（ESA），日本及びカナダが運用している．各国が製造したモジュールで構成され，日本のモジュールは「きぼう」という実験棟である．総重量は約420トンあり，地上から

図12.12　スペースシャトルの打ち上げの様子（©NASA）

約400 kmの高度を約90分で地球を一周しながら，宇宙環境での実験，地球や天体の観測等を行っている．当初は2016年で運用を終了する予定であったが，現在では少なくとも2024年までは運用することが決まっている．物資の補給は，ESAのアリアンロケット，ロシアのソユーズロケット，日本のHⅡ-B，米国のファルコン9ロケット等多くの手段で行われているが，人員の輸送はスペースシャトルの引退以後2017年10月現在，ソユーズロケットに頼らざるを得ない状況である．

NASAは次期有人宇宙船開発のため民間企業に補助金を拠出し，シエラ・ネバダ・コーポレーション（SNC）社の「ドリームチェイサー」，スペースX社の「ドラゴンV2」，ボーイング社の「CST-100スターライナー」他が開発に参加した．「ドラゴンV2」と「CST-100スターライナー」はアポロ宇宙船と同じカプセルタイプであり，「ドリームチェイサー」はスペースシャトルと同じ有翼の宇宙機で，滑空して着陸するタイプである．2016年8月現在，NASAとの契約に残っているのは，「ドラゴンV2」と「CST-100スターライナー」であるが，「ドリームチェイサー」は世界各国の他の研究機関との協力を図りながらSNC社独自に開発を続けている．

宇宙観光旅行用の宇宙機の開発は，ヴァージン・ギャラクティク社の「スペースシップ2」が先行している．衛星軌道までは行けないが，高度100 km以上の宇宙空間に出て無重力を体験し，弾道飛行で戻ってくるという宇宙旅行は可能で，費用は20万ドルである．「ホワイトナイト2」と呼ばれる双胴のジェット機に「スペースシップ2」は吊るされ，高度14 kmまで運ばれ切り離されたのち，ハイブリッドロケットエンジンで高度110 kmまで達する予定である．

12.4　有人・居住システム開発

地球上で生活する人類が，宇宙空間で生きていくためには，地球環境をまるごとカプセルに閉じ込めた居住空間の仕組みが必要となる．例えば国際宇宙ステーションがその代表例といえる．宇宙飛行士は何ヶ月にも渡って国際宇宙ステーションの閉じられた空間内で生活することができる．本項では，図12.13に示すように，人類が宇宙で生きていくための一番シンプルなシステムについて考えてみる．

宇宙空間は超高真空であるため空気は存在しないが，プラスの電荷を持った陽イオンとマイナスの電荷を持った電子から構成される希薄なプラズマという気体によって満たされている．よって，まず地球を周回する閉じられた有人用の居住空間を，人が呼吸できる空気で満たさなければならない．空気は窒素約80 %，酸素約20 %から構成され，地球の大気圧に合わせてその圧力はほぼ1気圧に保つ必要がある．

人は常に呼吸をするので，閉鎖居住空間内の酸素は時間とともに減少し，代わりに人間から排出される二酸化炭素が増加していく．何も手を施さなければ酸素が欠乏し生命が危険にさらされる．よって，二酸化炭素を再度酸素に戻す空気調整装置が不可欠になる．食事についても考えてみよう．人が活動するとエネルギーを消費し空腹になる．その不足したエネルギーを補給するために，口から水分や食物などを取り込むが，その行く先は排泄という生理現象を通して体外に出す．こちらも呼吸の場合と同じく，体外に出た排泄物を再び水分や食物に変換しリ

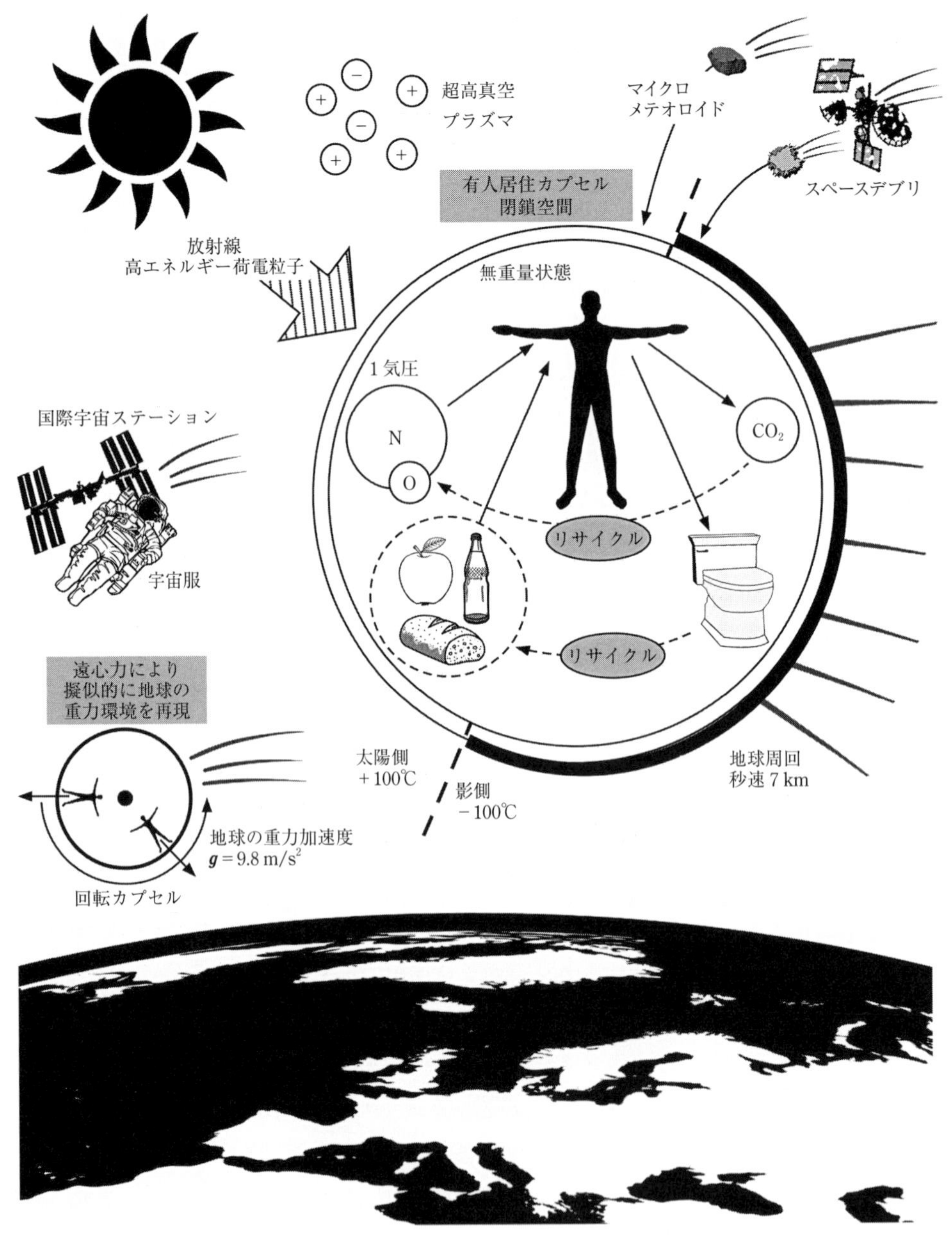

図 12.13　閉鎖居住空間のシステム

サイクルする仕組みが不可欠になる.

次に閉鎖空間カプセルの外部に視点を移すと，そこには厳しい宇宙環境が待ち受けている．太陽の光があたる部分の温度は約 +100℃，日陰の部分は約 −100℃になる．さらに太陽や銀河から出てくる強力な放射線がカプセルに注ぎ込む．太陽活動が活発なときには，高エネルギー荷電粒子や高密度のプラズマ粒子も吹き付ける．地球近傍では，宇宙微粒子であるマイクロメテオロイド，そして人工的な宇宙物体であるスペースデブリがカプセルに衝突する危険性も十分に考えられる.

図12.13に示した地球を周回する有人居住カプセル内部は，無重量状態も作り出されている．これは，周回飛行するカプセルの遠心力が地球の重力と釣り合っているために起こる現象である．国際宇宙ステーション内部の宇宙飛行士の生活の様子を映像で見たことがあるかもしれないが，フワフワと空間内を漂うような環境の中で宇宙飛行士が活動している．無重量状態の中で生活する人体には様々な変化が起こる．例えば，人間の上半身は膨らみ下半身は萎縮する．さらに体内の赤血球や骨に含まれていたカルシウムの量も減り，筋力が低下するなど生理的な影響が明らかになっている．

これまで述べたように，地上と同じ環境を宇宙の小さな閉鎖空間に再現することは非常に難しいことがわかる．例えば宇宙飛行士の宇宙服は究極の有人居住システムであり，コンパクトに地球環境を作り出すカプセルといえるが，これは外部の厳しい宇宙環境に打ち勝つカプセルでもなければならない．人間に快適な室内温度を保ち，放射線や高エネルギー粒子が室内に入り込むことを遮断し，マイクロメテオロイドやスペースデブリが衝突しても壊れない宇宙構造物を作る必要がある．地球と同じ重力環境も居住空間に再現するならば，カプセルを回転させ，遠心力を利用してカプセルの内側の壁面に地球の重力環境と同等の重力加速度9.8 m/s^{2}を作り出す仕組みも必要である．

有人の火星探査を実現するには，地球と火星を往復する数年にわたる宇宙航行が必要であり，宇宙船内での生活がほとんどの時間を占めることになる．宇宙船には，前述の有人居住システムの技術が不可欠であり，快適に宇宙航行の時間を過ごすためには，その中で暮らす人間の生理現象や心理現象など医学的側面についても配慮した有人居住スペースを作り出すことが重要となる．有人宇宙システム開発における「居住快適性」に関しては，1）居住環境要因，2）運用／作業要因，3）生理的要因，4）心理的要因，の4つを配慮することが重要である．さらに，長時間にわたって閉鎖された狭い空間に複数の人間が生活する場合，乗組員のパーソナリティ特性，つまり性格も快適性に大きく作用するはずで，乗組員の選抜試験にまでさかのぼって考慮する必要がある．

12.5　宇宙太陽光発電所

宇宙太陽光発電は，1968年に米国のグレーザー（P. E. Glaser）博士により初めて提唱されたアイデアで，図12.14に示すように，静止軌道上の衛星に太陽電池パネルを設置し，マイクロ波によって地上に送電し電気を供給するシステムである．地上での太陽光発電と比べると，天気に左右されず，夜間も発電でき，宇宙は微小重力なので大規模な構造物を構築しやすい等の利点がある．

1970年代後半，NASAはアポロ計画終了後の大規模プロジェクトとして注目し，米国のエネルギー研究開発局とともに，約2000万ドルの予算を投入し評価研究を行った．研究の結果，非常に大規模な太陽光発電衛星が必要で，建設コストが莫大なものになり，発電価格が余りにも高いことが問題であることがわかった．NASAではその後，研究は継続されているものの，かつてのような大規模の研究活動は行っていない．

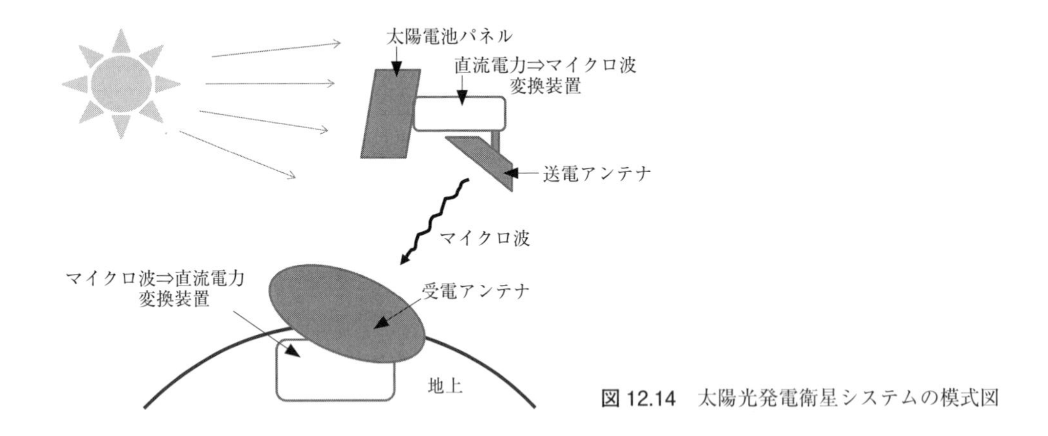

図 12.14　太陽光発電衛星システムの模式図

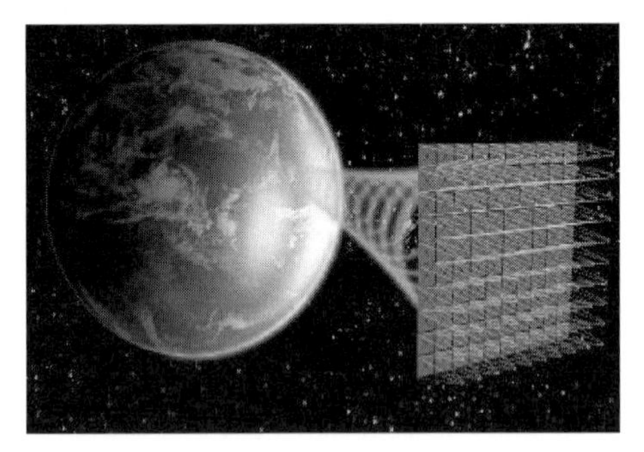

図 12.15　宇宙太陽光発電衛星の構想例（提供：JAXA）

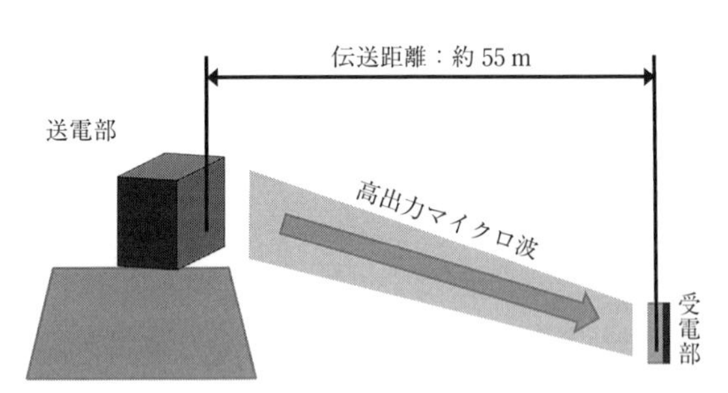

図 12.16　マイクロ波無線電力伝送地上試験システムの概略図

日本では，1970 年代に NASA で学んでいた工学系の多くの研究者が上述の米国の宇宙太陽光発電の研究に興味を抱き，その内容を吸収して帰国し研究活動を開始した．1980 年代から 90 年代にかけて技術を蓄積し，今では世界の宇宙太陽光発電技術を大きくリードしているといわれており，国の宇宙政策として宇宙基本計画に組み込まれている．JAXA の宇宙太陽光発電衛星の構想例を図 12.15 に示す．実現までの主な課題としては，資材の衛星軌道までの輸送コスト低減とマイクロ波送電技術の向上等があげられる．

JAXA は総重量 1 万トン弱，発電能力 200 万 kW の宇宙太陽光発電システムを検討しており，発電単価（30 年後の収支が 0 になる単価）を現状の石油火力発電や原子力発電に匹敵する 9 円／ kWh とするには，低軌道への輸送コストを 2800 万円／トン程度にするする必要があるとしている．これは日本の基幹ロケット H-ⅡA のコストの 20 ～ 30 分の 1 に相当する．このような革新的なコストダウンを行うには，12.2 項で述べたスペースプレーンの実現が，必要不可欠となると考えられる．

マイクロ波送電技術は，図 12.16 に示すように太陽電池で発生させた直流電力を電磁波の一種であるマイクロ波に変換し，送電アンテナから地上の受電アンテナにマイクロ波を送り，地上でマイクロ波を直流電力に戻すという技術である．この技術は日本が世界で先行しており，現在の JAXA の設計目標では送電効率は約 50%となっている．この効率は，マイクロ波発生効率，伝送効率，受電効率の掛け算で決定されるため，それぞれの効率を向上させるための研究が進められている．

JAXAの研究チームは，2014年度にマイクロ波無線電力伝送地上試験を，一般財団法人宇宙システム開発利用推進機構と連携協力して実施した．まず，伝送距離10 mの屋内において評価し，ビーム方向制御の目標精度を達成できたことを確認した．また2015年，屋外にて伝送距離約55 mで試験を実施し，実用化の実証を行った．その概略図を図12.16に示す．高台に設置した送電部から，受電部に送電を行った．現在，さらなる送電効率の向上，マイクロ波ビーム方向制御の精度向上等を目指して研究を進めている．

12.6　スペースデブリ問題

世界初の人工衛星スプートニク1号は1957年にロシアから打ち上げられた．それから宇宙開発は約60年が経過し，2016年8月末までに地球の周りには総計41585個の人工物体が打ち上がり，そのうちの23606個は地球の大気圏に再突入して燃え尽きた．2016年8月時点で，地球を周回している宇宙物体は17819個にのぼる．図12.17に示すように，この宇宙物体のうち，地上から制御され，運用されている人工衛星は全体の約8.6％に相当する1538個しかなく，残りの91.4％に相当する16281個の宇宙物体は，寿命の尽きた人工衛星やロケットの残骸など，宇宙のゴミと化したスペースデブリである．

1960年代，宇宙開発をリードしていた米国とロシアの科学者達は，寿命を終えた人工衛星が宇宙のゴミと化し，宇宙空間で爆発や衝突を引き起こすとは想定していなかった．広大な宇宙空間において，人工衛星とスペースデブリが衝突する確率，あるいはスペースデブリ同士が衝突する確率は非常に小さい数値であり，ほぼ無視できると見積もっていた．しかし，1971年に長友信人らによってスペースデブリの危険性を示す論文[3]が世界で初めて発表され，将来の宇宙開発にとってスペースデブリは大きな脅威になりうるという理解が深まっていった．

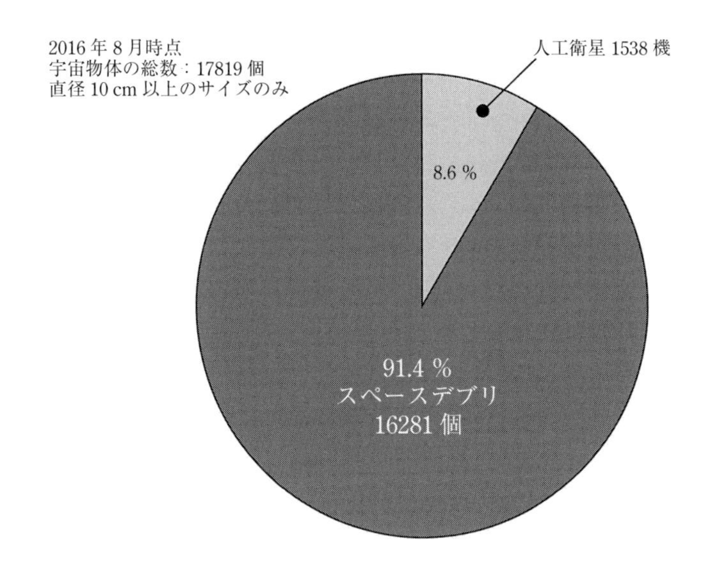

図12.17　宇宙物体の内訳

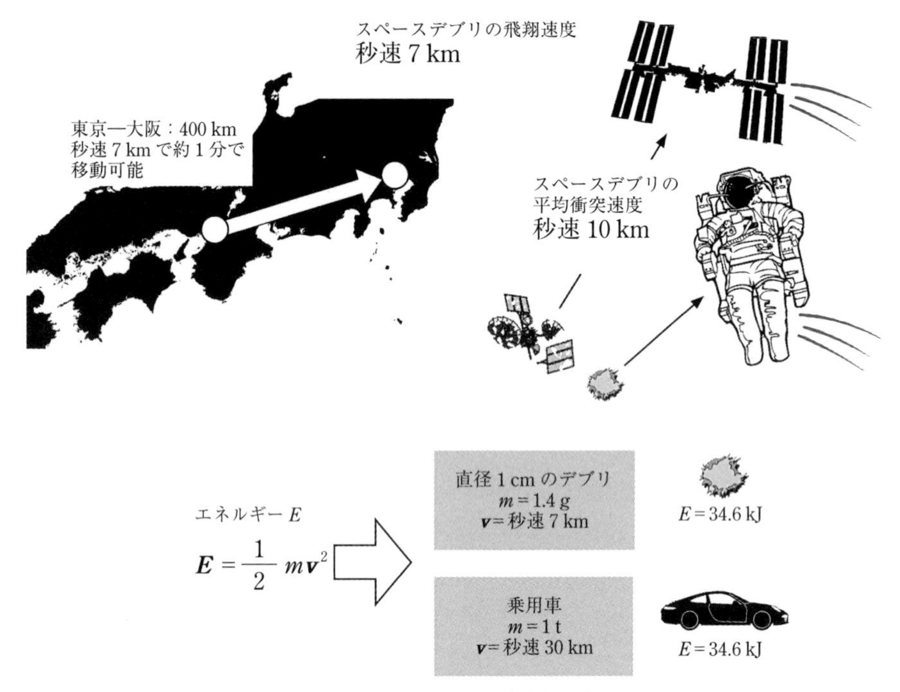

図 12.18　スペースデブリの速度とエネルギー

いま，地上のレーダーを使って 24 時間休みなく宇宙物体を監視しているが，レーダーの探知能力は直径約 10 cm 以上の宇宙物体のみである．前述した 17819 個の宇宙物体は 10 cm 以上のサイズであり，それ以下の小さなスペースデブリは全く検出できておらず，未知数である．統計学的なデブリ研究によると，直径 1 μm 以上のスペースデブリは，地球の周りに約 100 兆個あると考えられている．ミクロンサイズのスペースデブリとは，人工衛星やロケットから剥がれたペンキの破片，あるいは固体ロケットエンジンの燃焼によって排出されたアルミの微粒子である．非常に小さなスペースデブリであっても，宇宙開発にとっては大きな脅威となる．

ではなぜ，小さなスペースデブリが脅威となるのか？　それはスペースデブリの飛翔速度に秘密が隠されている．図 12.18 にスペースデブリの速度とエネルギーを示す．高度 1000 km よりも低い軌道を回るスペースデブリや人工衛星は，秒速約 7 km で飛翔している．一方，高度 36000 km の静止軌道では，スペースデブリ，気象衛星，BS 放送衛星などが，秒速約 3 km で飛翔している．小さなサイズであったとしても，質量 m，速度 $\boldsymbol{v}$ で飛翔するスペースデブリの運動エネルギーは，$m\boldsymbol{v}^2/2$ なので，宇宙空間を飛び回るということは，莫大な運動エネルギーを持つことになる．

ここで改めてスペースデブリの速度を思い出してみよう．秒速約 7 km というスピードは，東京と大阪を結ぶ直線距離，約 400 km を約 1 分で移動できる速さである．とてつもなく超高速度なのである．よって，ミクロンサイズのスペースデブリであったとしても，秒速数 km という超高速度の 2 乗に比例してその運動エネルギーは激増するので，衝突による破壊力は想像をはるかに超える．万が一，人工衛星や宇宙飛行士にスペースデブリが衝突した場合には，甚大な被害を及ぼすことになる．

地球の近くを回るスペースデブリであれば，地球大気による空気抵抗によってスペースデブリの飛翔速度が減少し，高度は徐々に低下していく．最終的に，スペースデブリは大気圏に再突入して燃え尽きる，という地球の自浄作用が働く．しかし，この自浄作用が働く高度は約1000 km以下であり，1000 km以上の高高度に存在するスペースデブリは，数百年以上のオーダで地球には落下してこない．高度36000 kmの静止軌道にあるスペースデブリにおいては，永久的に周回し続け，消えてなくなることはない．

約11年周期で太陽活動が活発になるたびに地球の大気が膨張し，前述の自浄作用が効果的にスペースデブリの減少に結びついているが，その減少数を上回る勢いで，世界中で人工衛星やロケットが打ち上げられている．よって，スペースデブリは年々増加の一途をたどっている．近年では，国際宇宙ステーションがスペースデブリと衝突する可能性が軌道計算で事前に判明した場合には，衝突前に国際宇宙ステーション自体が軌道を変更して，スペースデブリとの衝突を回避する行動を取っている．

これからの宇宙開発にとって，スペースデブリは大きな脅威であることは間違いない．しかし，2011年以降，宇宙開発に関わる世界各国では，宇宙環境保全と宇宙安全保障の視点から，スペースデブリ問題に注意を払い，国際協力によってスペースデブリ問題を解決しようという気運が高まっている．スペースデブリとの衝突を回避するという受身的な解決策だけではなく，図12.19に示すように寿命の尽きた人工衛星や損傷を受けた部品を宇宙で修理して再び生き返らせる研究が進みつつあり，さらに積極的にスペースデブリを回収し除去するミッションやビジネスも計画されている．このように，スペースデブリ問題の解決に向けて，新しい段階に入ろうとしている．

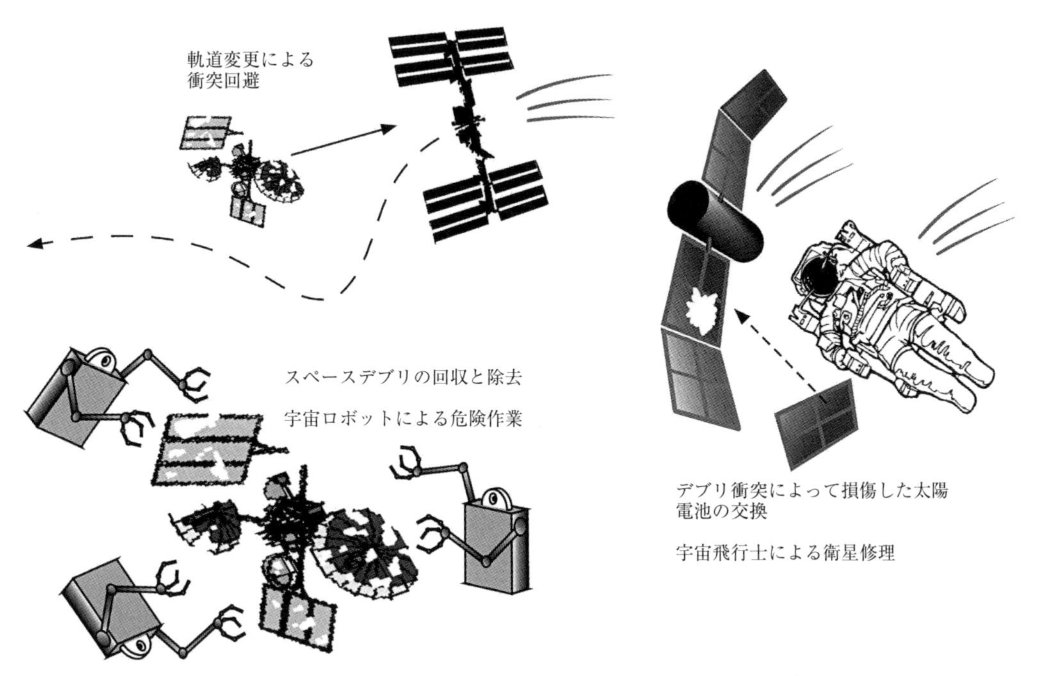

図12.19　スペースデブリ問題の解決案

第Ⅳ部

展望編

第 13 章

人類の未来へ

宙　美：人間が宇宙を利用するようになってようやく60年というのに，ずいぶんといろいろなことが行われるようになったわね．

宇太郎：その原動力には人間の知的好奇心があると聞いたことがある．

空　代：でも今の時代，それだけじゃ無理よね．

宇太郎：人類の未来，地球の未来を考えて計画的にやらないと．

宙　美：でも，そうなるといずれ人間は宇宙へ出ていくのかしら．

航次郎：よく考えると，それは単なる生存圏の拡大ということだけではないのかもしれない．

空　代：そうね．そもそも地球上の生命のルーツもわかっていないのだから，まだ長い旅路の途中なのかもね．

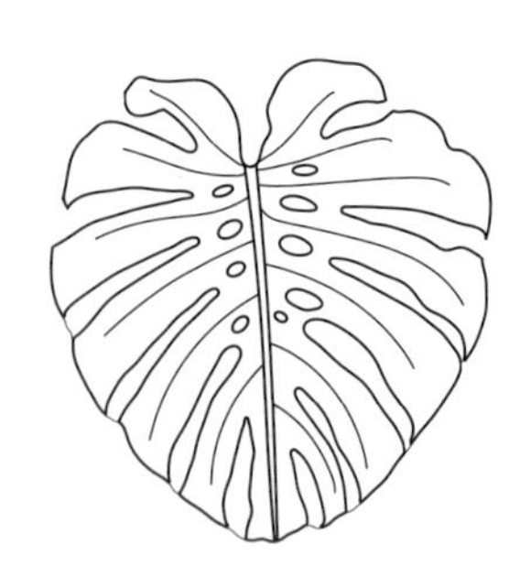

本章は展望編としての位置づけから，前章までで触れてこなかったこと，また身近なことがらなどを題材にして，航空宇宙学の周辺へと話を拡げていく．宇宙への輸送手段，宇宙での移動手段は，人類の活動の場の変化に伴い古くから重視されてきた．そこで，最初に宇宙における原子力の利用という観点から，原子力電池と原子力ロケットについて紹介する．また，これまでとは異なる仕組みで宇宙へ輸送する手段として，宇宙エレベータについて解説する．人類が宇宙で生活し活動する際に不可欠となる，生態系を構築するための技術や植物工場について，これまでの取り組みを紹介する．さらに，興味を持たれる方が多い，地球外生命体探査の取り組みや，地球外生命体に関して明らかになりつつあることに触れる．最後は，少し趣向を変えて，芸術と宇宙の接点，パイオニーア・ワークについて紹介する中から，未来のための文明論について考察する．

13.1　宇宙における原子力の利用——原子力電池，原子力ロケット

13.1.1　原子力電池

木星以遠の深宇宙を探査する探査機の電源は，太陽光が弱くなり太陽電池が使えなくなるため原子力電池（Nuclear battery）が使用されている．原子力電池は，図 13.1 に示すように放射性同位元素が放射する放射線 α 線や β 線を保温材に吸収させて熱を発生させ，蓄えられた熱エネルギーを熱電変換素子により電気エネルギーに変換するものである．放射性同位元素としては，^{244}Cm，^{90}Sr 等の元素も使用されたが，これらは透過力の大きい X 線や γ 線も発生し，それらを遮断するための遮断材の重量が大きくなるため，現在では X 線や γ 線の発生の少ない ^{238}Pu が主に使用されている．

宇宙における原子力電池の最初の利用は，1961 年 6 月に打ち上げられたトランジット 4A 衛星である．この衛星のミッションは，船や航空機のためのナビゲーションが主なものであり，1996 年まで使用された．このあとも 1960 年代には，原子力電池が搭載された人工衛星が打ち上げられたが，打ち上げ失敗や墜落時に放射性物質が散布される事故があり，現在では小惑星帯より内側の探査機や人工衛星の電源は太陽電池が主に使用されている．

木星以遠に向かった探査機では，1972 年に打ち上げられたパイオニア 10 号，1973 年に打ち上げられた同 11 号，1977 年に打ち上げられたボイジャー 1 号，2 号の他，木星探査機ガリレオ，

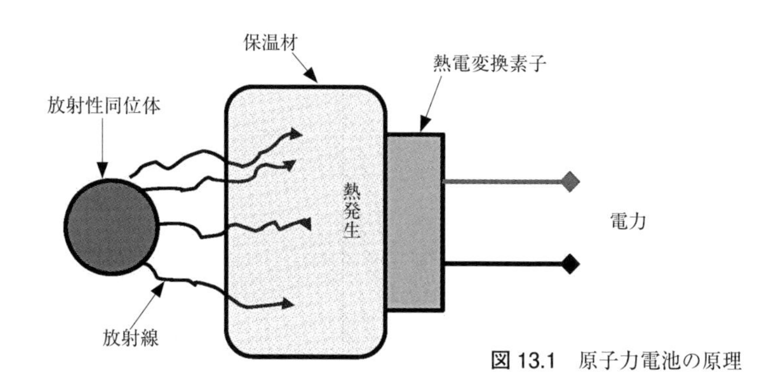

図 13.1　原子力電池の原理

土星探査機カッシーニなどに原子力電池が搭載された．原子力電池は長寿命でパイオニア 10 号は 2003 年まで，11 号は 1995 年まで探査活動を続け，ボイジャー 1 号，2 号は現在も探査を継続して飛行しており，1 号は地球から最も遠いところにある人工物体となっている．

13.1.2　原子力ロケット

原子力ロケット（Nuclear rocket）は，核分裂を利用する原子力電気推進（Nuclear electric propulsion），核熱ロケット（Nuclear thermal rocket），核パルス推進（Nuclear pulse propulsion），また核融合を利用する核融合推進も考案されている．原子力電気推進は上述の原子力電池や原子炉により発電し，イオンスラスターや MPD（Magneto plasma dynamic）推進等の電気推進エンジンを駆動させる方式である．核熱ロケットは，核分裂の熱で推進剤の液体水素を加熱して高温高圧のガスにして噴射することにより推進力を得るものである．核パルス推進はエンジン後方で核爆発を間欠的に行い，その反力で推進力を得るものである．

これらの中で核熱ロケットが，最も開発が進められ実現性が高いものになっているので，これについて以下に詳しく述べる．核熱ロケットの作動原理を図 13.2 に示す．

推進剤の液体推進剤はターボポンプにより，ノズルや核反応炉を冷却した後，核燃料により加熱される．加熱された液体推進剤は高温高圧のガスとなり，ノズルから膨張しながら加速して排出されることにより推進力を得る．この高温高圧のガスを一部抜き取りターボポンプのタービンを駆動する．

NASA では 1955 ～ 1972 年にかけて，この核熱ロケットの開発プロジェクトを推進し，20 機の核熱ロケットを設計，製造，地上実験を行った．図 13.3 にこのプロジェクトで開発され

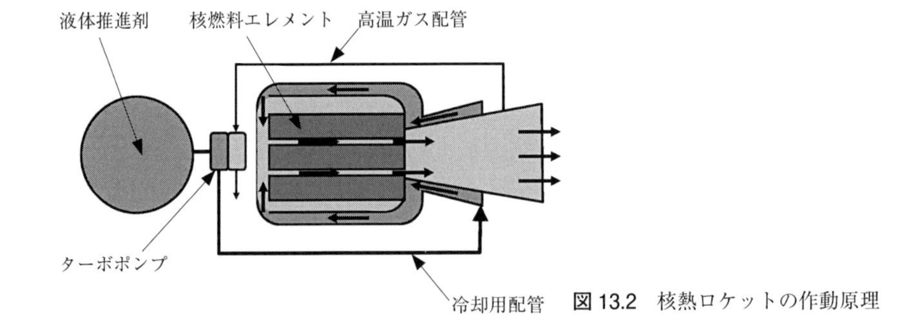

図 13.2　核熱ロケットの作動原理

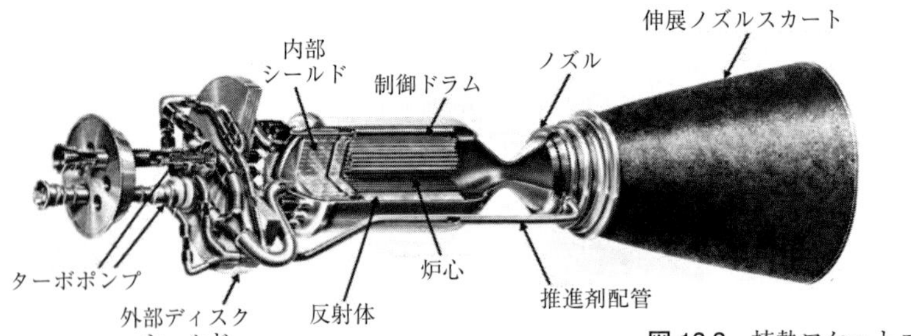

図 13.3　核熱ロケットエンジンの概要図（©NASA）

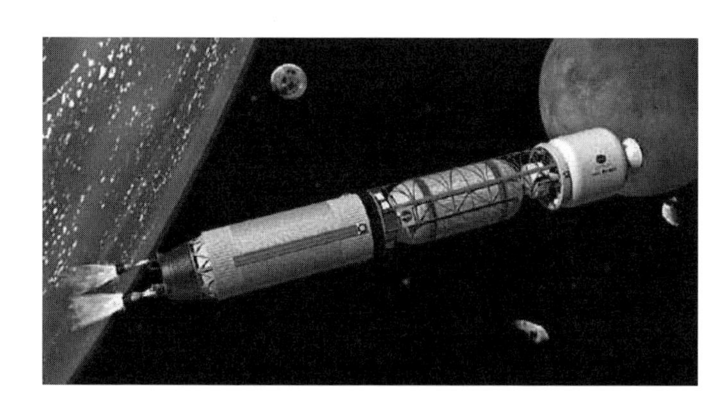

図 13.4　核熱ロケットエンジンを搭載した火星への輸送機（©NASA）

たタイプのエンジンの概要図を示す．液体推進剤には液体水素が使用され，核燃料エレメントには ^{235}U が含有されている．また，このエンジンではターボポンプが2機搭載されている．このプロジェクトで核熱ロケットは，燃費を示す比推力が約900秒を達成し，化学推進ロケットで最高比推力を出すことのできる液酸液水ロケットの約2倍であることが示された．また，広い推力レベル（～25，50，75，250 klbf，SI単位では111.2，222.4，333.6，1112 kN），62分以上の作動時間等を実証した．しかし，このプロジェクトは飛行実験を行うことなく，当時のニクソン政権の宇宙開発予算の削減政策により1973年1月に中止された．

2011年度から，NASAでは前述のプロジェクトの遺産を引き継ぎつつ，核燃料エレメントを改良した核熱ロケットの基礎実験を始めている．計画では2025年度に7.5 klbf（22.2 kN）の推力のエンジンで月を近接通過するミッションで飛行実証を行うことを目標としている．これが達成できれば，火星への輸送用エンジンとしてこの核熱ロケットを使用することが考えられている．図13.4にそのイメージを示す．

13.2　宇宙エレベータ

ロケット推進が宇宙空間へ到達するための手段として注目されるようになったのは，ようやく1920～30年代に入ってからのことであり，それ以前の時代では，宇宙飛行を実現するための様々な方法が自由な発想のもとで考えられていたようである．例えば，19世紀の小説家が思い描く宇宙旅行は，軽気球を利用したものであったり，巨大な砲塔から発射した砲弾によるものであったりした．ロケット工学の父と呼ばれるツィオルコフスキーも，地上から長大な塔を建造して宇宙空間へと到達するアイデアを提出している．残念ながら，これらの手段で宇宙に到達することは非常に難しい．しかしロケット推進以外の方法で宇宙へ到達することは本当に不可能なのだろうか．

本節で紹介する宇宙エレベータは，ロケット推進に替わる新たな宇宙輸送システムであり，その可能性は現在，各国の専門家によって真剣に検討されている．ここでは宇宙エレベータの基本的なアイデアと原理を説明し，つづいて宇宙エレベータによって何が可能になるのかを考えてみる．

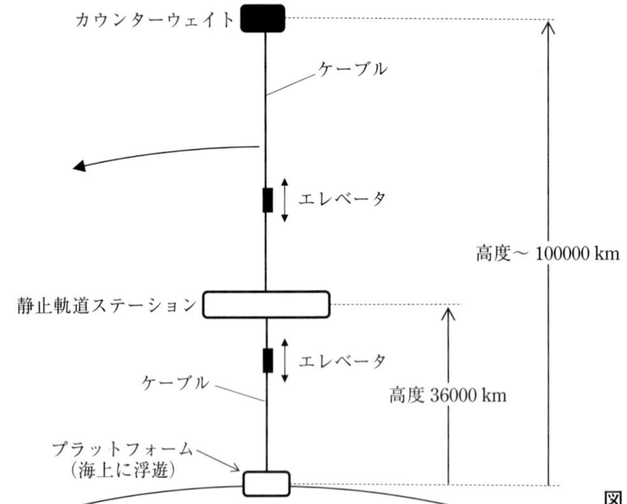

図13.5 宇宙エレベータのシステム構成

13.2.1 宇宙エレベータとは

よく知られているように，静止衛星は赤道上空，高度36000 kmの軌道を周回しており，その軌道周期は地球の自転周期に一致している．この静止衛星から地表に向かって非常に長大なケーブルを伸ばしていくと何が起きるであろうか．ケーブルを数万kmの規模で伸ばしていけば，いずれは地表に到達するはずである．この時点でケーブルの端を地表に繋ぎ止めておけば，地表から静止衛星へと至るケーブルの道ができる．このケーブルをつたって上空へと昇っていけば，打ち上げロケットを使用しないでも宇宙空間へ到達することができるのではないだろうか．以上の素朴なアイデアを，物理的に実現可能なシステムへと昇華したものが宇宙エレベータである．

宇宙エレベータの典型的な構成を図13.5に示す．高度36000 kmを周回する静止衛星（静止軌道ステーション）から地表に向かってケーブルが伸びており，ケーブルの下端は海上に浮かぶプラットフォームに繋がれている．また，静止衛星からは上方に向かってもケーブルが伸びており，このケーブルの先端は高度100000 km付近でカウンターウェイトに接続される．このようにして構成される宇宙エレベータは，全体として地球の自転周期に同期して周回運動を行うことが可能であり，このため海上プラットフォームを地球表面上の同一地点に保持することができる．海上プラットフォームを発着点としてケーブル伝いにエレベータを昇降させれば，打ち上げロケットを使用することなく高度36000 kmの静止軌道へ，さらには静止軌道を超えて，より高高度の宇宙空間へと到達することが可能となる．

13.2.2 宇宙エレベータの原理

ところで宇宙エレベータはどのような仕組みにより，地球の自転周期に同期して周回運動が行えるのだろうか．また，静止衛星から上下に伸ばしたケーブルがたるむことはないのだろうか．ここでは宇宙エレベータの原理について簡単に触れておこう．

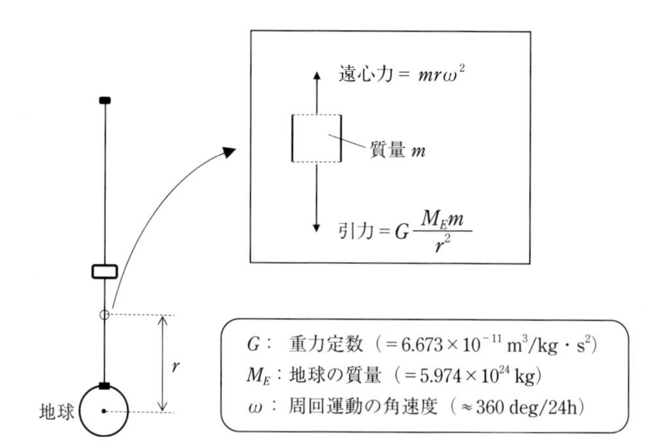

図 13.6　地心から半径 r だけ離れた部分に働く力

宇宙エレベータが地球の自転と同じ周期で周回運動できることを説明するためには，宇宙エレベータと地球との間に働く引力と，周回運動によって発生する慣性力（いまの場合は遠心力）とが釣り合っていることを示せばよい．はじめから宇宙エレベータ全体を対象として力の釣り合いを考えると話が難しくなるので，まずは地心（地球の中心）から半径 r だけ離れた部分に働く引力と遠心力とについて考えてみよう（図 13.6）．

着目部の質量を m とすると，図に示した通り引力の大きさは GM_Em/r^2，遠心力の大きさは $mr\omega^2$ となる．両者の力を単位質量あたりで表すと，

$$\text{引力}：F_G = \frac{GM_E}{r^2} \tag{13.1}$$

$$\text{遠心力}：F_C = r\omega^2 \tag{13.2}$$

となり，F_G は r^2 に反比例，F_C は r に比例することがわかる．

ここで地表面からの高度を H とすると，

$$H = r - R_E\ (R_E\text{：地球半径} = 6378\ \mathrm{km}) \tag{13.3}$$

と書けるので，上式を用いて H に対する F_G，F_C の変化をグラフで表すと図 13.7 が得られる．

次に，このグラフに基づいて宇宙エレベータの各部に働く力を考えてみよう．まず，図 13.7 からわかるように，高度 36000 km の地点では引力と遠心力の大きさが等しくなる．このため，静止軌道ステーション単体で考えると，引力と遠心力とが同じ大きさで互いに逆向きに働き，力の釣り合いが保たれることがわかる（そもそも静止衛星が高度 36000 km の軌道を周回しているのは，このためである）．次に静止軌道ステーションよりも下側の部分を考えてみよう．この領域では地球との距離が近い分だけ引力が大きくなり，遠心力の大きさを上回る．したがって，静止軌道ステーション以下の部分には全体として下向きの力が作用し，その結果，下部ケーブルは地球中心方向に引張り力を受けることになる（これが，下部ケーブルがたるまない理由である）．最後に静止軌道ステーションから上方に伸びているケーブルと末端のカウンターウェ

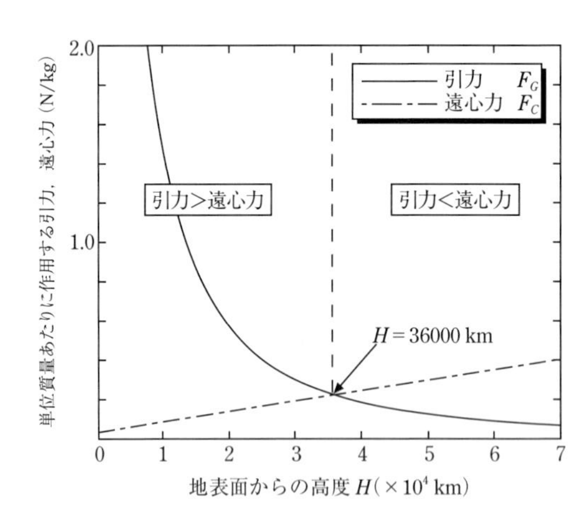

図 13.7　引力と遠心力の関係

イトについて考えてみよう．先ほどとは逆に，この領域では遠心力の大きさが引力を上回る．その結果，上部ケーブルは外向きに引張り力を受けることになり，上部ケーブルもたるむことはない．

以上から，宇宙エレベータは静止軌道ステーションよりも下部で下向きの力を受け，上部では上向きの力を受けることがわかる．実際に宇宙エレベータを構築する際は，上方に伸びるケーブルの長さとカウンターウェイトの質量を調整し，両者の力をうまく釣り合わせるのである．これが，宇宙エレベータが地球自転に同期して周回できる理由である．

13.2.3　宇宙エレベータの実現可能性

実は，図13.5に示した宇宙エレベータのアイデアは，旧ソ連のエンジニア，ユーリイ・アルツターノフによって今から50年以上も前の1960年に提出されている．だが，宇宙エレベータは長らく「力学的には可能だが，技術的には実現不可能な構想」とされ，空想上の産物と扱われてきた．一番の問題は，ケーブルの材料に要求される強度があまりにも大きかったことである．先ほど，静止軌道ステーションから上下に伸びるケーブルは引張り力を受けると述べたが，実際にその大きさを見積もってみると，鋼材を用いても強度が2桁以上足りないのである．ところがこの状況は，1990年代初頭に新素材としてカーボンナノチューブ（CNT）が発見されたことで一変する．CNTの正確な強度は今のところ明らかとなっていないが，1 mm^{2}の断面積で150000 N（=15 ton重）もの引張り力に耐えられるとの報告もある．この値は，CNTが宇宙エレベータのケーブルとして十分な強度を持っていることを意味している．CNTの発見以後，宇宙エレベータを巡る状況は大きく変化した．

NASAは2000年前後から宇宙エレベータの理論研究を積極的に支援するようになり，さらにロス・アラモス国立研究所に在籍していたブラッドリー・エドワーズにより，宇宙エレベータの実現可能性が包括的に検討された．日本でも2008年に日本宇宙エレベータ協会が設立され，国際会議や学会で宇宙エレベータの学術的議論が交わされるようになった．

しかし宇宙エレベータの実現に向けては，まだ多くの課題が残されている．現在の技術で製造できるCNTの長さは数cm程度であり，宇宙エレベータの長大なケーブル長とは比較にならない．また，宇宙空間で数万km規模のケーブルをどのように伸展するのか，その基本的な方法も技術も未だ確立されていない．とはいえCNTの発見により，宇宙エレベータは机上の空論ではなく，原理的に実現可能なシステムと考えられるようになったのである．

13.2.4　宇宙エレベータによって拡がる世界

最後に，宇宙エレベータの建造によって，どのようなことが実現可能になるのかを考えてみよう．容易にわかることとして，宇宙エレベータを構築できれば昇降エレベータによって低コストで物資を宇宙へ運搬することが可能となる．商業目的の宇宙観光旅行も考えられるだろう．だが，物資／人員の輸送はケーブルに沿った方向のみに限られるわけではない．静止軌道ステーションまで衛星を運搬して分離放出すれば，衛星を静止軌道へと投入することもできる．また，高度36000 km以下の地点から衛星を放出して，地球周回の低軌道へ投入することも，もちろん可能である．さらに，宇宙エレベータから投入できる軌道は地球周回軌道のみに留まらない．前項で述べた通り，高度36000 km以上の領域では遠心力の大きさが引力を上回る．このため，静止軌道ステーション以遠から衛星を放出した場合，放出後の軌道高度は遠心力によって上昇していく．遠心力の大きさが十分に大きければ，地球重力圏を脱し，衛星を太陽周回軌道へと投入することもできるのである．例えば高度57000 kmの地点から放出を行えば，放出後の軌道は図13.8に示したようなホーマン遷移軌道となり，火星へ到達することが可能となる．

このような軌道カタパルトとしての利用の他，宇宙エレベータを起点として太陽発電システムを構築し，発電エネルギーを地上に供給することも考えられる．また，宇宙エレベータではケーブルに沿って重力の大きさが少しずつ変化していく．ケーブルの最下端における重力は地表面のそれと変わらないが，上昇に伴って重力は減少していき，静止軌道ステーションでは無重力状態となる．したがって，この区間に月重力環境や火星重力環境を模擬した実験モジュールを設置することもできるだろう．

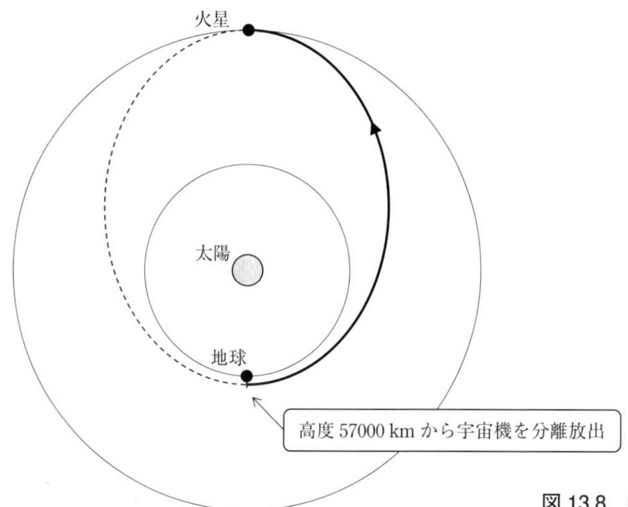

図13.8　宇宙エレベータから火星へと到達する軌道

人類の技術革新は，ときに予想もつかない世界を拡げることがある．軍事利用として開発されたインターネット技術が，その最たる例である．ここでは宇宙エレベータの利点をいくつかあげたが，ひとたび宇宙エレベータが実現されれば，おそらく現在の我々には想像もつかないような利用法が生まれてくるに違いない．

13.3　人類の生存圏の拡大を目指して

宇宙で人類が生活をするという最初のアイデアは 1974 年にまでさかのぼり，当時のニューヨークタイムズにジェラード・キッチェン・オニールが提唱するスペースコロニーの話が掲載された．図 13.9 に示すように，初期の計画では，半径 600 m，厚み 100 m の円板形状の巨大な宇宙構造物をラグランジュポイント L5 に投入し，2000 人の人間が常時生活するというアイデアであった．ラグランジュポイントとは，平たく言えば，地球と月の引力がバランス良く働く地点で，そこに宇宙物体を投入すれば，地球または月に落下しないという特別な軌道上の点である．特にスペースコロニーにとっては最適な点であり，半永久的に引力による落下を心配しなくてもよい地点である．

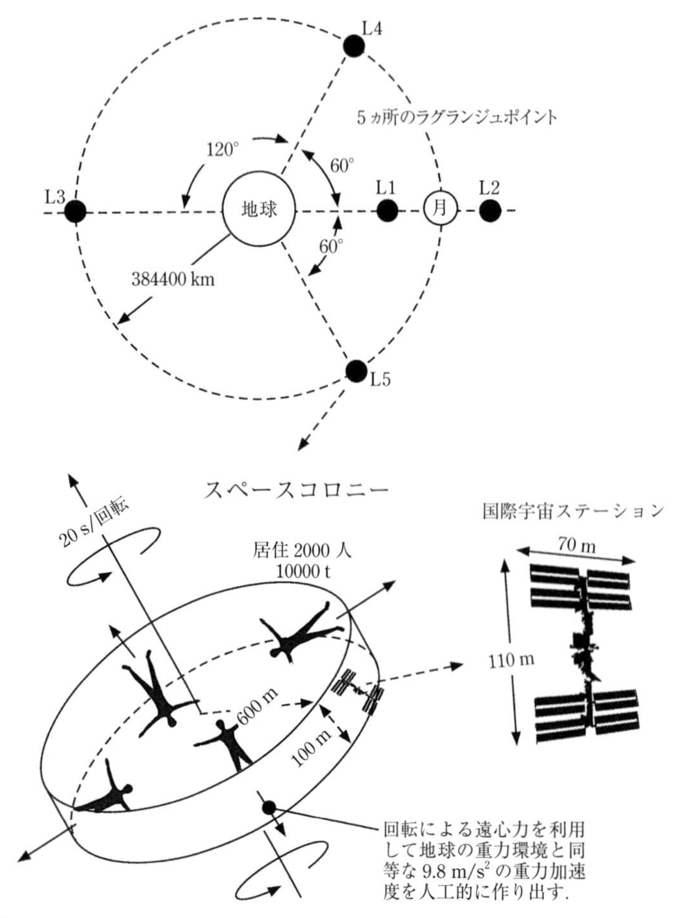

図 13.9　スペースコロニーの計画

計画では，10000トン以上の建築資材を地球からL5のポイントまで運び，円筒形状を組み立てる予定であった．円筒形の中心軸を基準にして，20秒に1回転のスピードでスペースコロニーを回転させれば，地球と同じ重力環境を擬似的に作り出すことができる．回転軸は太陽方向を向き，太陽の光を集めて電力を発生させる．また3枚の鏡を使ってコロニー内を明るく照らし，可能な限りコロニーの中で作物を作ることを想定していた．この壮大な宇宙計画は，費用対効果の視点からアイデアのレベルで止まっている．

スペースコロニーに比べれば極めて規模は小さいものの，人類が生活できる居住空間を宇宙に作り出すことに成功した例は，1973年に打ち上げられたスカイラブが最初であり，短い期間ではあるが宇宙飛行士が滞在した記録が残っている．1979年にスカイラブは大気圏に突入して燃え尽きたが，これに引き続く流れで，1986年から2001年まではロシアのミール宇宙ステーションが，1999年以降は米国，ロシア，日本，カナダ，欧州宇宙機関が協力して建造した国際宇宙ステーションが，スペースコロニーの縮小版といえよう．全長約70 m，全幅約110 mの国際宇宙ステーションと比較すると，オニールが提唱したスペースコロニーがいかに巨大な宇宙構造物だったのか想像できる．

残念ながら，国際宇宙ステーションは2024年でその役目を終わる予定であるが，未来の宇宙開発のあるべき姿について，2006年に長友信人が研究成果を発表している．その論文の中では，これから50年の宇宙活動は人類の未来にとって非常に重要であることを強調しつつ，この先50年の人類社会の特徴を3つにまとめている．

1）地球の資源とエネルギーの枯渇
2）地球には発達しすぎたテクノロジー
3）不安定な情報社会と利潤追求による浪費

である．2016年の現在，この3つの特徴は現代社会に，正にそのままあてはまる事柄である．長友は，「地球の中の成長の限界」が3つの特徴と密接に関連していると分析しており，成長の過程のひとつとして人類は宇宙に進出し，生存圏の拡大を本気で取り組む時代に来ていると論じている．

人類が本格的に宇宙で生活するには，重要な2つのツールを手に入れる必要がある．1つ目は，地球と宇宙を容易に行き来できる移動手段である．地上の車，列車，飛行機に相当する宇宙船や宇宙ロケットである．2つ目は，宇宙に長期間滞在し，生命の安全を保つための居住空間である．地上でのアパート，マイホーム，ホテルに相当する居住空間がなければ，過酷すぎる宇宙環境の中で，人類は生き延びることができない．

2011年に米国のスペースシャトルの打ち上げが終わりを迎えた後，宇宙開発は民間企業がリードする形で発展を遂げつつある．そこでは，低価格の宇宙船と宇宙ロケットの開発，宇宙観光旅行，宇宙ホテル，さらには政府の宇宙開発機関に先んじて，有人火星探査を民間で実現しようとする動きもある．

米国の民間企業が力を注いでいる分野が，低価格かつシンプルな仕組みの宇宙船と宇宙ロケットの開発である．例えばヴァージン・ギャラクティック社は短時間の無重量体験ができる宇宙旅行を計画し，飛行機に似た宇宙船を開発している．宇宙船は，飛行機を使って高度約 10 km 付近の成層圏に運ばれて切り離される．その後は，宇宙船のロケットエンジンを使って宇宙空間まで一気に飛び出す仕組みである．国際宇宙ステーションへの宇宙旅行は 1 人当たり約 20 億円から約 50 億円の費用であるのに対し，同社の宇宙旅行は 1 人当たり約 3000 万円である．さらにブルーオリジン社は，一般的な使い捨て型のロケットではなく，垂直離着陸が可能な再使用型ロケットの開発を目指しており，低価格な乗り物を獲得しようとしている．そしてスペース X 社は，1 回の打ち上げ費用が約 62 億円となる低価格の再使用型のロケットを既に完成させており，2012 年から国際宇宙ステーションへの物資輸送の仕事も担っている．2024 年には有人の宇宙船を火星に向けて打ち上げる計画も掲げている．

一方，宇宙の住まいについては，ビゲロー・エアロスペース社が，2020 年の宇宙ホテルの開業を目指して，高強度繊維を使った風船型の居住試験棟を国際宇宙ステーションに取り付けることに成功している．世界に先駆けて宇宙ホテルの試験が始まっており，ビゲロー・エアロスペース社では，月面や火星の地表に建設する基地にも，この風船型の居住空間技術が応用できると目論んでいる．

宇宙は人類にとってフロンティアであり，ロマンを掻き立てるステージである．前述した，宇宙の乗り物と住まいの研究開発は，今後の宇宙開発の進展や人類の生存圏の拡大スピードに大きく影響を及ぼすと考えられる．民間主導の宇宙開発によって，宇宙市場が開拓され，商業化されることが大きな発展の鍵となる．

13.4　宇宙植物工場——火星進出への基盤技術の確立

太陽系惑星への移住を考えるとき，火星はもっとも魅力的な惑星である．太陽系惑星の中で，水星や金星は太陽に近く灼熱のため人間の居住には不適切であり，木星，土星，天王星，海王星は水素ガスの塊で，地面がある地球型惑星とは異なり，これらも居住は不可能である．

NASA は 2015 年に火星有人探査計画を発表し，それは約 10 年間の滞在をするという壮大なもので，2030 年代半ばの実現を目指している．また，NASA の計画では火星往復だけで約 1100 日かかる．このような長期間，人間が宇宙空間や火星の環境下で生活する能力開発が課題であり，NASA では既にそのための研究開発を着実に進めている．

このような長期間，人間の生活に必要な食糧，水，酸素等をすべて持っていくことは，現時点で衛星の低軌道への打ち上げ単価が 1 kg あたり 100 万円程度かかることを考えると，もちろん不可能である．そこで，映画「オデッセイ」の中で描かれた火星に取り残された宇宙飛行士のように，ジャガイモを栽培し食糧を得て，糞尿を肥料に使い，光合成から酸素を得るというような植物を使ったリサイクルシステムを確立する必要がある．

映画ではジャガイモが普通に育っていたが，地球の重力の 3/8 の環境下では植物がどのように育つのか，研究を待たなければならない．また，火星に農場を作るには大気環境確保のため，気密構造物の中で育てる必要がある．この構造物は，材料の輸送費用削減のために軽量にすることが求められ，そのためには構造物内の与圧を可能な限り小さくする必要がある．このような低圧環境下で植物を育てる技術も研究課題となる．さらには，火星の 1 日は 24 時間 40 分と地球とほぼ同じであるが，途中の宇宙船内で植物を育てる場合は昼夜の区別がないので，どのような昼夜のサイクルで育てるのがよいのかも研究課題である．

既に NASA では微小重力環境下で植物を育てる研究を国際宇宙ステーション（ISS）で始めている．図 13.10 は「Veggie」と呼ばれる ISS 内でサラダ用の野菜を栽培研究する装置を一般公開している写真で，図 13.11 は ISS 内で育った植物である．また，地上でも地球の大気圧の 1/10 の低圧環境下でレタスを栽培する研究を進めたり，植物を人工的な光で栽培し，光を当てる間隔や強度・波長がどのように植物の成長に影響するかの研究等が進められている．さらに，人の呼吸による二酸化炭素の発生と，光合成により植物が作り出す酸素のバランスを一定期間保つ実験も行われている．図 13.12 は NASA の閉鎖環境施設で，栽培面積 11 m^2 の小麦と大人の人間一人とが 15 日間生活を送った実験の様子の写真である．

月面では重力が地球の 1/6，超高真空環境であるので，上述のような宇宙環境が植物栽培に与える基礎データを取得する植物栽培実験を行うには最適であると考えられる．14 か国が参加して 2020 年までに月面基地を着工するという，NASA が 2006 年 12 月に発表した構想は，2010 年にスケジュールの遅れや予算の圧迫のために凍結されたが，月面での植物栽培実験は魅力的であり，近い将来実現する可能性は大いにあると考えられる．

図 13.10　ISS 内での植物の栽培実験装置の公開（©NASA）

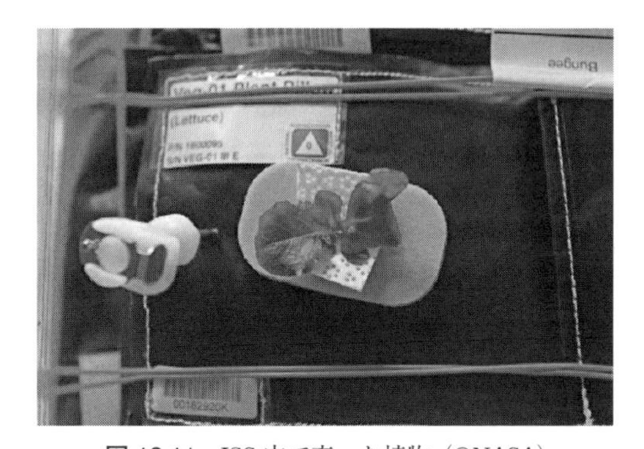

図 13.11　ISS 内で育った植物（©NASA）

図 13.12　閉鎖環境下での生活実験（©NASA）

13.5　地球外生命との出会いを求めて

地球外生命といった場合，人類のように高度な文明を持った生命体を指すのか，あるいはバクテリアのような原始的な細胞を指すのかで大きく意味合いが異なってくる．探査機による探査が進歩する以前は，かすかな望みを託して前者のような生命体，つまり地球外知的生命体の存在を前提とした出会いのための試みが行われてきた．本節では，最初にそのような試みについて述べる．一方，地球において生命が誕生し進化してきたのは，それにふさわしい環境が一定期間維持されたためであり，そのような観点から生命誕生の可能性を持つ天体の発見に向けた試みも行われている．節の後半では，探査機による太陽系の惑星の探査や，宇宙空間に配置した望遠鏡による，銀河系の恒星あるいはその惑星の観測から，近年得られた成果について述べる．

13.5.1　宇宙人に向けたメッセージ——ゴールデンレコード

世界で初めて木星を探査したパイオニア 10 号（1972 年打ち上げ），木星を経て初めて土星を探査したパイオニア 11 号（1973 年打ち上げ），木星・土星に加えて天王星・海王星を連続的に探査したボイジャー 1 号，2 号（ともに 1977 年打ち上げ）には，地球外の知的生命体に向けたメッセージが載せられていた．パイオニア 10 号と 11 号に搭載された金属プレートには，人間や地球に関する情報が絵で描かれていた．これら 2 機の探査機は 1980 年代に太陽系の外へと旅立っており，メッセージを携え，永い旅を続けている．当時は，このようなやり方やそこに描かれた絵を巡って賛否の意見が出され，その後のボイジャー 1 号と 2 号では，新たな方法が採用された．それが，ゴールデンレコードと呼ばれる金めっきを施した銅製のレコード盤で，様々な写真画像と自然の音，メッセージ，声，音楽がアナログ形式で記録されていた．またそのジャケットにはパイオニアのときとは異なる絵が描かれていた．これらはウェブサイト（https://voyager.jpl.nasa.gov/golden-record）でも見ることができる．ボイジャー 1 号は 2012 年に太陽系の外へと旅立っていることが確認されている．運用を停止した後も，これら 4 機の探査機は，地球外知的生命体に向けたメッセージを携えて旅を続けることになる．

13.5.2　生命が存在するための条件——ドレイクの方程式

宇宙に存在する文明の数を推定するために，米国の天文学者フランク・ドレイクは 1961 年にドレイクの方程式を考案した．この式は以下のように表される．

$$N = N_s \cdot f_p \cdot n_e \cdot f_l \cdot f_i \cdot f_c \cdot L$$

ここで，

N：銀河系に存在する高等文明の数

N_s：銀河系に毎年うまれる恒星の数

f_p：その恒星が惑星を持つ確率

n_e：その恒星の中で生命が生存可能な環境を持つ惑星の数

f_l：そこに生命が誕生する確率

f_i：その生命が知的生命体に進化する確率

f_c：その生命体が恒星間通信を行うまでに進歩する確率

L：その高等文明が継続する時間（文明の寿命）

である．

ドレイクの方程式が求めようとするのは，「銀河系に存在し人類とコンタクトをする可能性がある地球外文明の数」であり，それが様々なパラメータと確率の積の形で表されている．また，その中には明確に値を設定することができないものも多く，それらは仮定として扱わなければならない．当然ながら求めたNの値もそれらに伴う誤差を含んだものになる．さらにこの式自体が1961年のものであり，その後の天文学的な発見は考慮されていない．もっとも，このようなことから実際には1～100万にもなるといわれるNの値そのものを議論しても意味がなく，何がそれを決めるのかに目を向ける必要がある．つまりこのパラメータの中には，自然に決まるものと，生命体によって決まるものが混在しているということである．後者が最後の2つ，つまり「恒星間通信を行うまでに進歩する確率」と「文明の寿命」である．通信で使う光の速度が有限である以上，文明を持続させることが，発見しやすい，または発見されやすい状況を作りだすことにつながる．しかしそれでも今後約50億年とされる太陽の寿命よりも前に地球が生存に適さない環境になることが予想され，それが十数億年後ともいわれているので，それが文明の寿命の上限値ということになるだろう．

ドレイクの方程式は地球外生命体を「文明を持つ」と仮定し，また文明の存在を測るのに「通信を行う」ということを前提にしている．これは，人類の現状からの類推ではあるが，実際の探査でもこれを基にした観測が行われている．地球外知的生命体探査（SETI：Search for Extra-Terrestrial Intelligence）と呼ばれるこのプロジェクトでは，様々な波長の電磁波を受信し解析を行い文明の形跡を探している．例えば，プエルトリコのアレシボ天文台では，地形を利用して作られた直径約300 mもの電波望遠鏡で宇宙からの電磁波を受信し続けている．また，SETI @ homeと呼ばれるカリフォルニア大学バークレー校が行っているプロジェクトでは，アレシボ天文台で得たデータを使って，インターネットを介した世界中のボランティア参加による分散コンピューティングで受信データの解析を進めている．

13.5.3　太陽系の探査でわかってきたこと

太陽系を構成する8つの惑星は，岩石惑星である水星・金星・地球・火星と，ガス惑星である木星・土星，氷惑星である天王星・海王星に分けられる．このうち，生命が存在できる環境を備えているのは，ハビタブルゾーンと呼ばれる領域にある地球と火星だけであり，それよりも太陽に近いと温度が高く，また太陽から遠いと極寒の世界や氷の世界になる．11.7.1項で木星について，また11.7.2項で土星について，そこでの生命存在の可能性について述べてきた．現在では，木星の衛星エウロパの地下の海の中や，土星の衛星タイタンのエタンの湖の中に生命がいるかもしれないといわれている．このような限られた環境の中であれば，生命が存在できる条件を満たす可能性はある．かつて生命が存在していた痕跡ということであれば，その範囲は火星にまで広がり，また火星は木星や土星に比べると探査をしやすい条件が揃っており，今後の火星探査には期待を持つことができる．なお，地球外の生命との出会いとは別であるが，火星は空気こそないものの，地形が地球に似ており，また大気があることなどからテラフォーミングなどの方法を使って，人間が生存できる環境に近づけるための技術が検討されている．

13.5.4　系外惑星の探査へ——太陽系は普遍か特殊か

太陽系の外にある惑星のことを系外惑星という．1995年にミシェル・マイヨールとディディエ・ケロスという2人のスイスの天文学者が，この系外惑星のひとつとして木星と似た巨大ガス惑星を初めて発見した．この惑星は恒星に近い軌道を回っており温度が高くホットジュピターと呼ばれる．太陽系がある銀河系には太陽のような恒星が2000～4000億個あるといわれており，中には惑星を持つ恒星もあるとされている．しかし，自ら光を発する恒星とは異なり，これらの系外惑星を発見するのは非常に困難であった．これらの中で，先に述べたハビタブルゾーンに位置するものであれば，そこに生命が存在する可能性も出てくる．

系外惑星の発見に使われる方法には，ドップラー法とトランジット法がある．先の1995年の発見ではドップラー法が使われた．その後も系外惑星の発見は相次ぎ，さらにNASAは2009年にトランジット法による観測を可能にしたケプラー宇宙望遠鏡を打ち上げ，系外惑星の発見数は一挙に上がることになる（2015年11月現在で4696個）．しかし，ほとんどがホットジュピターであったため，その後は巨大地球型惑星でスーパーアースと呼ばれる，生命が存在できる環境を備えた惑星の発見に力が注がれるようになった．例えば2014年に発見されたケプラー296e（ケプラー宇宙望遠鏡で発見された296番目の恒星の4番目の惑星）や，2015年に発見されたケプラー438b（同438番目の恒星の1番目の惑星）は，そのようなスーパーアースのひとつといわれている．系外惑星の発見が相次ぐ中で次第にわかってきたことは，銀河系には太陽系に似た恒星や惑星は少なく，むしろ太陽系が特殊な環境かもしれないということである．

13.5.5　地球の生いたち——地球上の生命の起源

地球外の生命との出会いを求める目的は，地球における生命の起源をたどることでもある．太陽から地球が誕生した太陽系の生成のときに，生命が誕生するきっかけができたのであれば，地球の誕生というイベントに依拠している可能性が高くなる．一方，彗星や隕石など他の天体の衝突により地球に生命がもたらされたのであれば，生命のルーツは地球以外にあり，我々自身の祖先が地球外生命体ということになる．もちろん，その後に数十億年をかけてハビタブルゾーンという，生命の生存や進化に適した環境が都合よく準備されて今の生態系ができたわけである．今，生態系の頂点に立つ人類は，様々な文明を発達させてきたが，その一方で紛争や環境破壊も引き起こしてきた．地球の生態系を維持するのも破壊するのも，これからの人類の行動にかかっている．高度な知性と知的好奇心を持つ人類は，自らの能力をさらに高めながら，これからの未来を切り開く責務を負っている．

地球上の生命の起源に関わる探求では，様々な学問分野を結びつける総合的な取り組みが必要になる．これまで，細分化することで規定されていた専門領域から，それを外に推し広げまた他の分野との関連性を見出すという，多面的なアプローチが求められる．それが，これからの我々の学びの基底をなし，人類の新しい知的な営みの主流になっていくだろう．人類がこの地球上に誕生し，文明を築いてきた背景にあった知的好奇心は，それぞれの時代においてその対象を変えながら，失われることなくむしろより強まってきているとさえ考えられる．知的好奇心を持ち，それが満たされて安定を得るように動機づけられた人間は，これからも新しい発見を目指して歩んでいくだろうし，それは創造的な行為（いわゆるパイオニーア・ワーク）そのものである．そこには，もはや地球に限定することも，地球と宇宙に境界線を引くことも必要がない．広く宇宙的なスケールにおいて物事を捉えることができ，また変化に順応できる柔軟性がこれからの人類にはますます必要になる．

13.6　宇宙によって創生される人類の挑戦

宇宙は古くは占星術や宗教の中で扱われており，その後天体観測をきっかけに天文学が発達したことから，科学の一分野として進歩をするようになってきた．また，1869 年のジュール・ヴェルヌの「月世界旅行」に端を発する SF 小説もその後数多く書かれ，それらの映画化やまた最初から映画作品としてつくられた SF も少なくない．時代は変わっても人々が宇宙に寄せる思いは，憧れであり夢であり，それが学問の発達や技術の発展を後押ししてきた側面は否めない．これらの SF で描かれた様々な技術は，その後に実用化されたものも少なくない．1960 年代にアーサー・C・クラークによって書かれた「2001 年宇宙の旅（2001: A Space Odyssey）」の中に出てくる，テレビ電話や携帯電話，コンピュータとの音声でのやり取りや人工知能などは，今ではほとんどが現実のものとなっている．宇宙は昔から今まで，意外にも人々の身近なところで語られ，表現の対象とされてきた．宇宙について，また宇宙を利用することについて学ぶ中で，先人たちが視た宇宙観について考えを巡らせてみよう．

13.6.1　宇宙と人間が生み出した調和の世界

古代ギリシャ時代に数学者・哲学者であるピタゴラスとその門下生は自然の中から様々な法則を見出そうとした．その背景には，科学的な解明に至る以前の人々のおそれ（畏れ，恐れ，怖れ）や，世の中の安定を求める機運もあった．規則的に巡る天空の諸現象は，秩序の表れであり，その法則性を基にピタゴラス音律と呼ばれる周波数比が 3:2 で構成される音律が考案された．類似の音階は古代中国でも見られるが，実際に音階として使おうとすると調和（ハーモニー）の観点から使いにくいものであったため，純正律を経て現代では 1 オクターヴの音程を均等な周波数比で分割した音律である平均律が広く使われている．しかし，純正律から平均律に至る過程やその種類にも，またこれらの音律の有する問題点をめぐって様々な意見が存在している．

13.5.1 項で述べたボイジャーのゴールデンレコードには地球の音楽として 27 曲の楽曲の演

奏が収められていた．そこには，世界の民族音楽や伝統音楽にまざってヨハン・ゼバスティアン・バッハ（Johann Sebastian Bach, 1685 ～ 1750）の楽曲が 3 曲含まれている．他に古典派の大作曲家としてはモーツァルトとベートーヴェンの作品が含まれているが，それぞれ 1 曲づつであり，バッハの作品の多さが突出している．バッハは，純正律から平均律に移行していく時代を先取りし，それを人類が美しいと思い，また愉（たの）しいと感じる作品を数多く残した．そのような点がゴールデンレコードの主旨に合致していたのかもしれない．

宇宙を直接・間接に題材にした音楽は枚挙にいとまがないが，その中から 2 つを取り上げる．イギリスのグスターヴ・ホルスト（Gustav Holst, 1874 ～ 1934）の組曲「惑星」作品 32 は，7 つの曲それぞれに地球を除く太陽系の惑星の名称が与えられ，占星術における神々に由来する副題が付けられている．中でも「木星」はもっとも有名でこの曲だけ取り出されて演奏されたり利用されることも多い．冨田勲（1932 ～ 2016）は，1976 年にこの曲をシンセサイザー用に編曲し演奏したものを発表した．当時まだ珍しかったシンセサイザーを使い，誰も聴いたことのないような楽音を手創りしていくスタイルは楽譜を基にした音楽における再創造の行為そのものであり，世界で高い評価を得た．膨大な数があるウィンナ・ワルツの中にも宇宙を扱ったものがある．1868 年に初演されたオーストリアのヨーゼフ・シュトラウス（Josef Strauss, 1827 ～ 1870）のワルツ「天体の音楽」作品 235 は，古代ギリシャのピタゴラスらの，宇宙全体が秩序と調和をもたらすという思想を背景にして舞踏会用に作曲されたものである．作曲者の代表作であり，元日にウィーンで行われるニューイヤーコンサートでは，1992 年～ 2016 年の間に 5 回も取り上げられているほどの人気曲でもある．

13.6.2　空間に思考した創造者による思索の世界

地球も宇宙の中の一部であり地球と宇宙をあえて分けずに，地球上における創作行為の中から宇宙的な拡がりを感じさせるものや，思考の柔軟性を刺激する作品を残した人物として，リチャード・バックミンスター・フラー（Richard Buckminster Fuller, 1895 ～ 1983）とイサム・ノグチ（Isamu Noguchi，1904 ～ 1988）を取り上げる．

バックミンスター・フラーは，ジオデシック・ドームやテンセグリティ，ダイマクション・ハウスといった数々のユニークな建築物や構造物を手がけた人として有名だが，その基底には広い意味での効率化の追求があった．それは，資源や材料だけでなくエネルギーや富（資金）にまでおよび，フラーの思想的な背景を形成している．資源（リソース）をめぐる紛争に対して，その偏在（かたよって存在すること）が問題なのであって，資源を遍在（あまねく存在すること）させる方向に技術を進歩させれば自ずと紛争はなくなるとしている．このような考え方はさらに，技術だけではなく経済問題や国家間の問題にまでおよぶ．今の地球で未解決な問題も，知恵を絞ることで解決の糸口を探ることができるという未来志向の考え方には賛同者も多い．地球上の資源の偏在の問題が解決できないようでは，宇宙に出て行ってもできることは限られてしまうだろう．例えば月や火星に活動のための拠点を作るような場合に，材料だけでなく工法や輸送，つぎ込める資金も考えると使える資源は地球上で考えるよりもはるかに限定されたものになる．フラーに限らないが，簡単に言い尽くすことが難しいので，日本語に訳されている代表的な書籍をあげておく[1][2][3].

イサム・ノグチは，米国においてフラーと生涯にわたる交友関係を持ち，互いに創作活動や考案・発明に影響を与えあった．イサム・ノグチの場合は，彫刻家や画家，あるいはインテリアデザイナーとされることが多いが，その活動の範囲はこれまでの作家の創作活動の範囲を大きく超えている．効率性を秘めたランプシェード，椅子やテーブルなどの家具作品の数々には，フラーの思想との共通性が感じられるし，エナジー・ヴォイドという高さが 3.6 m，質量が 17 トンもの巨大な石の彫刻作品からは，その巨大さから想像される外に向かった，突き詰めれば恐怖にもなる主張とは逆に，内に包み込むような安らぎが感じられる．それは，この作品が「大きい」からではなく，この作品が表現している空間が「大きい」からで，その空間をゆるぎないものにするためのフレーム（枠）が石で創られている．宇宙を表す "Space" は空間という意味でもあり，空間がまた人間に安らぎをもたらすということは，やはり人間は宇宙の中の一員であるという当然の帰結に至る．イサム・ノグチは，生涯のほとんどを米国で活躍したが，晩年は日本に来て香川県のアトリエで作品の制作をしていた．また札幌市の豊平川の洪水や氾濫でできた河跡湖を使ったゴミ処理場の跡地利用として開発されたモエレ沼公園（https://moerenumapark.jp/）（図 13.13）のグランドデザインを手がけた．公園の完成を見ることなく亡くなったが，「大地を彫刻した」といわれるスケールの大きな作品で創られた公園は市民の憩いの場になっている．

図 13.13　札幌市郊外のイサム・ノグチ設計によるモエレ沼公園（Photograph by TSUNODA Hiroaki with permission of City of Sapporo.）

13.6.3　宇宙探検と梅棹忠夫——未来のための文明論

宇宙探検という言葉は SF の世界では多用されることはあっても，実際の宇宙利用の場面では使われることは滅多にない．それは探検というと，人間が現地に出向いて行うこと，という暗黙の了解があるためである．無人による調査が主流の宇宙においては，宇宙探検というのは使いにくく宇宙探査という言葉になるのだろう．しかし，地球上においては一般的に探検という言葉が古くから使われてきたし，探検家というのも普通に使われている．

民族学者･探検家である梅棹忠夫（1920 ～ 2010）は，地球上の未開の地の探検を行い，民族，文化，文明などについて膨大な研究を行ってきた「学術探求の巨人」（探検家の殿堂）であるが，2003 年に講演の中で宇宙探検について触れている．その中で，これからの探検，すなわちパイオニーア・ワークの対象が地球上からなくなるのに伴い，将来はその対象が宇宙と深海に向かうということを述べている．もっとも，地球外へとパイオニーア・ワークの対象が広がるということは 1949 年ごろから述べており，それまでの中間に梅棹の南極探検が位置付けられていた．探検の背景には前人未到の分野への挑戦が含まれており，それがまさにパイオニーア・ワークである．また，分野というのは必ずしも地理的な場所を表すのではなく，広く研究や開発の行為そのものにも当てはまり，これらもパイオニーア・ワークといえる．梅棹が言うように，これからのパイオニーア・ワークは地球から宇宙へと出て行くことになるのだろうが，それはこれまで以上に先進的な研究や開発を伴うものになっていくであろうし，そこにこそ科学技術を進歩させる道が残されている．

参考文献

第 1 章

1.1 節

［1］ 中村士，岡村定矩：宇宙観 5000 年史　人類は宇宙をどうみてきたか，東京大学出版会，2011.

［2］ 青木満：それでも地球は回っている　近代以前の天文学史，ベレ出版，2009.

［3］ 永田久：時と暦の科学，NHK 市民大学 10 月－12 月期，日本放送出版協会，1989.

［4］ 辻直四郎訳：リグ・ヴェーダ讃歌，筑摩世界文学大系 9 巻，インド・アラビア・ペルシャ集，筑摩書房，1974.

［5］ 比田井昌英，寿学潤，高瀬文志郎：宇宙のデータブック，東海大学出版会，2010.

［6］ O. Lodge: Pioneers of Science, Dover Publications, Inc., 1960.

1.2 節

［1］ ヨハネス・コペルニクス／矢島祐利訳：天体の回転について，岩波書店，2000.

［2］ ガリレオ・ガリレイ／山田慶児，谷泰訳：星界の報告他一篇，岩波書店，1992.

［3］ 比田井昌英，寿学潤，高瀬文志郎：宇宙のデータブック，東海大学出版会，2010.

1.3 節

［1］ 中村士：江戸の天文学者　星空を翔る，技術評論社，2008.

［2］ 中村士：江戸の天文学　渋川春海と江戸時代の科学者たち，角川学芸出版，2012.

［3］ 日本天文学会百年史編纂委員会：日本の天文学の百年，恒星社厚生閣，2008.

［4］ 国立天文台：岡山天体物理観測所 188cm 望遠鏡写真，http://www.nao.ac.jp/project/oao.html（2016 年 7 月閲覧）

［5］ 国立天文台：岡山天体物理観測所ドームの写真，http://www.oao.nao.ac.jp/public/aboutoao/（2016 年 7 月閲覧）

［6］ 国立天文台:すばる望遠鏡とドームの写真，https://subarutelescope.org/Gallery/j_tele_dome.html（2016 年 7 月閲覧）

［7］ 国立天文台：すばる望遠鏡の写真，https://subarutelescope.org/Introduction/j_telescope.html（2016 年 7 月閲覧）

1.4 節

［1］ 地球電磁気・地球惑星圏学会学校教育ワーキング・グループ編：太陽地球系科学，京都大学学術出版会，2010.

［2］ 赤祖父俊一：オーロラ　地球をとりまく放電現象，自然選書，中央公論社，1975.

［3］ 國分勝也：高度 1 万メートルから見たオーロラ，東海大学出版会，2012.

［4］ M. G. Kivelson and C. T. Russell: Introduction to Space Physics, Cambridge Atmospheric & Space Science, 1995.

1.5 節

［1］ 柴田一成，上出洋介編著：総説　宇宙天気，京都大学学術出版会，2011.

第 2 章

2.1 節

［1］ Newton 別冊：生命の誕生と進化の 38 億年，ニュートンプレス，2012.
［2］ 洋泉社編集部編：ビジュアルでわかる地球 46 億年史，洋泉社，2014.
［3］ 谷合稔：地球・生命－ 138 億年の進化，SB クリエイティブ，2014.
［4］ R. Dudley : The Biomechanics of Insect Flight : form, function, evolution, Princeton University Press, Princeton, New Jersey, 1999.
［5］ J. H. McMasters: The Flight of the Bumblebee and Related Myths of Entomological Engineering, American Scientist, Vol. 77, pp.164-169, 1989.
［6］ D. Fastovsky and D. B. Weishampel ／真鍋真監訳／藤原慎一，松本涼子訳：恐竜学入門－かたち・生態・絶滅－，東京化学同人，2015.
［7］ 犬塚則久，山崎信寿，杉本剛，瀬戸口烈司，木村達明，平野弘道：恐竜学，東京大学出版会，1993.
［8］ 佐藤克文：巨大恐竜は飛べたのか　スケールと行動の動物学，平凡社新書，2011.
［9］ 東昭：生物の動きの事典，朝倉書店，1997.

2.3 節

［1］ 中山章：航空気象　運行関係者のための数値予報図の解釈，日本航空機操縦士協会，2005.
［2］ 白木正規：百万人の天気教室，成山堂書店，2007.
［3］ 青木孝：図解　気象・天気のしくみがわかる事典，成美堂出版，2009.
［4］ 気象予報士試験対策研究会：ひとりで学べる！　気象予報士試験完全攻略テキスト，ナツメ社，2015.
［4］ 橋本梅治，鈴木義男：新しい航空気象，クライム気象図書出版部，2009.
［5］ AIM-JAPAN 編纂協会：Aeronautical Information Manual Japan，日本航空機操縦士協会，2016.

第 3 章

3.2 節

［1］ Abbott I. et al.: Summary of Airfoil Data, NACA Report No. 824, 1945.

第 6 章

［1］ 牧野光雄：航空力学の基礎（第 3 版），産業図書，2012.
［2］ 片柳亮二：航空機の飛行力学と制御，森北出版株式会社，2007.
［3］ 片柳亮二：飛行機の安定性と操縦性　知らないと設計できない改善のための 17 の方法，成山堂，2015.
［4］ 加藤寛一郎，大屋昭男，柄沢研治：航空機力学入門，東京大学出版会 1982.
［5］ 金井喜美雄，越智徳昌，川邊武俊：ビークル制御　航空機と自動車，槇書店，2004.
［6］ B. L. Stevens and F. L. Lewis : Aircraft Control and Simulation Second Edition, John Wiley and Sons, Inc., New Jersey, 2003.

第 7 章

［1］ Boeing Commercial Airplanes : Statistical Summary of Commercial Jet Airplane Accidents，2006-2015 年版，2007-2016.
［2］ ICAO, Doc 9859 Safety Management Manual 3rd Edition, 2013.
［3］ 航空法，航空法施行規則.
［4］ European Cockpit Association: Pilot Training Compass“Back to the future”，2013.
［5］ AIM-JAPAN 編纂協会：Aeronautical Information Manual Japan 2016 後期版，日本航空機操縦士協会，2016.
［6］ 中山章：航空気象　運行関係者のための数値予報図の解釈，日本航空機操縦士協会，2005.
［7］ 白木正規：百万人の天気教室，成山堂書店，2007.
［8］ 青木孝：図解　気象・天気のしくみがわかる事典，成美堂出版，2009.
［9］ 気象予報士試験対策研究会：ひとりで学べる！　気象予報士試験完全攻略テキスト，ナツメ社，2015.
［10］ 橋本梅治，鈴木義男：新しい航空気象，クライム気象図書出版部，2009.
［11］ 日本航空宇宙学会編：航空宇宙工学便覧（第 3 版），丸善，2005.

［12］ICAO Annex16 Environmental Protection, 2014.
［13］Bundesverband der Deutschen Luftverkehrswirtschaft e. V.，Aircraft noise report 2015，April 2015.
［14］Dennis L. Huff: Progress in Aircraft Noise Reduction, GARDN 2nd Annual Conference, September 2012.
［15］ICAO HP，http://www.icao.int/Newsroom/Pages/ICAO-Council-President-Political-Will-Exists-to-Complete-Aviation-s-Carbon-Neutral-Growth-Strategy.aspx（閲覧 2016.6.10）
［16］IATA HP，http://www.iata.org/whatwedo/environment/Pages/alternative-fuels.aspx（閲覧 2016.6.10）
［17］定期航空協会：航空業界における代替航空燃料利用に向けた動き，2015.7.7.
［18］将来の航空交通システムに関する研究会：将来の航空交通システムに関する長期ビジョン　戦略的な航空交通システムへの変革，2010.

第8章

8.1 節

［1］ジョージ P．サットン／望月昌監訳：ロケット推進工学，山海堂，1995.
［2］冨田信之，鬼頭克巳，幸節雄二，長谷川恵一，前田則一：ロケット工学基礎講義，コロナ社，2001.
［3］秋葉鐐二郎：ロケット技術と有人宇宙輸送への課題，機械の研究，第 48 巻，第 1 号，pp. 71-79，1996.

8.2 節

［1］西村敏充：宇宙工学入門，オーム社，1986.
［2］冨田信之：宇宙システム入門，東京大学出版会，1993.

8.3 節

［1］大澤弘之監修：新版日本ロケット物語，誠文堂新光社，2003.
［2］野本陽代：日本のロケット，日本放送出版協会，1993.
［3］木村逸郎：ロケット工学，養賢堂，1994.
［4］久保田浪之介：ロケット燃焼工学，日刊工業新聞社，1995.
［5］新岡嵩：燃える　ろうそくからロケットの燃焼まで，オーム社，1994.

8.4 節

［1］G. P. Sutton: Rocket propulsion elements, John Wiley & Sons, 2001.
［2］木村逸郎：ロケット工学，養賢堂，1993.
［3］久保田浪之介：ロケット燃焼工学，日刊工業新聞社，1995.

8.5 節

［1］M. J. Chiaverini and K. K. Kuo: Fundamentals of Hybrid Rocket Combustion and Propulsion, AIAA, 2007.
［2］M. A. Karabeyoglu, B. J. Cantwell and D. Altman: Development and Testing of Paraffin-based Hybrid Rocket Fuels, AIAA 2001-4503, 2001.
［3］I. Nakagawa and S. Hikone: Study on the Regression Rate of Paraffin-Based Hybrid Rocket Fuels, Journal of Propulsion and Power, vol. 27, No. 6, 2011.

8.6 節

［1］電子情報通信学会：知識の森，http://www.ieice-hbkb.org/files/11/11gun_02hen_04.pdf（2016 年 8 月閲覧）
［2］戸木田和彦：高信頼性ソフトウエアの検証技術，電子情報通信学会誌，82 巻，No.8，1999.
［3］NASA : Beginner's Guide to Rockets, https://spaceflightsystems.grc.nasa.gov/education/rocket/（2016 年 8 月閲覧）

8.7 節

［1］電子情報通信学会：知識の森，http://www.ieice-hbkb.org/files/11/11gun_02hen_04.pdf（2016 年 8 月閲覧）
［2］戸木田和彦：高信頼性ソフトウエアの検証技術，電子情報通信学会誌，82 巻，No.8，1999.
［3］久保田孝，他：M-V 型ロケットの姿勢制御（CNE），宇宙科学研究所報告，特集 47 巻，2003.

[4] 志戸岡拓矢，他：ロケット実験機用航法誘導制御システムと地上模擬飛行試験装置の開発，日本機械学会九州支部講演論文集，61巻，2008.
[5] 小林渉：H-IIAロケットの誘導制御機器，電子情報通信学会技術研究報告，SANE，98巻，1998.
[6] 林伸善：ロケット用誘導制御計算機の変遷と展望，NEC技報64巻，No.1，2011.
[7] 小林渉，他：H-IIAロケットのアビオニクスについて，日本航空宇宙学会誌，46巻，No.535，1998.
[8] 三田信：MEMSの宇宙応用への可能性，信学技報，電子情報通信学会，SPS2007-08（2007-07），2007.

8.8 節

[1] Eldred K.: Acoustic Loads Generated by the Propulsion System, NASA SP-8072, 1971.
[2] 堤誠司，福田紘大，宇井恭一，高木亮治，嶋英志，藤井孝藏：ロケット打ち上げ時の音響振動について，騒音制御，日本騒音制御工学会，34巻4号，pp.303-309，2010.
[3] Kota Fukuda, Seiji Tsutsumi, Taro Shimizu, Ryoji Takaki, and Kyoichi Ui : Examination of Sound Suppression by Water Injection at Lift-off of Launch Vehicles, The 17th AIAA/CEAS Aeroacoustics Conference, AIAA paper 2011-2814, 2011.
[4] Takayuki Nagata, Taku Nonomura, Shun Takahashi, Yusuke Mizuno, and Kota Fukuda : Investigation on subsonic to supersonic flow around a sphere at low Reynolds number of between 50 and 300 by direct numerical simulation, Physics of Fluid, Volume 28, Issue 5, 056101, 2016.

第9章

9.3 節

[1] 茂原正道，鳥山芳夫編／衛星設計コンテスト実行委員会監修：衛星設計入門，培風館，2002年.
[2] 木田隆，川口淳一郎，小松敬治：人工衛星と宇宙探査機，コロナ社，2001年.
[3] 岩崎信夫，的川泰宣／JAXA宇宙航空研究開発機構監修：図説宇宙工学，日経印刷株式会社，2010年.

9.8 節

[1] 平成26年度製造基盤技術実態等調査事業－通信放送衛星の市場動向調査－調査報告書，平成27年3月，一般財団法人宇宙システム開発利用推進機構.
[2] 角田博明：未来を拓く宇宙展開構造物，コロナ社，2015年.

9.9 節

[1] B. ホフマン・ヴェレンホーフ，H. リヒテンエッガ，E. ヴァスレ／西修二郎訳：GNSSのすべて　GPS，グロナス，ガリレオ…，古今書院，2010年.
[2] 杉本末雄，柴崎亮介編：GPSハンドブック，朝倉書店，2010年.

9.10 節

[1] ビゲロー・エアロスペース社のウェブサイト：https://bigelowaerospace.com/（2017年10月閲覧）

第10章

10.1 節

[1] 衛星設計コンテスト実行委員会監修／茂原正道，鳥山芳夫共編：衛星設計入門，培風館，2002.

10.2.1 項

[1] 木村逸郎：ロケット工学，養賢堂，1993.
[2] G. Sutton: Rocket Propulsion Elements（8th edition）, John Wiley & Sons, 2010.
[3] R. G. Jahn: Physics of Electric Propulsion, McGraw-Hill, Inc., 1968.
[4] 栗木恭一，荒川義博編：電気推進ロケット入門，東京大学出版会，2003.

10.2.2 項

[1] Herbert Radd: A Survey of Spatial Problems: Some Tentative Solutions in Space Travel, Journal of the American Rocket Society, Vol. 00, No. 64, pp. 28-29, 1945.

［2］ Ronald J. Cybulski, Daniel M. Shellhammer, Robert R. LoveII, Edward J. Domino, and Joseph T. Kotnik: RESULTS FROM SERT I ION ROCKET FLIGHT TEST, NASA Technical Note, D2718, 1965.
［3］ 梶原堅一，長野寛，西田英司，後藤祥史，河内宏道：技術試験衛星 VI 型（ETS-VI）イオンエンジン装置の開発，日本航空宇宙学会誌，第 46 巻，第 530 号，pp. 168-174，1998.
［4］ 梶原堅一：JAXA 推進 DE 組織とその活動，宇宙航空研究開発機構特別資料，JAXA-SP-08-013，pp. 1-6，2009.
［5］ 梶原堅一，杵淵紀世志：平成 25 年度宇宙輸送シンポジウム講演集録，STEP-2013-026，2014.
［6］ 牧野鉄治：「きく 4 号」の打ち上げ，REAJ 誌，Vol. 4，No. 4，pp. 38-48，1983.
［7］ 田畑浄治：技術試験衛星 III 型（ETS-III）「きく 4 号」について，日本航空宇宙学会誌，Vol. 32，No. 368，pp. 483-490，1984.
［8］ 國中均，中山宜典，荒川義博，西山和孝：イオンエンジンによる動力航行，コロナ社，2006.

10.2.4 項

［1］ R. G. Jahn: Physics of Electric Propulsion, McGraw-Hill, Inc., 1968.
［2］ 栗木恭一，荒川義博編：電気推進ロケット入門，東京大学出版会，2003.
［3］ W. Andrew Hoskins ほか：30 Years of Electric Propulsion Flight Experience at Aerojet Rocketdyne, 33rd International Electric Propulsion Conference, IEPC-2013-439, 2013.

10.2.5 項

［1］ C. Phipps ほか : “Review: Laser-Ablation Propulsion”, Journal of Propulsion and Power, Vol.26, No.4, 2010.
［2］ G. Marx: Interstellar Vehicle Propelled By Terrestrial Laser Beam, Nature 211, 22-23, 1966.
［3］ R. Forward: "Starwisp: an Ultralight Interstellar Probe", Journal of Spacecraft and Rockets, Vol.22, 1985.
［4］ J. F. L. Simmons, C. R. Mcinnes: “Was Marx right? or How efficient are laser driven interstellar spacecraft?”, American Journal of Physics Vol.61（3）, pp.205-207, 1993.
［5］ Philip Lubin: A Roadmap to Interstellar Flight, Journal of British Interplanetary Society, Vol. 69, pp.40-72, 2016.
［6］ L. N. Myrabo: world Record Flight of Beam-Riding Rocket Lightcraft: Demonstration of Disruptive Propulsion Technology, AIAA-2001-3798, 2001.

10.2.6 項

［1］ 栗木恭一，荒川義博編：電気推進ロケット入門，東京大学出版会，2003.
［2］ Franlin R. Chang Diaz: The VASIMR Rocket, Scientific American Vol. 283, No.5, pp.92-97, 2000.
［3］ Marc G. Millis; Eric W. Davis: Frontiers of Propulsion Science, Progress in Astronautics and Aeronautics, Vol.227, American Institute of Aeronautics and Astronautics, 2009.

10.3.1 項

［1］ http://dawn.jpl.nasa.gov/news/（2016/9/18 閲覧）
［2］ http://pluto.jhuapl.edu/（2016/9/18 閲覧）
［3］ https://www.nasa.gov/mission_pages/newhorizons/main/index.html（2016/9/18 閲覧）

10.3.2 項

［1］ Kissel, J. et al. Composition of comet Halley dust particles from Giotto observations. Nature 321, 336–337（1986）
［2］ Kissel, J. et al. Composition of comet Halley dust particles from Vega observations. Nature 321, 280–282（1986）
［3］ http://www.esa.int/Our_Activities/Space_Science/Rosetta（2016/9/27 閲覧）
［4］ http://www.jpl.nasa.gov/missions/deep-impact/（2016/9/27 閲覧）
［5］ http://solarsystem.nasa.gov/deepimpact/index.cfm（2016/9/27 閲覧）
［6］ http://stardust.jpl.nasa.gov/（2016/9/27 閲覧）

第 12 章

12.2 節

[1] 松本紘：宇宙太陽光発電所，ディスカバー・トゥエンティワン，2011.

[2] 棚次亘弘他：宇宙科学研究所報告，特集，第 46 号，2003.

[3] K. Tani, S. Tomioka, K. Kanenori, S. Ueda and M. Takegoshi: Recent Activities in Research of the Combined Cycle Engine at JAXA, Trans JSASS Aerospace Tech Japan, vol. 8, No. ists27, 2010.

[4] Y. Nakada and I. Nakagawa: Experiments of an Ejector-jet using a Wax-based Fuel Hybrid Rocket Motor, AIAA2016-4963, 2016.

12.3 節

[1] 渡辺勝巳：宇宙手帳，講談社ブルーバックス，2012.

[2] 619919main_sts1_launch: https://blogs.nasa.gov（2016 年 8 月閲覧）

[3] dragoncapsule_0: https://blogs.nasa.gov（2016 年 8 月閲覧）

[4] cst_globefly: https://blogs.nasa.gov（2016 年 8 月閲覧）

[5] sncs-dream-chaser-on-runway-at-nasas-dryden-flight-research-center-at-dawn_profile: http://www.sncspace.com（2016 年 8 月閲覧）

[6] SS2_and_VMS_Eve: http://www.virgingalactic.com（2016 年 8 月閲覧）

12.4 節

[1] 山口孝夫：有人宇宙システムにおける居住快適性に関する基本概念，人間・環境学会誌，4 巻，No.1&2, 1998.

[2] JAXA 宇宙情報センター：http://spaceinfo.jaxa.jp/（2016 年 8 月閲覧）

[3] OMNI：サイエンスペディア（13）NASA TECHNOLOGY，OMNI 1987 年 11 月号特別付録，1987.

[4] 大林辰蔵：宇宙居住のプログラム，建築雑誌，103 巻，No.1268，1988.

[5] 緑川義教，他：宇宙居住者のための CELSS，CELSS 研究会誌，5 巻，No.1，1992.

[6] 遠藤雅人：宇宙環境下における閉鎖居住施設における食料生産用養殖技術の開発，生物工学会誌，94 巻，No.1，2016.

12.5 節

[1] 松本紘：宇宙太陽光発電所，ディスカバー・トゥエンティワン，2011.

[2] NHK「サイエンス ZERO」取材班＋佐々木進：宇宙太陽光発電に挑む，NHK 出版，2011.

[3] 宇宙太陽光発電システム（SSPS）の研究：https://www.ard.jaxa.jp（2016 年 9 月閲覧）

[4] マイクロ波無線エネルギー伝送技術の研究：https://www.ard.jaxa.jp（2016 年 9 月閲覧）

12.6 節

[1] Space-Track.org : https://www.space-track.org/auth/login（2016 年 8 月閲覧）

[2] CelesTrak : https://celestrak.com/（2016 年 8 月閲覧）

[3] Nagatomo, M., et al.: Some Considerations on utilization control of the near earth space in future, Proceedings of The 9th ISTS, 1971.

[4] 戸田勧，他：スペースデブリ問題の現状と課題，日本航空宇宙学会誌，41 巻，No.478，1993.

[5] 内閣府：宇宙基本計画，http://www8.cao.go.jp/space/plan/keikaku.html（2016 年 8 月閲覧）

第 13 章

13.1 節

[1] 原子力電池（アイソトープ電池），http://www.rist.or.jp/atomica/（2016 年 8 月閲覧）

[2] エドワード・ストーン：ボイジャー　太陽系を超えて，JAXA ホームページ，http://www.jaxa.jp（2016 年 8 月閲覧）

[3] NASA-NSSDCA-Spacecraft-Details Transit 4A，http://needc.gsfc.nasa.gov（2016 年 8 月閲覧）

[4] 原子力ロケットの現状と未来，http://art.aees.kyusyu-u.ac.jp（2016 年 8 月閲覧）

[5] Stanley K. Borowski, Robert J. Sefcik, et al.: Affordable Development and Demonstration of a Small NTR

Engine and Stage: A Preliminary NASA, DOE and Industry Assessment, Propulsion and Energy Forum, AIAA-2015-3774, 2015.

13.3 節

[1] Walter Sullivan:Proposal for Human Colonies in Space Is Hailed by Scientists as Feasible Now, The New York Times, May 13, 1974.
[2] 大林辰蔵：宇宙居住のプログラム，建築雑誌，103 巻，No.1268, 1988.
[3] 緑川義教，他：宇宙居住者のための CELSS，CELSS 研究会誌，5 巻，No.1, 1992.
[4] 長友信人：ロケット　この先 50 年，JRS 50 周年特別講演 後刷り集，日本ロケット協会 , 2007.
[5] 長友信人：FIRST WORD, OMNI 1989 年 1 月号，1989.
[6] 山中龍夫：FIRST WORD, OMNI 1987 年 4 月号，1987.
[7] 長友信人：月とは何か？　宇宙マクロエンジニアリング計画の動機に関する研究，MACRO REVIEW, Vol.11, No.2, 1999.
[8] 中川學：マクロエンジニアリングが地球を救う !，OMNI 1988 年 2 月号，1988.
[9] 三井誠：宇宙開発　民間が先導，読売新聞，8 月 21 日，2016.

13.4 節

[1] 火星滞在 10 年　NASA の自信　有人探査計画のリポート公表，産経ニュース，http://www.sankei.com (2016 年 8 月閲覧)
[2] 月面の植物栽培計画 − JAXA 宇宙教育センター，http://edu.jaxa.jp（2016 年 8 月閲覧）
[3] Learning About 'Veggie' at the NASA Social，http://www.nasa.gov（2016 年 8 月閲覧）
[4] 宇宙情報センター / SPACE INFORMATION CENTER：月面基地と月の利用 http://spaceinfo.jaxa.jp（2016 年 8 月閲覧）

13.5 節

[1] 松井孝典：銀河系惑星学への挑戦，NHK 出版，2015 年.

13.6 節

[1] バックミンスター・フラー／梶川泰司訳：クリティカル・パス，白揚社，1998 年.
[2] バックミンスター・フラー／木島安史，梅沢忠雄訳：バックミンスター・フラーのダイマキシオンの世界，鹿島出版会，1978 年.
[3] マーティン・ポーリー／渡辺武信，相田武文訳：バックミンスター・フラー，鹿島出版会，1994 年.
[4] 梅棹忠夫：山をたのしむ，山と渓谷社（ヤマケイ文庫），2015 年.

編集を終えて

航空と宇宙に関する，やや工学よりの分野を宇宙科学の分野も含めるかたちで網羅するという構想で本書は編まれた．それはまた，執筆者の多くが所属している東海大学の工学部航空宇宙学科航空宇宙学専攻のカリキュラムにも関係している．さらに，リモートセンシングや，スペースプレーン，惑星探査機，スペースデブリといった，今まさに話題の分野を網羅すべく学内の研究者に執筆に加わってもらった．航空工学の分野では，2006年に発足した航空操縦学専攻の教員の参加により，航空機の運航に関する章が設けられた．このように，類書にはないような広い範囲を扱っているのが本書の特徴のひとつである．

広い範囲を網羅することは，専門的で細かな内容に入りこみすぎないというメリットを生み出す．執筆者は，皆それぞれの分野の専門家だから，実はこのような著作はやや荷が重い．しかし，若い人でこれから航空や宇宙の分野を学ぼうと考えている人，あるいは学び始めたものの，周囲の関連する分野も識りたいと思っている人，そのような人たちに少しでも役立つようにとの願いを込めて執筆された．つまり，入り口までの道案内役である．

入り口の先は，いまや先端技術，総合工学などといわれている，世間からは多少憧れの目で見られることが多い学問分野である．しかし，その中身は決して難解でも，とっつきにくいわけでもなく，高校で学ぶ物理学や数学といった理系の基礎学問の上に構築されている．それは，他の工学や理学の学問分野となんら変わりはない．強いて違いをあげるとすれば，対象とする場所が大気中だったり，さらに地球から離れた天体や宇宙空間だったりすることである．

地球から足が離れた途端に，人はこれまで考えてこなかったことに意識を向ける必要に迫られる．むしろこれまでのしがらみから解き放たれるというほうが適当かもしれない．それはまた，若き日に学びの世界に飛び込もうとする人に，格好のフィールドを提供する．このような思考の海の中に漕ぎ出すには，多少は何か道標のようなものが役立つだろう．それも，いつでも手にとって素早く読みたいページにアクセスできるものがよい．インターネット全盛の時代に，紙の書籍の形で本書を出版した理由がそこにある．

本書では，航空や宇宙に関係する国内外の機関のアーカイブスから写真を転載させていただいた．掲載を許諾していただいた各機関の方々に感謝する．また，一部の著作権者からは執筆者より転載の許諾をいただいたものもある．執筆者を代表して重ねてお礼を申し上げる．本書の編集では，東海大学出版部の稲英史氏，小野朋昭氏，原裕氏に多大なるご尽力を賜った．わかりやすい内容，充実した索引，見やすいレイアウトの書籍に仕上げていただくとともに，約2年間にわたり，スケジュールに大きな遅延がなく進捗できたことに感謝をする．

本書をきっかけに航空宇宙学を学び究める若者の健闘に期待する．

2017年12月

執筆者を代表して　角田博明

人名索引

ア行

麻田剛立　13
アームストロング，ニール・A（Armstrong, Neil Alden）　242
アリスタルコス（Aristarchus）　8
アリストテレス（Aristotle）　7
イエーガー，チャック（Yeager, Charles Elwood "Chuck"）　67
岩橋善兵衛　13
梅棹忠夫　270
オハイン，ハンス・フォン（Ohain, Hans von）　83
オーベルト，ヘルマン（Oberth, Hermann）　125，135，186，200

カ行

ガガーリン，ユーリ・A（Gagarin, Yuri Alekseyevich）　242
カラベヨグル，エム・アリフ（Karabeyoglu, M. A.）　139
ガリレイ，ガリレオ（Galilei, Galileo）　10，186
カルマン，セオドア・フォン（Kármán, Theodore von）　66
カントロヴィッツ，アーサー・R（Kantrowitz, Arthur Robert）　201
木村栄　14
国友藤兵衛　13
クラーク，アーサー・C（Clarke, Arthur Charles）　173，267
グレーザー，ピーター・E（Glaser, Peter Edward）　245
ケッターリング，チャールズ・F（Kettering, Charles F.）　76
ケネディ，ジョン・F（Kennedy, John Fitzgerald）　242
ケプラー，ヨハネス（Kepler, Johannes）　9
ケロス，ディディエ（Queloz, Didier）　266
ゴダード，ロバート・H（Goddard, Robert H.）　125，135，173，186
コニュ，ポール（Cornu, Paul）　72
コペルニクス，ニコラウス（Copernicus, Nicolaus）　9
コロリョフ，セルゲイ（Korolev, S. P.）　125

サ行

ザンデル，フリードリッヒ・A（Цандер, Фридрих Артурович）　186，200
シェパード，アラン（Shepard, Alan）　242
司馬江漢　13
渋川景佑　13
渋川春海　12
シモンズ（Simmons, J. F. L.）　200
シュトラウス，ヨーゼフ（Strauss, Josef）　268
スペリー，エルマー（Sperry, Elmer）　75
ゼンガー，オイゲン（Sänger, Eugen）　200

タ行

高橋景保　13
高橋至時　13
田中久重　13
チャン＝ディアス，フランクリン（Chang-Diaz, Franklin）　202
ツィオルコフスキー，コンスタンチン・E（Tsiolkovsky, K. E.：Циолковский, Константин Эдуардович）　125，173，186，200
寺尾寿　14
徳川吉宗　13
冨田勲　268
ドレイク，フランク（Drake, Frank）　264
トンボー，クライド・W（Tombaugh, Clyde William）　204

ナ行

夏目漱石　199
ニコルス，アーネスト・F（Nichols, Ernest Fox）　199
ニュートン，アイザック（Newton, Issac）　12
ノグチ，イサム（Noguchi, Isamu）　268，269

ハ行

萩原雄祐　14
間重富　13
畑中武夫　14
バッハ，ヨハン・S（Bach, Johann Sebastian）　268
ピアース，ジョン・R（Pierce, John Robinson）　173
ピタゴラス　267
平山清次　14
フィロラオス（Philolaus）　7
フォワード，ロバート（Forward, Robert）　200
藤田良雄　14
プトレマイオス（Ptolemy）　8
フラー，R・バックミンスター（Fuller, Richard Buckminster）　268
ブラウン，ヴェルナー・フォン（Braun, Wernher von）　125，135，186
ブラーエ，ティコ（Brahe ,Tycho）　9
プラントル，ルードビッヒ（Plandtl, Ludwig）　65
ベルヌ，ジュール・G（Verne, Jules Gabriel）　267

マ行

ヤ行

ラ行

事項索引

英数記号

ア

ス

セ

ル

レ

ロ

ワ

執筆者略歴

油谷　俊治（工学部航空宇宙学科航空操縦学専攻教授）
1978 年防衛大学校理工学部機械工学科卒業．1978 ～ 1992 年航空自衛隊（F-4EJ パイロット等）．1992 ～ 2015 年国土交通省航空局（首席運航審査官等）．2016 年より現職．専門は操縦学．

新井　直樹（工学部航空宇宙学科航空操縦学専攻教授）
1992 年東海大学大学院博士前期課程修了，2005 年東京商船大学大学院修了，博士（工学）．日本電気株式会社，運輸省，独立行政法人電子航法研究所．第 48 次日本南極地域観測隊越冬隊員．日本気象学会，可視化情報学会各会員．2012 年より現職．専門は航空気象，気象教育．

池田　知行（工学部航空宇宙学科航空宇宙学専攻講師）
2009 年大阪工業大学工学部機械工学科卒業．2011 年同大学大学院工学研究科機械工学専攻博士前期課程修了．2015 年博士（工学）．2015 年に工学部航空宇宙学科航空宇宙学専攻特任助教．2016 年より現職．日本航空宇宙学会会員．専門は宇宙工学，電気推進工学．

稲田　喜信（工学部航空宇宙学科航空宇宙学専攻教授）
1987 年京都大学理学部生物学科卒業．1990 年東京大学大学院工学系研究科航空学専攻修士課程修了．2004 年博士（工学）．富士通研究所，科学技術振興機構，東京大学先端科学技術研究センター，JAXA に勤務．2010 年より現職．日本航空宇宙学会，日本機械学会，AIAA，The Society of Experimental Biology 等の会員．専門は飛行力学，バイオメカニクス

柴田　啓二（工学部非常勤講師，元航空宇宙学科航空操縦学専攻教授）
1974 年大阪府立大学工学部航空工学科卒業．1974 ～ 2010 年全日本空輸株式会社運航本部に勤務．2010 ～ 2016 年東海大学工学部航空宇宙学科航空操縦学専攻教授．2016 ～ 2017 年東海大学工学部非常勤講師．専門は運航技術，運航安全．

白澤　秀剛（情報教育センター専任講師）
2006 年東海大学大学院工学研究科航空宇宙学専攻博士課程後期修了．博士（工学）．2010 年より現職．日本航空宇宙学会，電気学会，教育システム情報学会の各会員．専門は磁気測定，磁気姿勢計，ICT を活用した技術者教育．

田中　　真（工学部航空宇宙学科航空宇宙学専攻教授）
1990 年東海大学工学部航空宇宙学科卒業．1992 年同大学大学院工学研究科航空宇宙学専攻博士課程前期修了．1999 年博士（工学）．2000 年東海大学電子計算センター専任講師，2004 年ドイツ Ernst-Mach-Institute 訪問研究員，2022 年より現職．日本航空宇宙学会，電子情報通信学会，等の会員．専門はスペースデブリ．

角田　博明（元工学部航空宇宙学科航空宇宙学専攻教授）
1980 年早稲田大学理工学部機械工学科卒業．1982 年同大学理工学研究科機械工学専攻博士前期課程修了．1993 年博士（工学）．1982 年より日本電信電話公社（現 NTT）の通信研究所に勤務．2007 年 4 月から 2022 年 3 月まで東海大学に勤務．日本航空宇宙学会，日本機械学会，AIAA の各会員．関連著書に「未来を拓く宇宙展開構造物」，コロナ社，2015 年．専門は宇宙構造物工学，宇宙システム工学．

利根川　豊（東海大学名誉教授，元工学部航空宇宙学科航空操縦学専攻教授）
1983 年東海大学工学研究科航空宇宙学専攻博士課程修了（工学博士），1984 年同大学工学部非常勤講師，1985 年 AT&T Bell Laboratories 客員研究員，1986 年東海大学工学部航空宇宙学科講師，1998 年同学科教授，2019 年定年退職し非常勤講師，2020 年より同大学名誉教授，地球惑星圏・地球電磁気学会会員，専門は太陽地球系科学および航空科学．

中川　淳雄（元工学部航空宇宙学科航空操縦学専攻教授）
1978 年九州大学工学部航空工学科卒業．1978 年から全日本空輸株式会社運航本部運航技術部，訓練センター，企画管理部勤務．2013 ～ 2020 年東海大学工学部航空宇宙学科航空操縦学専攻教授．2020 ～ 2022 年東海大学工学部非常勤講師．専門は航空力学，飛行訓練管理．

那賀川一郎（工学部航空宇宙学科航空宇宙学専攻教授）
1981年東京大学工学部航空学科卒業．1983年同大学大学院工学系研究科航空学専門課程修士修了．1996年同大学院学位博士（工学）取得．1983年小松製作所入社．1989年日産自動車宇宙航空事業部入社．2000年IHIエアロスペースに転属．2008年より現職。日本航空宇宙学会，火薬学会，AIAAの各会員．専門は航空宇宙化学推進工学．

中篠　恭一（工学部航空宇宙学科航空宇宙学専攻准教授）
1995年東京大学工学部航空宇宙工学科卒業．2002年同大学工学系研究科航空宇宙工学専攻にて博士（工学）取得．以後，独立行政法人宇宙航空研究開発機構（JAXA）宇宙航空プロジェクト研究員等を経て，2005年東海大学工学部専任講師に着任．2011年より現職．日本航空宇宙学会，AIAA，日本機械学会，日本計算工学会の各会員．専門は構造力学，有限要素解析．

中島　　孝（情報理工学部情報科学科教授）
1992年東京理科大学理学部物理学科卒業，1994年東京大学理学系研究科地球惑星物理専攻修了，2002年に博士（理学）号取得（東京大学）．宇宙航空研究開発機構の研究開発系職員を経て2005年から東海大学専任准教授，2012年に専任教授．2013年から現職．専門は大気環境リモートセンシング，気候変動，大気と情報システム．

野間　大作（工学部航空宇宙学科航空操縦学専攻専任助教）
2005年立教大学理学部卒業．2012年東海大学工学部航空宇宙学科航空操縦学専攻卒業．2016年から東海大学工学部航空宇宙学科航空操縦学専攻助教．専門は操縦学．

比田井昌英（東海大学名誉教授，元総合教育センター教授）
1970年静岡大学理学部物理学科卒業．1977年東京大学大学院理学研究科天文学専攻博士課程修了，理学博士．1984年東海大学文明研究所専任講師．2013年定年退職し，名誉教授．この間，カナダ国立ドミニオン天文台，カリフォルニア工科大学の客員研究員．専門は観測天体物理学（分光学）．日本天文学会，アメリカ天文学会，カナダ天文学会の会員．

福田　紘大（工学部航空宇宙学科航空宇宙学専攻准教授）
2000年横浜国立大学工学部生産工学科卒業．2005年同大学工学府システム統合工学専攻博士課程修了，博士（工学）．その後，同大学助手，米国Maryland大学研究助手，宇宙航空研究開発機構（JAXA）研究員を経て，2011年から東海大学専任講師，2014年より現職．日本航空宇宙学会，AIAA，日本機械学会，自動車技術会などの会員．専門は流体工学，渦流れ，非定常流れ現象など．

堀澤　秀之（工学部航空宇宙学科航空宇宙学専攻教授）
1988年東海大学工学部航空宇宙学科卒業．1993年同大学院工学研究科航空宇宙学専攻博士後期課程修了．1993年博士（工学）．同年同大学精密機械工学科助手．2000年同大学航空宇宙学科助教授．2007年米国スタンフォード大学訪問研究員．2008年より現職．日本航空宇宙学会，AIAAの各会員．専門は宇宙推進工学，プラズマ・レーザー工学，燃焼工学．

水書　稔治（工学部航空宇宙学科航空宇宙学専攻教授）
1991年東京理科大学理工学部物理学科卒業．同年動力炉・核燃料開発事業団（現・日本原子力研究開発機構）職員．2001年東北大学大学院工学研究科航空宇宙工学専攻博士課程修了．博士（工学）．NASA Langley，防衛庁技術研究本部を経て，2006年から現所属．2011年教授．専門は，気体力学，衝撃波工学，非線形光学．日本航空宇宙学会，AIAA，日本機械学会，流体力学会，可視化情報学会，火薬学会の各会員．

三宅　　亙（工学部航空宇宙学科航空宇宙学専攻教授）
東北大学大学院理学研究科地球物理学専攻博士課程修了．理学博士．郵政省電波研究所（現在の研究開発法人情報通信研究機構）を経て2007年より現職．日本地球惑星科学連合，電子情報通信学会，地球電磁気・地球惑星圏学会，American Geophysical Union，各会員．

森田　貴和（工学部航空宇宙学科航空宇宙学専攻准教授）
1986年東海大学大学院工学研究科航空宇宙学専攻博士課程前期修了．博士（工学）．1991年東海大学工学部光工学科非常勤講師，1992年同大学工学部航空宇宙学科助手，専任講師を経て現職．日本航空宇宙学会，日本機械学会，火薬学会等の会員．専門はロケット工学，熱工学．

〈2022年4月現在〉

カバー写真・章扉イラスト　角田博明
装丁　中野達彦

航空宇宙学への招待

2018年 2 月15日　第 1 版第 1 刷発行
2022年 6 月10日　第 1 版第 2 刷発行
編　者　東海大学『航空宇宙学への招待』編集委員会
発行者　村田信一
発行所　東海大学出版部
〒259-1292 神奈川県平塚市北金目4-1-1
TEL 0463-58-7811　振替　00100-5-46614
URL https://www.u-tokai.ac.jp/network/publishing-department/
印刷所　港北出版印刷株式会社
製本所　港北出版印刷株式会社

ISBN978-4-486-02168-1